河南省"十二五"普通高等教育规划教材

工程制图

Gongcheng Zhitu

第三版

河南省工程图学学会 组编

赵建国 何文平 段红杰 段 鹏 主编

高等教育出版社·北京

内容提要

本书是在前两版的基础上,汲取了近年来的教学经验及部分兄弟院校对前两版的使用意见,根据教育部高等学校工程图学课程教学指导委员会于2015年制订的《普通高等学校工程图学课程教学基本要求》、与制图相关的最新国家标准和AutoCAD 2017软件,以及本课程教学改革的发展趋势修订而成的。本书被评为河南省第一批"十二五"普通高等教育规划教材(教高【2013】1075号)。

本书主要内容有制图的基本知识和技能、投影基础、基本立体及其表面交线、组合体、轴测图、工程形体的表达方法、标准件和常用件、机械图样、房屋建筑图简介、展开图、焊接图和标高投影及计算机绘图(二维绘图、三维建模)等。

本书提供了利用增强现实(AR)技术等开发的3D虚拟仿真教学资源和手机版的电子课件,可方便读者学习。

与本书配套的赵建国等主编《工程制图习题集》(第三版)以及配套的习题解答课件同时作了相应修订,对复杂的装配图还配有虚拟装配模型,可通过智能手机扫描或上网获取相关资料。

本书可作为高等工科院校近机类、非机类各专业制图课程(40~80学时)的教材,也可作为成人教育、高职高专院校相关专业及网络远程教育制图课程的教材,还可供工程技术人员和自学者参考。

图书在版编目(CIP)数据

工程制图/河南省工程图学学会组编;赵建国等主编.--3版.--北京:高等教育出版社,2018.8(2022.12重印)

ISBN 978-7-04-049952-0

Ⅰ.①工… Ⅱ.①河… ②赵… Ⅲ.①工程制图-高等学校-教材 Ⅳ.①TB23

中国版本图书馆CIP数据核字(2018)第128169号

策划编辑 肖银玲	责任编辑 肖银玲	封面设计 王琰	版式设计 张杰
插图绘制 黄云燕	责任校对 陈杨	责任印制 刘思涵	

出版发行 高等教育出版社	网　址	http://www.hep.edu.cn
社　址　北京市西城区德外大街4号		http://www.hep.com.cn
邮政编码　100120	网上订购	http://www.hepmall.com.cn
印　刷　中农印务有限公司		http://www.hepmall.com
开　本　787mm×1092mm　1/16		http://www.hepmall.cn
印　张　22.5	版　次	2007年8月第1版
字　数　550千字		2018年8月第3版
购书热线　010-58581118	印　次	2022年12月第8次印刷
咨询电话　400-810-0598	定　价	46.80元

工程制图

第三版

1 电脑访问http://abook.hep.com.cn/1243633, 或手机扫描二维码、下载并安装 Abook 应用。

2 注册并登录, 进入"我的课程"。

3 输入封底数字课程账号 (20位密码, 刮开涂层可见), 或通过 Abook 应用扫描封底数字课程账号二维码, 完成课程绑定。

4 点击"进入学习", 开始本数字课程的学习。

本书将 AR (增强现实) 技术与教材内容相结合, 只需三步, 即可实现增强现实技术带来的全新体验。

步骤一:使用手机微信扫一扫, 点击手机屏幕右上角, 使用浏览器打开, 下载并安装"高教 AR"客户端, 客户端下载网址如下:

步骤二:打开 APP, 允许 APP 调用手机摄像头, 选择《工程制图》(第三版)教材下载配套资源。

步骤三:将手机摄像头对准教材中附有"❖"标志的插图和配套习题集中第50～53页图进行识别, 动态资源即时呈现。

扫描二维码
下载 Abook 应用

http://abook.hep.com.cn/1243633

第三版前言

本书是在前两版的基础上,汲取近年来的教学经验及部分兄弟院校对前两版的使用意见,根据教育部高等学校工程图学课程教学指导委员会于2015年制订的《普通高等学校工程图学课程教学基本要求》、与制图相关的最新国家标准和 AutoCAD 2017 软件,以及本课程教学改革的发展趋势修订而成的。本书2013年被评为河南省"十二五"普通高等教育规划教材。

本书自2007年第一版出版以来,已多次印刷,被许多高校选作教材,受到使用者和专家的好评。第一版于2008年获河南省高等教育教学成果二等奖,与之配套的课件《工程制图学习辅导系统》同年获河南省高等教育科学研究优秀成果一等奖。

本次修订的原则是:修正错误,调整部分章节,完善体系结构,方便读者,实现套色印刷,进一步体现原定的"既保证投影理论基础制图内容,又体现现代设计方法"教材编写指导思想,使之更加科学合理。

本版在继承前两版特色和基本构架的基础上,作了如下修改调整:

(1)对计算机绘图部分做了较大调整。将三维建模的思路、方法融入立体的形成、截交、相贯和组合体的看图画图中,使之与传统教学融为一体,进一步增强线、面与体的结合,提供更加科学的分析方法。将零件三维建模、三维装配分别放在零件图与装配图后面,便于学生了解现代设计方法。计算机二维绘图的内容仍放在教材最后,以方便各院校选用。

(2)投影基础部分仍保持原有内容。针对不同专业、不同学时的需求,仍推荐部分内容为选学(加注"﹡"作为记号),以方便教学。

(3)"基本立体及表面交线"一章将立体表面取点分别放在平面立体、曲面立体三视图中讲解,这样教师讲课无论用黑板或是课件效率都会提高,也便于学生接受。将"作图方法和步骤"融入实例中,减少文字叙述,增加了画图步骤的图例,方便读者学习。

(4)恢复第一版"组合体与三维建模"的构架与教学思想。既强调组合体在解决立体(基本立体、复杂立体)的画图、读图和尺寸标注时应用这一概念的重要性,又结合现代绘图技术,将三维建模方法贯彻到教学与实际应用中。教学实践证明,结合三维 CAD 软件讲解组合体画图、看图和尺寸标注,更利于学生理解与掌握。

(5)为适应不同学时要求,便于教师与学生看书,本版恢复第一版中"标准件、齿轮和弹簧"为单独一章(第七章)的安排,仍将零件图和装配图合并为"第八章 机械图样"一章。保留"表面结构要求""极限与配合"和"几何公差"的内容;对工艺结构只列表简介,增加"零件三维造型设计"和"三维装配体设计",使得教学体系更加完整、合理。

(6)继续完善本书立体化系列配套资源,同步修订了与本教材配套的《工程制图习题集》和《工程制图电子教案》、《工程制图习题与解答》课件。《工程制图习题与解答》课件中不仅有参考答案,还有作图过程,更加方便教学使用。

(7)新增利用增强现实(AR)技术等开发的3D虚拟仿真教学资源和手机版的电子课件,方便读者学习。

　　本版由河南省工程图学学会组织郑州大学、河南工业大学、郑州轻工业学院,河南理工大学、河南农业大学等五所院校修订。由赵建国、何文平、段红杰、段鹏任主编,梁杰、刘宁、牛红宾、陶浩、田辉任副主编,参加本次修订工作的有郑州大学赵建国(第一章、第二章、第八章第 3 节)、梁杰(第七章),河南理工大学段鹏(第三章、第十章)、刘宁(第四章、第五章),河南工业大学何文平(第六章)、牛红宾(第八章第 2 节),郑州轻工业学院段红杰(第八章第 1 节,第十一章第 1~4 节)、陶浩(第十一章第 5~7 节)、刘申立(附录),河南农业大学田辉(第九章)。

　　北京理工大学董国耀教授认真审阅了全书,并提出了许多宝贵意见,在此表示衷心的感谢。

　　本套教材在编写过程中得到了高等教育出版社、各参编院校领导及河南省工程图学学会及相关老师的帮助和支持,在此一并表示感谢。特别向为前两版做出贡献而又未能参加此次修改的岳永胜、巩琦、张清霄、白代萍、吕俊智等表示衷心的感谢。

　　由于编者水平有限、时间仓促,难免存在一些疏漏和不足之处,敬请广大读者批评指正。

编　者

2018 年 3 月

第二版前言

本书是在 2007 年第一版的基础上,汲取近年来的教学经验及部分兄弟院校对第一版的使用意见,根据教育部高等学校工程图学教学指导委员会于 2010 年制订的"普通高等学校本科工程图学课程教学基本要求"、工程制图及相关的最新国家标准和 AutoCAD 2010 软件,以及本课程教学改革的发展趋势修订而成的。本书是全国教育科学"十一五"规划课题"我国高校应用型人才培养模式研究"机械类子课题的研究成果。

本书第一版自 2007 年出版以来,已多次印刷,被许多高校选作教材,受到使用者和专家的好评。第一版于 2008 年获河南省高等教育教学成果二等奖,与之配套的课件《工程制图学习辅导系统》同年获河南省高等教育科学研究优秀成果一等奖。

为适应科学技术的发展和大多数院校对工程制图(近机类、非机类)课程的教学要求和改革趋势,本版在继承第一版特色和基本构架的基础上,作了一些相应修改和调整。修订时,主要考虑了下述几个方面:

(1) 继续完善本书立体化系列配套资源,修订了与本书配套的《工程制图习题集》、《工程制图电子教案》和《工程制图习题与解答》课件。在《工程制图习题与解答》课件中,不但有标准答案,还有作图过程,更加方便教学。

(2) 对计算机绘图部分做了较大调整。首先作了顺序调整,考虑到本课程大部分院校都在大学一年级开设,相关计算机知识课程尚未开设,故将计算机绘图内容调整到教材最后;其次是内容调整,将该部分为二维、三维两部分编写,以方便各院校选用。

(3) 根据近机类、非机类各专业具有专业多、学时较少,对本课程要求侧重点有所不同的特点,本版教材降低了第一版中的例题难度,同时将部分内容更改为选学(加注"＊"作为记号),以方便教学。

(4) 本书为基础平台＋专业制图模块的教材体系。在保留"展开图"、"焊接图"和"标高投影图"的基础上,增加了"房屋建筑图简介"一章,使得本节适用于更多专业教学的需求。

(5) 在第二章投影基础中,增加了"直角三角形法求直线段实长"和"直角投影定理"等选学内容。在"线面相交、面面相交可见性的判断"中,强调了"直观判别法"的使用,有利于学生空间概念的培养。

(6) 在"基本立体及其表面交线"一章,注重"作图方法和步骤"的掌握,强调"立体表面取点"对求作截交线、相贯线的重要性,并将其单独作为一节,重点讲解截交线、相贯线的特殊情况,压缩相贯线一般情况的介绍等。

(7) 将"组合体的三视图"修改为"立体的三视图"。在解决立体(基本立体、复杂立体)的画图、读图和尺寸标注时,应用组合体这一概念可使过程简化,为学习工程图样打下基础。

(8) 将第一版中"标准件、齿轮和弹簧"、"零件图"和"装配图"三章内容合并为"机械工程图样简介"一章。将标准件和常用件的相关内容分解在"零件图"、"装配图"两小节中,压缩了"表面结构的表示法"、"极限与配合"和"几何公差"的内容,对工艺结构只列表简介,使得教学体系更加完整、合理，适合各专业对本课程教学的要求。

（9）贯彻近年来国家发布的有关最新国家标准。

本版由河南省工程图学学会组织河南理工大学、郑州大学、河南工业大学、郑州轻工业学院、河南科技大学、河南农业大学等六所院校共同修订。由巩琦、赵建国、何文平、段红杰任主编，段鹏、吕俊智、潘为民、田辉任副主编，参加具体修订工作的有郑州大学张清霄（第一章）、赵建国（第二章），河南理工大学巩琦（前言、绪论、第三章）、段鹏（第四章、第五章、第九章），河南工业大学何文平（第六章第一、二节）、吕俊智（第六章第三、四、五、六节、第七章第二节），郑州轻工业学院段红杰（第七章第一节）、陶浩（第十章第一节），河南科技大学潘为民（第十章第二节），河南农业大学田辉（第八章），郑州轻工业学院刘申立（附表）。

北京科技大学窦忠强教授认真审阅了全书，并提出了许多宝贵的意见。本书在编写过程中得到了高等教育出版社、各院校领导及河南省工程图学学会的帮助和支持，郑州轻工业学院刘申立教授、陶浩教授对本套书的出版倾注了很多心血。在此一并感谢。

由于编者水平有限，时间仓促，难免存在一些疏漏和不足之处，敬请广大读者批评指正。

编　者

2012 年 3 月

第一版前言

随着科学技术的高速发展、人类社会的不断进步和全球化经济的发展,工业产品已进入数字化设计、分析与制造的时代。工程设计与表达的理念和方法也发生了根本的变化。教材建设必须适应现代教育的需要,调整原有的课程结构,改革与科学技术飞速发展及经济建设不相适应的课程体系和教学内容已刻不容缓。为此,根据国家教育部关于 21 世纪教学内容和课程体系改革的精神和教育科学"十五"国家规划课题"21 世纪中国高等教育人才培养体系的创新与实践"的子课题"21 世纪中国高等学校应用型人才培养体系的创新与实践"的研究成果,结合我省 4 所普通高等院校多年来培养应用型人才的教学经验,编写了本教材。

本书贯彻了高等学校工程图学课程教学指导委员会制定的制图课程教学基本要求,将画法几何及机械制图、计算机绘图、三维实体设计等相关课程有机地融合在一起,组成以培养创新能力和工程素质为目标的新教材体系。本书对教学内容和课程体系进行了整合和优化,既强调理论的系统性和完整性,又体现了时代特征和实用价值。

本书在传统内容中融入了几何造型、三维建模、计算机绘图的内容,不仅培养学生的绘图和识图能力,更重要的是培养学生的现代创新能力和工程素质。同时除机械图外,增加了展开图、焊接图和标高图等专业模块,使其成为工科院校非机类专业(42~72 学时)适用的公共平台。另外编有工程制图习题集和辅助教学用光盘与本教材配套使用。

本书贯彻了近年来国家发布的最新国家标准。

本书由河南省工程图学学会组织郑州轻工业学院、河南理工大学、郑州大学、河南工业大学四所院校编写,由岳永胜、巩琦、赵建国、何文平任主编,参加编写的有:郑州大学张清霄(第一章)、赵建国(第二、三章,第十章第 8 节)、河南理工大学巩琦(第四章第 1~4 节,第六章)、段鹏(第五章第 1~4 节,第十一章第 2、3 节)、河南工业大学何文平(第七章,第十一章第 1 节)、杜海陆(第十章第 1~7 节)、郑州轻工业学院白代萍(第八章)、岳永胜(绪论,第九章,第四章第 5 节,第五章第 5 节)、刘申立(附表)。河南工业大学朱珂、冯雨对本书相关章节的立体图进行了润饰处理。

本书由北京理工大学董国耀教授审阅。在编写过程中得到了高等教育出版社、各院校领导及郑州轻工业学院刘申立教授的帮助和支持,在此一并表示感谢。

由于水平有限,时间仓促,难免存在一些错误和不足之处,敬请广大读者批评指正。

编　者

2007 年 3 月

目　录

I

绪论

一、本课程的性质

本课程是研究用投影法绘制和阅读工程图样的理论和方法的技术基础课。图形具有形象性、直观性和简洁性的特点,是人们认识规律、表达信息、探索未知的重要工具。工程图样是设计与制(建)造中工程与产品信息的载体,在机械、土木、水利工程领域的技术与管理的工作中有着广泛的应用,被认为是工程界表达、交流技术思想的语言。

机械图样是工程图样中应用最多的一种。在现代工业生产中,任何机械设备、电子产品、交通运输车辆等的设计、加工、装配都离不开机械图样。设计者通过图样表达设计思想,展示设计内容,论证设计方案的合理性和科学性;生产者通过图样了解设计要求,依照图样加工制造;检验者依照图样的要求检验产品的结构和性能。

随着 CAD 技术的普及与加工能力、方法、工艺的改变,人们的思维方式和工作过程都发生了巨大变革,目前机械新产品的开发中多是利用 CAD 技术进行三维建模、动画模拟与分析,虚拟装配检验与仿真,发现及消除设计中存在的问题,然后制造出样机,这样既降低了生产成本,又缩短了新产品开发时间,提高了效率。因此,每个工程技术人员必须掌握绘制、阅读工程图样的基本理论和手工绘图及计算机绘图、建模的基本方法。

本课程主要研究绘制和阅读机械图样的基本理论和方法,学习国家标准《机械制图》《技术制图》中的有关规定,学习计算机绘图软件 AutoCAD 在机械图样绘制中的应用及三维实体建模的基本知识。

二、本课程的任务

1. 培养依据投影理论用二维图形表达三维形体的能力;
2. 培养空间想象能力和形象思维能力;
3. 培养徒手绘图和尺规绘图的能力;
4. 培养计算机二维绘图和三维形体建模的能力;
5. 培养绘制和阅读本专业工程图样的基本能力;
6. 培养工程意识、标准化意识和严谨认真的工作态度。

三、本课程的学习方法

1. 重视理论,掌握方法。熟记正投影法的特性,掌握各种位置直线、平面的投影特性;掌握各种立体的形成方法和视图投影规律的对应关系。

2. 重视课堂，认真听讲。课堂是学习的主战场，争取在课堂上听懂，理解透彻。

3. 利用现代信息技术，上网收集本课程的相关内容。目前，网上资源丰富，微课、视频、习题很多，可以利用这些资源辅助学习。

4. 注重实践，多做练习。对尺规绘图，要准备一套合乎要求的制图工具，按照正确的制图方法和步骤认真完成与本书配套的《工程制图习题集》上的作业，对作业中的错误应及时订正。对计算机绘图要上机实践。

5. 注意理论联系实际。本课程既有系统理论，又密切结合生产实际，绘图实践性要求很强，因此学习时要将画图与读图相结合，空间形体分析与图形分析相结合，多画、多看、多想，逐步培养空间逻辑思维与形象思维的能力。

6. 学习、贯彻国家制图标准。严格遵守国家标准《技术制图》《机械制图》的有关规定，注意培养耐心细致的工作作风和树立严肃认真、一丝不苟的工作态度。

第一章　制图的基本知识和技能

图样是工程技术中用来进行技术交流和指导生产的重要资料,是工程界交流技术思想的语言。为了保证技术交流的准确性,工程界制定了相关的标准,对图样画法、尺寸标注等都有统一规定。国家标准《技术制图》是我国发布的一项重要技术标准,对各类技术图样和有关技术文件作出了一些共同适用的统一规定;我国还按科学技术和生产建设发展的需要,分别发布了各不同技术部门只适用于自身的、更明确和细化的制图标准,如国家标准《机械制图》《建筑制图》等。因而对机械图样而言,凡在国家标准《机械制图》中有所规定的,都应执行;无明文规定的,则应遵守国家标准《技术制图》的有关规定。国家标准可简称国标。

本章着重介绍国标中有关机械制图部分的一般规定,包括图纸、图线、字体、比例以及尺寸标注等,同时对绘图工具使用、绘图方法步骤、基本几何作图和徒手绘图技能等作了基本介绍。

§1-1　制图的基本规定

一、图纸幅面和格式(摘自 GB/T 14689—2008)[①]

1. 图纸幅面尺寸

图纸幅面是指图纸宽度与长度组成的图面的大小。图纸的基本幅面有五种,其代号由"A"和相应的幅面号组成,见表 1-1。画图时优先选用表 1-1 中规定的基本幅面。幅面尺寸中 B 表示短边,L 表示长边,$L \approx \sqrt{2}B$。

表 1-1　图纸幅面及图框尺寸　　　　　　　　　　　　mm

幅面代号	A0	A1	A2	A3	A4
尺寸 $B \times L$	841×1 189	594×841	420×594	297×420	210×297
e	20			10	
c	10			5	
a	25				

---

① 为使图纸幅面和格式达到统一,便于图样的使用和管理等制定了该标准。"GB/T 14689—2008"是国家标准《技术制图　图纸幅面和格式》的编号,其中,"GB"是"国标"两字的拼音缩写,"T"表示"推荐性标准","14689"是该标准的顺序号,"2008"是标准批准的年号。

当采用基本幅面绘制图样有困难时,允许采用尺寸加长幅面。加长幅面的尺寸由基本幅面的短边成整数倍增加后得出,如幅面代号为 A0×2 时,尺寸 $B×L=1\ 189×1\ 682$;幅面代号为 A3×3 时,尺寸 $B×L=420×891$;幅面代号为 A4×4 时,尺寸 $B×L=297×841$ 等。

2. 图框格式

图框是图纸上限定绘图区域的线框。图框格式分为留有装订边和不留装订边两种,如图 1-1 和图 1-2 所示。两种格式图框周边尺寸 a、c、e 如表 1-1 所示。但应注意,同一产品的图样只能采用一种格式。

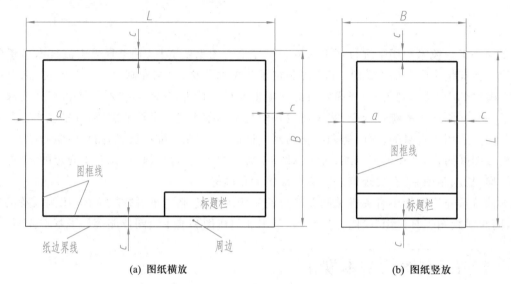

(a) 图纸横放　　　　　　　　　　　　(b) 图纸竖放

图 1-1　留有装订边图样的图框格式

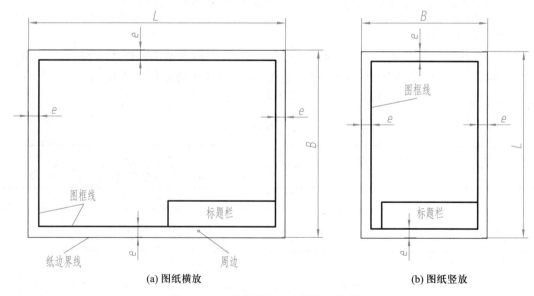

(a) 图纸横放　　　　　　　　　　　　(b) 图纸竖放

图 1-2　不留有装订边图样的图框格式

绘图时，图纸可以横放也可以竖放。在图幅内画出图框，图框线用粗实线，细实线表示图纸的大小，如图 1-1 所示。图要画在图框里边。

标题栏的长边置于水平方向并处在图纸长边上的为 X 型图纸，标题栏的长边处在图纸短边上的为 Y 型图纸。

3. 标题栏及其方位

每张图纸上都必须画出标题栏。标题栏的格式和尺寸按 GB/T 10609.1 的规定。不论图纸横放还是竖放，标题栏均应放在图框的右下角，如图 1-1、图 1-2 所示。标题栏中文字书写方向是看图方向。对于使用已预先印制了图框、标题栏和对中符号的图纸，允许将图纸逆时针旋转 90°放置，但必须画出方向符号，如图 1-3 所示。此时应按方向符号的装订边置于下边后横放看图，而不应按标题栏中文字方向竖放看图。方向符号是用细实线绘制的等边三角形，其大小和所处的位置如图 1-4 所示。

标题栏
标题栏

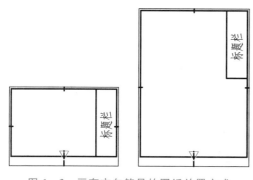

图 1-3　画有方向符号的图纸放置方式

6
3

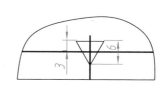

图 1-4　方向符号的尺寸和位置

标题栏的基本要求、内容、尺寸和格式，国家标准中有详细规定，这里不作介绍，读者可查国标。在学习本课程时，可使用图 1-5、图 1-6 所示的标题栏格式。

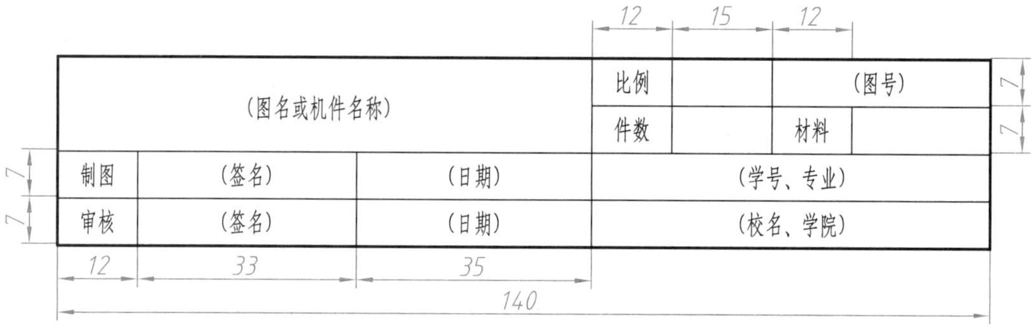

12
15
12
比例
(图号)
(图名或机件名称)
件数
材料
7
7
制图
(签名)
(日期)
(学号、专业)
审核
(签名)
(日期)
(校名、学院)
12
33
35
140

图 1-5　制图作业中零件图推荐使用的标题栏格式

二、比例(摘自 GB/T 14690—1993)

比例是指图中图形与其实物相应要素的线性尺寸之比。绘制图样时，一般情况下应按物体的实际大小画出，以便于看图。但有的物体太大或者太小，这时就需要缩小或者放大画出，缩小或放大的比例应按国家标准的规定选取，如表 1-2 所示。

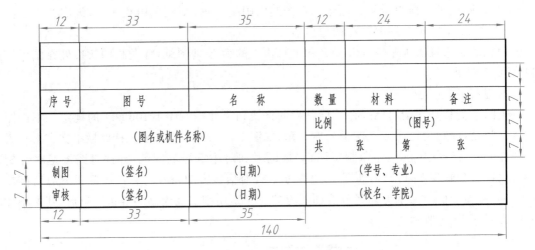

图 1-6　制图作业中装配图推荐使用的标题栏和明细栏格式

表 1-2　图样的比例

种类	比例
原值比例	1：1
放大比例	5：1　2：1　5×10^n：1　2×10^n：1　1×10^n：1 必要时,也允许选用:4：1　2.5：1　4×10^n：1　2.5×10^n：1
缩小比例	1：2　1：5　1：10　1：2×10^n　1：5×10^n　1：1×10^n 必要时,也允许选用:1：1.5　1：2.5　1：3　1：4　1：6 1：1.5×10^n　1：2.5×10^n　1：3×10^n　1：4×10^n　1：6×10^n

注:n 为正整数。

　　一般情况下,同一张图比例应一致,比例的大小填在标题栏内。当某个视图需用不同比例时(例如局部放大图),必须在视图名称的下方标注出该视图所用的比例,如图 1-7 所示的 $\dfrac{A}{2：1}$。

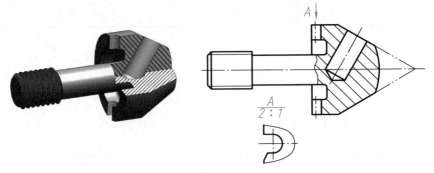

图 1-7　局部放大图的比例标注

注意:不管选用什么比例,所注尺寸必须是实物的实际尺寸,如图 1-8 所示。

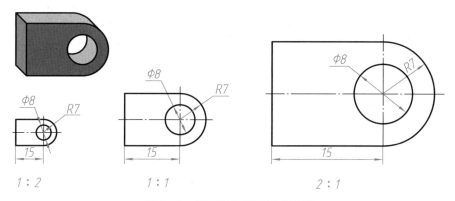

图 1-8   用不同比例绘制的图形

三、字体(摘自 GB/T 14691—1993)

图样上除了图形外,还有汉字、数字、字母等,说明物体的大小、技术要求等。书写这些字体时必须做到:字体工整、笔画清楚、间隔均匀、排列整齐。

字体的大小用字体的号数来表示,也就是字体的高度 h(单位:mm),其公称系列为 1.8、2.5、3.5、5、7、10、14、20。如 5 号字即字高为 5mm。若要书写更大的字,其字体高度应按 $\sqrt{2}$ 的比率递增。汉字为长仿宋体,并采用国家正式公布的简化字,其字宽一般为 $h/\sqrt{2}$(约为字高的 2/3)。汉字高度不应小于 3.5 号,以避免字迹不清。写长仿宋体有 16 字要领:横平竖直、注意起落、结构均匀、填满方格。汉字示例见图 1-9。

机械图样中的汉字数字各种字母必须写
的字体端正笔画清楚排列整齐间隔均匀

图 1-9   长仿宋体汉字书写示例

常用字母为拉丁字母和希腊字母,数字为阿拉伯数字和罗马数字。

字母和数字分 A 型和 B 型。A 型字体的笔画宽度(d)为字高的 1/14,B 型字体的笔画宽度(d)为字高的 1/10。在同一图样中只允许选用同一种字体。字母和数字可写成斜体或直体,但全图要统一。斜体字字头向右倾斜,与水平线成 75°,如图 1-10、图 1-11、图 1-12 所示。用作指数、分数、极限偏差、注脚等的数字及字母,一般采用小一号的字体,如图 1-13 所示。

图 1-10   阿拉伯数字示例(斜体)

图 1-11　拉丁字母示例(斜体)

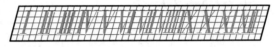

图 1-12　罗马数字示例(斜体)

$$10^3 \qquad S^{-1} \qquad \frac{3}{5} \qquad \Phi20^{+0.021}_{\ 0} \qquad 7°^{+1°}_{-2°} \qquad D_1$$

图 1-13　指数、分数、极限偏差、注脚示例

四、图线(摘自 GB/T 17450—1998、GB/T 4457.4—2002)

《技术制图　图线》GB/T 17450—1998 规定了 15 种基本线型及其名称、基本线型的变形及其名称、图线宽度的尺寸系列以及图线的画法要求等。其中,图线宽度(d)应按图样的类型和尺寸大小在下面的线宽系列(单位:mm)中选择:

0.13,0.18,0.25,0.35,0.5,0.7,1,1.4,2。

粗线、中粗线和细线的宽度比率为 4:2:1。

这项标准适用于各种技术图样,如机械、电子电气、建筑和土木工程图样等。

针对机械设计制图的需要,《机械制图　图样画法　图线》GB/T 4457.4—2002 对图线规定了 9 种线型,如表 1-3 所示。

表 1-3　基本线型及应用

图线名称(线宽)	图线型式	主要用途
粗实线(d)		可见棱边线、可见轮廓线、可见相贯线、螺纹牙顶线、螺纹长度终止线、齿顶圆(线)、表格图和流程图中的主要表示线、系统结构线(金属结构工程)、模样分型线、剖切符号用线
细实线($d/2$)		过渡线、尺寸线、尺寸界线、指引线和基准线、剖面线、重合断面的轮廓线、短中心线、螺纹牙底线、尺寸线的起止线、表示平面的对角线、零件成形前的弯折线、范围线及分界线、重复要素表示线、锥形结构的基面位置线、叠片结构位置线、辅助线、不连续同一表面连线、规律分布的相同要素连线、投射线、网格线

图线名称(线宽)	图线型式	主要用途
波浪线(d/2)		断裂处的边界线、视图与剖视图的分界线
双折线(d/2)	(7.5d) 14d 30°	断裂处的边界线、视图与剖视图的分界线
细虚线(d/2)	12d 3d	不可见棱边线、不可见轮廓线
粗虚线(d)		允许表面处理的表示线
细点画线(d/2)	24d 6d	轴线、对称中心线、分度圆(线)、孔系分布的中心线、剖切线
粗点画线(d)		限定范围表示线
细双点画线(d/2)	24d 9d	相邻辅助零件的轮廓线、可动零件的极限位置的轮廓线、重心线、成形前轮廓线、剖切面前的结构轮廓线、轨迹线、毛坯图中制成品的轮廓线、特定区域线、延伸公差带表示线、工艺用结构的轮廓线、中断线

注:虚线中的"画"和"短间隔",点画线和双点画线中的"长画""点"和"短间隔"的长度,国标中有明确规定。表中所注的相应尺寸,仅作为手工画图时的参考。

在机械图样上采用粗、细两种线宽,线宽比例为 2 : 1。一般图样中,粗线线宽优先采用 0.5 mm、0.7 mm。图 1-14 为上述几种图线的应用举例。

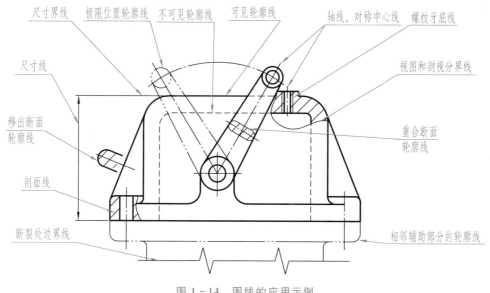

图 1-14 图线的应用示例

绘图时,图线的画法有如下要求:

① 同一图样中,同类图线的宽度应一致。虚线、点画线和双点画线的画线长短和间隔应各自大致相等,其长度可根据图形的大小决定。

② 各类图线相交时,必须是画相交。当虚线处于粗实线的延长线时,粗实线应画到分界点,而虚线应留有间隔,如图 1-15 所示。

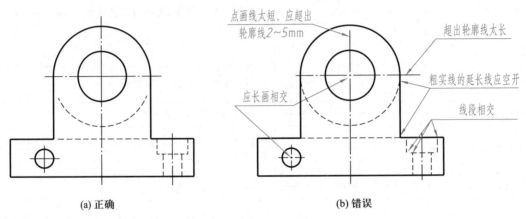

点画线太短,应起出
轮廓线2~5mm

起出轮廓线太长

应长画相交

粗实线的延长线应空开

线段相交

(a) 正确　　　　　　　　　　　(b) 错误

图 1-15　图线注意事项

③ 绘制圆的对称中心线时,圆心应为长画的交点,CAD 制图时,可画圆心符号"+"。首尾两端应是长画而不是点,且应超出图形轮廓线 2~5 mm。

④ 在较小图形上绘制细点画线或细双点画线有困难时,可用细实线代替。

⑤ 当各种线条重合时,应按粗实线、细虚线、细点画线的优先顺序画出。

五、尺寸注法(摘自 GB/T 16675.2—2012、GB/T 4458.4—2003)

图样上的图形只能表示机件的形状,而机件的大小还必须通过标注尺寸才能确定。国家标准规定了标注尺寸的规则和方法,在画图时必须严格遵守,否则会引起混乱,给生产带来困难和损失。

1. 基本规则

(1) 机件的真实大小应以图样上所注的尺寸数值为依据,与图形的大小及绘图的准确度无关。

(2) 图样中(包括技术要求和其他说明)的尺寸以 mm 为单位时,不需标注单位符号(或名称),如果采用其他单位,则应注明相应的单位符号。例如,角度为 30 度,则在图样上应标注成"30°"。

(3) 图样中所标注的尺寸为该图样所示机件的最后完工尺寸,否则应另加说明。

(4) 机件的每一尺寸一般只标注一次,并应标注在反映该结构最清晰的图形上。

2. 尺寸组成及基本规定

一个完整的尺寸,一般由尺寸界线、尺寸线、尺寸数字和尺寸线终端四部分组成,如图 1-16 所示。

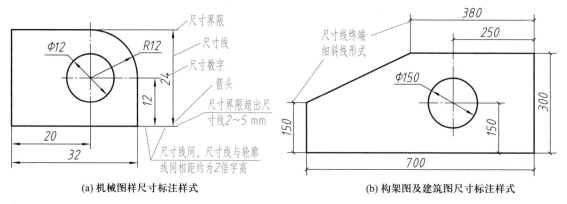

(a) 机械图样尺寸标注样式　　　　　　　　　(b) 构架图及建筑图尺寸标注样式

图 1-16　尺寸标注及其组成

有关尺寸数字、尺寸线、尺寸界线以及必要的符号和字母等有关规定见表 1-4。

表 1-4　标注的基本规定

项目	说明	示例
尺寸数字	1. 线性尺寸的数字一般应注写在尺寸线的上方,也允许注写在尺寸线的中断处 2. 标注参考尺寸时,应将尺寸数字加上圆括号	注:其中 C 表示 45°倒角,2 为圆台高度
	3. 线性尺寸数字应按左图 a 所示方向注写,应尽量避免在 30°范围内标注尺寸。当无法避免时,可参照图 b、c 的形式标注。 在同一张图样中,应尽可能采用同一种形式标注,同时尺寸数字大小应一致	(a)　　(b)　　(c)
	4. 尺寸数字不可被任何图线所通过,否则必须将该图线断开	(a)　　(b)

项目	说明	示例
尺寸线	尺寸线必须用细实线单独画出,不能用其他图线代替,也不得与其他图线重合或画在其他线的延长线上。 线性尺寸线应与所标注的线段平行。当有几条相互平行的尺寸线时,要大尺寸在外,小尺寸在内。圆和半圆弧的尺寸线要通过圆心	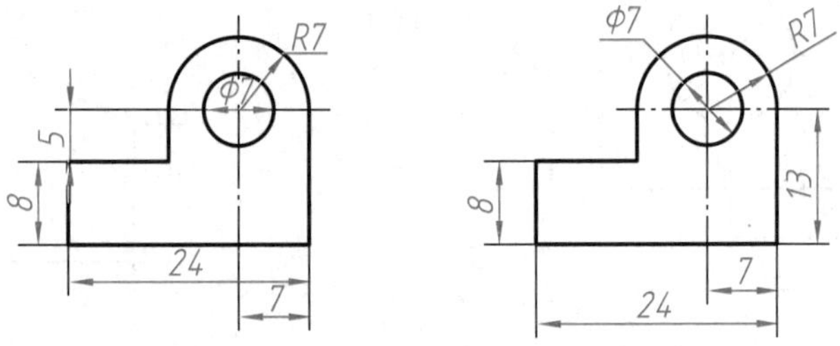 (a) 错误　　　　(b) 正确
尺寸界线	1. 尺寸界线表示尺寸的起止,用细实线绘制,可由图形的轮廓线、轴线或对称中心线引出。也可由它们代替	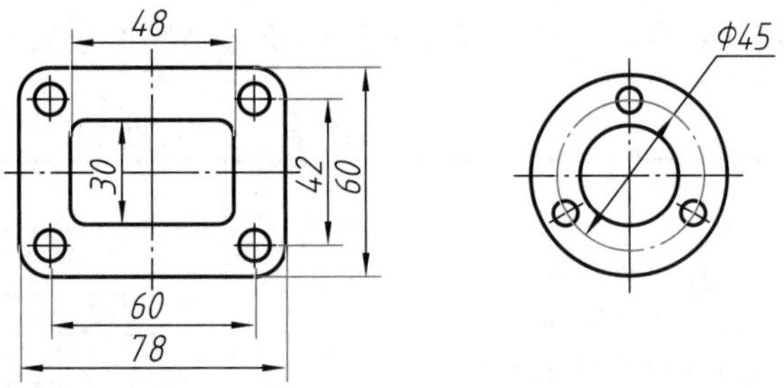 (a)　　　　(b)
	2. 尺寸界线一般与尺寸线垂直,必要时才允许倾斜。 3. 在光滑过渡处标注尺寸时,必须用细实线将轮廓线延长,从它们的交点引出尺寸界线	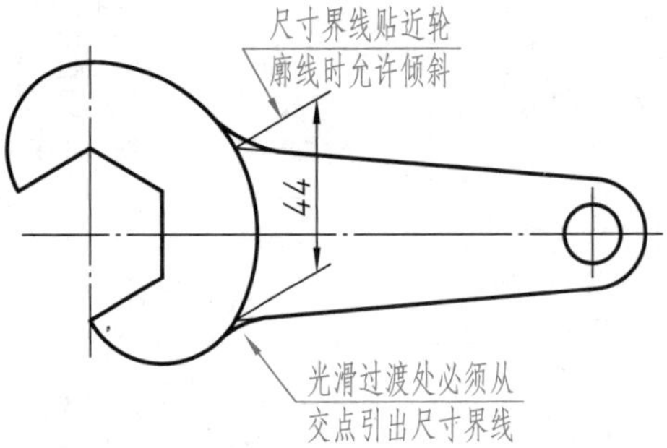
尺寸线终端	尺寸线终端有两种形式:箭头或细斜线,形式和大小如右图 a、b 所示。箭头适用于各种类型的图形,箭头尖端与尺寸界线接触,不得超出也不得离开。当尺寸线终端采用细斜线形式时,尺寸线与尺寸界线必须相互垂直。同一张图样中只能采用一种尺寸终端形式	 d 为粗实线的宽度　　h=字体高度 (a)　　　　(b)

项目	说明	示例
直径与半径	1. 整圆、同心对称圆弧或圆弧超过半圆时,标直径,在数字前加 φ。 2. 圆弧小于或等于半圆时标半径,在数字前加 R。 3. 在反映圆的视图上标注时,尺寸线通过圆心。 4. 标半径时,尺寸线一端指向圆心,一端指向圆弧,指向圆弧的一端画箭头。半径要标在反映圆的视图上。 5. 相同直径的圆孔直径前面要加数字。例如标注 2 个一样的孔时,要标 2×φ,半径 R 前面不加数字	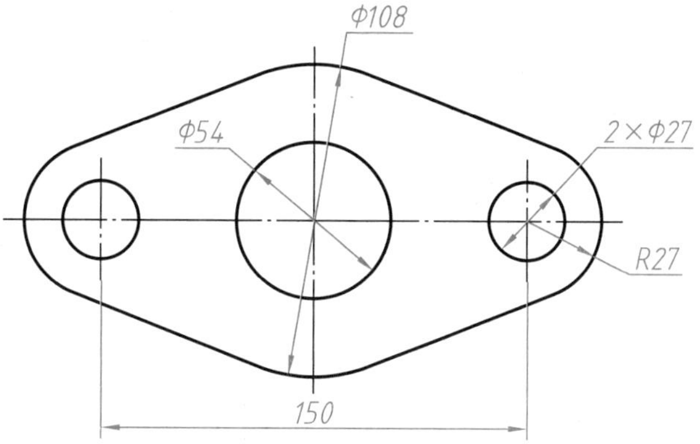 φ108 φ54 2×φ27 R27 150
	6. 当圆弧的半径过大或在图纸范围内无法标出圆心位置时可采用折线形式(图 a),若圆心位置不需注明,则尺寸线可只画靠近箭头的一端(图 b)	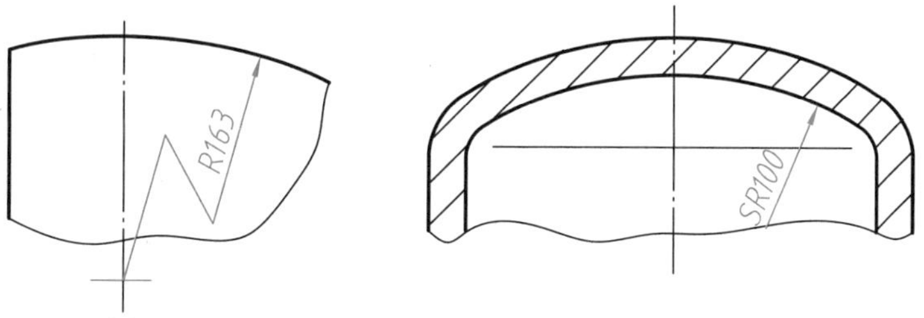 R163 SR100 (a)　　　　　　　　(b)
	7. 标注球面的直径或半径时,应在符号 φ 或 R 前加注符号 S(图 a、b)。对于螺钉、铆钉的头部,轴(包括螺杆)的端部以及手柄的端部等,在不致引起误解的情况下,可省略符号 S(图 c)	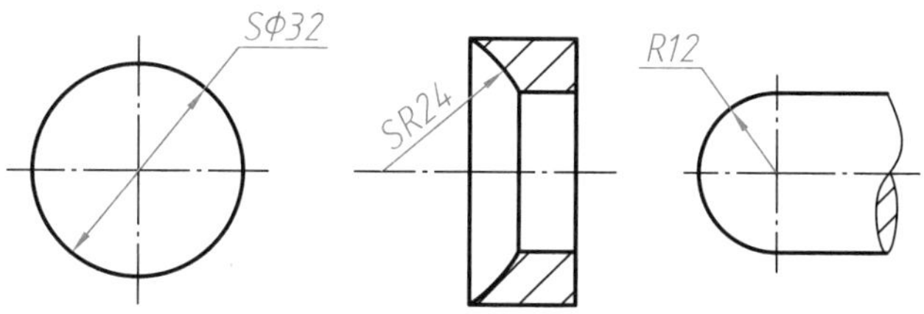 Sφ32 SR24 R12 (a)　　　　(b)　　　　(c)

项目	说明	示例
狭小部位	1. 在没有足够位置画箭头或注写尺寸数字时,可将箭头或数字布置在外面,也可将箭头和数字都布置在里面。 2. 几个小尺寸连续标注时,中间的箭头可用斜线或圆点代替	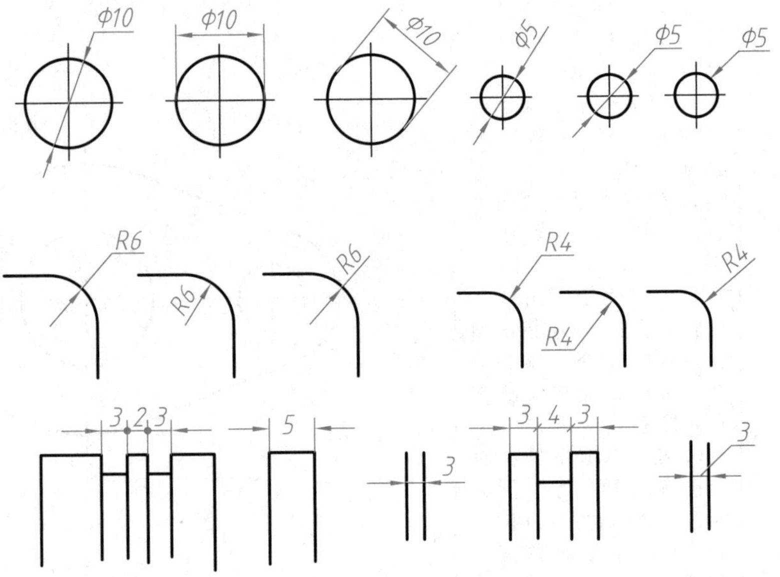 $\phi10$ $\phi10$ $\phi10$ $\phi5$ $\phi5$ $\phi5$ R6 R6 R6 R4 R4 R4 3 2 3 5 3 3 4 3 3
角度	1. 角度尺寸界线应沿径向引出,尺寸线应画成圆弧,其圆心是该角的顶点。 2. 角度的数字一律写成水平方向,并注在尺寸线中断处,必要时可注写在尺寸线上方或外侧,也可以引出标注	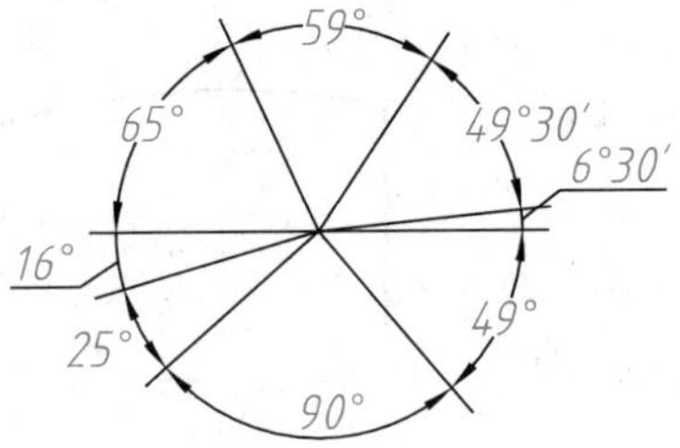 59° 65° 49°30′ 6°30′ 16° 49° 25° 90°
弦长与弧长	1. 标注弦长和弧长时,尺寸界线应平行于弦的垂直平分线(图 a、b)。当弧长较大时,可沿径向引出(图 c)。 2. 标注弧长尺寸时,尺寸线用圆弧,并应在尺寸数字前方加注符号"⌒"(图 b、c)	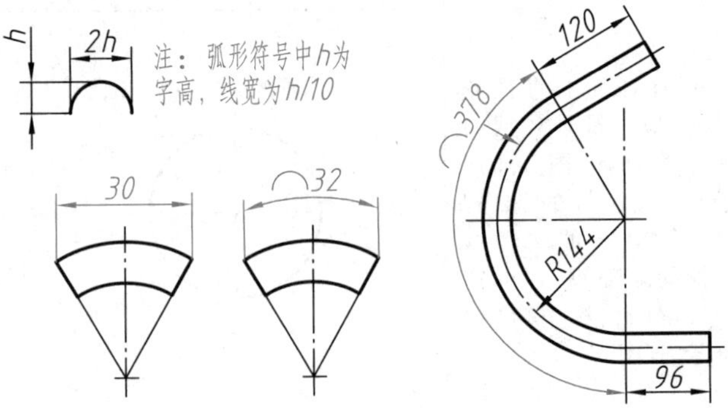 h 2h 注:弧形符号中h为字高,线宽为h/10 120 ⌒378 30 ⌒32 R144 96 (a) (b) (c)

14

项目	说明	示例
对称图形	当对称机件的图形画出一半(图 a)或略大于一半(图 b)时,尺寸线应略超过对称中心线或断裂处的边界线,此时仅在尺寸线的一端画出箭头	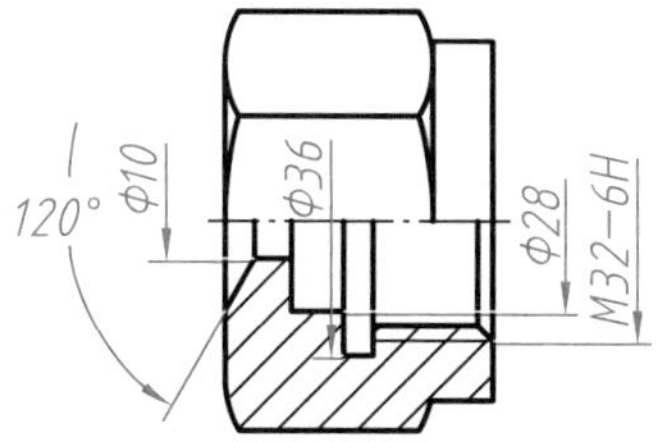 (a) 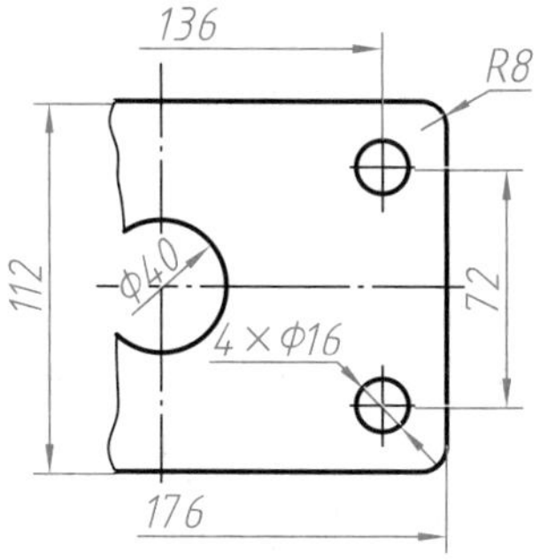 (b)
正方形结构	标注断面为正方形结构的尺寸时,可在边长尺寸数字前加注符号"□"或用"$B \times B$"(B 为正方形的边长)注出	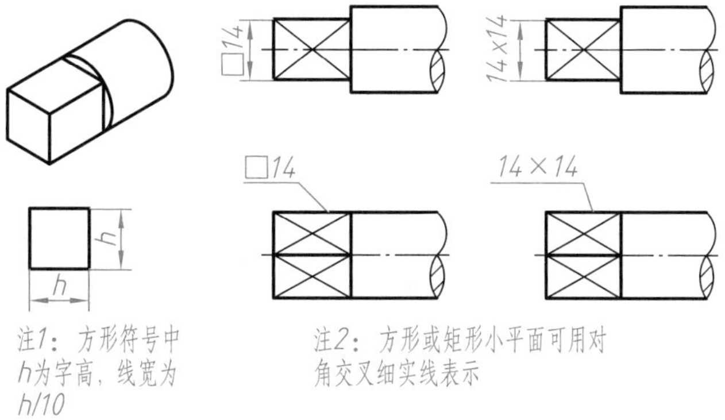 注1:方形符号中 h为字高,线宽为 h/10 注2:方形或矩形小平面可用对角交叉细实线表示
板状机件	标注板状机件的厚度时,可采用指引线方式引出标注,并在尺寸数字前加注厚度符号"t"	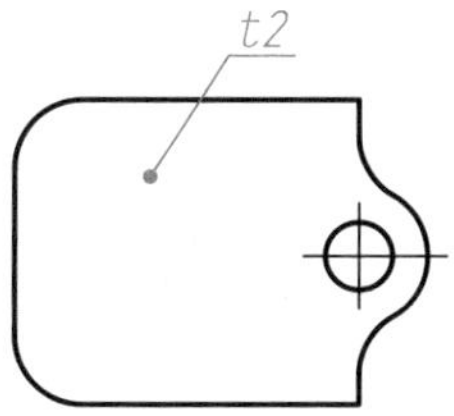
半圆图形	当需要指明半径尺寸是由其他尺寸所确定时,应用尺寸线和符号"R",标出,但不要注写尺寸数字。	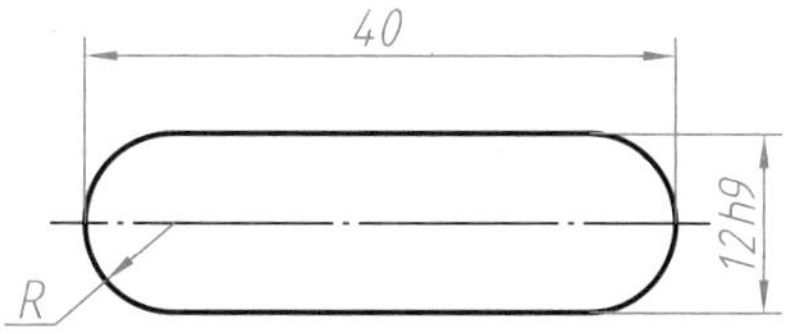

15

§1-2 尺规绘图工具及其使用

为了提高绘图的质量和速度，必须掌握绘图工具的正确使用方法，养成良好的使用习惯。熟练掌握绘图工具的使用方法，是每一个工程技术人员必备的基本素质。

一、图板、丁字尺、三角板的用法（图1-17）

图板是用来固定图纸的，要求表面平整，图板的左边是工作边。画图时，用胶带纸将图纸固定在图板上，图板与水平面倾斜大约20°，便于画图。

丁字尺主要用来画水平线。画图时，尺头内侧必须紧靠图板左边，上下移动。画图时，铅笔向右倾斜，与前进方向成75°，自左向右画水平线。

三角板有45°和30°（60°）两种，与丁字尺配合使用时，自下而上画竖直线，铅笔应与前进方向成75°。两个三角板配合可画与水平线成15°角整数倍的斜线，还可以画已知直线的平行线或垂直线。

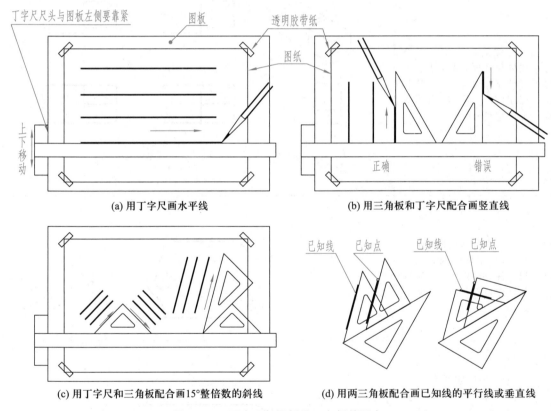

(a) 用丁字尺画水平线

(b) 用三角板和丁字尺配合画竖直线

(c) 用丁字尺和三角板配合画15°整倍数的斜线

(d) 用两三角板配合画已知线的平行线或垂直线

图1-17　丁字尺与图板及三角板的配合

二、分规、圆规及铅笔的用法

分规主要用来量取线段长度或等分已知线段。分规的两腿端部带有钢针，当两腿合拢时，两钢针应能对齐,如图 1-18 所示。

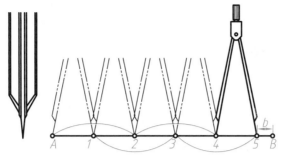

图 1-18　分规的用法

　　圆规用来画圆和圆弧。大圆规可接换不同的插脚、加长杆。圆规的钢针插脚有两个尖端,画图时,应使用有肩台的一端,并使肩台与铅芯平齐,当画不同直径的圆弧时,应使圆规两脚都与纸面垂直,如图 1-19 所示。

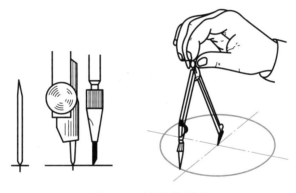

图 1-19　圆规的用法

　　绘图铅笔的铅芯有软硬之分,分别用 B 和 H 表示,B 前的数值越大表示铅芯越软,H 的数值越大则表示铅芯越硬,HB 的铅芯软硬程度适中。

　　削铅笔要从无字的一头开始,以保留铅芯的软硬标记。铅笔应削成锥形或扁平形,如图 1-20所示。锥形适用于画底稿、写字、画细线。扁平形适用于加深图线。

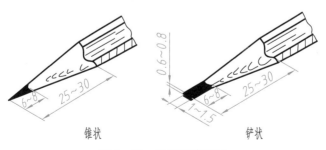

锥状　　　　　　铲状

图 1-20　铅笔削磨形状

§1-3 几何作图

一、正多边形的画法

1. 正六边形

如图 1-21 所示,先画出正六边形的外接圆(或内切圆),然后用 60°三角板配合丁字尺通过水平直径的端点作四条边,再用丁字尺作上、下水平边;或以半径长为边长,用圆规作出六个顶点后连线,也可作出圆内接正六边形。

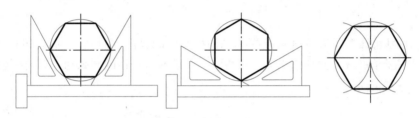

图 1-21 正六边形的画法

2. 正五边形

如图 1-22 所示,平分半径 Ob 得点 e,以 e 为圆心,以 ec 为半径画弧,交 Oa 于 f,以 cf 为弦在圆周上依次截取即得圆内接正五边形。

图 1-22 正五边形的画法

二、斜度和锥度

1. 斜度

斜度是指一直线对另一直线或一平面对另一平面的倾斜程度。其大小为两直线(两平面)间夹角的正切值。例如图 1-23a 中,直线 CD 对直线 AB 的斜度 $= \dfrac{T-t}{l} = \dfrac{T}{L} = \tan \alpha$。斜度符号如图 1-23b 所示。标注时将比例前项化为 1,写成 1:n 的形式,应注意斜度符号的方向应与图形倾斜方向一致,如图 1-23c 所示。图 1-24 为斜度 1:5 的作图方法与标注。

2. 锥度

锥度是正圆锥的底圆直径与圆锥高度之比。若是圆台,则为两底圆直径之差与台高之比。

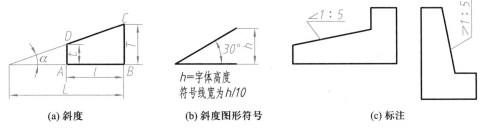

(a) 斜度　　　　　(b) 斜度图形符号　　　　　(c) 标注

图 1-23　斜度的定义、符号及标注

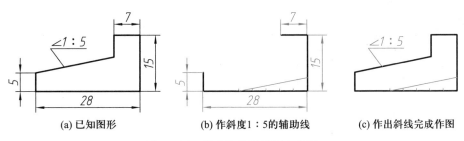

(a) 已知图形　　　　　(b) 作斜度1∶5的辅助线　　　　　(c) 作出斜线完成作图

图 1-24　斜度的作图步骤与标注

锥度取决于圆锥角的大小，例如图 1-25a 中，正圆锥与圆台的锥度 $=\dfrac{D-d}{l}=\dfrac{D}{L}=2\tan\left(\alpha/2\right)$。

锥度的符号如图 1-25b 所示。在图样中以 1∶n 的形式标注，应注意锥度符号的方向应与倾斜方向一致，如图 1-25c 所示。图 1-26 为锥度 1∶5 的作图方法与标注。

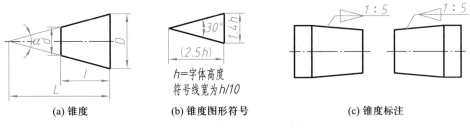

(a) 锥度　　　　　(b) 锥度图形符号　　　　　(c) 锥度标注

图 1-25　锥度的定义及符号

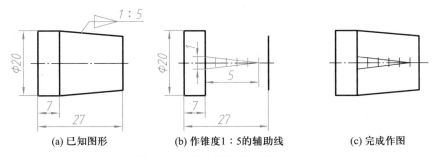

(a) 已知图形　　　　　(b) 作锥度1∶5的辅助线　　　　　(c) 完成作图

图 1-26　锥度的作图步骤与标注

三、圆弧连接

用线段(圆弧或直线段)光滑连接两已知线段(圆弧或直线段)称为圆弧连接。该线段称为连接线段。光滑连接就是平面几何中的相切。圆弧连接可以用圆弧连接两条已知直线、两已知圆弧或一直线一圆弧,也可用直线连接两圆弧。

在工程图中,经常用到直线与圆弧、圆弧与圆弧光滑连接的形式,这种起连接作用的圆弧称为连接弧,如图 1-27 所示。

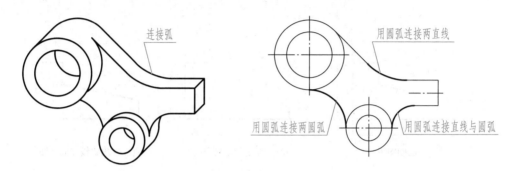

图 1-27　圆弧连接

1. 圆弧连接的作图原理

为保证相切,画连接弧前,必须求出它的圆心和切点。下面用轨迹相交的方法来分析圆弧连接的作图原理,如图 1-28 所示。

图 1-28a 表示圆弧与已知直线相切。其连接弧的圆心轨迹是与已知直线相距为 R 的平行线。当圆心为 O_1 时,由 O_1 向直线作垂线,垂足 a 即为切点。

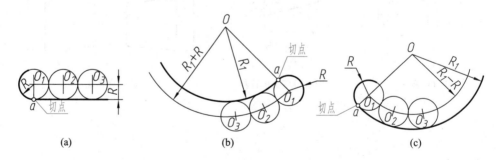

图 1-28　圆弧连接的基本原理

图 1-28b、c 表示圆弧与圆弧连接。半径为 R 的圆弧与已知圆弧(圆心为 O、半径为 R_1)相切,其圆心轨迹是已知圆弧的同心圆。当两圆弧外切时,半径为 R_1+R,如图 1-28b 所示;当两圆弧内切时,半径为 R_1-R,如图 1-28c 所示。当圆心为 O_1 时,连接两圆心的直线 OO_1 与已知圆弧的交点 a 即为切点。

2. 圆弧连接作图方法

表 1-5 列举了四种用已知半径为 R 的圆弧来连接已知线段的作图方法和步骤。

表 1-5　圆弧连接作图举例

要求	作图方法和步骤		
	已知	求圆心 O，定切点 K_1、K_2	画连接弧
连接相交两直线	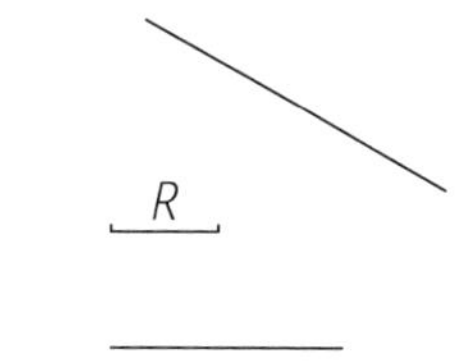	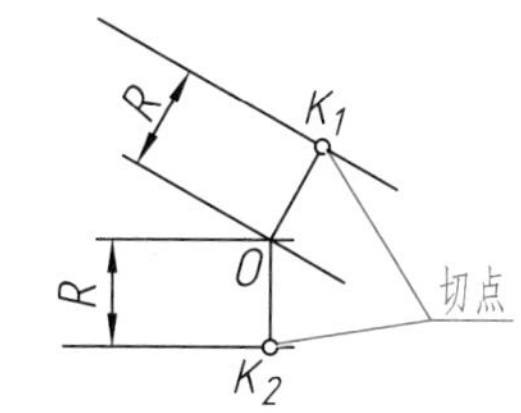	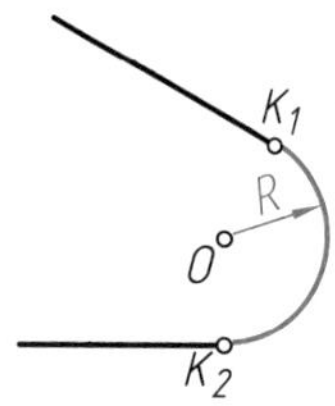
连接一直线和一圆弧	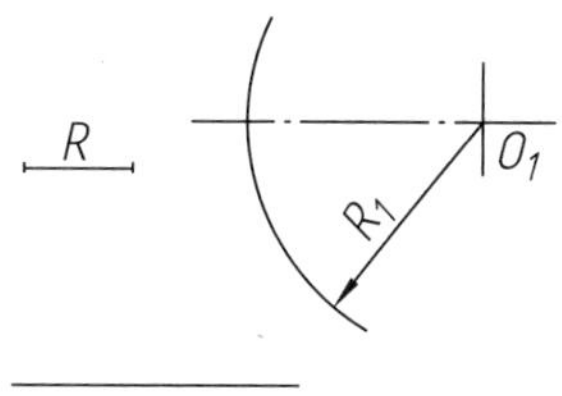	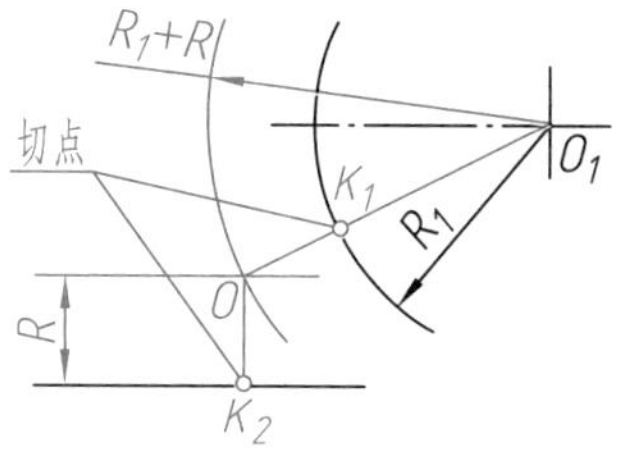	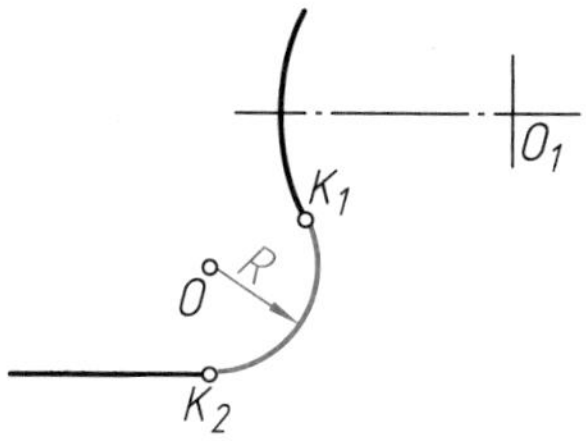
外接两圆弧	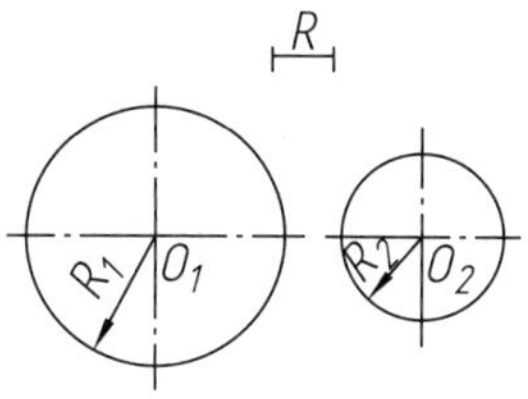	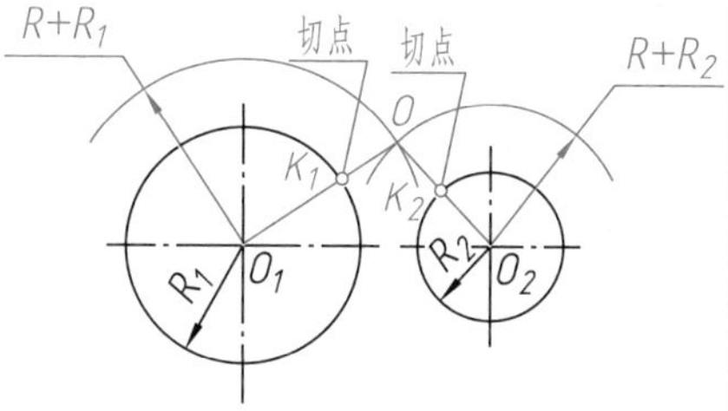	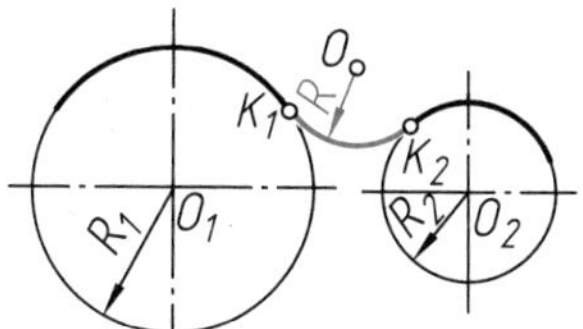
内接两圆弧	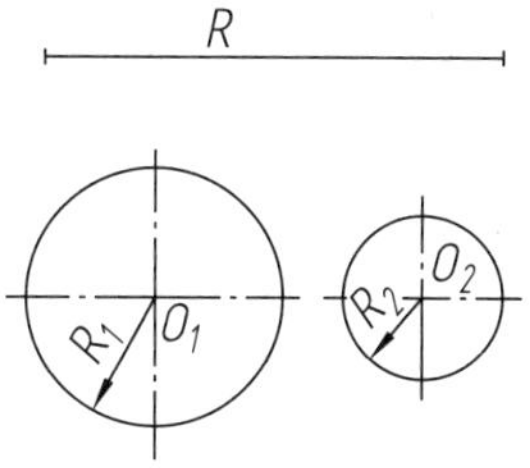	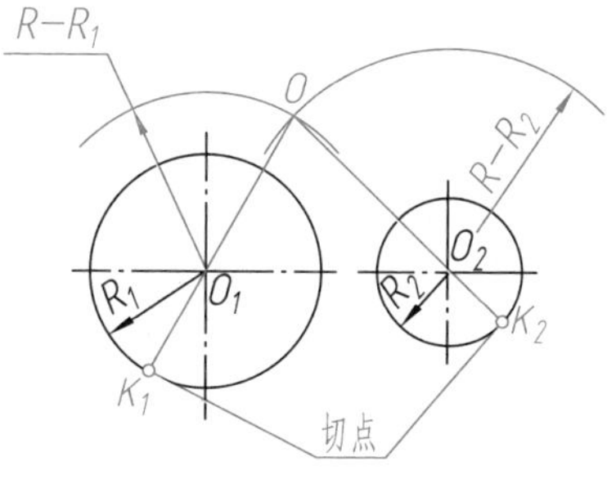	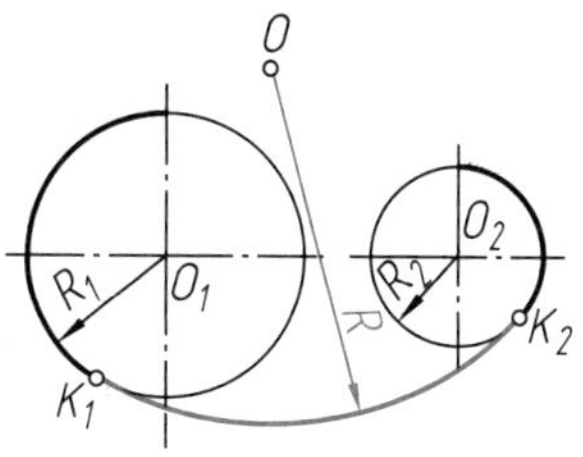

四、椭圆的画法

1. 同心圆作椭圆的画法

如图 1-29 所示，由长、短轴画椭圆的方法如下：以 O 为圆心、长半轴 OA 和短半轴 OC 为半径分别作圆；过圆心 O 作若干射线与两圆相交，由各交点分别作与长、短轴平行的直线，即可相应地得到椭圆上的各点。最后，把这些点用曲线板连接成椭圆。

2. 椭圆的近似画法

如图 1-30 所示，利用长、短轴作椭圆的一种近似画法如下：连长、短轴的端点 AC，取 $CE_1=$ $CE=OA-OC$；作 AE_1 的中垂线与两轴分别交于点 1 和点 2；分别取 1 点、2 点对轴线的对称点 3、点 4；最后分别以点 1、2、3、4 为圆心，$1A$、$2C$、$3B$、$4D$ 为半径作圆弧，这四段圆弧就近似地代替了椭圆，圆弧间的切点为 K、N、N_1、K_1。

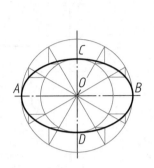

图 1-29　同心圆法画椭圆

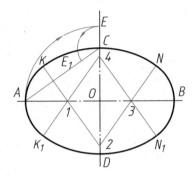

图 1-30　四心法画椭圆

§1-4　平面图形的画法和尺寸注法

每一个平面图形都是有一个或几个封闭的线框组成，而每一个封闭的线框都是由一些线段组成，这些线段中包含了直线段或圆弧。要正确绘制平面图形，必须掌握平面图形的线段分析和尺寸分析。

一、平面图形的尺寸分析

在平面图形中，根据尺寸在图中的用途把它们分为定形尺寸和定位尺寸。

1. 尺寸基准

基准是确定尺寸位置的几何元素。通常在水平和竖直方向各选定一条直线作为基准线。一般选择图形中的重要对称中心线和主要轮廓直线作为基准线。

2. 定形尺寸

确定图形中各线段大小的尺寸为定形尺寸，如线段的长度、圆及圆弧的直径或半径、角度的大小等，如图 1-31 所示手柄中的 $\phi16$、15、$R15$、$R12$、$R50$、$R10$、$\phi30$ 等。

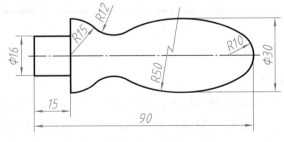

图 1-31　手柄

3.定位尺寸

确定图形中各线段相对位置的尺寸为定位尺寸,如圆或圆弧的圆心、直线的位置等,如图 1-31 中的 15、90、ϕ30。对平面图形来说,一般需要两个方向的定位尺寸。

应该指出,有些尺寸既是定形尺寸,又是定位尺寸,如图 1-31 中的 ϕ30、15。

二、平面图形的线段分析

根据平面图形中所标注的尺寸和线段间的连接关系,图形中的线段可为三类:

1. 已知线段 根据图形中所注的尺寸就可以直接画出的线段,如图 1-31 中的 ϕ16、15、R15、R10。

2. 中间线段 除图形中标注的尺寸外,还需根据一个连接关系才能画出来的线段,如图 1-31中的 R50,只有一个定位尺寸 ϕ30,必须利用与 R10 相切的关系才能画出来。

3. 连接线段 需要根据两个连接关系才能画出来的线段。图 1-31 中的 R12 没有定位尺寸,必须利用与 R15 和 R50 相切的关系才能画出来。

三、平面图形的画图步骤

根据以上对平面图形的尺寸分析和线段分析可知,在绘制平面图形时,首先应画已知线段,其次画中间线段,最后画连接线段。平面图形的画图步骤如图 1-32 所示。

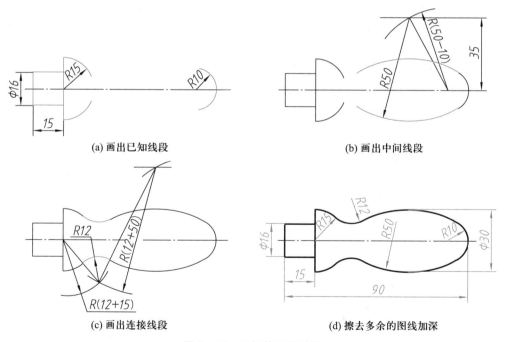

(a) 画出已知线段   (b) 画出中间线段

(c) 画出连接线段   (d) 擦去多余的图线加深

图 1-32　手柄的画图过程

四、平面图形的尺寸注法

平面图形尺寸标注要求是正确、完整、清晰,即尺寸注法要符合国标的规定;尺寸数字不能写错和出现矛盾;要标注齐全,不要遗漏,也不要重复;尺寸布局要清晰易读。

标注尺寸的方法和步骤是:

1)分析平面图形各部分的构成,确定尺寸基准。

2)确定图形中各线段的性质,即分清已知线段、中间线段与连接线段。

3)按已知线段、中间线段、连接线段的次序逐个标注尺寸。图1-33为平面图形的尺寸注法举例。

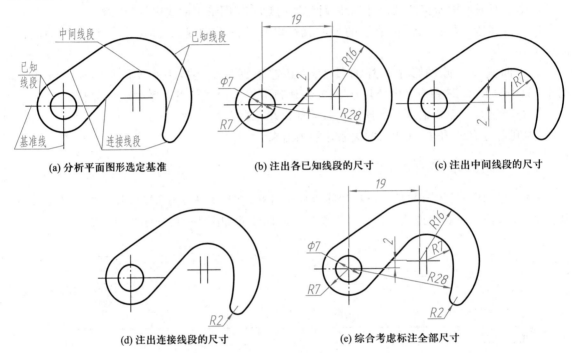

(a) 分析平面图形选定基准　　(b) 注出各已知线段的尺寸　　(c) 注出中间线段的尺寸

(d) 注出连接线段的尺寸　　(e) 综合考虑标注全部尺寸

图 1-33　平面图形的尺寸注法

一些常见平面图形的尺寸标注见表1-6。

表 1-6　常见平面图形的尺寸标注

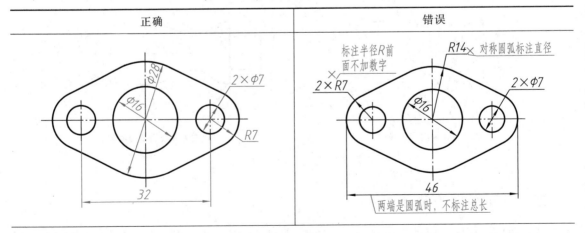

正确	错误

正确	错误

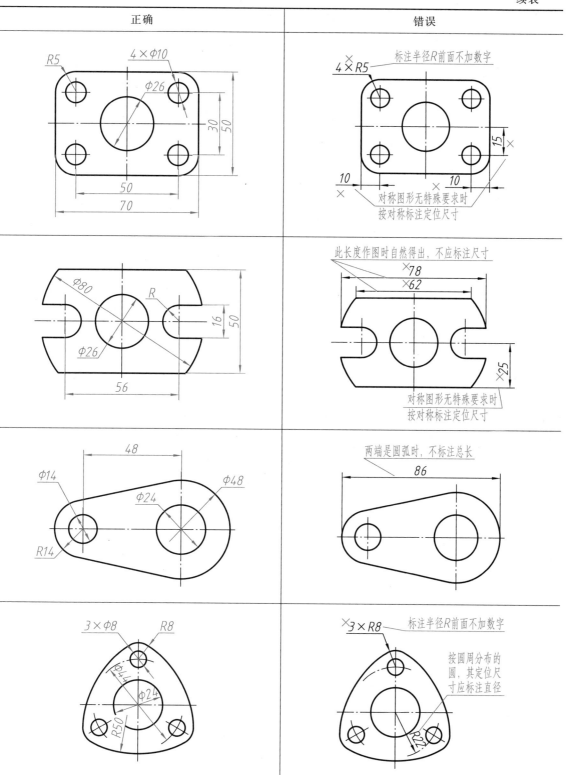

正确侧标注:
- R5
- 4×Φ10
- Φ26
- 30
- 50
- 50
- 70

- Φ80
- R
- Φ26
- 16
- 50
- 56

- 48
- Φ14
- Φ48
- Φ24
- R14

- 3×Φ8
- R8
- Φ44
- Φ24
- R50

错误侧标注:
- 4×R5 标注半径R前面不加数字
- 15
- 10
- 10
- 对称图形无特殊要求时按对称标注定位尺寸

- 此长度作图时自然得出，不应标注尺寸
- 78
- 62
- 25
- 对称图形无特殊要求时按对称标注定位尺寸

- 两端是圆弧时，不标注总长
- 86

- 3×R8 标注半径R前面不加数字
- 按圆周分布的圆，其定位尺寸应标注直径
- R22

§1-5 手工绘图的方法和步骤

为了提高图样质量和绘图速度,除了正确使用绘图工具和仪器外,还必须掌握正确的绘图步骤和方法。有时在工作中也需要徒手画草图。因此,也要学习徒手画图的基本方法。

一、仪器绘图的方法

1. 作好绘图前的各项准备工作

1)准备好所用的绘图工具和仪器,磨削好铅笔及圆规上的铅芯。

2)选定画图所采用的比例和所需图纸幅面的大小。

3)固定图纸,利用丁字尺,在图板上方摆正图纸。一般是按对角线方向顺次固定,使图纸平整。当图纸较小时,应将图纸布置在图板的左下方,但要使图板的底边与图纸下边的距离大于丁字尺的宽度。

2. 画底稿

一般用削尖的 H 或 HB 铅笔准确、轻轻地绘制。画底稿的步骤是:先画图框、标题栏,后画图形。画图时,首先要根据其尺寸布置好图形的位置,画出基准线、轴线、对称中心线,然后再画图形,并遵循先主体后细节的原则。

3. 标注尺寸

4. 描深图线

画完底稿之后,要仔细校对,擦去多余的图线,然后将图线加深。一般用 B 铅笔加深粗实线,用 HB 或 H 铅笔加深所有的细线,如细实线、细点画线和细虚线等。圆规插脚上的铅芯应比铅笔的软一号为宜。加深的顺序是:先曲后直、先粗后细、先上后下、先左后右、先水平后竖直,最后描斜线。描深图线时,要擦净绘图工具,尽量减少三角板在已加深的图线上反复移动,用力要均匀,保证图线浓淡一致和图面整洁。

5. 完成图样

填写标题栏和其他必要的说明,完成图样。

二、徒手绘制草图的方法

根据目测估计物体各部分的尺寸比例,不借助绘图尺规,而用徒手绘制的图形,称作徒手图或草图。在设计开始阶段表达设计方案以及在现场测绘时常用这种方法。

开始练习画草图时,可先在方格纸上进行,这样较容易控制图形的大小比例。尽量让图形中的直线与方格线重合,以保证所画图线的平直。

1. 直线的画法

画直线时,手腕不要转动,眼睛看着画线的终点,轻轻移动手腕和手臂,使笔尖朝着线段终点方向作近似的直线运动。

画水平线时图纸可放斜一点,不要将图纸固定死,以便可随时转动图纸到最顺手的位置。画竖直线时,自上而下运笔。直线的画法如图 1-34 所示。

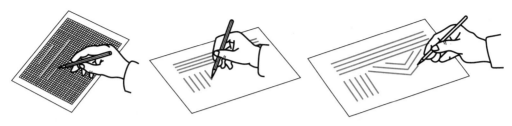

图 1-34 直线的徒手画法

2. 圆的画法

画圆时,先定出圆心的位置,过圆心画出互相垂直的两条中心线,再在中心线上按半径大小目测定出四个点后,分两半画成。对于直径较大的圆,可在 45°方向的两中心线上再目测增加四个点,分段逐步完成,如图 1-35 所示。

3. 角度的画法

画特殊角时,先画两条直角边线段,按比例等分后,画出角度,如图 1-36 所示。

图 1-35　圆的徒手画法　　　　　　　　图 1-36　角度的徒手画法

4. 椭圆的画法

画椭圆时,先目测定出其长、短轴上的四个端点,画出矩形,再分段画出四段圆弧,画图时应注意图形的对称性,如图 1-37 所示。

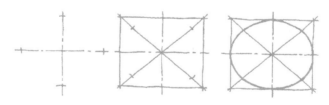

图 1-37　椭圆的徒手画法

第二章　投影基础

一般工程图样是用正投影法绘制的。本章介绍投影法基本知识,三视图的形成及其投影规律;重点讨论点、直线和平面在三投影面体系中的投影规律及其投影作图方法,并简要阐述它们之间的相对位置关系;介绍投影变换中的换面法和用换面法图解空间几何问题的方法。本章是工程制图学习的重要理论基础,同时对培养空间想象能力和分析解决空间问题的能力也是十分重要的。

§2-1　投影法概述

一、投影法基本知识

日常生活中,当太阳光或灯光照射物体时,会在墙上或地面上出现物体的影子,这是一种自然现象。投影法就是根据这一自然现象,并经过科学抽象而形成的。

如图 2-1 所示,空间有一个点 A 和一个平面 P,自点 S 作直线与点 A 相连,延长后同平面 P 相交于点 a。通常把得到投影的面 P 称为投影面,点 S 称为投射中心,SAa 称为投射线,a 称为点 A 在投影面 P 上的投影。这种投射线通过物体,向选定的面投射,并在该面上得到图形的方法叫做投影法。

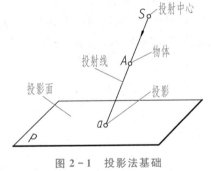

图 2-1　投影法基础

二、投影法分类及应用

根据投射线的类型(汇交或平行),投影法分为中心投影法和平行投影法。

1. 中心投影法

投射线汇交一点的投影法称为中心投影法,如图 2-2 所示。由图 2-2 可知,△abc 的大小是随着△ABC 到投射中心 S 及投影面 P 的距离远近而变化的。因此,用中心投影法得到物体的投影不能反映该物体的真实形状和大小。工程上常用中心投影法来绘制建筑物或产品的立体图。用中心投影法所得的投影称为透视投影,如图 2-3 所示。其特点是直观性好,立体感强,但可度量性差,作图麻烦。

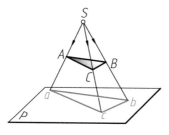

图 2-2　中心投影法

图 2-3　两点透视图

2. 平行投影法

投射线相互平行的投影法称为平行投影法。根据投射线与投影面是否垂直,平行投影法可分为正投影法与斜投影法两种。

（1）正投影法　投射线与投影面垂直的平行投影法,如图 2-4a 所示。

（2）斜投影法　投射线与投影面倾斜的平行投影法,如图 2-4b 所示。

根据正投影法所得到的图形称为正投影(正投影图),根据斜投影法所得到的图形称为斜投影(斜投影图)。

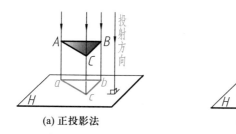

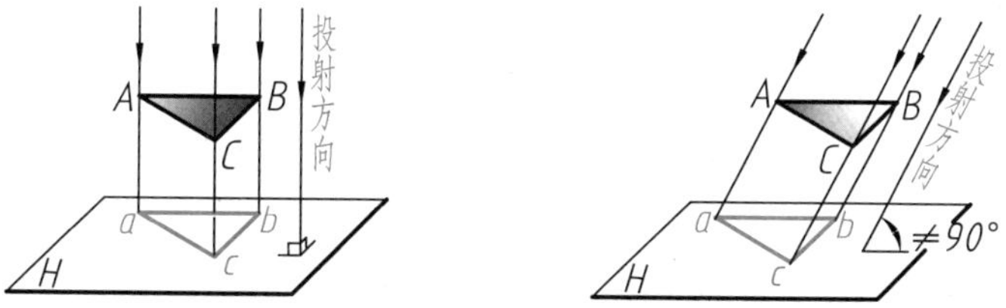

(a) 正投影法　　　　　　　　(b) 斜投影法

图 2-4　平行影法

三、平行投影法的基本性质

平行投影法有以下基本性质:

1. 实形性

当线段或平面图形平行于投影面时,则线段的投影反映实长,平面的投影反映实形,如图 2-5 所示。

2. 积聚性

当直线或平面图形与投影面垂直时,则直线的投影积聚成一点,平面的投影积聚成一条直线,如图 2-6 所示。

3. 类似性

当平面图形既不平行也不垂直于投影面时,平面图形的投影是小于原图形的类似形,如图 2-7 所示。类似性包括保持定比、边数、平行关系、凸凹、直曲不变。

当线段倾斜于投影面时,线段的投影是小于线段实长的线段。

4. 平行性

空间相互平行的两直线,其投影仍然平行,如图 2-8 所示,$AB//CD$,则 $ab//cd$。

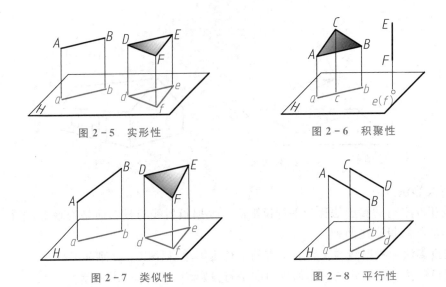

图 2-5　实形性

图 2-6　积聚性

图 2-7　类似性

图 2-8　平行性

5. 从属性

直线上的点,或平面上的点和直线,其投影必在直线或平面的投影上,如图 2-9 所示。这种投影性质叫做投影的从属性。

6. 定比性

线段上的点把线段分为两段,两线段实长之比等于其投影长度之比。如图 2-10 所示,$AK：KB=ak：kb$。

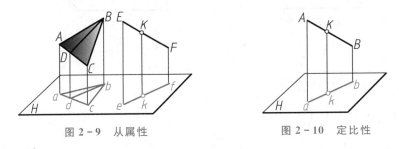

图 2-9　从属性

图 2-10　定比性

正投影常用于表达物体的多面正投影图和反映物体直观效果的轴测图,如图 2-11a、b 所示。斜投影也可用于反映物体直观效果的轴测图,如图 2-11c 所示。

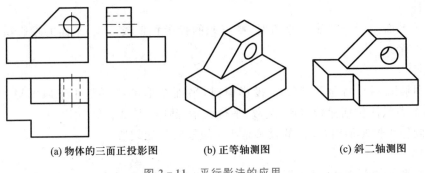

(a) 物体的三面正投影图　　　　(b) 正等轴测图　　　　(c) 斜二轴测图

图 2-11　平行影法的应用

由于正投影能够较好地反映物体的形状和大小,并且作图比较方便。因此,工程图样一般采用正投影法绘制。为叙述方便,以后若不特别指出,本书中所指的投影均为正投影。

§2-2 三视图的形成及其投影关系

一、三视图的形成

1. 三投影面体系的建立

物体的一个投影不能确定空间物体的形状,如图 2-12 所示。为清楚表达一个物体三个方向(上下、左右、前后)的空间形状,在研究物体的投影时,常把物体放在三投影面体系中,分别向三个投影面进行投射,如图 2-13 所示。三投影面体系即是三个相互垂直相交的投影平面。其中,正立投影面简称正面,用 V 表示;水平投影面用 H 表示;侧立投影面简称侧面,用 W 表示。三个投影面两两相交的交线 OX、OY、OZ 称为投影轴,三个投影轴相互垂直且交于一点 O,称为原点。

物体在这三个投影面上的投影分别称为正面投影、水平投影和侧面投影。

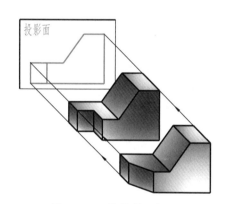

图 2-12 物体单面投影

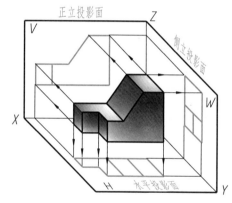

图 2-13 物体的三面投影

2. 三视图的形成

根据有关标准和规定,将用正投影法绘制的多面正投影图称为视图。将物体置于观察者与投影面之间,由前向后投射,在 V 面上所得的投影称为称主视图,由上向下投射,在 H 面上所得的投影称为俯视图,由左向右投射,在 W 面上所得的投影称为左视图,习惯上将它们称为三视图,如图 2-14a 所示。

国标规定,可见轮廓线画成粗实线,不可见轮廓线画成细虚线,当两者重叠时,按粗实线绘制。

为了将各投影绘制在同一平面内,需将三个互相垂直的投影面展开。展开规定如图 2-14b 所示:V 面保持不动,H 面绕 OX 轴向下旋转 $90°$,W 面绕 OZ 轴向右旋转 $90°$,使 H、W 面与 V 面重合为一个平面。展开后,主视图、俯视图和左视图的相对位置如图 2-14c 所示。

为简化作图,画三视图时,不必画出投影面的边框线和投影轴,如图 2-14d 所示。

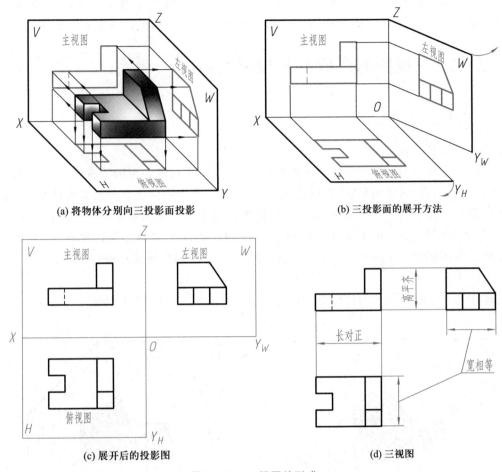

(a) 将物体分别向三投影面投影   (b) 三投影面的展开方法

(c) 展开后的投影图   (d) 三视图

图 2-14　三视图的形成

3. 三视图之间的关系

(1) 三视图的位置关系

由投影面的展开过程可以看出,三视图之间的位置关系为:以主视图为准,俯视图在主视图的正下方,左视图在主视图的正右方。

(2) 三视图之间的投影关系

从三视图的形成过程中可以看出,主视图和俯视图都反映了物体的长度,主视图和左视图都反映了物体的高度,俯视图和左视图都反映了物体的宽度。由此可以归纳出主、俯、左三个视图之间的投影关系为:

主、俯视图长对正,主、左视图高平齐,俯、左视图宽相等。

三视图之间的这种投影关系也称为视图之间的三等关系(三等规律)。应当注意,这种关系无论是对整个物体还是对物体的局部均是如此,如图 2-15a 所示。

(3) 视图与物体的方位关系

主视图反映了物体的上、下和左、右位置关系;

俯视图反映了物体的前、后和左、右位置关系;

左视图反映了物体的上、下和前、后位置关系。

在读图和画图时必须注意,以主视图为准,俯、左视图远离主视图的一侧表示物体的前面,靠近主视图的一侧表示物体的后面,如图 2-15b 所示。

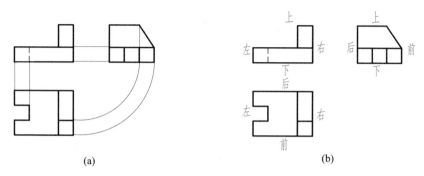

图 2-15 三视图的关系

二、三视图的画法

尺规绘图时,一般先用细线画好底稿,检查无误后,擦去不必要的辅助线,然后加深。

例 2-1 画图 2-16 所示立体的三视图。

分析: 此立体可以看成是由两个被切后的长方体组成。下面底板长方体被开了一个通槽,上面立板长方体被切去了一个角。

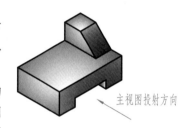

图 2-16 立体的轴测图

作图: 画立体三视图底稿的步骤,一般是先按各基本体的形状画出,然后根据挖切位置分别画出切口的三面投影。画图时,先画大的形体,后画小的形体。根据构成分析,此立体的画图步骤如下(参看图 2-17):

(1)画底板的三视图(图 2-17a)。根据长、宽、高和三视图的投影规律,画出其三视图。

(2)画底板切槽的三视图(图 2-17b)。因主视图反映其特征,先从主视图画起,然后根据"长对正,高平齐"的投影规律画出俯、左两视图。

(3)画立板的三视图(图 2-17c)。因左视图反映其特征,先从左视图画起,然后根据"高平齐,宽相等"的投影规律画出主、俯两视图。

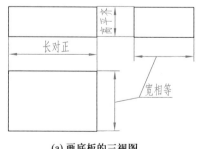

(a)画底板的三视图

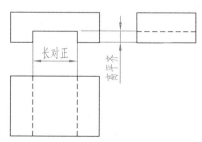

(b)画底板切槽的三视图

33

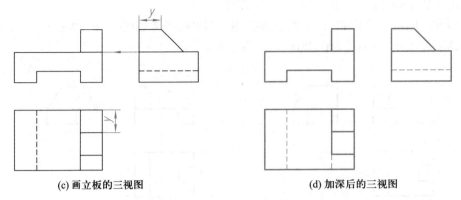

(c) 画立板的三视图   (d) 加深后的三视图

图 2 - 17   三视图的画法

（4）检查加深（图 2-17d）。检查底图是否正确，若有漏线将其补上，若有多余的图线将其擦去，检查无误后加深图线。

例 2-2   绘制图 2-18 所示立体的三视图。

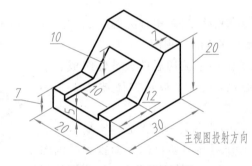

图 2 - 18   立体的轴测图

分析：可以将该立体看作方形筒，被切去左上角后形成的。按所给"主视图投射方向"确定主视图。

作图：先画方筒基体，再画切角。画切角时先从反映结构特征的主视图画起，然后根据"长对正、高平齐"的投影规律画出俯、左视图上的图线。该立体前后对称，在俯、左视图中要画出对称中心线。其作图过程如图 2-19 所示。

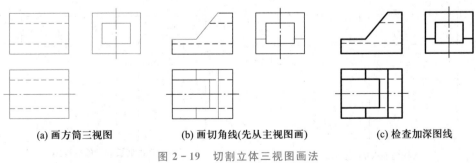

(a) 画方筒三视图   (b) 画切角线(先从主视图画)   (c) 检查加深图线

图 2 - 19   切割立体三视图画法

§2-3 点的投影

点、线、面是构成体的基本几何元素,它们的投影性质是物体投影的理论基础。要正确地画出物体的投影,必须掌握点、线、面的投影规律。

一、点的投影规律

将点 A(图 2-20a)置于三投影面体系之中,过点 A 分别向三个投影面作垂线(即投射线),交得三个垂足 a、a'、a'' 即分别为点 A 的 H 面投影、V 面投影和 W 面投影。

规定空间点用大写字母,如 A、B、C···表示;空间点在 H 面上的投影用其相应的小写同名字母,如 a、b、c···表示;在 V 面上的投影用小写同名字母加一撇,如 a'、b'、c'···表示;在 W 面上的投影用小写同名字母加两撇,如 a''、b''、c''···表示。

移去空间点 A,将投影面展开(图 2-20b),并去掉投影面的边框线,便得到如图 2-20c 所示的点的三面投影图。

由图 2-20a 可以看出,由于 $Aa \perp H$ 面、$Aa' \perp V$ 面,而 H 面与 V 面相交于 OX 轴,因此 OX 轴必定垂直于平面 $Aa\,a_X\,a'$,也就是 $a\,a_X$ 和 $a'a_X$ 同时垂直于 OX 轴。当 H 面绕 OX 轴旋转至与 V 面成为同一平面时,在投影图上 a、a_X、a' 三点共线,即 $a\,a' \perp OX$ 轴。同理,$a'a'' \perp OZ$,$a\,a_X = Oa_Y = a''a_Z$。作图时,常用 $\angle Y_H OY_W$ 的角分线来辅助作图,如图 2-20c 所示。

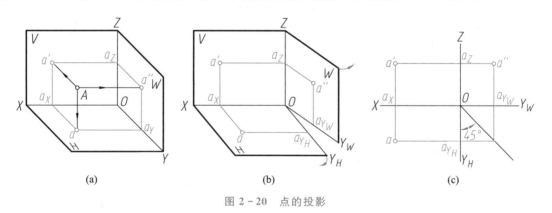

| (a) | (b) | (c) |

图 2-20 点的投影

由以上分析可归纳出点的投影规律是:

(1) 点的正面投影与水平投影的连线垂直于 OX 轴,即 $a\,a' \perp OX$;

(2) 点的正面投影与侧面投影的连线垂直于 OZ 轴,即 $a'a'' \perp OZ$;

(3) 水平投影到 OX 轴的距离等于侧面投影到 OZ 轴的距离,即 $a\,a_X = a''a_Z$。

根据点的投影规律,可由点的两个投影作出第三投影。

例 2-3 如图 2-21a 所示,根据点 A 和 B 的两个投影求第三投影。

分析:由于点的两个投影反映了点 A 的 x、y、z 三个坐标,因此点 A 和 B 的空间位置已确定,应用点的投影规律,就可以求出点 A 的水平投影 a 和点 B 的侧面投影 b''。作图过程如图 2-21b 所示。

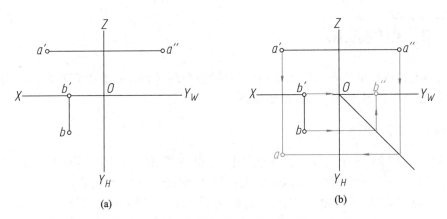

(a)　　　　　　　　　　　　　　(b)

图 2-21　根据点的两个投影求第三个投影

注意:点 B 的空间位置是在水平投影面上。投影面上的点有一个坐标为零,在该投影面上的投影与该点重合,另两个投影分别在相应的投影轴上。

二、点的投影与空间直角坐标的关系

如图 2-22 所示,空间点 $A(x,y,z)$ 到三个投影面的距离可以用直角坐标来表示,即:

空间点 A 到 W 面的距离,等于点 A 的 x 坐标;即:$aa_{Y_H}=Oa_X=a'a_Z=Aa''=x$;

空间点 A 到 V 面的距离,等于点 A 的 y 坐标;即:$aa_X=Oa_Y=a''a_Z=Aa'=y$;

空间点 A 到 H 面的距离,等于点 A 的 z 坐标;即:$a''a_{Y_W}=Oa_Z=a'a_X=Aa=z$。

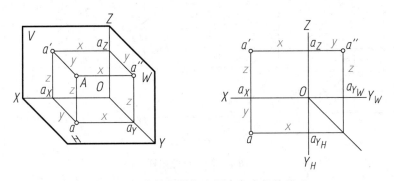

图 2-22　点的投影与空间直角坐标的关系

由此可见,若已知点的直角坐标,就可作出点的三面投影。

例 2-4　已知点 $A(15,10,12)$,求作点 A 的三面投影图。

作图步骤:

(1) 自原点 O 沿 OX 轴向左量取 $x=15$,得点 a_X,如图 2-23a 所示;

(2) 过 a_X 作 OX 轴的垂线,在垂线上自 a_X 向上量取 $z=12$,得点 A 的正面投影 a',自 a_X 向下量取 $y=10$,得点 A 的水平投影 a,如图 2-23b 所示;

(3) 过 a' 作 OZ 轴的垂线,得交点 a_Z。过 a_Z 在垂线上沿 OY_W 方向量取 $a_Za''=10$,定出 a''。也可以过 O 向右下方作 45°辅助线,并过 a 作 OY_H 垂线与 45°线相交,然后再由此交点作 OY_W

轴的垂线,与过 a' 点且垂直于 OZ 轴的水平线相交,交点即为 a'',如图 2-23c 所示。

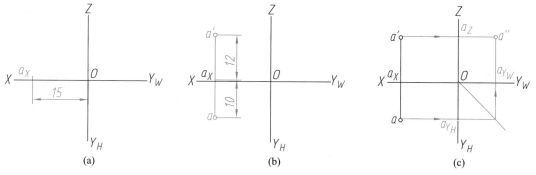

图 2-23 根据点坐标求点的投影

三、两点的相对位置

空间两点上下、左右、前后的相对位置可根据它们在投影图中的同一投影面上的投影(简称同面投影)来判断。也可以通过比较两点的坐标来判断它们的相对位置,即 x 坐标大的点在左方,y 坐标大的点在前方,z 坐标大的点在上方。

如图 2-24 所示,由于 $x_A > x_B$,因此点 A 在左,点 B 在右;由于 $y_A > y_B$,因此点 A 在前,点 B 在后;由于 $z_A > z_B$,因此点 A 在上,点 B 在下。也就是说,点 A 在点 B 的左、前、上方。

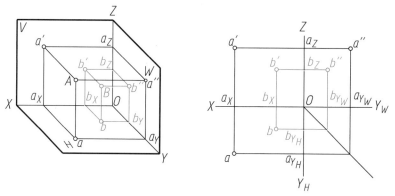

图 2-24 两点的相对位置

例 2-5 已知点 A 的三面投影(图 2-25a),又知另一点 B 对点 A 的相对坐标 $\Delta x = -10$,$\Delta y = 5$,$\Delta z = -5$,求点 B 的三面投影。

分析:点 A 为参考点,根据两点的相对坐标 Δx、Δy、Δz 的正负值,可判别点 B 在点 A 的右方 10、前方 5 和下方 5。

作图:作图过程如图 2-25b 所示。

不画投影轴的投影图,称为无轴投影图,如图 2-25c 所示。无轴投影图是根据相对坐标来绘制的,其投影图仍符合点的投影规律。

必须指出:在无轴投影图中,投影轴虽省略不画,但各投影之间的投影关系仍然存在。

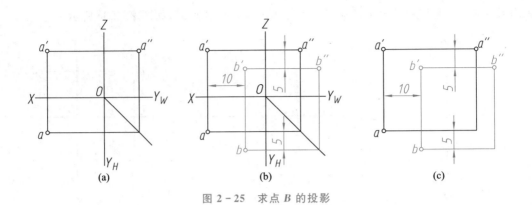

图 2-25　求点 B 的投影

四、重影点的投影

如图 2-26 所示,如果空间两点处于某一投影面的同一条投射线上时,就有两个坐标相等,一个坐标不相等,该两点在一个投影面上的投影就重合为一点,该两点称为对该投影面的重影点。如图 2-26 所示,点 B 在点 A 的正后方,这两点的正面投影重合。点 A 和点 B 称为对正立投影面的重影点。同理,若一点在另一点的正下方或正上方,则这两点是对水平投影面的重影点。若一点在另一点的正右方或正左方,则这两点是对侧立投影面的重影点。

在投影图中,对重影点规定了可见性。判别的原则是:两点之中,与重合投影所在的投影面的距离(或坐标值)较大的点是可见的,而另一点是不可见的。标记时,应将不可见的点的投影用括弧括起来,如图 2-26 中的 (b')。

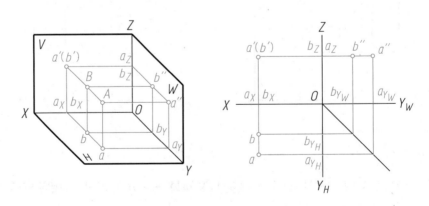

图 2-26　重影点

§2-4　直线的投影

直线的投影一般仍为直线,特殊情况下积聚为点。需要注意的是,本书中提到的"直线"均指由两端点所确定的直线段。因此,求作直线的投影,实际上就是求作直线段两端点的投影,然后连接同面投影即可。如图 2-27 所示，直线 AB 的三面投影 ab、$a'b'$、$a''b''$ 均为直线。求作其投影时，首先作出两点 A、B 的三面投影 a、a'、a'' 及 b、b'、b''，然后连接 a、b 即可得到 AB 的水平投影 ab，同理可得到 $a'b'$、$a''b''$。

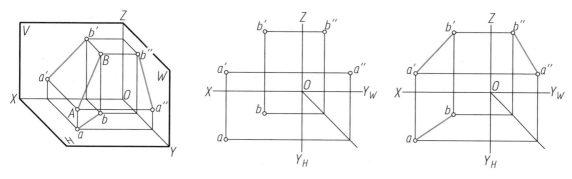

图 2-27　直线的投影

一、各种位置直线的投影特性

根据直线与三个投影面相对位置的不同，可以将直线划分为投影面垂直线、投影面平行线、投影面倾斜线三类。其中，前两类直线称为特殊位置直线，后一类称为一般位置直线。它们具有不同的投影特性，现分述如下：

1. 投影面平行线

平行于一个投影面而与另外两个投影面倾斜的直线称为投影面平行线。平行于 V 面的称为正平线；平行于 H 面的称为水平线；平行于 W 面的称为侧平线。

表 2-1 分别列出了正平线、水平线、侧平线的立体图、投影图及投影特性。

投影面平行线的投影特性：在与线段平行的投影面上，该线段的投影为倾斜的线段，且反映实长，其余两个投影分别平行于相应的投影轴，且都小于实长。

表 2-1　投影面的平行线

	正平线	水平线	侧平线
空间位置及其投影			

39

	正平线	水平线	侧平线
立体图	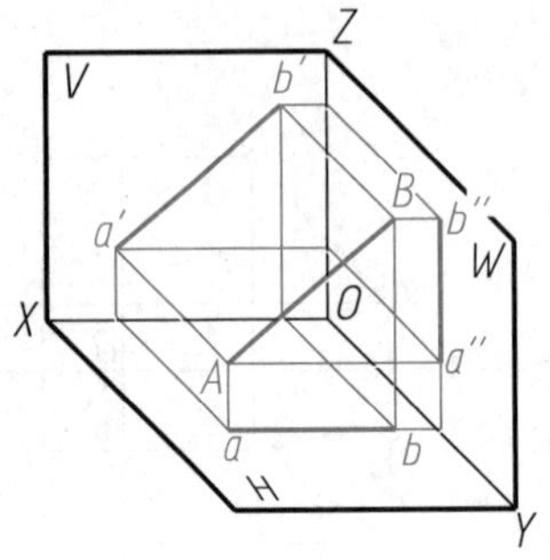	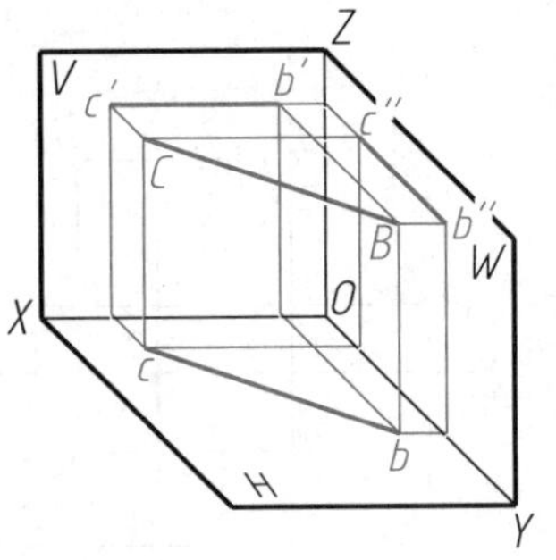	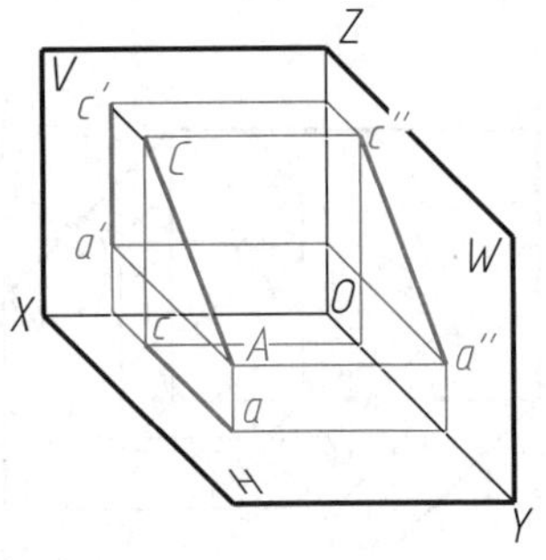
投影图	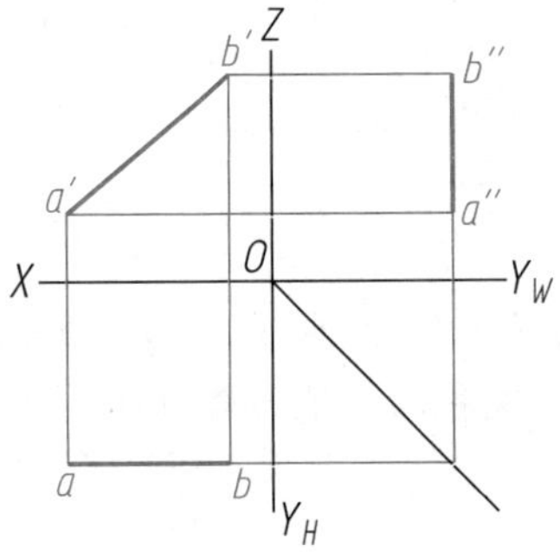	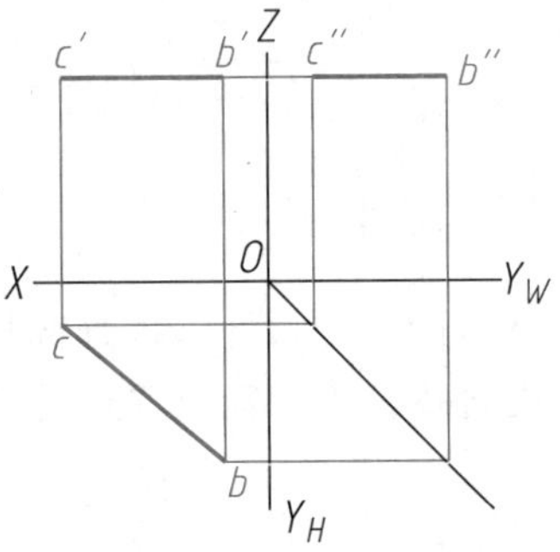	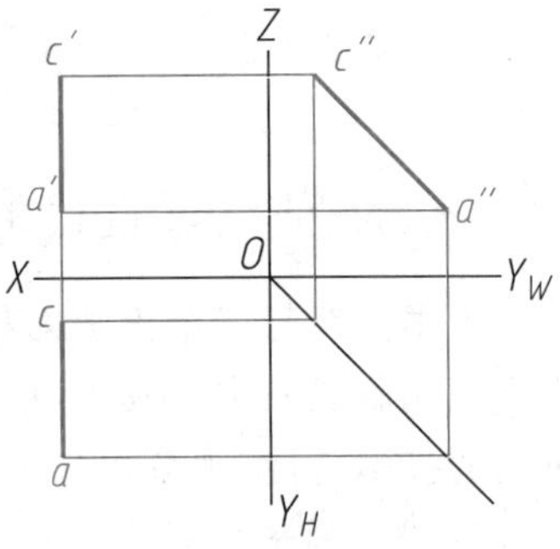
投影特性	（1）$a'b' = AB$，且倾斜于投影轴； （2）$ab /\!/ OX$，$a''b'' /\!/ OZ$	（1）$bc = BC$，且倾斜于投影轴； （2）$b'c' /\!/ OX$，$b''c'' /\!/ OY_W$	（1）$a''c'' = AC$，且倾斜于投影轴； （2）$a'c' /\!/ OZ$，$ac /\!/ OY_H$

2. 投影面垂直线

垂直于一个投影面而与另外两个投影面平行的直线称为投影面垂直线。垂直于 V 面的称为正垂线；垂直于 H 面的称为铅垂线；垂直于 W 面的称为侧垂线。

表 2-2 分别列出了正垂线、铅垂线、侧垂线的立体图、投影图及投影特性。

表 2-2 投影面的垂直线

	正垂线	铅垂线	侧垂线
空间位置及其投影	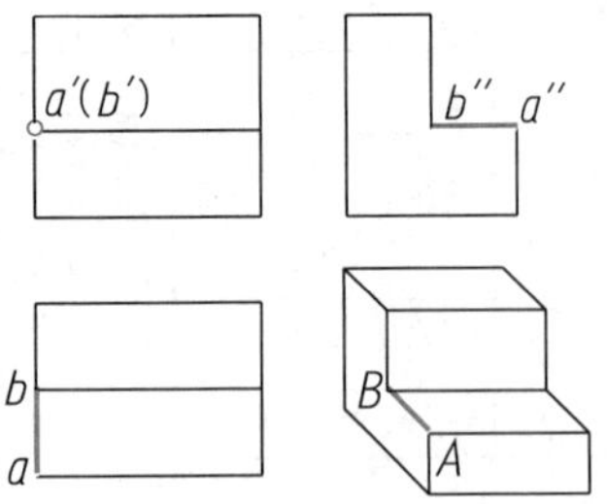	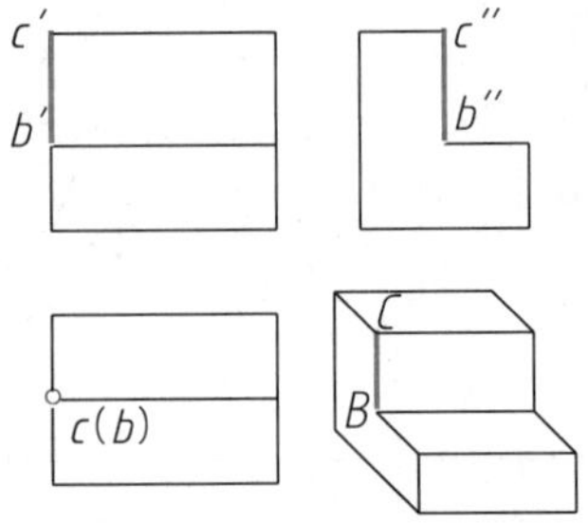	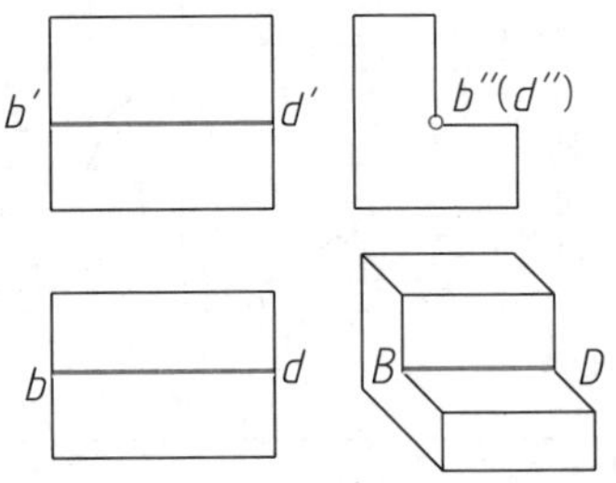

	正垂线	铅垂线	侧垂线
立体图	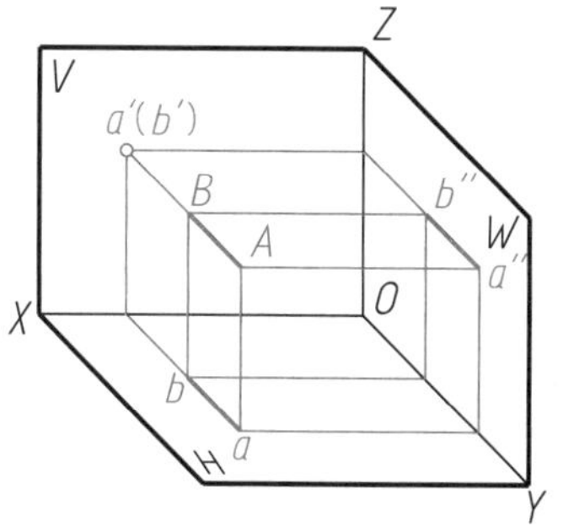	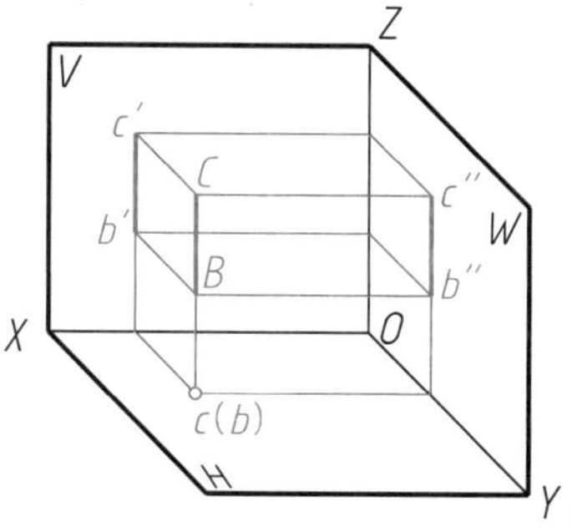	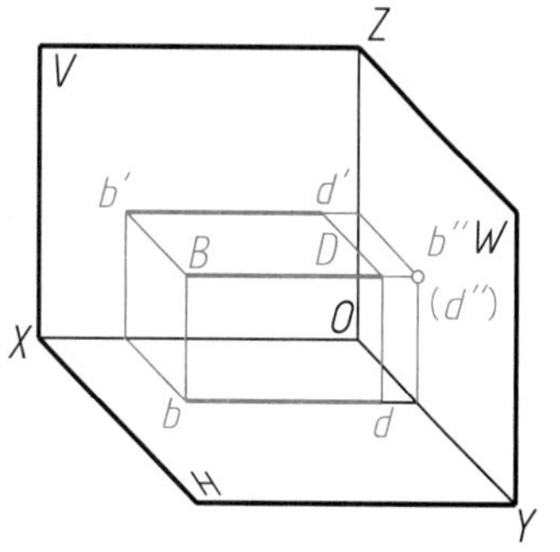
投影图	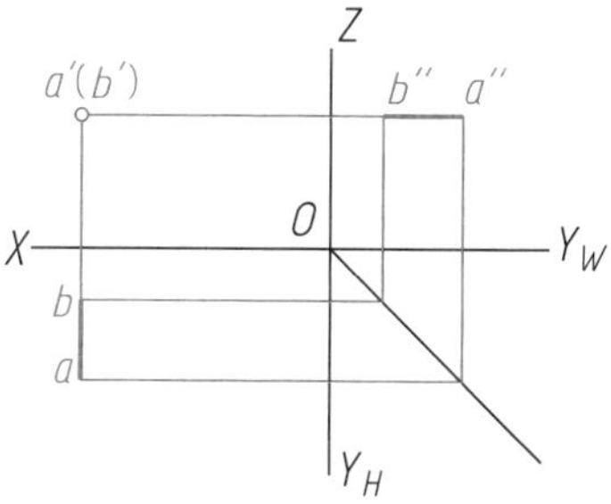	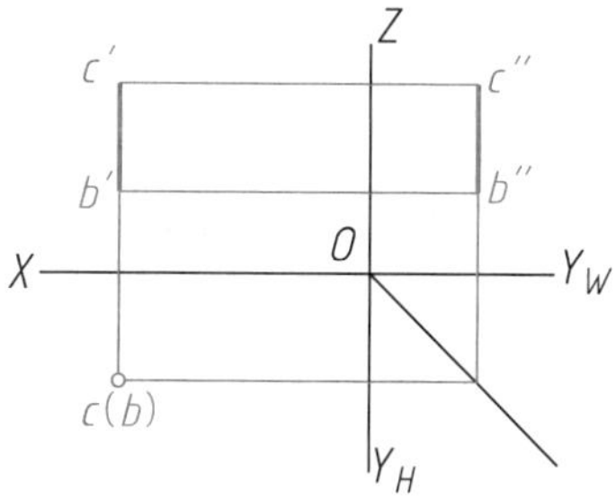	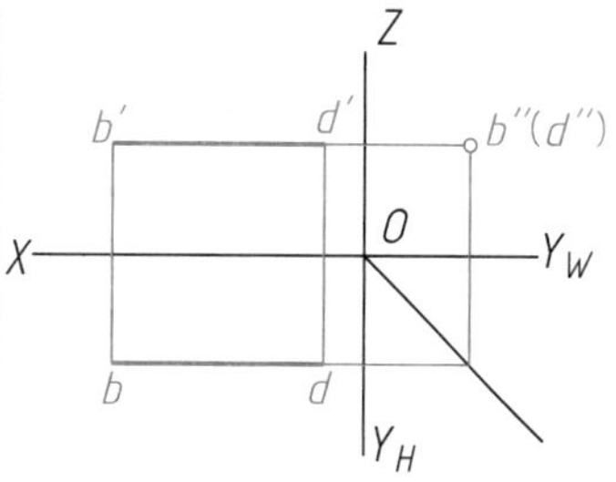
投影特性	(1) $a'b'$ 积聚成一点； (2) $ab \perp OX$，$a''b'' \perp OZ$，$ab = a''b'' = AB$	(1) cb 积聚成一点； (2) $c'b' \perp OX$，$c''b'' \perp OY_W$，$c'b' = c''b'' = CB$	(1) $b''d''$ 积聚成一点； (2) $b'd' \perp OZ$，$bd \perp OY_H$，$bd = b'd' = BD$

投影面垂直线的投影特性：直线在与其所垂直的投影面上的投影积聚成一点，在另两个投影面上的投影分别垂直于相应的投影轴，且反映该线段的实长。

3. 一般位置直线

对三个投影面都倾斜的直线称为一般位置直线。由于一般位置直线对三个投影面都倾斜，因此其三个投影都是实长小于该直线段的倾斜线段，如图 2-27 所示。

二、直线上的点

1. 从属性

点在直线上，则点的各个投影必定在该直线的同面投影上，反之，点的各个投影在直线的同面投影上，则该点一定在直线上。如图 2-28 所示，直线 AB 上有一点 C，则点 C 的三面投影 c、c'、c'' 必定分别在直线 AB 的同面投影 ab、$a'b'$、$a''b''$ 上。

2. 定比性

点分割线段成定比，则分割线段的各个同面投影之比等于其线段之比。如点 C 在线段 AB 上，它把线段 AB 分成 AC 和 CB 两段。根据投影的基本特性，线段及其投影的关系 $AC : CB = ac : cb = a'c' : c'b' = a''c'' : c''b''$，如图 2-28 所示。

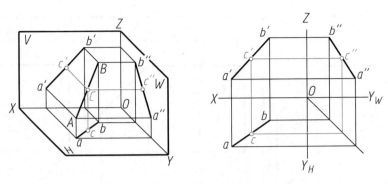

图 2-28　直线上的点

例 2-6　如图 2-29a 所示,已知侧平线 AB 的两投影和直线上点 K 的正面投影 k',求点 K 的水平投影 k。

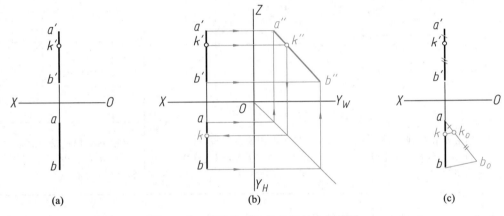

| (a) | (b) | (c) |

图 2-29　求直线 AB 上点 K 的水平投影

方法一

分析:由于 AB 是侧平线,因此不能由 k' 直接求出 k,但根据点在直线上的投影性质 k'' 必定在 $a''b''$ 上,如图 2-29b 所示。

作图:

(1) 求出 AB 的侧面投影 $a''b''$,同时求出点 K 的侧面投影 k''。

(2) 根据点的投影规律,由 k''、k' 求出 k。

方法二

分析:因为点 K 在直线 AB 上,因此必定符合 $a'k' : k'b' = ak : kb$ 的比例关系,如图 2-29c 所示。

作图:

(1) 过 a 作任意辅助线,在辅助线上量取 $ak_0 = a'k'$,$k_0b_0 = k'b'$。

(2) 连接 b_0b,并由 k_0 作 $k_0k /\!/ b_0b$,交 ab 于点 k,k 即为所求的水平投影。

三、两直线的相对位置

空间两直线的相对位置有平行、相交、交叉三种情况，如图 2-30 所示。其中平行、相交的两直线又可称为共面直线，交叉的两直线称为异面直线。

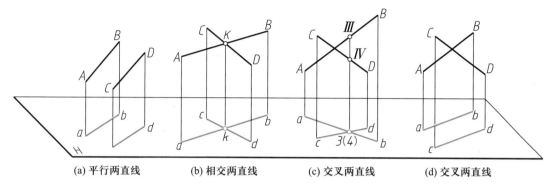

| (a) 平行两直线 | (b) 相交两直线 | (c) 交叉两直线 | (d) 交叉两直线 |

图 2-30　两直线的相对位置

1. 两直线平行

若空间两直线相互平行，则它们的各同面投影也一定互相平行。反之，若两直线的三面投影都互相平行，则空间两直线也互相平行，如图 2-31a 所示。

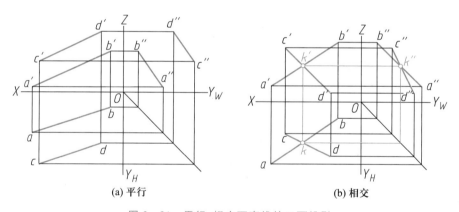

| (a) 平行 | (b) 相交 |

图 2-31　平行、相交两直线的三面投影

2. 两直线相交

若空间两直线相交，则它们的各同面投影必定相交，且交点符合点的投影规律；反之，如果两直线的同面投影相交，且交点符合点的投影规律，则该两直线在空间也一定相交，如图 2-31b 所示。

3. 两直线交叉

交叉两直线投影可能相交，交点的连线与相应的投影轴不垂直，即不符合点的投影规律，如图 2-32a 所示。投影也可能平行，但不是三面投影各均平行，如图 2-32b 所示。反之，如果两直线的投影既不符合平行两直线的投影特性，也不符合相交两直线的投影特性，则该两直线空间为交叉两直线。

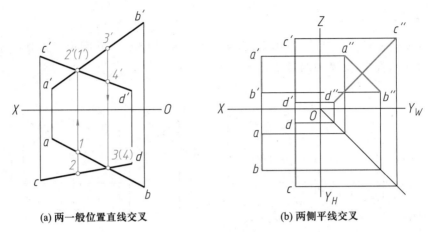

(a) 两一般位置直线交叉　　　　　(b) 两侧平线交叉

图 2-32　交叉两直线

在图 2-32a 中，AB、CD 的正面投影相交，其交点实际上是 CD 上的点 II 和 AB 上的点 I 的正面投影，CD 上的点 II 在 AB 上的点 I 的正前方，因此其正面投影重合；同理 AB、CD 的水平面投影的交点也是重影点的投影。

例 2-7　分析图 2-33 所示立体上标记直线相对投影面的位置关系，并判别 AB 与 EF 的位置关系。

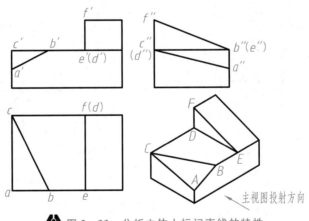

🏵 图 2-33　分析立体上标记直线的特性

分析：立体中共标记了 8 条直线 AB、BC、AC、CD、BE、DE、EF、DF。其中 AB 是正平线，BC 是水平线，AC、EF 是侧平线，DE 是正垂线，DF 是铅垂线，CD、BE 是侧垂线。因 AB 与 EF 分别属于两平面，所以是交叉两直线。

*四、直角投影定理

相交两直线的投影一般不能反映两直线夹角的实形。如果两直线垂直（垂直相交或垂直交叉），其中一条直线是某一投影面平行线时，两直线在该投影面上的投影垂直。这种投影特性称为直角投影定理。以两直线垂直相交，其中一直线是水平线为例，如图 2-34 所示，证明如下：

已知：$AB \perp CD$，$AB /\!/ H$ 面，求证：$ab \perp cd$。

证明：因为 $AB /\!/ H$ 面，$Bb \perp H$ 面，所以 $AB \perp Bb$；已知 $AB \perp CD$，根据 $AB \perp Bb$，所以 $AB \perp$ 平面 $CDdc$，得 $AB \perp cd$；又因为 $AB /\!/ H$ 面，得 $AB /\!/ ab$，所以 $ab \perp cd$。

直角投影定理的逆定理仍成立。如果两直线的某一投影垂直，其中有一直线是该投影面的平行线，那么空间两直线垂直。

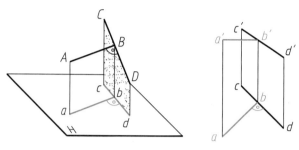

图 2-34 直角投影定理

五、用直角三角形法求一般位置线段的实长

特殊位置线段在它平行的投影面上的投影反映该线段的实长和对该投影面的夹角，一般位置线段的投影不反映线段的真实长度，也不反映它对各投影面所成夹角的真实大小。但是，如果给出了线段的两个投影，就等于给出了线段的空间位置，则可以用直角三角形法求出线段的实长及其与投影面的夹角。

1. 求线段的实长及其与 H 面所成的夹角 α

图 2-35a 所示为一般位置线段 AB 的直观图。若过点 B 作 $BA_0 /\!/ ab$，交 Aa 于 A_0，则得一直角 $\triangle ABA_0$，斜边是线段 AB，$\angle ABA_0$ 等于线段 AB 对 H 面的夹角 α，一直角边 $A_0B = ab$，另一直角边 $AA_0 = z_A - z_B$，即 A、B 两点的 z 坐标差 Δz，如图 2-35b 所示。因此若利用线段的水平投影 ab 和两端点 A 和 B 的 z 坐标差 $\Delta z = z_A - z_B$ 作为两直角边，画出直角三角形，就可以同时求出 AB 的实长和对 H 面的夹角 α。

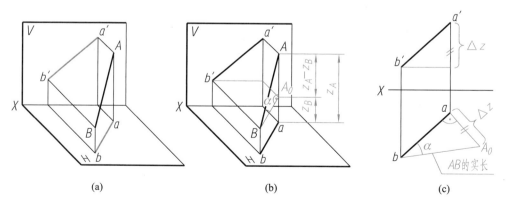

图 2-35 用直角三角形法求线段的实长及对 H 面的夹角

在投影图上的作图方法如下：利用 ab 为所求直角三角形的一直角边($ab=BA_0$)，过点 a 作直线 $aA_0 \perp ab$，并使 $aA_0=\Delta z(\Delta z=z_A-z_B)$，连接 bA_0，则 $bA_0=AB$，$\angle abA_0=\alpha$，如图 2-35c 所示。

2. 求线段的实长及其对 V 面所成的夹角 β

按类似的分析方法，利用线段的正面投影和线段两端点 A 和 B 的 y 坐标差($\Delta y=y_A-y_B$)，所构成的直角三角形，可同时求出线段的实长和对 V 面的夹角 β 的实际大小。其作图方法如图 2-36 所示。其中，图 2-36b、c 是两种作图方法，但都是利用的 Δy 和正面投影 $a'b'$。

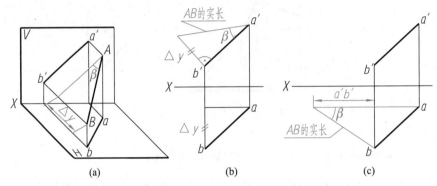

图 2-36 直角三角形法求线段的实长及对 V 面的夹角

可以看出，如果求线段的实长，利用 Δz、Δy 均可以求出。若是求线段对 H 面的夹角 α，需利用 Δz 和水平投影；若是求线段对 V 面的夹角 β，需利用 Δy 和正面投影。

§2-5 平面的投影

平面的投影一般仍为平面，特殊情况下平面的投影可积聚为直线。需要注意的是，平面是无限大的，几何学总是用平面的一部分来表示它。

一、平面的表示法

平面的投影通常用确定该平面的点、直线或平面图形等几何元素的投影表示，如图 2-37 所示。

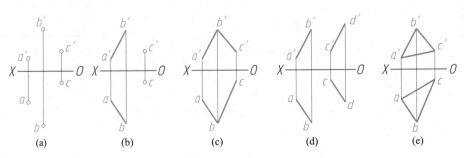

图 2-37 平面表示法

(a) 不在同一直线上的三点；

(b) 一直线和直线外的一点；

(c) 相交两直线；

(d) 平行两直线；

(e) 任意平面图形。

以上五种情况可以互相转化,其中最常用的表示法是用平面图形表示平面。

二、各种位置平面的投影特性

根据平面与三个投影面相对位置的不同,可以将平面划分为三类:投影面垂直面、投影面平行面和一般位置平面。其中,前两类平面称为特殊位置平面。

1. 投影面垂直面

垂直于一个投影面而与其他两个投影面都倾斜的平面称为投影面垂直面。垂直于 H 面的称为铅垂面;垂直于 V 面的称为正垂面;垂直于 W 面的称为侧垂面。

表 2-3 分别列出了处于三种投影面垂直面位置的平面图形的立体图、投影图及投影特性。

表 2-3　投影面的垂直面

	正垂面	铅垂面	侧垂面
立体图	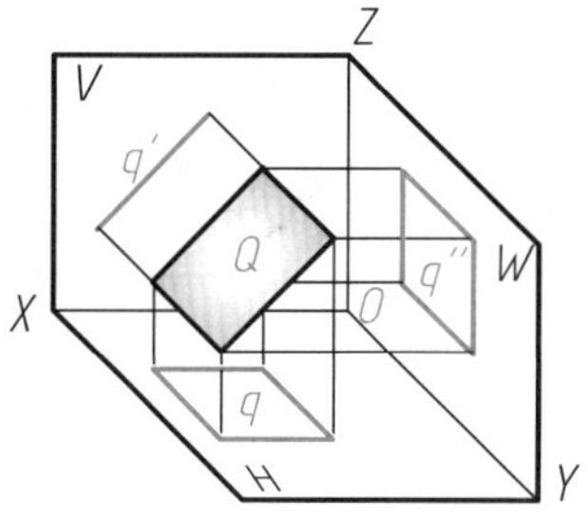	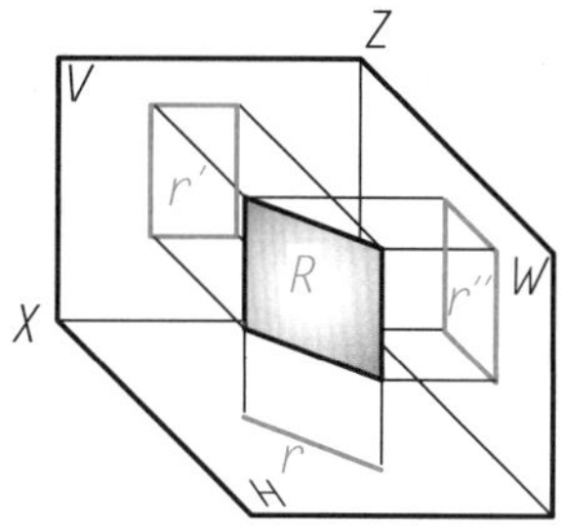	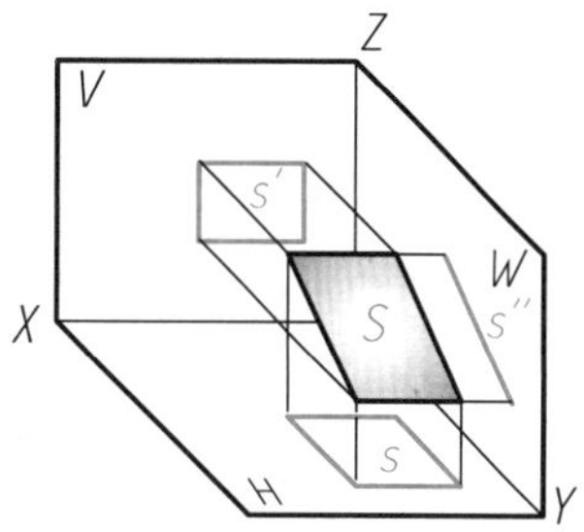
投影图	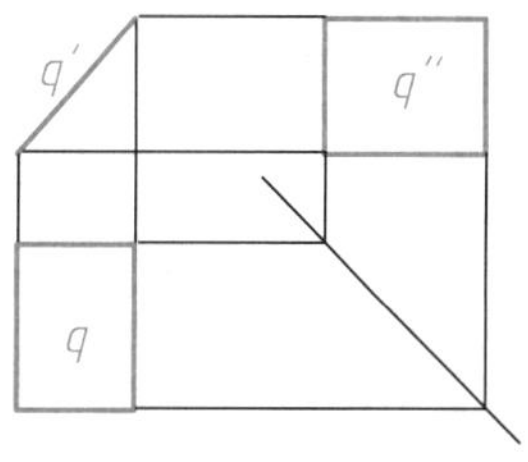	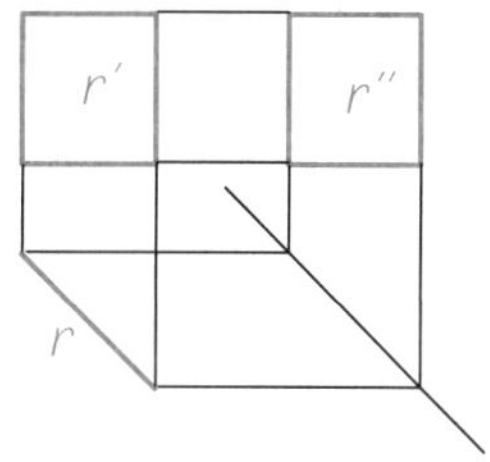	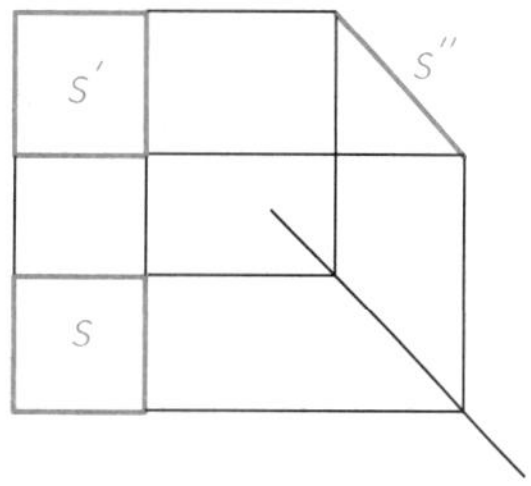
应用举例	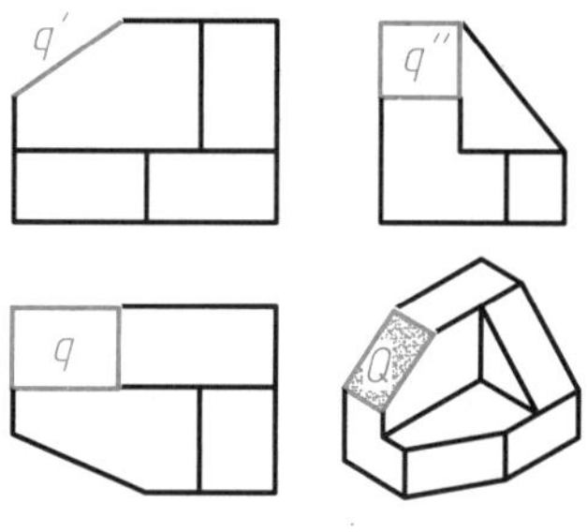	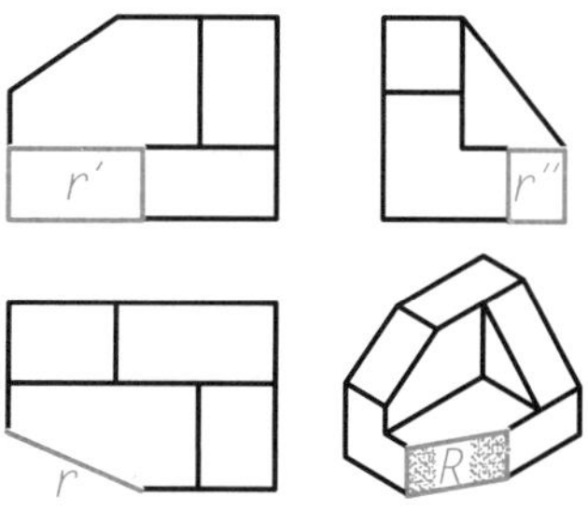	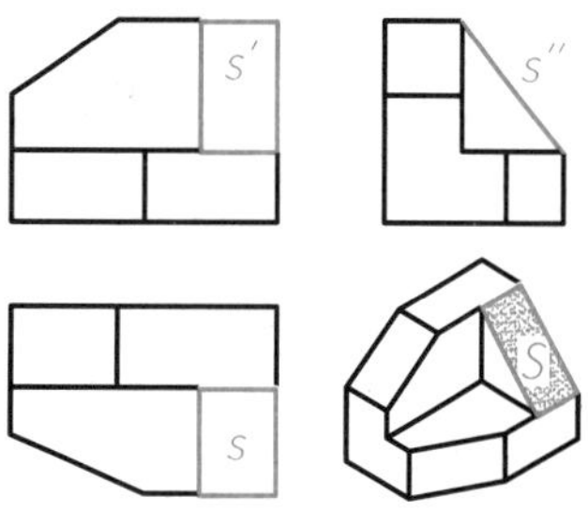

	正垂面	铅垂面	侧垂面
投影特性	（1）正面投影积聚成倾斜于投影轴的直线； （2）水平投影和侧面投影为缩小的类似形	（1）水平投影积聚成倾斜于投影轴的直线； （2）正面投影和侧面投影为缩小的类似形	（1）侧面投影积聚成倾斜于投影轴的直线； （2）正面投影和水平投影为缩小的类似形

2. 投影面平行面

平行于一个投影面而与另外两个投影面垂直的平面称为投影面平行面。平行于 H 面的称为水平面；平行于 V 面的称为正平面；平行于 W 面的称为侧平面。

表 2-4 分别列出了处于三种投影面平行面位置的平面图形的立体图、投影图及投影特性。

表 2-4　投影面的平行面

	正平面	水平面	侧平面
立体图	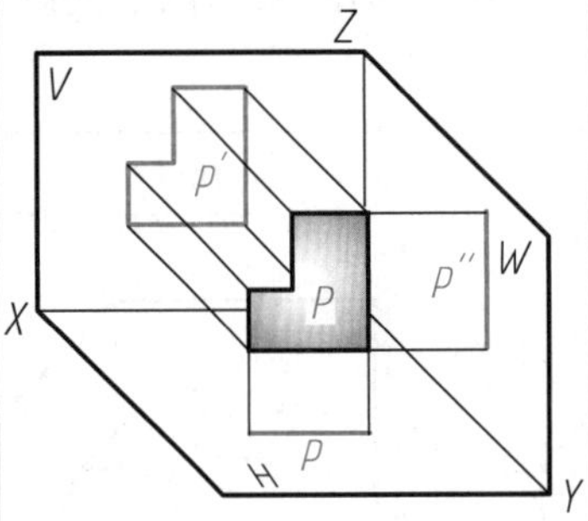	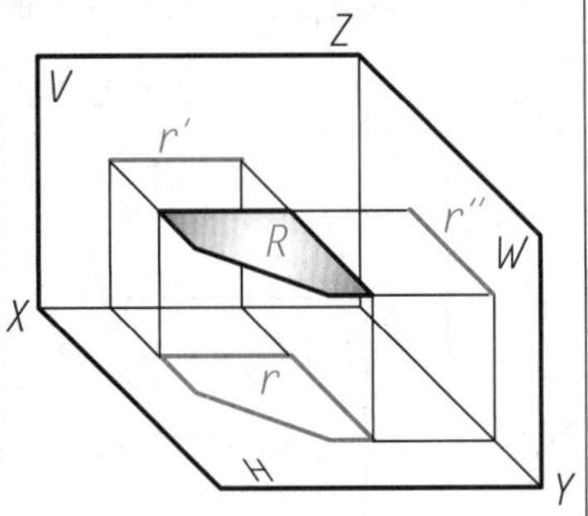	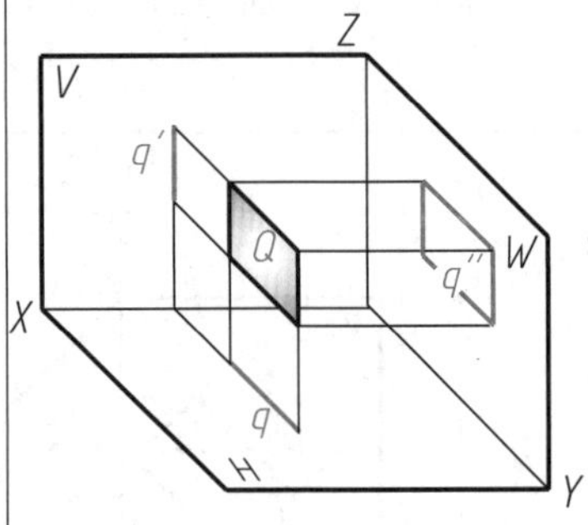
投影图	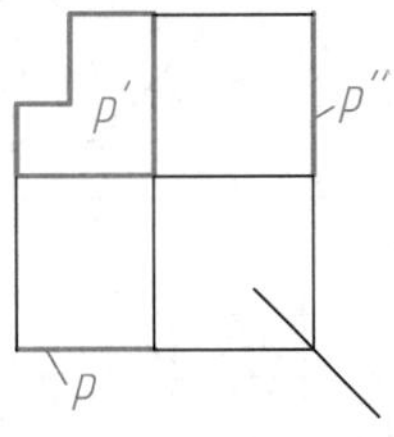	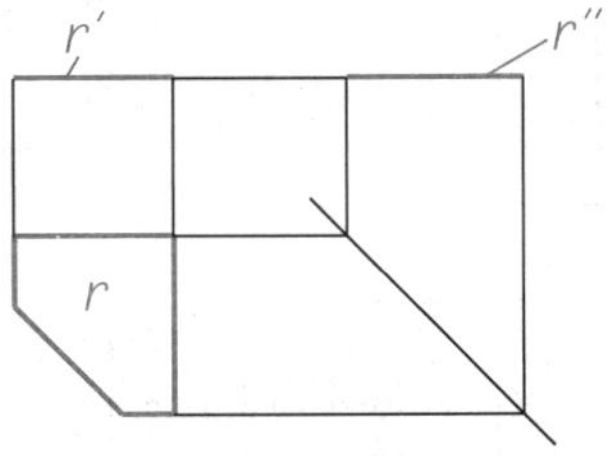	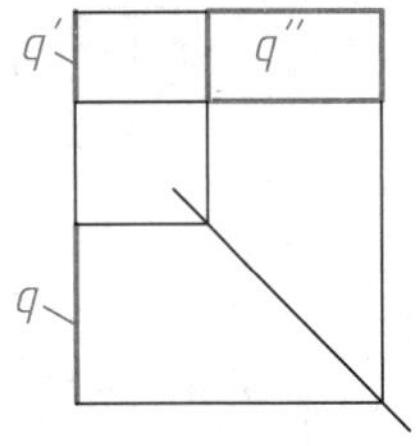
应用举例	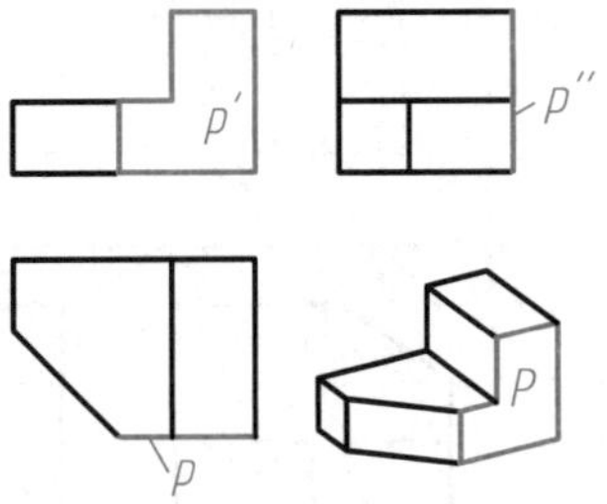	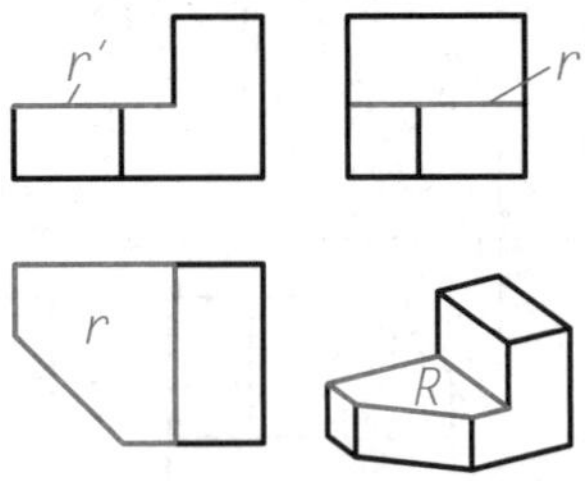	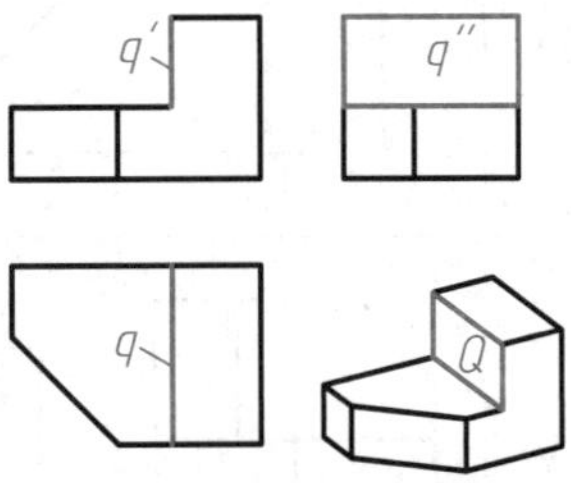
投影特性	（1）正面投影反映实形； （2）水平投影积聚成直线，且平行于 OX 轴； （3）侧面投影积聚成直线，且平行于 OZ 轴	（1）水平投影反映实形； （2）正面投影积聚成直线，且平行于 OX 轴； （3）侧面投影积聚成直线，且平行于 OY_W 轴	（1）侧面投影反映实形； （2）正面投影积聚成直线，且平行于 OZ 轴； （3）水平投影积聚成直线，且平行于 OY_H 轴

3. 一般位置平面

与三个投影面都处于倾斜位置的平面称为一般位置平面。如图 2－38 所示，△SAB 与三个投影面都倾斜，因此它的三个投影 △sab、△s'a'b'、△s"a"b"均为类似形，不反映实形。

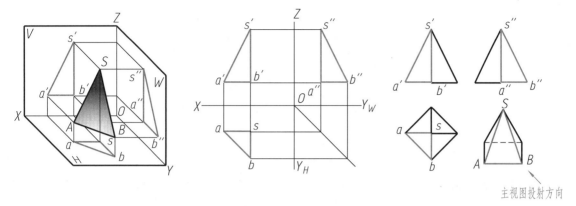

图 2－38　一般位置平面

例 2－8　分析图 2－39 所示立体各平面的位置。

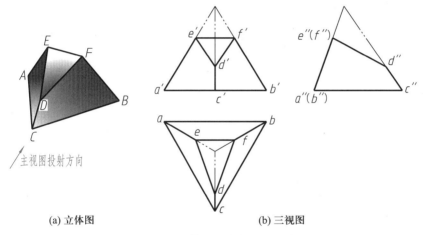

(a) 立体图　　　　　　(b) 三视图

图 2－39　分析截切三棱锥各平面的位置

分析：截切三棱锥有五个平面构成，即底面△ABC，侧面 ABFE、BCDF、ACDE 和上截面△DEF。

（1）△ABC 的正面投影和侧面投影积聚成直线，水平投影反映实形，所以是水平面。

（2）△DEF 与侧面 ABFE 的侧面投影积聚成直线，正面投影和水平投影为缩小的类似形，所以是侧垂面。

（3）侧面 BCDF 与 ACDE 的三面投影都是缩小的类似形，所以是一般位置平面。

三、平面上的点和直线的投影

1. 平面上的点

点在平面内的条件是：点在该平面内的一条线上。因此，在平面内作点，一般情况必须先在平面内作一辅助直线,然后再在此直线上作点。如图 2－40 所示,平面 P 由相交两直线 AB 和 AC 所确定,若两点 M、N 分别在 AB、AC 两直线上,则两点 M、N 必定在平面 P 上。

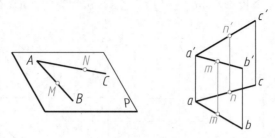

图 2－40 点在平面上

2. 平面上的直线

直线在平面内的条件是:通过平面内的两点或通过平面内一点并平行于平面内的另一直线。图 2－41a 所示平面 P 由相交两直线 AB 和 AC 所确定,若点 M、N 分别为该平面上的两已知点,则直线 MN 必定在平面 P 上。

如图 2－41b 所示,平面 Q 由相交两直线 EF 和 ED 所确定,点 K 在 EF 上,过点 K 作 $KL /\!/ DE$,则直线 KL 必定在平面 Q 上。

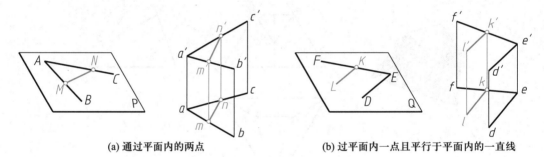

(a) 通过平面内的两点　　　　　　　　(b) 过平面内一点且平行于平面内的一直线

图 2－41　直线在平面上

例 2－9　如图 2－42a 所示,已知平面 $\triangle ABC$ 上点 M 的正面投影 m',求点 M 的水平投影 m。

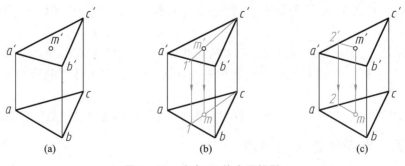

(a)　　　　　　　　(b)　　　　　　　　(c)

图 2－42　求点 M 的水平投影

分析：由于点 M 在平面△ABC 上，故可过点 M 作一条平面上的直线，然后按点、线从属性求作点 M 的水平投影。

作图（图 2 - 42b）：

(1) 连接 $c'm'$，延长与 $a'b'$ 交于 $1'$ 点。

(2) 作出直线 CI 的水平投影 $c1$。

(3) 利用点、线从属关系求出 M 的水平投影 m。

图 2 - 42c 是过点 M 作辅助直线 MII 平行于已知直线 AB 的作图方法。

例 2 - 10　如图 2 - 43a 所示，已知平面五边形 $ABCDE$ 的正面投影和 AB、AE 边的水平投影，试完成五边形的水平投影。

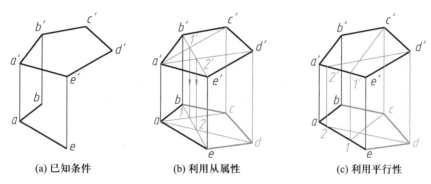

(a) 已知条件　　　(b) 利用从属性　　　(c) 利用平行性

图 2 - 43　完成平面五边形的水平投影

分析：由于图中相交两直线 AB、AE 的两面投影都已知，因此平面五边形 $ABCDE$ 的位置即已确定。根据点、线、面的从属性即可补画出五边形的水平投影（图 2 - 43b）；也可利用平行性补画出五边形的水平投影（图 2 - 43c，CI // AB，DII // BC）。

作图（图 2 - 43b）：

(1) 连接 $b'e'$、$a'c'$ 相交于点 $1'$，连接 be，过 $1'$ 作投影连线在 be 上得 1。

(2) 连接 a、1 并延长，过 c' 作投影连线，与 $a1$ 的延长线相交得 c。

(3) 同理可作出 d，依次顺序将五边形各点的水平投影连接起来。

---

§2 - 6　直线与平面、平面与平面的相对位置

空间内直线与平面、平面与平面之间的相对位置有平行和相交两种，垂直是相交的特例。本节只着重分析当直线或平面的一个投影具有积聚性时的投影表示及作图方法。

一、直线与平面、平面与平面平行

直线与平面平行的几何条件是：直线平行于平面内的任一直线。如图 2 - 44 所示，直线 AB 与铅垂面 P 平行时，它们的水平投影也平行。

平面与平面平行的几何条件是：一平面上两条相交直线对应平行于另一平面上两条相交直线。如图 2 - 45 所示，互相平行的两个铅垂面 P 和 Q 的水平投影也平行。

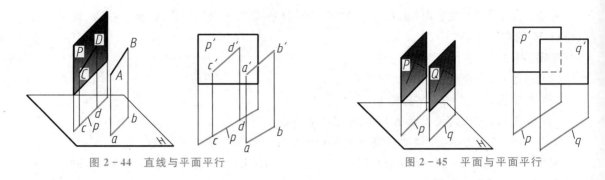

图2-44 直线与平面平行　　　　　　　　　图2-45 平面与平面平行

二、直线与平面、平面与平面相交

1. 直线与平面相交

直线与平面若不平行就必定相交于一点,其交点是直线和平面的共有点。当直线或平面与某一投影面垂直时,其投影有积聚性,交点的投影必定在有积聚性的投影上,由此直接求得交点的一个投影,再根据点在直线或平面上的投影特性,求出另外的投影。在作图时,除了求出交点的投影以外,还要判别直线的可见性。

例2-11 求一般位置直线 MN 与铅垂面 ABC 的交点(图2-46a)。

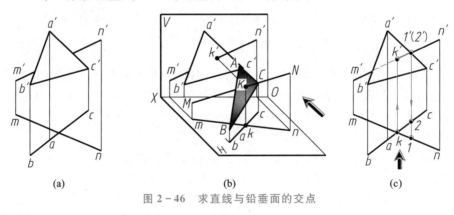

　　(a)　　　　　　　　　　(b)　　　　　　　　　　(c)

图2-46　求直线与铅垂面的交点

分析:一般位置直线 MN 与铅垂面△ABC 相交,交点 K 的 H 面投影 k 在△ABC 的 H 面积聚性投影 abc 上,又必在直线 MN 的 H 面投影 mn 上,因此,交点 K 的 H 面投影 k 就是 bc 与 mn 的交点(图2-46b),根据点的投影规律,由 k 作 $m'n'$ 上的 k',如图2-46c所示。

作图:

(1) 在水平投影上标出 mn 与 abc 的交点 k。

(2) 作出 $m'n'$ 上点 K 的投影 k',则 $K(k,k')$ 为所求交点。

(3) 判别可见性。因铅垂面的水平投影积聚成一条直线,水平投影无遮挡关系,因此不需要判别水平投影的可见性,只需判别正面投影的可见性。交点 K 也是直线 MN 与△ABC 重影部分可见与不可见的分界点。可见性判别可利用重影点,若直线、平面有积聚性,则可直接利用空间位置判别。

① 利用 AC 和 MN 两交叉直线的重影点来判别。$m'n'$ 与 $a'c'$ 的交点 $1'(2')$ 是重影点 I、II

的投影,根据 H 面投影可知,MN 上的点 I 在前,AC 上的点 II 在后。因此,$1'k'$ 可见,画成粗实线;另一部分被平面遮挡,不可见,应画成细虚线。如图 2-46c 所示。

② 利用空间位置判别。从空间直观图 2-46b 和投影图 2-46c 可以直接看出(箭头所指方向),KN 线段在铅垂面 $\triangle ABC$ 的前方,因此正面投影 $k'n'$ 可见。

例 2-12 求铅垂线 MN 与一般位置平面 $\triangle ABC$ 的交点(图 2-47a)。

分析: 铅垂线 MN 与平面 ABC 相交,MN 的 H 面投影积聚成一点,交点 K 的 H 面投影 k 与 mn 重合,同时点 K 也是平面 ABC 上的点(图 2-47b),因此可以利用在平面上取点的方法,求出点 K 的 V 面投影 k',如图 2-47c、d 所示。

作图:

(1) 在水平投影上,标出 MN 与 $\triangle ABC$ 的交点 k;

(2) 过 k 在 $\triangle abc$ 上作辅助线 ad。

(3) 作 AD 的 V 面投影 $a'd'$。

(4) 作出 $a'd'$ 上点 K 的 V 面投影 k'。则 $K(k,k')$ 为所求交点。

(5) 判别可见性。判别方法见图 4-47c,作图结果见图 2-47d。

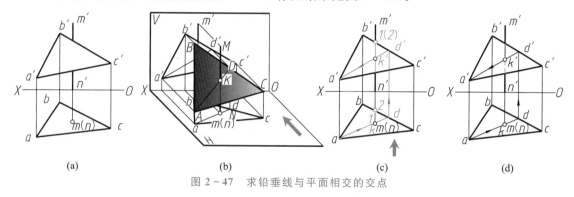

图 2-47 求铅垂线与平面相交的交点

2. 平面与平面相交

空间两平面若不平行就必定相交于一条直线,该交线为两平面的共有线,交线上的每个点都是两平面的共有点。当求作交线时,只要求出两个共有点或一个共有点以及交线的方向即可。若相交两平面之一为投影面垂直面或投影面平行面,则可利用该平面有积聚性的投影,在有积聚性的投影图上直接求得交线,再根据交线是两平面的共有线,求出另外的投影。

平面与平面相交,在它们投影重合区域有一部分平面被另一平面所遮挡,不可见。可利用重影点判别可见性。若相交平面有积聚性,则可直接利用空间位置直接判别可见性。交线是平面可见性的分界线,若交线投影的某一侧可见,则另一侧必不可见,因此每个投影只判断一半即可。

例 2-13 求铅垂面和一般位置平面的交线(图 2-48a)。

分析: 因为铅垂面 ABC 的水平投影 abc 有积聚性,按交线的性质,铅垂面与平面 DEF 的交线的水平投影必在 abc 上,因而可确定交线 MN 的水平投影 mn。因交线 MN 又是属于平面 DEF 的,因此 mn 应在平面 DEF 的水平投影 def 上,进而求得 $m'n'$,如图 2-48b 所示。

作图:

(1) 如图 2-48c 所示,确定水平投影 abc 与 df、de 的交点 m 和 n。

（2）求 m' 和 n'。m' 在 $d'f'$ 上，n' 在 $d'e'$ 上，连接 m'、n'。

（3）判别可见性。水平投影不重合，所以水平投影都可见；正面投影有一部分重合，存在可见性问题，交线 $m'n'$ 是两平面可见与不可见的分界线。从水平投影可以看出，右边的 fe 在 mn 的前边，所以 $f'e'n'm'$ 可见，对应左边重合部分为不可见，画成细虚线。△ABC 的可见性正好相反；也可以利用重影点进行判断，如图 2-48c 所示。

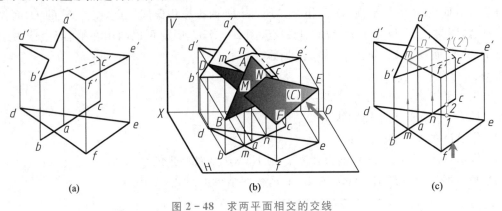

图 2-48　求两平面相交的交线

例 2-14　求两正垂面 ABC 和 DEF 的交线（图 2-49a）。

分析：由于正垂面在 V 面上投影都有积聚性，因此两正垂面 ABC 和 DEF 所积聚的两直线的交点即为所求交线 MN（正垂线）的积聚正面投影 n'（或 m'）。

作图：

（1）$a'b'c'$ 与 $d'e'f'$ 的交点，即是交线两端点的投影 m' 和 n'。

（2）由交线的正面投影（正垂线）直接求出它的水平投影 mn。

（3）判别可见性。方法与上例相同，如图 2-49b、c 所示。

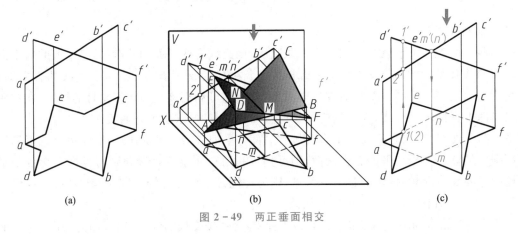

图 2-49　两正垂面相交

＊三、直线与平面、平面与平面垂直

1. 直线与平面垂直

一直线如果垂直于一平面上任意两相交直线，则直线垂直于该平面，且直线垂直于平面上的所有直线。对于垂直于特殊位置平面的直线一定为特殊位置直线。当直线垂直于投影面垂直面时，该直线平行于平面所垂直的投影面。图 2-50 中直线 AB 垂直于铅垂面 $CDEF$，AB 是水平线，且 $ab \perp cd(e)(f)$。

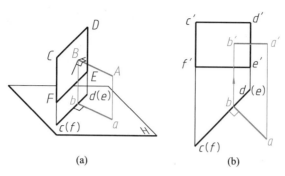

图 2-50　水平线与铅垂面垂直

同理，与正垂面垂直的直线是正平线，它们的正面投影互相垂直；与侧垂面垂直的直线是侧平线，而且两者的侧面投影互相垂直。

2. 平面与平面垂直

如果直线垂直于平面，则包含此垂线所作的任意平面必垂直于该平面。当两个互相垂直的平面同垂直于一个投影面时，两平面有积聚性的同面投影垂直，两互相垂直平面的交线是该投影面的垂直线。

如图 2-51 所示，两铅垂面 $ABCD$、$CDEF$ 互相垂直，它们的 H 面有积聚性的投影垂直相交，交点是两平面交线即铅垂线 BC 的投影。

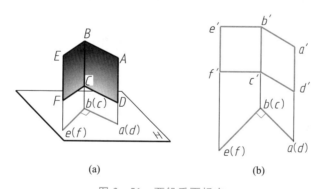

图 2-51　两铅垂面相交

§2-7　变换投影面法

从前面直线和平面的投影特性可知，当直线（平面）平行于投影面时，它们在该投影面上的投影反映实长（实形）；当两直线垂直于投影面时，在投影图上反映两直线间的距离；当平面与直线相交，其中平面（或直线）垂直投影面时，交点在投影图上能直接得到反映，如图 2-52 所示。因此,要解决一般位置几何元素的定位和度量问题,可以设法把它们与投影面的相对位置由一般位置变为特殊位置,使之转化为有利于解题的位置。

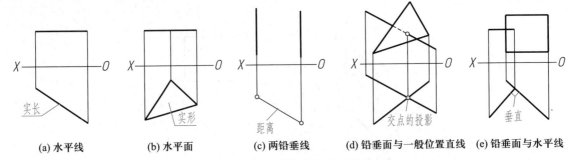

| (a) 水平线 | (b) 水平面 | (c) 两铅垂线 | (d) 铅垂面与一般位置直线 | (e) 铅垂面与水平线 |

图 2-52　几何元素处于有利于解题位置

保持几何元素的空间位置不变,用一新投影面(辅助投影面)更换原投影面体系中的某一投影面,使几何元素相对新投影面处于解题所需的有利位置,这种投影变换方法称为换面法。图 2-53a 所示立体的左端面 P 在 V/H 两面投影体系中为铅垂面,它在 V(或 W)面上的投影不反映实形,为使其投影反映实形,用一平行于 P 面的新投影面 V_1 代替旧投影面 V,这时面 V_1 和 H 面组成了新的两投影面体系,平面 P 在 V_1 面上的投影反映实形,如图 2-53b 所示。新投影面的选择必须遵循以下两个条件:

(1) 新投影面必须对空间几何元素处于最有利于解题的位置;

(2) 新投影面必须垂直于原投影面体系中保留的一个投影面,以构成一个相互垂直的新投影面体系。

前一条件是解题需要,后一条件是只有这样才能应用两投影面体系中的正投影规律。

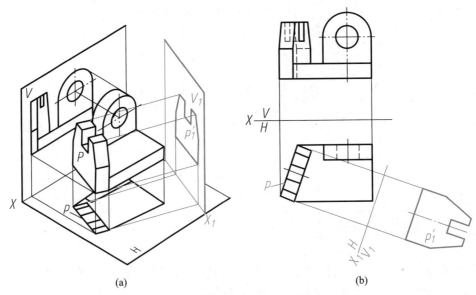

(a)　　　　　　　　　　　　(b)

图 2-53　用新的辅助投影面画立体倾斜表面的实形

一、换面法的基本投影规律

1. 点的一次变换

如图 2-54a 所示，水平投影面 H 保持不变，用铅垂面 V_1 代替 V 面，建立新的 V_1/H 体系，V_1 面与 H 面的交线成为新的投影轴，以 X_1 表示。水平投影 a 为被保留的投影，点 A 在 V_1 面上的投影为新投影 a_1'，a 和 a_1' 同样可以确定点 A 的空间位置。将 V_1 绕 X_1 轴按箭头方向旋转到与不变的投影 H 面重合，便构成新的两面投影，展开后如图 2-54b 所示。

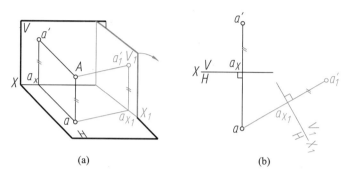

图 2-54 点的一次变换(变换 V 面)

由点的投影规律可知，点的新投影 a_1' 的位置与原投影 a 和 a' 有如下关系：

(1) a 和 a_1' 的连线垂直于新投影轴 X_1，即 $aa_1' \perp X_1$ 轴。

(2) a_1' 到 X_1 轴的距离等于空间点 A 到 H 面的距离，由于新旧两投影面体系具有同一水平面 H，所以点 A 到 H 面的距离保持不变，即 $a_1'a_{X_1} = a'a_X = Aa$。

同理，图 2-55a 所示的点 B，用垂直于 V 面的投影面 H_1 来代替 H 面组成 V/H_1 投影体系，H_1 面与 V 面的交线成为新的投影轴，以 X_1 表示。b、b'、b_1 之间的关系为 $b'b_1 \perp X_1$ 轴，$b_1b_{X_1} = bb_X = Bb'$，如图 2-55b 所示。

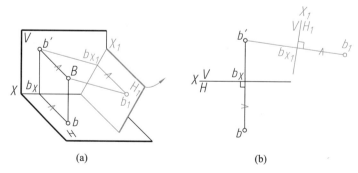

图 2-55 点的一次变换(变换 H 面)

综上所述，点的换面法的基本投影规律归纳如下：

(1) 点的新投影与不变投影的连线，垂直于新投影轴。

(2) 点的新投影到新投影轴的距离，等于被更换的投影到旧投影轴的距离。

*2. 点的二次变换

有时变换一次投影面后还不能解决问题，必须变换两次或多次才能达到解题的目的。二次变换是在一次变换的基础上进行的，变换一个投影面后，在新的两投影面体系中再变换另一个还未被替代的投影面。类似地可以作多次变换。

图 2-56a 表示顺次变换两次投影面求点的新投影的方法，其原理和作图方法与一次变换完全相同，其作图步骤如下(图 2-56b)：

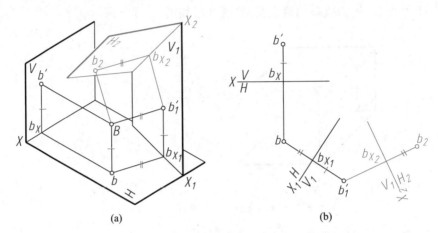

图 2-56 点的二次变换

(1) 变换一次，以 V_1 面代替 V 面形成 V_1/H 体系。作新投影轴 X_1，求得点 B 的新投影 b_1'。

(2) 在 V_1/H 的基础上，再变换一次，这次应变换前一次还未被替换的投影面，即以 H_2 面替换 H 面，组成第二个新体系 V_1/H_2，这时 $b_1'b_2 \perp X_2$ 轴，$b_2 b_{X_2} = bb_{X_1}$。

二次变换投影面时，也可先变换 H 面，再变换 V 面。变换投影面的先后次序按实际需要而定。

二、换面法的四个基本问题

1. 将一般位置直线变换成投影面平行线

图 2-57a 表示将一般位置直线 AB 变为投影面平行线的情况。在这里换 V 面，使新投影面 V_1 平行于直线 AB，具体作图步骤如下：

(1) 作新投影轴 $X_1 \parallel ab$。

(2) 分别由投影 a、b 作 X_1 的垂线，交 X_1 轴于 a_{X_1}、b_{X_1}，然后在垂线上量取 $a_{X_1} a_1' = a' a_X$，$b_{X_1} b_1' = b' b_X$，得到新投影 a_1'、b_1'。

(3) 连接 a_1'、b_1' 得投影 $a_1' b_1'$，它反映直线段 AB 的实长，如图 2-57b 所示。

如果是无轴投影图，可利用坐标差作图，作图方法如图 2-58 所示。

2. 将投影面平行线变换成投影面垂直线

图 2-59a 表示将水平线 AB 变换为投影面垂直线的情况。在这里换 V 面，使新投影面 V_1 垂直于直线 AB。作图时使 X_1 轴 $\perp ab$，求得 AB 在 V_1 面上的新投影，这时 a_1'、b_1' 重影为一点，如图 2-59b 所示。

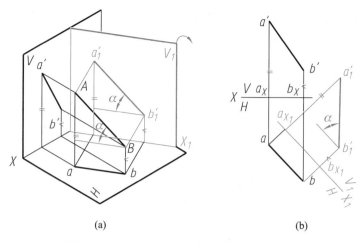

(a)   (b)

图 2-57   一般位置直线变换成投影面平行线

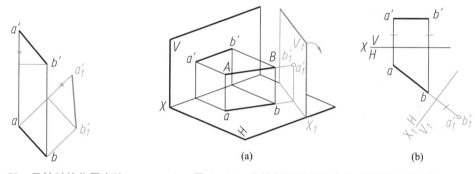

图 2-58   无轴时的作图方法   图 2-59   将投影面平行线变换成投影面垂直线

3. 将一般位置平面变换成投影面垂直面

图 2-60a 表示将一般位置平面△ABC 变为投影面垂直面的情况。在这里换 V 面,使新投影面 V_1 垂直于△ABC 所在的平面。

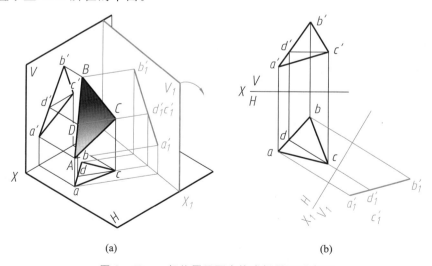

(a)   (b)

图 2-60   一般位置平面变换成投影面垂直面

为了能使△ABC成为投影面垂直面，新投影面应垂直于△ABC内的某一直线。但因将一般位置直线变换成投影面垂直线必须换两次面，而把投影面平行线变换成投影面垂直线只需换一次面，所以可先在△ABC中取一条投影面平行线。具体作图步骤如下：

(1) 在△ABC中作水平线CD，其投影为c′d′和cd。

(2) 作X_1轴⊥cd。

(3) 作△ABC在V_1面的新投影$a_1'b_1'c_1'$，它必定积聚为一直线，如图2-60b所示。

同理，也可以换H面，在△ABC平面上取一正平线，作H_1面垂直于面内正平线，则△ABC在H_1面上积聚为一直线。

4. 将投影面垂直面变换成投影面平行面

图2-61a表示将铅垂面△ABC变为投影面垂直面的情况。在这里换V面，使新投影面V_1平行于△ABC所在的平面。作图时使X_1轴∥abc，求得△ABC在V_1面上的新投影，这时△$a_1'b_1'c_1'$反映△ABC的实形，如图2-61b所示。

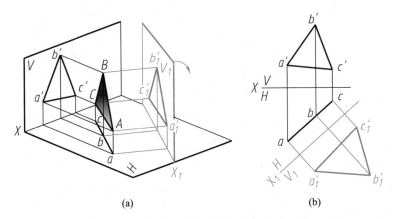

(a)   (b)

图2-61　投影面垂直面变为投影面平行面

三、换面法的应用举例

解题时，首先要按题意进行空间分析，目的在于确定空间几何元素与新投影面之间的相对位置，即当它们处于怎样的位置时，才能在投影图上求得解答，然后再根据上面所介绍的基本作图方法，确定变换的次数和变换的步骤，最后进行作图。

为了使图形清晰易读，作图时注意新投影轴的位置，应避免所画的图线与旧投影中的图线交错重叠。

例2-15　试求图2-62a所示立体上的正垂面P的实形。

分析：该立体的形状如图2-62b所示。正垂面P为八边形，要求出它的实形必须更换水平投影面，新投影面与平面P平行，即新投影轴应与其正面投影p′（积聚为一直线）平行。

作图：

(1) 建立投影轴。将旧轴X建立在立体的下底面，新投影轴X_1与正面投影p′平行，如图2-62c所示。

(2) 画出新投影。根据点的投影变换规律，求出$1_1 2_1 3_1 4_1 5_1 6_1 7_1 8_1$，即得正垂面P的实形。

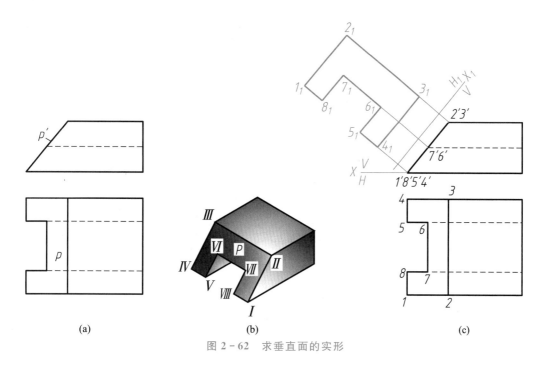

图 2-62　求垂直面的实形

例 2-16　求图 2-63a 中点 C 到正平线 AB 的距离,并作出其垂线的投影。

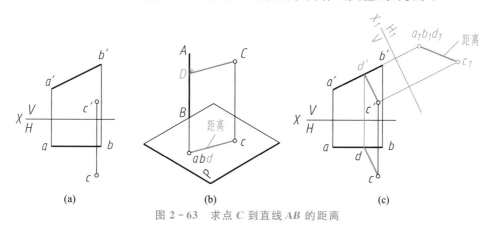

图 2-63　求点 C 到直线 AB 的距离

分析: 点到直线的距离,是由点向直线所作的垂线段的长度来度量的。若作一新投影面与 AB 垂直,则该垂线必与新投影面平行,因而其新投影便可反映距离的大小,如图 2-63b 所示。因 AB 是正平线,一次换面(换 H 面)即可将其变换为投影面的垂直线。

作图:

(1) 作新投影轴 $X_1 \perp a'b'$。

(2) 分别求出直线 AB 和点 C 在 H_1 面上的投影 a_1、b_1、c_1(a_1、b_1 积聚为一点),连接 c_1a_1,由于垂足 D 在 AB 上,即得垂线 CD 在 H_1 面上的投影 c_1d_1。

(3) 过 c' 作 $a'b'$ 的垂线,交 $a'b'$ 于 d'。

(4) 由 d' 在 ab 上作出 d,即得垂线 CD 的水平投影 cd,如图 2-63c 所示。

例 2 - 17 如图 2 - 64a 所示,已知交叉两直线 AB、CD,求其最短连线的位置及其最短连线的长度。

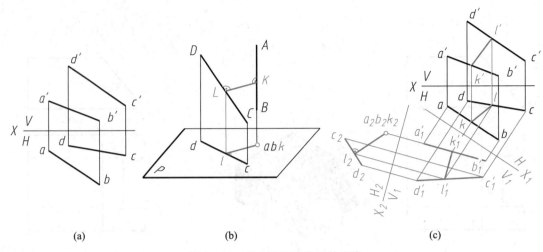

(a)　　　　　　　　(b)　　　　　　　　(c)

图 2 - 64　求交叉两直线间的距离

分析: AB、CD 为两交叉直线,它们之间的最短距离即公垂线的长度;而连接点即是公垂线与两直线的交点。当两交叉直线之一垂直于投影面时,公垂线在该投影面内的投影直接反映其实际长度,如图 2 - 64b 所示。将一般位置直线变换成新投影面的垂直线须依次进行两次变换。

作图:

(1) 将 AB 变换成新投影面 V_1 的平行线。用 V_1 代替 V,构成新投影面体系 V_1/H,作新投影轴 $X_1//ab$;求作 AB、CD 在新投影面 V_1 内的投影 $a_1'b_1'$、$c_1'd_1'$。

(2) 将 AB 变换成新投影面 H_2 的垂直线。用 H_2 代替 H,构成新投影面体系 V_1/H_2,作新投影轴 $X_2 \perp a_1'b_1'$;求作 AB、CD 在新投影面 H_2 内的投影 a_2b_2、c_2d_2。

(3) 作公垂线 KL。将 KL 返回到 V/H 体系中,注意 $k_1'l_1' // X_2$ 轴,求出 KL 的各投影。如图 2 - 64c 所示。

例 2 - 18 求图 2 - 65a 所示一般位置平面 $\triangle ABC$ 的实形。

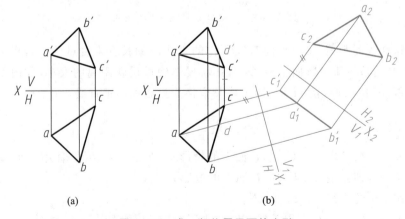

(a)　　　　　　　　(b)

图 2 - 65　求一般位置平面的实形

分析：只有当投影面平行于△ABC时，△ABC在其上的投影才反映实形。要使新投影面积平行于一般位置平面，又垂直于原有一个投影面是不可能的。因此，将一般位置平面变为投影面平行面要连续变换两次，即先变为投影面垂直面，再变为投影面平行面。

作图：

（1）在△ABC中作水平线AD，其投影为$a'd'$和ad；作X_1轴$\perp ad$；作△ABC在V_1面的新投影$b_1'a_1'c_1'$，它积聚为一直线。

（2）作X_2轴$\parallel b_1'a_1'c_1'$；作出△ABC在H_2面的新投影$a_2b_2c_2$。$\triangle a_2b_2c_2$反映△ABC的实形，如图2-65b所示。

从例2-17和例2-18可以看出，当需要进行两次或两次以上变换投影面时，必须交替进行，即第一次换V面，第二次换H面，以此类推，且必须保证每次换面都要使空间几何元素处于最有利于解题的位置。

第三章　基本立体及其表面交线

研究立体的投影就是研究立体表面的投影。表面完全由平面组成的立体称为平面立体；表面由曲面或曲面与平面组成的立体称为曲面立体。常见的平面立体有棱柱、棱锥等；常见的曲面立体有圆柱、圆锥、球、圆环等，它们统称为基本立体（简称基本体）。本章重点讨论基本体的三视图及其表面上点的投影和作图方法，平面与基本体、基本体与基本体表面相交所产生交线的投影和作图方法等内容。

§3-1　平面基本体

由于平面基本体的表面都是平面，因此，绘制平面基本体的三视图时只需绘制组成它的各个平面多边形的投影，即绘制其各表面的交线（棱线）的投影。

一、棱柱

1. 棱柱的三视图

棱柱由侧棱面、顶面与底面围成，相邻两棱面的交线称为棱线，其侧棱线互相平行。顶面、底面和侧棱面的交线是顶面与底面的边。

例3-1　画出图3-1a所示正五棱柱的三视图。

分析：从图3-1a可看出，正五棱柱的顶面和底面为水平面，它们的边分别是四条水平线和一条侧垂线；棱柱的棱面为四个铅垂面和一个正平面，侧棱线为五条铅垂线。

作图步骤：

（1）确定三个视图的位置（布图），画出主视图、俯视图的对称中心线和后棱面在俯、左视图中的投影（积聚成线段），如图3-1b所示。

（2）画出反映底面正五边形实形的俯视图，如图3-1c所示。

（3）利用长对正和高度尺寸画出主视图，最后再根据主、俯两个视图补画左视图，如图3-1d所示。视图完成后，擦去所有的作图辅助线。

在主视图中，棱线EE_0、DD_0被前面的棱面遮挡，不可见，其投影画细虚线。在左视图中，棱线DD_0、CC_0与棱线EE_0、AA_0投影重合。

作为初学者可作出$45°$辅助线，用来确定俯视图与左视图的"宽相等"关系，当对宽相等熟练掌握后，可直接用y_1和y_2量取，如图3-1d所示。另外，请注意各视图之间应留有一定的间距，以便标注尺寸。

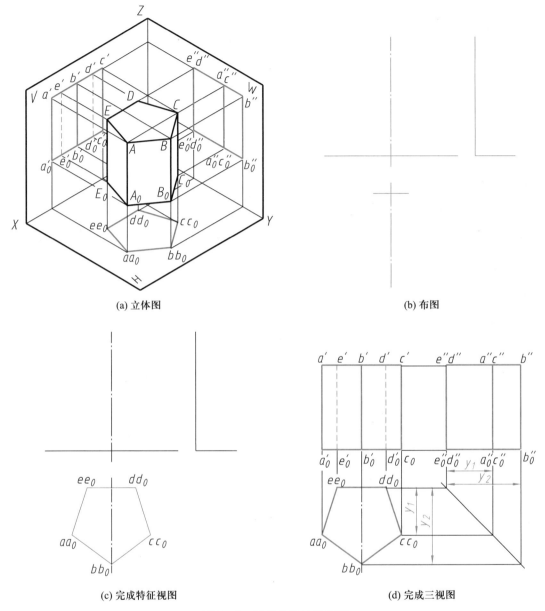

(a) 立体图　　　　　　　　　　　　　(b) 布图

(c) 完成特征视图　　　　　　　　　(d) 完成三视图

图 3 - 1　正五棱柱的三视图

2. 棱柱表面取点

基本体表面取点就是已知基本体表面上点的一个投影，求作另外两个投影。

例 3 - 2　如图 3 - 2a 所示，已知五棱柱表面上点 F 和 G 的正面投影 $f'(g')$，求作它们的水平投影和侧面投影。

分析：由图 3 - 2a 正面投影对照水平投影可看出，点 F 在铅垂棱面 AA_0BB_0 上，其正面投影可见；点 G 在正平棱面 DD_0EE_0 上，其正面投影不可见。两棱面的水平投影均有积聚性，因此点 F、G 的水平投影应在五棱柱水平投影的五边形上。

作图步骤：

(1) 过 $f'(g')$ 作竖直的投影连线，分别交水平投影五边形的边于 f、g，f 在前，g 在后。

(2) 过 $f'(g')$ 作水平的投影连线，交后棱面的侧面投影于 g''，再量取 y 坐标得 f''。

(3) 判别 f'' 的可见性。因 F 在棱柱的前左棱面上，f'' 可见，结果如图 3-2b 所示。

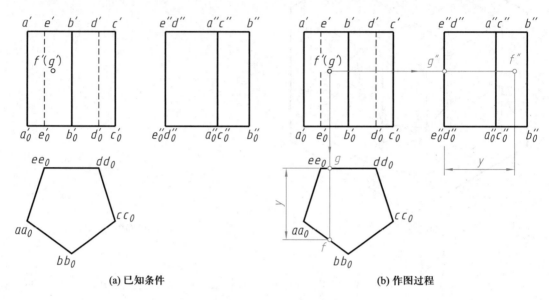

(a) 已知条件　　　　　　　　　　　(b) 作图过程

图 3-2　五棱柱表面取点

二、棱锥

1. 棱锥的三视图

棱锥由棱面和底面围成，其侧棱线交汇于锥顶。底面和侧棱面的交线是底面的边。

例 3-3　画出图 3-3a 所示正三棱锥的三视图。

分析： 从图 3-3a 中可以看出，底面 ABC 是水平面，其中 AB、AC 为水平线，BC 为正垂线；前后棱面 SAB、SAC 为一般位置平面；右棱面 SBC 为正垂面；棱线 SA 为正平线，SC、SB 为一般位置直线。底面三角形 ABC 的水平投影反映实形，其正面投影及侧面投影积聚为水平方向的直线段。

作图步骤：

(1) 确定三个视图的位置（布图），画出反映正三棱锥底面正三角形△abc 实形的俯视图与底面在主视图、左视图中的投影积聚线，如图 3-3b 所示。

(2) 求作顶点的三面投影，如图 3-3c 所示。顶点 S 的水平投影 s 在正三角形△abc 的中心位置上，根据三棱锥的高度，根据顶点 S 的水平投影 s，可作出其正面投影 s'；利用"高平齐""宽相等"的投影规律，在左视图得到其侧面投影 s''。

(3) 将锥顶 S 与各顶点 A、B、C 的同面投影相连，即得该三棱锥的三视图，如图 3-3d 所示。视图完成后，擦去所有的作图辅助线。

从图中可看到，三个棱面的俯视图都可见，底面的俯视图不可见；前棱面△SAB 在主视图上

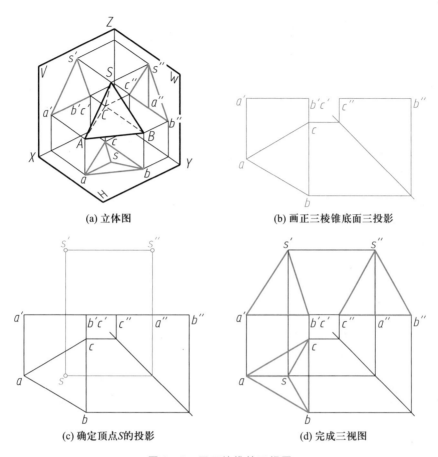

(a) 立体图   (b) 画正三棱锥底面三投影

(c) 确定顶点S的投影   (d) 完成三视图

图 3－3 正三棱锥的三视图

可见,后棱面△SAC 在主视图上不可见,右棱面△SBC 的主视图积聚为一条直线段;前、后棱面在左视图上均可见,右棱面△SBC 在左视图上不可见。

2.棱锥表面取点

例 3－4 如图 3－4a 所示,已知三棱锥表面上点 D 和 E 的正面投影 $d'(e')$,求它们的水平投影。

分析:由于在正面投影中 d' 可见,(e') 不可见。因此,可确定点 D 位于前棱面 SAB 上,点 E 位于后棱面 SAC 上,它们的正面投影重合,由于前后棱面的投影没有积聚性,只得利用做辅助线的方法求解。过一点可作出多条直线,图 3－4b、c、d 中给出了三种不同的做辅助线方法。比较三种方法,显然方法二作图简便。下面以方法二为例,说明作图步骤。

作图步骤:

(1) 过 $d'(e')$ 作 $a'b'(a'c')$ 的平行线,交 $a's'$ 为 g',则点 G 在 AS 棱线上。

(2) 过 g' 作竖直的投影连线,交 AS 棱线的水平投影 as 于 g。

(3) 过 g 分作 ab、ac 的平行线,过 $d'(e')$ 作竖直的投影连线,交点 d、e,即为 D、E 的水平投影,结果如图 3－4c 所示。再利用"高平齐""宽相等"的投影规律可求出其侧面投影。

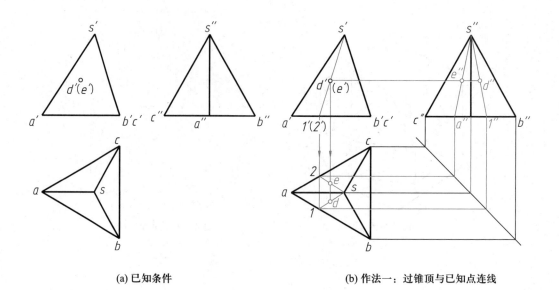

(a) 已知条件

(b) 作法一：过锥顶与已知点连线

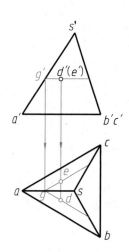

(c) 作法二：过已知点作底边的平行线

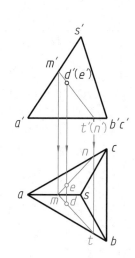

(d) 作法三：过已知点任作一直线

图 3-4　三棱锥表面取点

§3-2　曲面基本体

　　表面由回转面或回转面与平面组成的立体，称为回转体。常见的曲面基本体为回转体，如圆柱、圆锥、球、圆环等。回转面是由一动线（直线、圆弧或其他曲线）以一条定线（直线）为轴回转到封闭时形成的。该定线称为回转轴，形成回转面的动线称为母线。母线在回转面上任何一位置称为素线，母线上任意一点的轨迹（垂直于轴线的圆）称为纬圆。本节讨论曲面基本体的三视图及其表面上点的投影和作图方法。

一、画曲面基本体三视图及其表面取点的方法和步骤

绘制曲面基本体的三视图步骤为:首先画出回转面的回转轴(细点画线),其次画出所有特殊位置面的积聚投影,最后画出回转面的转向轮廓线的投影。

转向轮廓线是投射线与立体曲表面相切的那条素线(或包络线),其投影具有针对性,具体表现为:

① 投射线方向不同,转向轮廓线在立体上的位置也不同;

② 对某个投影面的转向轮廓线,其投影就在那个投影图中画出,而在其他投影图中是不画的;

③ 转向轮廓线也是立体表面对那个投影面可见与不可见部分的分界线。

二、应用举例

(一)圆柱

1. 圆柱的三视图

圆柱由圆柱面及其顶面和底面围成,其中圆柱面由直线段绕与它平行的轴线旋转而成。

例 3-5 画出图 3-5a 所示圆柱的三视图。

分析: 如图 3-5a 所示,当圆柱轴线为铅垂线时,圆柱的水平投影为圆,正面投影和侧面投影为矩形。圆柱的顶面和底面是水平面。圆柱面上所有的素线都是铅垂线,其水平投影积聚到圆周上。画图时用垂直相交的细点画线表示圆的中心线,它们的交点为回转轴的水平投影。

作图步骤:

(1) 如图 3-5b 所示,画出回转轴和圆的对称中心线(细点画线),作为画图的参考基准。

(2) 先画出反映顶面和底面实形的俯视图(圆),再根据圆柱体的高度和 45°辅助线,画出顶面和底面在主、左视图中的积聚投影(直线段),如图 3-5c 所示。

(3) 画出圆柱 V 面和 W 面转向轮廓线的投影,完成圆柱的三视图,如图 3-5d 所示。视图完成后,擦去所有的作图辅助线。

图中 $a'a_0'$、$c'c_0'$ 是圆柱面对正立投影面的转向轮廓线的投影,也是圆柱面上最左、最右素线的正面投影,AA_0、CC_0 把圆柱面分为前后两半,前半圆柱面可见,它们的水平投影积聚在圆周上左、右两点 a、c,侧面投影 $a''a_0''$、$c''c_0''$ 与细点画线重合(由于圆柱面是光滑过渡的,因此 $a''a_0''$、$c''c_0''$ 不需要画粗实线);圆柱左视图矩形的两边 $b''b_0''$、$d''d_0''$ 是圆柱面对侧立投影面的转向轮廓线的投影,也是圆柱面上最前、最后素线 BB_0、DD_0 的侧面投影,它们将圆柱面分为左、右两半,在侧面投影中左半面可见。这两条素线的水平投影积聚在圆周上前、后两点 b、d,正面投影 $b'b_0'$、$d'd_0'$ 与轴线重合。

2. 圆柱表面取点

圆柱表面投影为圆的视图具有积聚性。作图时直接在投影为圆的图中找到点的第二个投影,然后利用"长对正、高平齐、宽相等"的投影规律,求出第三个投影。

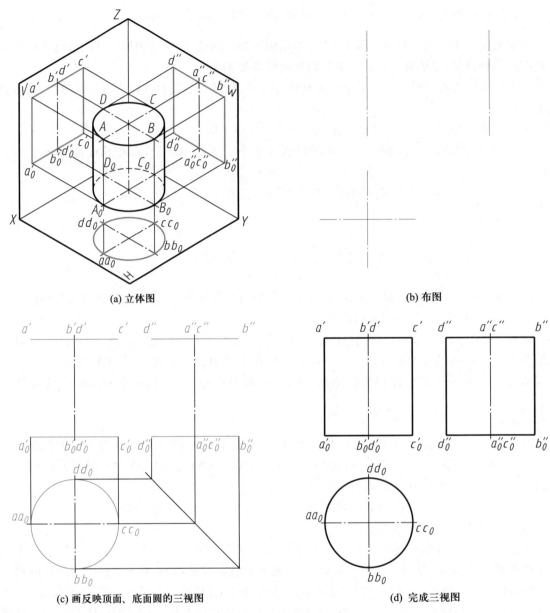

(a) 立体图

(b) 布图

(c) 画反映顶面、底面圆的三视图

(d) 完成三视图

图 3 - 5　圆柱的三视图

例 3 - 6　如图 3 - 6a 所示,已知点 A、B、C、D 的一个投影,求它们的另外两个投影。

作图步骤:

(1) 求点 A、B 的另外两个投影。从图中可知圆柱的水平投影有积聚性,点 A、B 的水平投影应在圆柱面有积聚性的圆周上。从正面投影 a' 可见、(b') 不可见得知,点 A 在前半圆柱面上,B 在后半圆柱面上,过正面投影 $a'(b')$ 做竖直的投影连线,分别交圆周于 a 和 b。再由 $a'(b')$ 作水平的投影连线,利用投影关系即宽 y_1 坐标和前后对应关系,可求出 a''、b''。由于点 A、B 在左半圆柱面上,所以侧面投影 a''、b'' 均可见。

（2）求点 C 的另外两个投影。由侧面投影 c'' 可知点 C 在圆柱面侧面投影的转向轮廓线上，即在圆柱面最前素线上，过侧面投影 c'' 作水平的投影连线，在正面投影上可得 c'，再在水平投影上得到 c。

（3）求点 D 的另外两个投影。由水平投影 (d) 可知点 D 在圆柱底面上，其正面、侧面投影必在底面所积聚的线段上，故正面投影 d' 可直接求出，将水平投影的 y_2 距离对应到侧面投影可得 d''，结果如图 3-6b 所示。

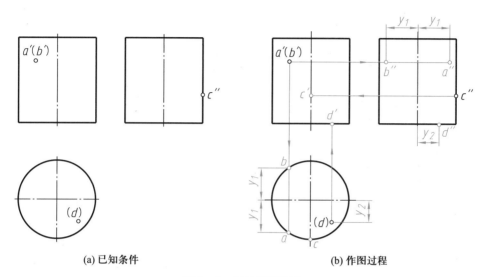

(a) 已知条件　　　　　　　　　　　(b) 作图过程

图 3-6　圆柱表面取点

（二）圆锥

1. 圆锥的三视图

圆锥由圆锥面和底面围成，圆锥面由直线段绕与它相交的轴线旋转而成。

例 3-7　画出图 3-7a 所示圆锥的三视图。

分析： 如图 3-7a 所示，当圆锥的轴线为铅垂线时，圆锥的水平投影为一圆，这是圆锥底面的水平投影，也是圆锥面的水平投影；另外两投影为等腰三角形。画图时用垂直相交的细点画线表示圆的中心线，交点为锥顶 S 和回转轴的水平投影。

作图步骤：

（1）如图 3-7b 所示，画出回转轴和圆的对称中心线（细点画线），作为画图的参考基准。

（2）画出反映底面实形的俯视图（圆），再画出底面圆在主视图与左视图中的积聚投影（直线段），如图 3-7c 所示。

（3）根据圆锥的高，确定锥顶 S 的三面投影，画出圆锥 V 面和 W 面的转向轮廓线，完成圆锥的三视图，如图 3-7d 所示。

圆锥的主视图及左视图为相等的等腰三角形，主视图中三角形的两腰 $s'a'$、$s'b'$ 是圆锥面对正立投影面的转向轮廓线的投影，把圆锥面分为前后两半，前半圆锥面可见。SA、SB 也是圆锥最左、最右两条素线，SA、SB 为正平线，即它们的正面投影 $s'a'$、$s'b'$ 反映素线的实长，它们的侧面投影 $s''a''$、$s''b''$ 与细点画线重合。左视图中三角形的两腰 $s''c''$、$s''d''$ 是圆锥面对侧立投影面的转向轮廓线的投影,把圆锥面分为左右两半,左半圆锥面可见。SC、SD 也是圆锥最前、最后两条素线,SC、SD 为侧平线,即它们的侧面投影 $s''c''$、$s''d''$ 也反映素线实长。它们的正面投影 $s'c'$、$s'd'$ 与细点画线重合。可以看出,圆锥面在三个视图上的投影都没有积聚性。

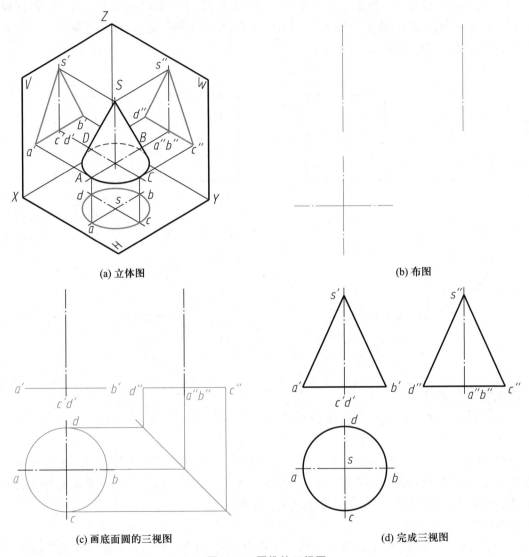

(a) 立体图　　　　　　　　　　　　　　　　(b) 布图

(c) 画底面圆的三视图　　　　　　　　　(d) 完成三视图

图 3-7　圆锥的三视图

2. 圆锥表面上取点

例 3-8　如图 3-8a 所示,已知圆锥面上点 A 的正面投影 a',求作其另外两个投影。

作图步骤:根据 a' 位置可知,点 A 位于圆锥的右前表面上。由于圆锥面的投影没有积聚性,圆锥表面上取点的作图原理与在棱锥表面上取点的作图原理相同,即过圆锥面上的点作一辅助线,点的投影必在辅助线的同面投影上。在圆锥面上可以作两种简单易画的辅助线,一种是过锥顶的素线,另一种是垂直于轴线的纬圆。

(1) 素线法　如图 3-8b 所示,过锥顶的直素线为辅助线。过 a' 作素线的投影 $s'1'$,即圆锥

表面素线 SI 的正面投影,再求出 SI 的水平投影 $s1$ 和侧面投影 $s''1''$,a 和 (a'') 分别在 $s1$ 和 $s''1''$ 上。过 a' 引投影连线,投影连线与辅助直素线的交点即为所求。

(2)纬圆法 如图 $3-8$c 所示,垂直于轴线的纬圆为辅助线。过 a' 作垂直于轴线的直线,与正面转向轮廓线的投影相交,两交点间的长度即为纬圆的直径。根据直径和圆心可画出这个辅助纬圆的水平投影。因点 A 在前半锥面上,由 a' 向下引投影连线交前半圆周于一点即为 a,再由 a 和 a' 求出 a''。

由于圆锥面的水平投影可见,故点 A 的水平投影 a 可见。因点 A 在右半圆锥面上,所以点 A 的侧面投影(a'')不可见。

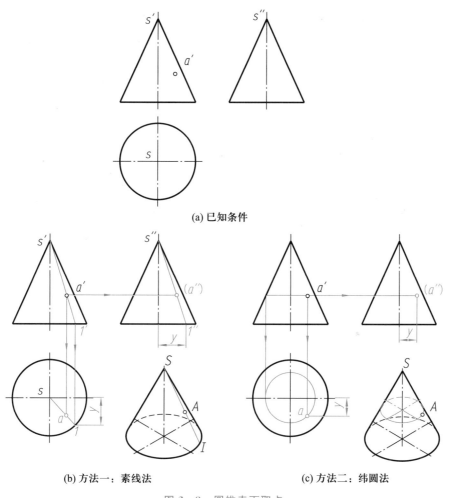

(a) 已知条件

(b) 方法一:素线法　　　　　　　　(c) 方法二:纬圆法

图 $3-8$　圆锥表面取点

(三) 球

1.球的三视图

球由球面围成,球面由圆绕其直径旋转半周(或半圆绕其直径旋转一周)而成。

例 $3-9$　画出图 $3-9$a 所示球的三视图。

分析:如图 $3-9$a 所示,球的三个视图均为大小相等的圆,其直径分别等于球的直径,它们

分别是这个球面对 V、H、W 投影面的转向轮廓线的投影。

作图： 画出三个圆的对称中心线作为画图的参考基准，在三个视图中分别画出三个直径等于球直径的圆，完成作图，如图 3-9b 所示。

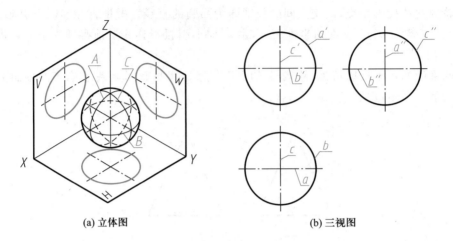

(a) 立体图   (b) 三视图

图 3-9 球的三视图

球的主视图为圆 a'，它是球面上平行于正立投影面的最大正平圆 A 的正面投影，此正平圆将球面分成前半球面和后半球面，其水平投影和侧面投影 a、a'' 分别与水平方向和竖直方向的细点画线重合。俯视图为圆 b，它是球面上平行于水平投影面的最大水平圆 B 的水平投影；左视图为圆 c''，它是球面上平行于侧立投影面的最大侧平圆 C 的侧面投影，其投影情况类同。球面在三个投影面上的投影都没有积聚性。

2. 球表面取点

例 3-10 如图 3-10a 所示，已知球表面上点 A、B、C、D、E 的一个投影，求作其另外两个投影。

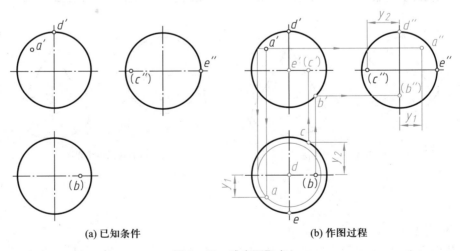

(a) 已知条件   (b) 作图过程

图 3-10 球表面取点

作图步骤： 如图 3-10b 所示，由于球表面上不存在直线，求球表面上的点可利用过该点并与各投影面平行的圆为辅助线，先求这条辅助线的投影，然后再求辅助线上点的投影。

（1）求点 A 的投影。过 a' 作球面上水平圆的正面投影，与正面投影的转向轮廓线的投影相交于两点，其长度为水平圆的直径，作出水平圆的水平投影和侧面投影，其水平投影反映实形。然后根据点在水平圆上，由 a' 引竖直的投影连线，求出 a；再由 a' 作水平的投影连线，并在侧面投影上度量宽 y_1 得 a''。由于点 A 在左半、上半球表面上，所以 a、a'' 都可见。

（2）求点 B 的投影。从图中可知，点 B 在右半、下半球面上，且点 B 在球面正面投影的转向轮廓线上，根据点的投影关系，由（b）引竖直的投影连线可直接作出 b'，由 b' 作水平的投影连线可作出（b''），点 B 的侧面投影不可见。

（3）求点 C 的投影。从图中可知，点 C 在右半、后半球面上，而且点 C 在球面水平投影的转向轮廓线上，根据点的投影关系，由 c'' 通过宽 y_2 坐标先求出 c，再过点 c 作竖直的投影连线求出（c'）。由于点 C 在后半球面上，正面投影 c' 不可见。

（4）求点 D 的投影。从图中可知，点 D 为球面上最高点，在球面正面投影的转向轮廓线上，过 d' 作投影连线得 d、d''，水平投影 d 在细点画线的交点处。

（5）求点 E 的投影。从图中可知，点 E 为球面上最前点，在球面水平投影的转向轮廓线上，可直接标出其正面投影 e' 和水平投影 e，正面投影 e' 在细点画线的交点处。

过点可作的辅助线有三种，即平行于 V 面的圆、平行于 H 面的圆和平行于 W 面的圆，这三种方法的作图过程不同，但得到的结果是相同的。三种作图方法的特点，读者可自行分析。

˚（四）圆环

1. 圆环的三视图

圆环的表面是环面，环面由圆绕圆所在平面上且在圆外的一条直线（轴线）旋转而成。

例 3-11 画出图 3-11 所示圆环的主、俯视图。

分析： 图 3-11 所示的圆环是圆心为 O 的正平圆绕该圆所在平面上且在圆外的铅垂线 $I\,II$ 旋转而成的，圆上任意点的运动轨迹为垂直于轴线的水平圆（纬圆）。靠近轴线的半个母线圆形成的环面称为内环面，远离轴线的半个母线圆形成的环面称为外环面。

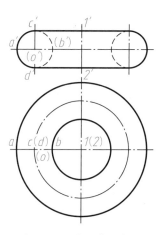

图 3-11 圆环的两视图

作图步骤： 先画出对称中心线（细点画线）。在主视图中，左、右两个圆和与该两圆相切的直线是环面正面投影的转向轮廓线的投影，粗实线半圆在外环面上，细虚线半圆在内环面上。上、下两条直线是圆母线上最高点 C、最低点 D 绕轴旋转而形成的纬圆的正面投影，也是内、外环面的分界圆的投影。在主视图中，前半外环面的投影可见，后半外环面的投影不可见；内环面在主视图上均不可见。环面的俯视图是环面对水平投影面的两个转向轮廓线圆的投影，它们分别是环面上最大、最小纬圆的水平投影。该纬圆将圆环分成上、下两部分，上半部在水平投影中可见，下半部在水平投影中不可见，细点画线圆是圆母线的圆心 O 绕轴线 $I\,II$ 旋转而形成的水平圆的水平投影。环面在三个视图上的投影都没有积聚性。

2. 圆环表面上取点（其他回转体表面上取点的方法与之相同）

例 3-12 如图 3-12a 所示，已知圆环面上点 A、B 的一个投影，求它们的另一投影。

作图步骤： 如图 3-12b 所示，圆环面上取点，可过点作垂直于轴线的纬圆为辅助线（水平圆）。根据点 A 的正面投影 (a') 可知，点 A 在圆环的上半部，又因点 A 的正面投影不可见，所以点 A 可能在圆环上半部的内环面及后半外环面上。由点 B 的水平投影 (b) 可知，点 B 在圆环下半部的前半外环面上。

（1）求点 A 投影。过 (a') 作水平直线与左、右两轮廓线圆相交，该直线与实线半圆的两交点间长度为外环面上过点 A 所作水平圆的直径，与细虚线半圆的两交点间长度为内环面上过点 A 所作水平圆的直径。因此在水平投影中分别作出内、外环面上的两个纬圆，由 (a') 作竖直的投影连线，可求出水平投影 a，根据分析可知共有三个解，如图 3-12b 所示。

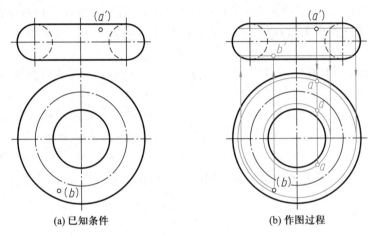

(a) 已知条件   (b) 作图过程

图 3-12　圆环表面取点

（2）求点 B 的投影。在水平投影中，过 (b) 以环心为圆心作圆，再求出该圆对应的正面投影，这个投影为水平直线段。由 (b) 作竖直的投影连线，与这个水平直线段的交点即为 b'，根据分析可知，正面投影 b' 可见，只有一解。

§3-3　平面与基本体相交——截交线

平面与基本体表面的交线，称为截交线，这个平面称为截平面，如图 3-13 所示，截交线的形

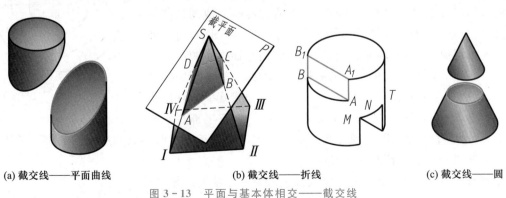

(a) 截交线——平面曲线   (b) 截交线——折线   (c) 截交线——圆

图 3-13　平面与基本体相交——截交线

状与被截基本体的形状和截平面的截切位置有关。截交线是截平面与基本体表面的共有线,截交线上的点是截平面和基本体表面的共有点,这些共有点的集合构成了截交线。

一、平面与平面基本体相交

平面与平面基本体相交,其截交线形状是由直线段组成的封闭多边形,多边形的顶点是平面基本体的棱线与截平面的交点,它的边是截平面与基本体表面的交线。

1. 平面与棱柱相交

例 3 - 13 如图 3 - 14a 所示,已知五棱柱的主、俯视图,求五棱柱被正垂面 P 截掉左上角后的三视图。

空间分析:

(1) 截交线的空间形状　截平面 P 与五棱柱的四个棱面及顶面相交,截交线为五边形,其中三个顶点 F、G、J 为棱线 AA_0、BB_0、EE_0 与截平面 P 的交点,另两个顶点 H、I 为五棱柱的顶面两边 BC、DE 与截平面 P 的交点,如图 3 - 14b 所示。

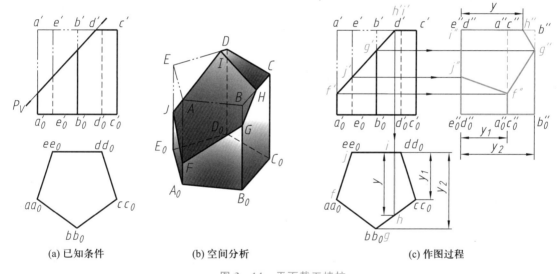

(a) 已知条件　　　　　(b) 空间分析　　　　　(c) 作图过程

图 3 - 14　平面截五棱柱

（2）截交线的投影情况　因为截平面为正垂面,所以截交线的正面投影积聚在 P_V 上,其水平投影和侧面投影为类似形。

作图步骤:如图 3 - 14c 所示。

（1）作出完整五棱柱的侧面投影。

（2）求截交线上特殊位置上的点。在截交线已知的正面投影中,标注出截平面 P 与棱线 AA_0、BB_0、EE_0 交点 F、G、J 的正面投影 f'、g'、j',以及截平面 P 与顶面两边 BC、DE 的交点 H、I 的正面投影 h'、i'。过正面投影作投影连线,可得其水平投影 f、g、j 和侧面投影 f''、g''、j''。由点 H、I 的正面投影作出其水平投影 h、i,并根据宽相等,求出其侧面投影 h''、i''。

（3）连接截交线的投影。依次连接各点的水平投影和侧面投影。

（4）修补题给棱线的投影。在左视图中,应擦去被截去棱线的投影 $h''b''$ 和 $b''g''$,而棱线 CC_0

没被切割,因与被切割的棱线 AA_0 重影,f'' 以上部分画细虚线,结果如图 3-14c 所示。

2. 平面与棱锥相交

例 3-14 如图 3-15a 所示,已知四棱锥的主、俯视图,用正垂面 P 截掉四棱锥的左上角,求被截切后四棱锥的三视图。

空间分析:

(1) 截交线的空间形状 截平面 P 与四棱锥的四个棱面相交,截交线为四边形,其四个顶点 A、B、C、D 即是四棱锥的四条侧棱与截平面 P 的交点,如图 3-15b 所示。

(2) 截交线的投影情况 截平面为正垂面,所以截交线的正面投影积聚在 P_V 上,水平投影和侧面投影为类似形。

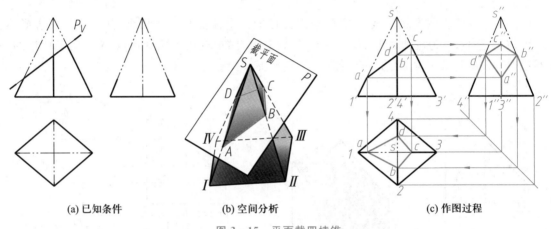

(a) 已知条件　　　　　　(b) 空间分析　　　　　　(c) 作图过程

图 3-15　平面截四棱锥

作图步骤:如图 3-15c 所示。

(1) 求棱线与截平面的交点。在正面投影中找到棱线 $SⅠ$、$SⅡ$、$SⅢ$ 和 $SⅣ$ 与截平面 P 的交点 A、B、C、D 的投影 a'、b'、c'、d'。过点 a'、b'、c'、d' 作投影连线,在棱线上得水平投影 a、c、d 和侧面投影 a''、b''、c''、d'';

(2) 判别可见性,连接截交线的投影。依次连接各点,该题中截交线的水平投影和侧面投影均可见,画成粗实线,正面投影重合在 P_V 上;

(3) 修补题给棱线的投影。四条棱线的水平投影 $1a$、$2b$、$3c$、$4d$ 应分别加深为粗实线。左视图中,将 $1''a''$、$2''b''$、$4''d''$ 加深为粗实线,$a''c''$ 为棱线 $SⅢ$ 侧面投影的一部分,在左视图中不可见,应为细虚线,结果如图 3-15c 所示。

二、平面与曲面基本体相交

平面与曲面基本体表面相交,截交线的形状是曲线或直线段构成的封闭的平面多边形。其截交线的空间形状一般情况下为一条封闭的平面曲线;特殊情况下是平面多边形或圆。当截平面平行投影面时,其截交线的投影反映实形。

1. 平面与圆柱相交

平面与圆柱相交,根据截平面与圆柱轴线的相对位置不同,其截交线有三种情况——矩形、圆、椭圆,见表 3 - 1。

表 3 - 1　平面与圆柱的交线

立体图	投影图	截交线形状
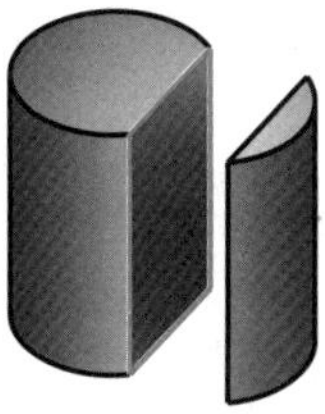	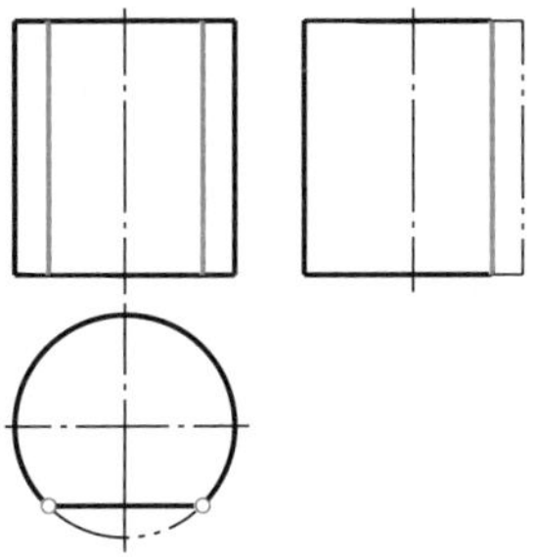	截平面平行于轴线,截交线为矩形
	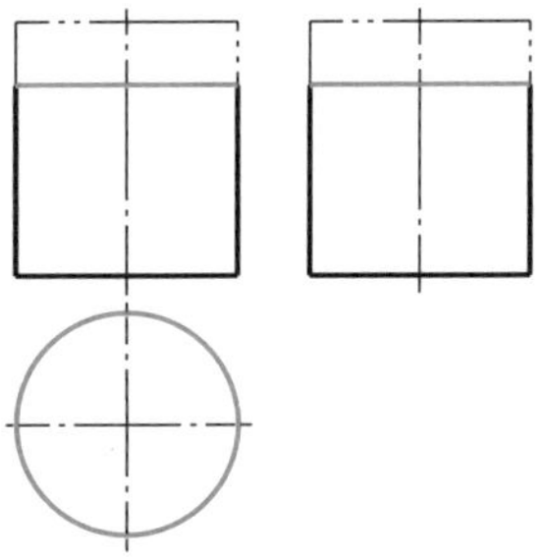	截平面垂直于轴线,截交线为圆
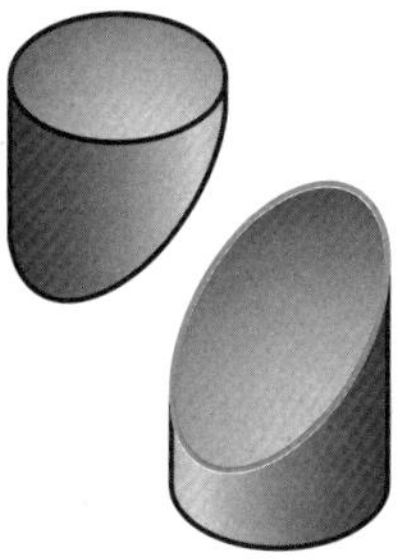	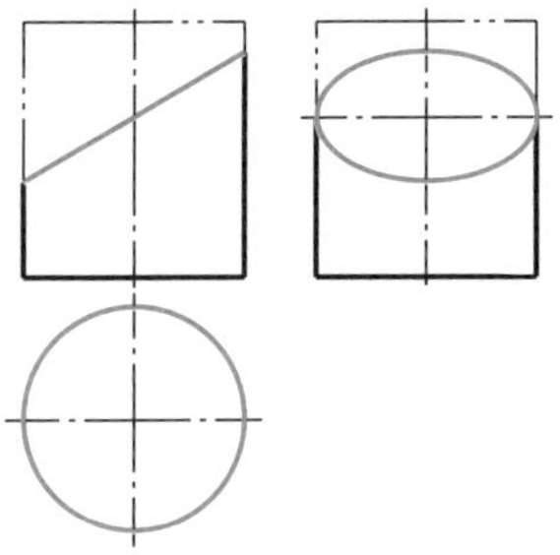	截平面倾斜于轴线,截交线为椭圆

例 3 - 15　如图 3 - 16a 所示,已知圆柱的主视图和俯视图,用正垂面 P 截掉圆柱的左上角,求作被截切后圆柱的三视图。

空间分析:

(1) 截交线的空间形状　正垂面 P 倾斜于圆柱轴线,截交线为一椭圆。

(2) 截交线的投影情况　由于平面 P 为正垂面,因此截交线的正面投影为直线,水平投影为圆,侧面投影仍是椭圆,但不反映实形。

作图步骤:如图 3 - 16b 所示。

（1）求特殊位置点。

① 在正面投影中可直接定出 V 面转向轮廓线上的点 A、C 的正面投影 a'、c'，它们同时也是截交线上的最低点和最高点；水平投影 a、c 在圆周上，可直接标出 a、c，再根据高平齐求出侧面投影 a''、c''。A、C 同时也是截交线上最左点和最右点。

② 在正面投影中还可直接定出 V 面转向轮廓线上的点 B、D 的正面投影 b'、d'，它们同时也是截交线上的最前点和最后点；水平投影 b、d 在圆周上，b'、d'' 在圆柱侧面投影的转向轮廓线的投影上，可直接根据高平齐直接求出侧面投影 b''、d''。

（2）求一般位置点。先在截交线的正面投影上任取一重影点 $e'(f')$，由此在水平投影中求出 e、f，再利用"二求三"，求出 e''、f''。（也可只求出 e''，再利用对称性求出 f''）。

（3）判可见性，光滑连接。按点水平投影的顺序，光滑地连接点的侧面投影，即得椭圆的侧面投影。

（4）修补转向轮廓线的投影。在左视图中，圆柱保留部分的对 W 面转向轮廓线的投影，应加粗到分界点 b''、d'' 处。作图结果如图 3-16b 所示。

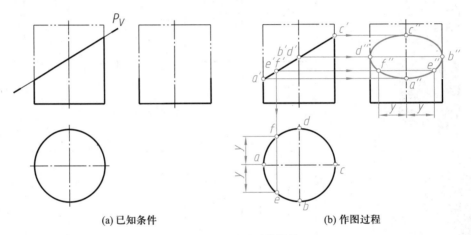

(a) 已知条件　　　　　　　　　(b) 作图过程

图 3-16　正垂面截圆柱

例 3-16　如图 3-17a 所示，补全圆柱被平面截切后的俯视图，补画左视图。

空间分析：

（1）截交线的空间形状　圆柱的左上角被一水平面 P 和侧平面 R 所截。平面 P 截圆柱面为一段圆弧 $\overset{\frown}{AB}$，平面 R 截圆柱面是两直线 AA_1、BB_1。下端的缺口，读者可自行分析。

（2）截交线的投影情况　圆弧 $\overset{\frown}{AB}$ 的正面投影 $a'b'$ 重合在 P_V 上，水平投影重合在圆周上；两直线 AA_1、BB_1 的正面投影 $a'a_1'$、$b'b_1'$ 重合在 R_V 上，水平投影积聚为点，且在圆周上；两截平面的交线 AB 为正垂线，正面投影在两截平面积聚性投影的交点处。圆柱下端的缺口，读者可自行分析它的截交线情况。

作图步骤：如图 3-17b 所示。

（1）在正面投影中标出侧平面 R 截圆柱面所得的两条铅垂线 AA_1、BB_1 的正面投影 $a'a_1'$、$b'b_1'$，过 a_1'、b_1' 作竖直的投影连线，得到水平投影 aa_1、bb_1。利用水平投影和侧面投影 y 相等的关系，可求得 $a''a_1''$、$b''b_1''$。

（2）水平面 P 截圆柱面所得圆弧 $\overset{\frown}{AB}$ 的正面投影 $a'b'$ 重合在 P_V 上，水平投影 ab 重合在圆柱面有积聚性的水平投影圆周上，侧面投影为 $a''b''$。

（3）连接水平投影 ab 及侧面投影 $a''a_1''$、$b''b_1''$、$a''b''$，得到平面截切左上角的投影图。

（4）圆柱下部的缺口可看作有两个侧平面和一个水平面截圆柱而形成的，作法与上类似。交线的水平投影被遮挡，不可见，画细虚线。注意：水平面截切圆柱面得前后两段圆弧。例如前面的圆弧为 $\overset{\frown}{MNT}$，点 N 是 W 面转向轮廓线上的点，转向轮廓线下面部分被截断。侧面投影被圆柱面挡住部分不可见，画细虚线。

（5）以 n'' 为分界点，补全 W 面转向轮廓线的投影。作图结果如图 3-17c 所示。

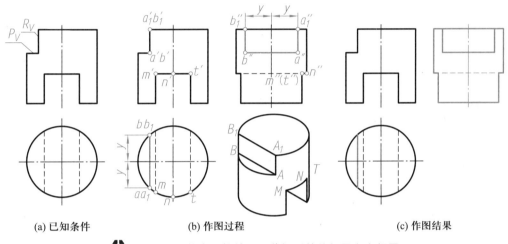

图 3-17　补全圆柱被平面截切后的俯视图和左视图

2. 平面与圆锥相交

根据截平面与圆锥的相对位置不同，其截交线共有五种情况：圆、等腰三角形、椭圆、抛物线加直线段与双曲线加直线段，见表 3-2 所示。

表 3-2　平面与圆锥的截交线

立体图	投影图	截交线形状
		截平面垂直于轴线（$\alpha=90°$），截交线为圆

立体图	投影图	截交线形状
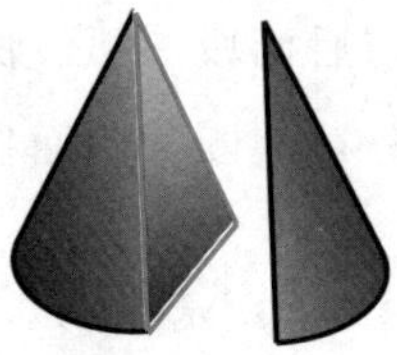	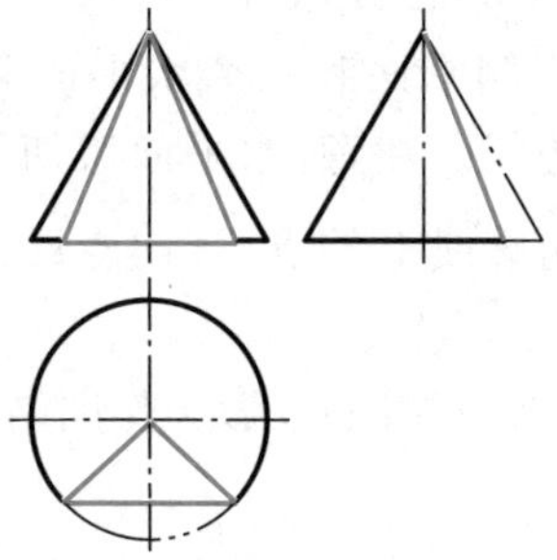	截平面通过圆锥顶点,截交线为等腰三角形
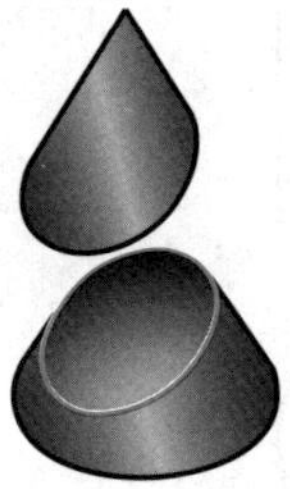	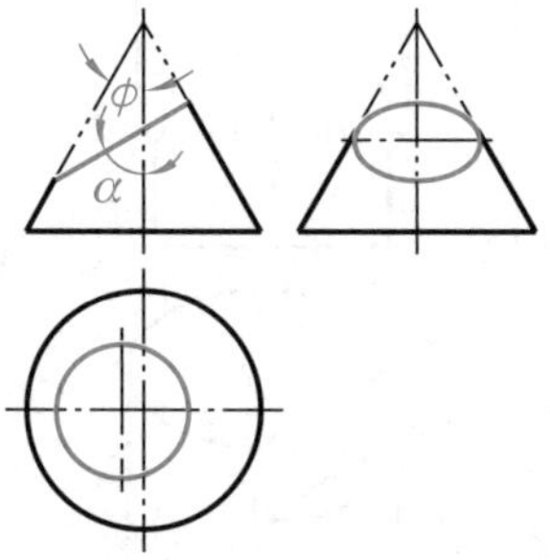	截平面倾斜于轴线,且 $\alpha > \phi$,截交线为椭圆
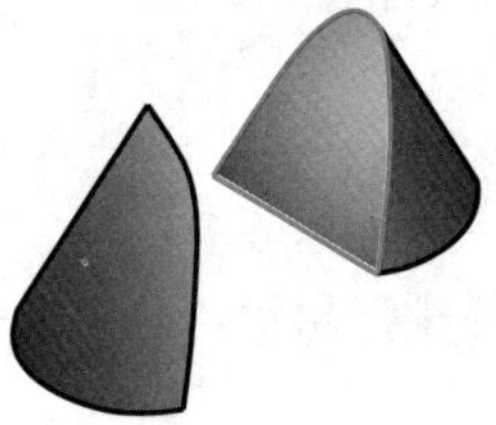	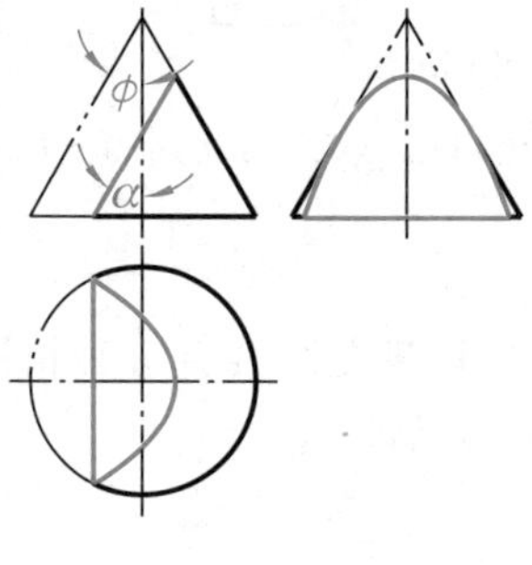	截平面倾斜于轴线,且 $\alpha = \phi$,截交线为抛物线加直线段
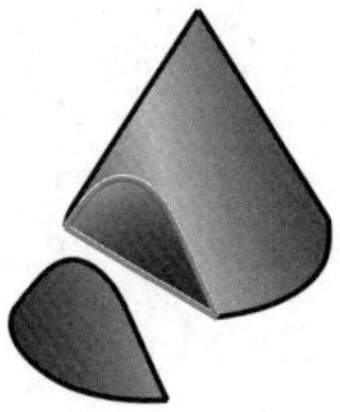	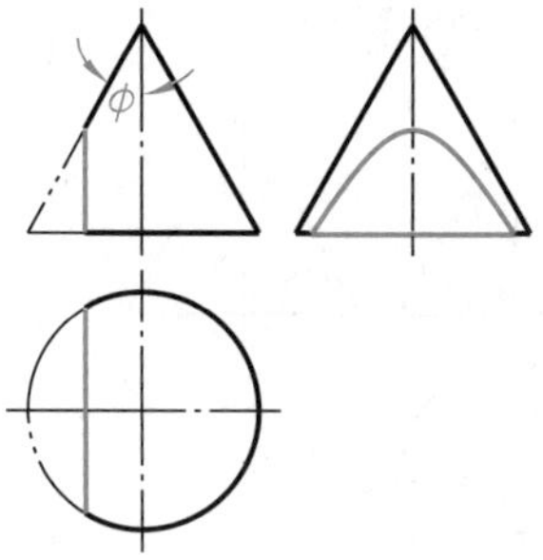	截平面平行于轴线,且 $\alpha < \phi$,或平行于轴线($\alpha = 0°$),截交线为双曲线加直线段

例 3-17 如图 3-18a 所示,已知圆锥的主视图和俯视图,用正垂截平面 P 截掉圆锥的左上角,求作被截切后圆锥的三视图。

空间分析：

（1）截交线的空间形状　从所给的情况可知，截交线是一个椭圆。

（2）截交线的投影情况　截平面 P 的正面投影有积聚性，因此截交线正面投影与 P_V 重合，水平投影和侧面投影仍然是椭圆。作图时应找出椭圆长、短轴的端点，长轴端点在截平面与圆锥最左、最右素线的交点上，短轴端点位于通过长轴中点的正垂线上，再找侧面投影转向轮廓线上的点，然后适当作一些一般位置点的投影，最后用曲线光滑连接。

作图步骤：

（1）求特殊位置点。

① 在主视图中作出 V 面转向轮廓线上点的投影 a'、b'（它们也是截交线上最低点和最高点、最左点和最右点），由投影关系，可作出 a、b 和 a''、b''（同时也是截交线椭圆长轴的端点）。

② 正面投影 $a'b'$ 的中点，即为椭圆短轴 CD 有积聚性的正面投影 $c'(d')$，利用纬圆法在圆锥表面求点，可求出 c、d，再由投影关系求得 c''、d''，如图 3–18b 所示。

③ 求 W 面转向轮廓线上投影点 e''、f''。在正面投影中标出截交线在圆锥 W 面转向轮廓线上的点 E、F 的正面投影 $e'(f')$，它们互相重合。由 e'、f' 可直接在侧面投影中作出 e''、f''。再用纬圆法，可求出其水平投影 e、f。

（2）求一般位置点。在截交线正面投影的适当位置取一般位置点 M、N 的正面投影 $m'(n')$，过 M、N 作水平纬圆，由 m'、n' 作竖直的投影连线，在纬圆的水平投影上作出 m、n，再利用"二求三"作出相应的 m''、n''（M、N 也可利用 E、F 对称椭圆长、短轴求得）；

（3）判可见性，光滑连接。光滑连接截交线的水平投影和侧面投影，水平投影、侧面投影均可见，画粗实线。

（4）修补题给转向轮廓线的投影。在左视图中，e''、f'' 是圆锥面对 W 面转向轮廓线的投影与截交线椭圆侧面投影的切点，表示圆锥面轮廓线投影的粗实线应画到分界点 e''、f'' 为止，结果如图 3–18c 所示。

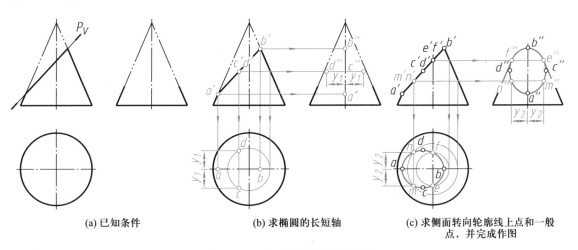

| (a) 已知条件 | (b) 求椭圆的长短轴 | (c) 求侧面转向轮廓线上点和一般点，并完成作图 |

图 3–18　圆锥被正垂截面斜截

3. 平面与球相交

平面与球的交线是圆。当截平面平行于投影面时，截交线在该投影面上的投影为实形圆，如

83

图 3 - 19 所示;当截平面垂直于投影面时,截交线在该投影面上的投影为直线段,长度等于截交线圆的直径;当截平面倾斜于投影面时,截交线在该投影面上的投影为椭圆。

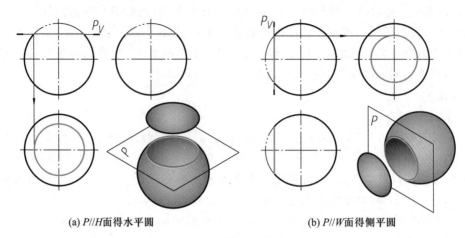

(a) $P//H$面得水平圆

(b) $P//W$面得侧平圆

图 3 - 19　球面的截交线

例 3 - 18　如图 3 - 20a 所示,半球上方开槽,补全截切后的主视图和左视图。

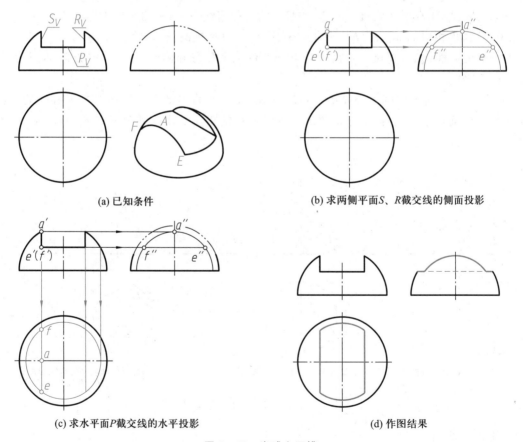

(a) 已知条件

(b) 求两侧平面S、R截交线的侧面投影

(c) 求水平面P截交线的水平投影

(d) 作图结果

图 3 - 20　半球上开槽

空间分析：

（1）截交线的空间形状　半球被左右对称的两个侧平面 S、R 所截，它们与球面的交线为侧平圆弧；半球被水平面 P 所截，与球面的交线为水平圆弧。

（2）截交线的投影情况　侧平圆弧的侧面投影反映实形，水平投影为直线段；水平圆弧的水平投影反映实形，侧面投影为直线段。

作图步骤如图 3 - 20b、c 所示，作图结果如图 3 - 20d 所示。

三、平面与组合基本体相交

多个基本体组合而成的基本体被平面截切，截交线由各基本体表面的交线组成。将各基本体的截交线分别依次求出即可，要注意应分析各基本体间的分界线。

例 3 - 19　如图 3 - 21a 所示，补全连杆头的主视图。

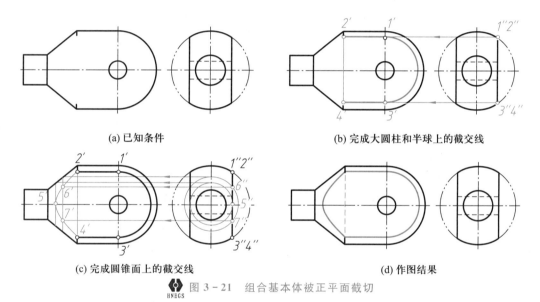

(a) 已知条件　　　　　(b) 完成大圆柱和半球上的截交线

(c) 完成圆锥面上的截交线　　　　(d) 作图结果

图 3 - 21　组合基本体被正平面截切

空间分析：

（1）截交线的空间形状　此连杆头是由同轴的小圆柱、圆锥台、大圆柱及半球组合而成。连杆头的前后被两个平行于轴线的对称正平面所截，所产生的截交线的情况是：① 平面与圆锥面的交线为双曲线；② 平面与大圆柱面的交线为两条平行直线；③ 平面与球面的交线为半个圆。应分析各基本体间的分界线（注意半球与大圆柱光滑过渡，分界线没画出），分别求出截交线。

（2）截交线的投影情况　因两截平面前后对称，且平行于正面，因此两截交线的正面投影前后重合，只需作前面截平面与回转体的截交线，截交线的侧面投影与截平面有积聚性的侧面投影重合。

作图步骤：

（1）截平面与大圆柱面的交线为垂直于侧面的两条直线，侧面投影为 $1''2''$、$3''4''$，过这些点作投影连线，可作出正面投影 $1'2'$、$3'4'$，如图 3 - 21b 所示。

（2）截平面与球面的交线为半个圆，其直径为侧面投影 $1''3''$ 的长度，正面投影反映实形，如

图 3 – 21b 所示。

（3）截平面与圆锥面的交线为双曲线。在侧面投影标出最左点的投影 $5''$、一般位置点的投影 $6''$、$7''$，利用纬圆法（侧平圆）可求得这些点的正面投影 $5'$、$6'$、$7'$，如图 3 – 21c 所示。光滑连接 $2'6'5'7'4'$，即得截交线的正面投影。作图结果如图 3 – 21d 所示。

§3–4 基本体与基本体相交——相贯线

一、相贯线的概念

相交的两立体又称相贯体，其表面交线称为相贯线，如图 3 – 22 所示。相贯线是两立体表面的共有线，相贯线上的点是两立体表面共有点。相贯线的形状与相贯两立体的形状、大小及其相对位置有关。两回转体的相贯线一般情况下是一条封闭的空间曲线，如图 3 – 22a 所示。特殊情况下为平面曲线（圆或椭圆）或多边形，如图 3 – 22b 所示。

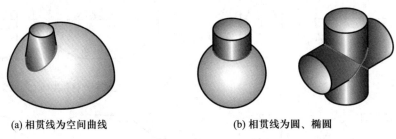

(a) 相贯线为空间曲线　　　　　　　(b) 相贯线为圆、椭圆

图 3 – 22　基本体与基本体相交——相贯线

两圆柱体相贯有图 3 – 23 所示的三种形式：两外表面相贯、内外表面相贯、两内表面相贯。从图中不难看出，相贯形式虽有所不同，但相贯线的形状却是一样的，其作图方法也是一样的。

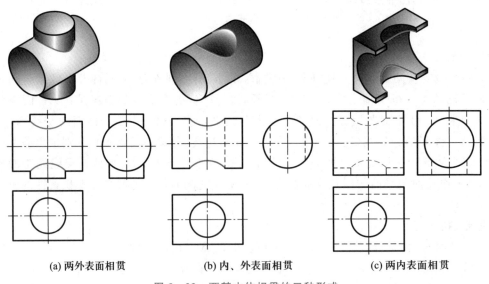

(a) 两外表面相贯　　　　　　(b) 内、外表面相贯　　　　　　(c) 两内表面相贯

图 3 – 23　两基本体相贯的三种形式

二、求相贯线的方法

求作相贯线的问题,实质上是求两基本体表面一系列共有点的问题。求作相贯线上点的作图方法常用的有两种:表面取点法和辅助截平面法。

由于平面基本体的表面均为平面,所以平面基本体与曲面基本体相交求相贯线的问题,可归结为平面基本体的各表面(平面)与曲面基本体求交线的问题,与求截交线的方法相同。只是要注意相贯线与截交线的可见性的判断不同,这里不再详述,后面重点介绍回转体之间相贯线的求法。

1. 表面取点法(类似于截交线求法)

两个基本体中有一个为轴线垂直于投影面的柱体时,该柱体在该投影面上的投影有积聚性。即已知相贯线的一个投影,可先在相贯线有积聚性的投影图中,标注出相贯线上的点;再利用在另一基本体表面取点的方法作出这些点的其他投影。相贯线的这种求法,称为表面取点法。

例 3 – 20 如图 3 – 24a 所示,小圆柱与大圆柱相贯,完成其相贯线投影。

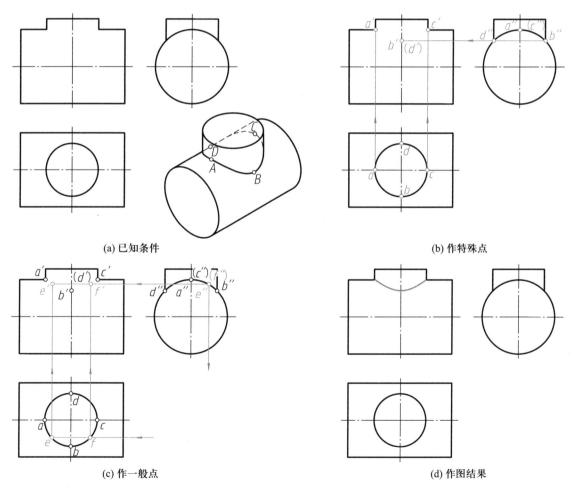

| (a) 已知条件 | (b) 作特殊点 |
| (c) 作一般点 | (d) 作图结果 |

图 3 – 24 作两圆柱正交时相贯线的投影

分析：

（1）相贯线的空间形状　由视图可知，此题小圆柱面全部（即所有素线）与大圆柱面相交，相贯线是一条闭合的、前后、左右对称的空间曲线。由于两个圆柱面的轴线垂直相交，所决定的平面为正平面，因此它们对正面的转向轮廓线也彼此相交。

（2）相贯线的投影情况　相贯线的水平投影与小圆柱面的积聚圆周重合，侧面投影在大圆柱面的积聚圆周上。两圆柱有公共的前后对称面和左右对称面，因此相贯线是前后、左右对称。

作图步骤：

（1）求特殊位置点

如图 3-24b 所示，相贯线上的特殊点主要是指转向轮廓线上的点和极限点。本例中，转向轮廓线上的点 A、B、C、D 又是极限点。正面投影中，对 V 面的转向轮廓线投影的交点 a'、c'，就是 A、C 的投影。利用线上取点法，由 b''、d'' 求得 b' 和 d'。

（2）求一般位置点

图 3-24c 中表示了作一般点 e'、f' 方法，即先在相贯线已知投影（水平投影）上任取两点的投影 e、f，找出侧面投影 e''、f''，然后作出 e'、f'。

（3）判别可见性、光滑连接

按相贯线上点的水平投影顺序，连接相贯线的正面投影，前半部分可见，画粗实线，结果如图 3-24d 所示。

* 2. 辅助截平面法

当两个基本体的投影均无有积聚性时，可用与它们都相交或相切的辅助平面切割这两个相贯立体，两组截交线的交点就是相贯线上的点。如图 3-25 所示，平面 R 与圆锥面的截交线为纬圆 L_A，与圆柱面的截交线为两条素线 L_1 和 L_2。它们交于点 I 和 II，这两点是辅助截平面 R、圆锥面和圆柱面三个面的共有点，因此也是相贯线上的点。利用在基本体表面取点的方法作出这些点的其他投影，相

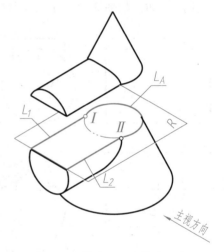

图 3-25　辅助平面法的作图原理

贯线的这种求法，称为辅助截平面法（注意：截切出的两组截交线的投影应是直线或平行于投影面的圆）。

* 例 3-21　如图 3-26 和图 3-27a 所示，求半球与圆锥台相贯线的投影。

分析：

（1）相贯线的空间形状　题中圆台从半球的左上方穿进，两回转体有公共的前后对称面，因此，相贯线是一条前后对称的封闭空间曲线。

（2）相贯线的投影情况　两回转体的三面投影都没有积聚性，相贯线的三面投影均未知，不可用表面取点法，只能采用辅助平面法求解。因相贯线前后对称，所以，前半相贯线与后半相贯线的正面投影互相重合。辅助平面的选择如图 3-26 所示，对圆台而言，辅助平面应通过圆台延伸后的锥顶或垂直于圆台的轴线；对半球而言，辅助平面可选用投影面的平行面。综合这两种情况，为了使辅助平面截圆台、半球所得交线的投影为直线或圆，辅助平面应选用过圆台轴线的正平面、侧平面和垂直圆台轴线的水平面。

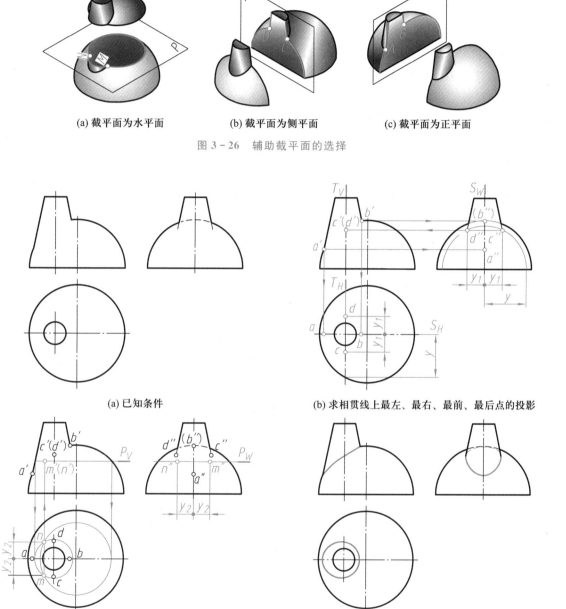

(a) 截平面为水平面　　　　　(b) 截平面为侧平面　　　　　(c) 截平面为正平面

图 3 - 26　辅助截平面的选择

(a) 已知条件

(b) 求相贯线上最左、最右、最前、最后点的投影

(c) 求相贯线上一般位置点的投影

(d) 作图结果

图 3 - 27　求半球与圆锥台的相贯线

作图步骤：

（1）求特殊位置点

① 求转向轮廓线上的点：(i)如图 3 - 27b 所示，用过圆台轴线的正平面 S 截两回转体，与圆台表面相交于最左、最右两条素线，与半球相交于平行于正面的半圆；在正面投影中，这两条素线

与半圆的交点 a'、b'即为相贯线上 V 面转向轮廓线上的点 A、B 的正面投影;由 a'、b'在 S_H、S_W 上作出 a、b 和 a''、(b'')。(ii)用过圆台轴线的侧平面 T 截两回转体,与圆台表面相交于最前、最后两条素线,与半球相交于平行于侧面的半圆,通过 y 相等可求得侧平圆的侧面投影;在侧面投影中,它们的交点 c''、d''即为相贯线上圆锥侧面转向轮廓线上点的侧面投影,由 c''、d''在 T_H、T_V 上作出 c、d 和 c'、(d')。②极限点:分析三个投影图可知,A、B 分别为最高、最低点,同时也是最左、最右点;该题中的最前、最后点无法作出,只得靠作一般点来弥补。

（2）求一般位置点

如图 3-27c 所示,作水平面 P 截两回转体分别得两水平纬圆,它们水平投影的交点即为相贯线上 M、N 的水平投影 m、n。由 m、n 在 P_V、P_W 上通过 y_2 相等的关系作出 m'、n'(m'、n'点重合)和 m''、n''。

（3）判可见性,光滑连接

按相贯线上点的水平投影顺序,连接相贯线的其他投影。相贯线的正面投影可见部分 $a'm'c'b'$与不可见部分 $b'd'n'a'$互相重合,画粗实线;相贯线的水平投影 $amcbdna$ 全部可见,画粗实线;侧面投影位于圆台右边部分 $c''(b'')d''$不可见,画细虚线,位于圆台左边部分 $d''n''a''m''c''$ 可见,画粗实线。

（4）修补转向轮廓线的投影

注意圆台轮廓线的完整性,圆台表面的 W 面转向轮廓线应画到 c''、d'';半球的 W 面转向轮廓线被圆台挡住部分不可见,其投影画细虚线,作图结果如图 3-27d 所示。

三、相贯线的特殊情况

1. 相贯线为直线

当两圆柱轴线平行、两圆锥的锥顶重合时,相贯线在圆柱、圆锥面的部分为直线,如图 3-28 所示。

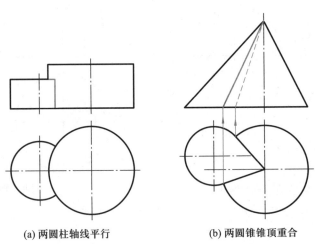

| (a) 两圆柱轴线平行 | (b) 两圆锥锥顶重合 |

图 3-28 相贯线为直线

2. 相贯线为圆

如图 3-29 所示,两同轴回转体的相贯线是垂直于轴线的圆。当轴线平行于投影面时,交线圆在该投影面上的投影为一直线段；当轴线垂直于投影面时，交线圆在该投影面上的投影为圆。

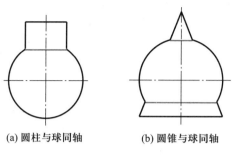

(a) 圆柱与球同轴　　　　　(b) 圆锥与球同轴

图 3 - 29　同轴回转体相贯线为圆

3. 相贯线为椭圆

如图 3 - 30 所示，轴线相交且平行于同一投影面的两回转体，若它们能公切于一个球，则它们的相贯线是垂直于这个投影面的椭圆（平面曲线）。

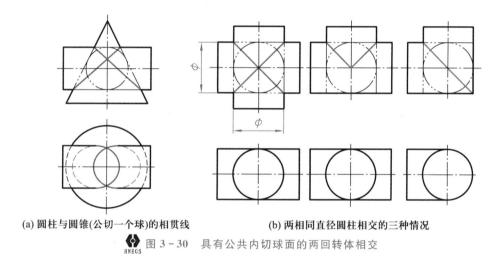

(a) 圆柱与圆锥(公切一个球)的相贯线　　　　　(b) 两相同直径圆柱相交的三种情况

图 3 - 30　具有公共内切球面的两回转体相交

如图 3 - 30a 所示，圆柱与圆锥相交，它们的轴线相交且平行于 V 面，并公切于一个球，它们的相贯线是垂直于 V 面的两个椭圆。正面投影为相交两条直线段，通过面上取点，可作出相贯线的水平投影。同样情况，图 3 - 30b 所示两直径相等的圆柱相交（公切于一个球），相贯线有三种情况。正面投影均为直线段，水平投影重合在圆柱面有积聚性的圆周上。

四、组合相贯的情况

组合相贯是三个或三个以上的基本体相交其表面所形成的交线。作图时，先进行形体分析，弄清各部分基本体的形状和相对位置，判断出各段相贯线的空间形状、位置、方向，再逐段求出相贯线的投影。

例 3 - 22　如图 3 - 31a 所示，求半球与两个圆柱的相贯线。

分析：半球与大、小两圆柱相交，三个基本体有公共的前后对称面，组合相贯线也前后对称。小圆柱轴线为侧垂线，其侧面投影有积聚性；大圆柱轴线为铅垂线，其水平投影有积聚性。

91

作图步骤:

(1) 半球与大圆柱相切,由于相切是光滑过渡,没有交线,不必画出相切的圆。

(2) 半球与小圆柱相交,可以看作有公共侧垂轴的同轴回转体,相贯线为垂直于这条轴的半圆,因此,此段相贯线的正面、水平投影均为直线段,侧面投影重合在小圆柱积聚投影为圆的上半部。

(3) 小圆柱与大圆柱相交,此段相贯线是一条空间曲线,因为小圆柱侧面投影有积聚性,所以此段相贯线的侧面投影重合在小圆柱积聚投影为圆的下半部;因为大圆柱水平投影有积聚性,所以此相贯线的水平投影重合在大圆柱积聚投影为圆的部分圆弧上。利用表面取点法可求出此相贯线的正面投影。结果如图 3-31b 所示。

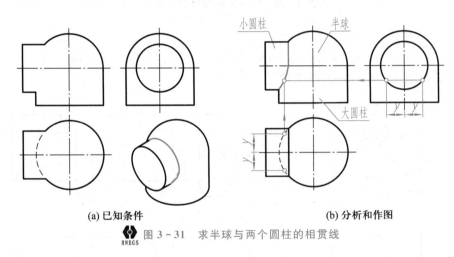

(a) 已知条件   (b) 分析和作图

图 3-31　求半球与两个圆柱的相贯线

五、相贯线的简化画法与模糊画法

1. 简化画法

在不引起误解时,图形中的相贯线可以简化成圆弧或直线。轴线正交且平行于 V 面的两圆柱相贯,相贯线的正面投影可以用与大圆柱半径相等的圆弧来代替,如图 3-32 所示。圆弧的圆心在小圆柱的轴线上,圆弧通过 V 面转向线的两个交点,并凸向大圆柱的轴线。

对于轴线垂直偏交且平行于 V 面的两圆柱相贯,非圆曲线的相贯线可以简化为直线,如图 3-33 所示。

2. 模糊画法

大多数情况下的相贯线是零件加工后自然形成的交线,所以,零件图上的相贯线实质上只起示意的作用,在不影响加工的情况下,还可以采用模糊画法

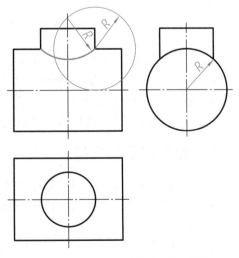

图 3-32　用圆弧代替非圆相贯线

表示相贯线。图 3-34b 所示为圆台与圆柱相贯时相贯线的模糊画法。

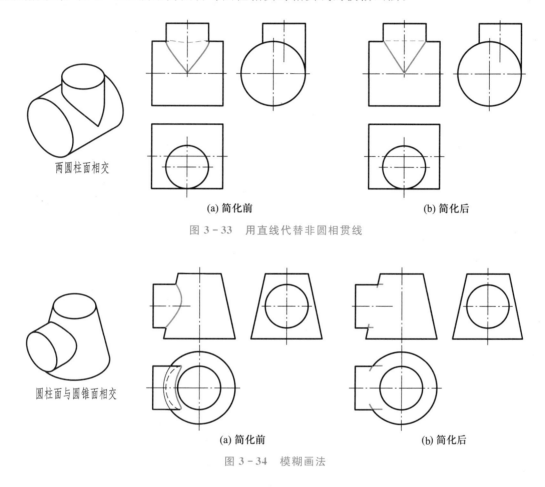

图 3-33　用直线代替非圆相贯线

图 3-34　模糊画法

§3-5　立体的常用创建方法

计算机三维建模已得到广泛应用。三维建模中,一般将由直线、圆、中心线等绘制的二维或三维图形称为草图。进行特征设计时,通常以坐标原点为基点,绘制出草图,在对该草图进行某种特征操作生成实体。立体常用创建方法有拉伸、旋转、放样和扫描四种。创建时,首先分析立体构成特点,确定形体特征和特征生成方式,绘制特征视图;再选择特征生成方式,设定必要的参数和运算方式(交、并、差)生成实体。

一、拉伸特征的创建

拉伸特征是特征视图沿着与其垂直的一直线路径运动所生成的实体。先绘制反映特征的视图,然后选择拉伸,设定拉伸的长度和方式即可。拉伸过程可进行约束:通过设定角度对特征视图是否放大和缩小进行约束;通过设定拉伸尺寸、拉伸起止面等对形状进行约束。表 3-3 所示为棱柱、棱台和一般柱体的造型过程。

表 3-3　拉伸特征的创建

名称	正六棱柱	正六棱台	一般直柱体
特征视图	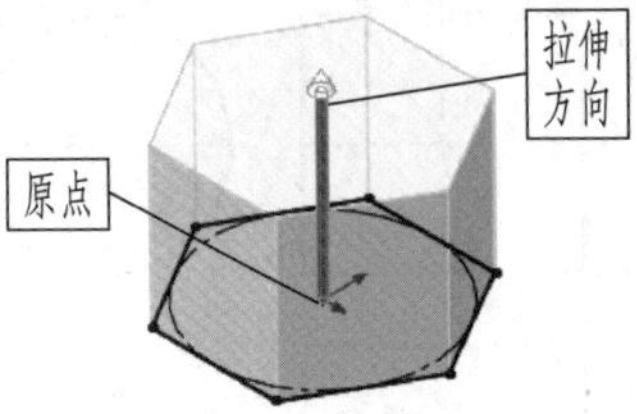	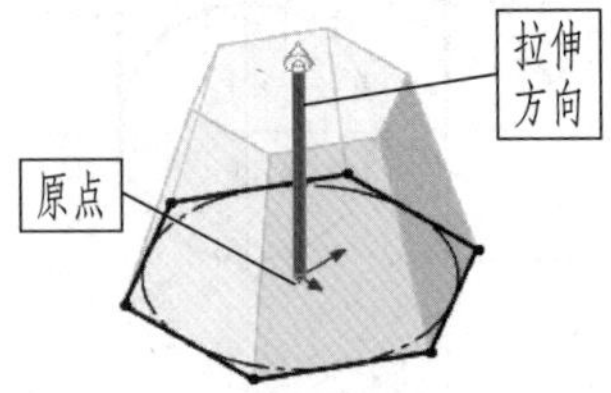	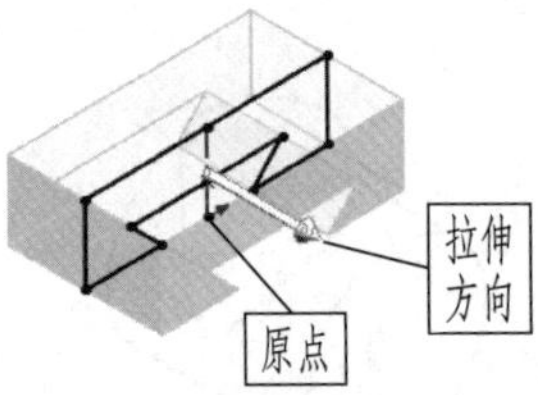
实体	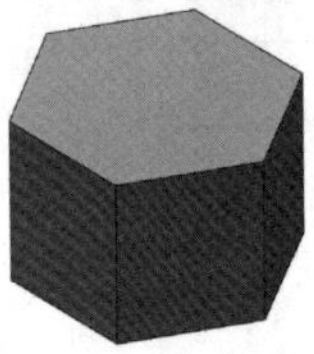	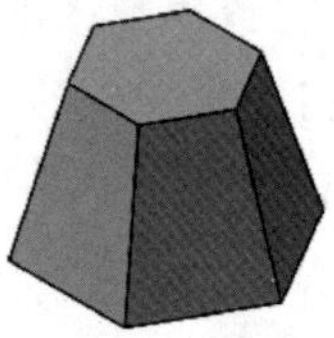	
说明	（1）特征视图为俯视图的正六边形（底面）； （2）采用单向拉伸	（1）特征视图为俯视图的正六边形（底面）； （2）采用单向拉伸，拉伸角度为 15 度	（1）特征视图为主视图的八边形； （2）采用双向拉伸

二、回转特征的创建

以草图为母线，沿草图面内的某一指定的轴线旋转，形成回转特征。回转特征用来构造回转体类实体。表 3-4 所示为圆柱体、圆锥体和一般回转体的造型过程。

表 3-4　回转特征的创建

名称	圆柱	圆锥	任意回转体
草图	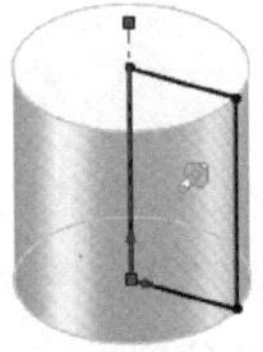	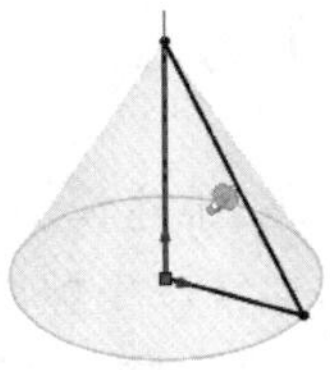	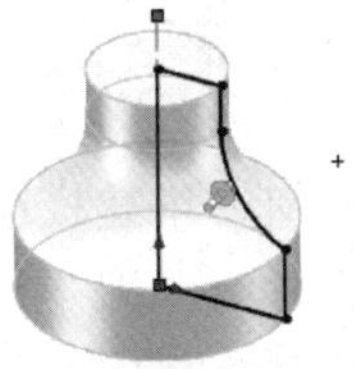
实体	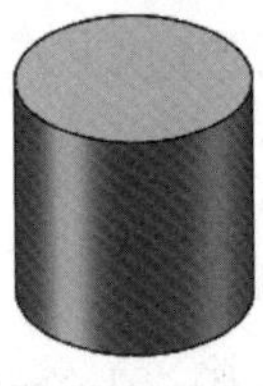	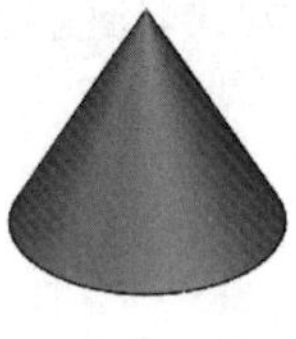	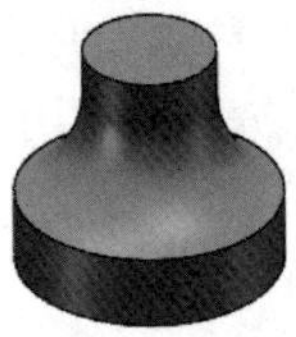
说明	（1）草图为矩形； （2）轴线为矩形的左边线	（1）草图为直角三角形； （2）轴线为竖直直角边	（1）草图为任意平面图形； （2）轴线为草图的一条直线边

三、放样特征的创建

通过拟合多个草图延伸成形,常用来构造棱锥体类和变截面实体特征,如图 3-35 所示。

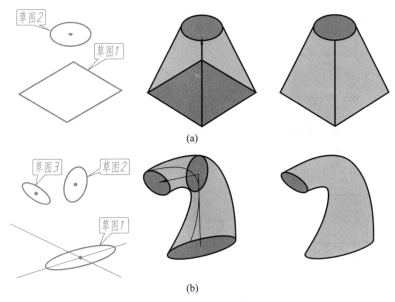

(a)

(b)

图 3-35　放样特征的创建

四、扫描特征的创建

扫描特征必须有明确的草图和路径,草图沿指定路径运动得到扫描特征。路径可以是封闭的或非封闭的平面曲线或空间曲线,按平面曲线路径生成的扫描特征如图 3-36a 所示,使用引导线和路径扫描得到的特征如图 3-36b 所示。

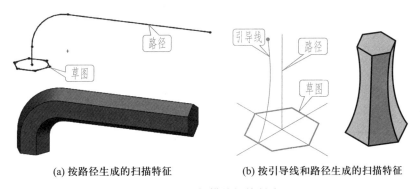

(a) 按路径生成的扫描特征　　　　(b) 按引导线和路径生成的扫描特征

图 3-36　扫描特征的创建

五、两特征组合创建立体

通过特征组合可以创建出多种简单或复杂立体。图 3-37 所示为两特征组合创建的立体及其三视图,其特征草图请读者自己分析。

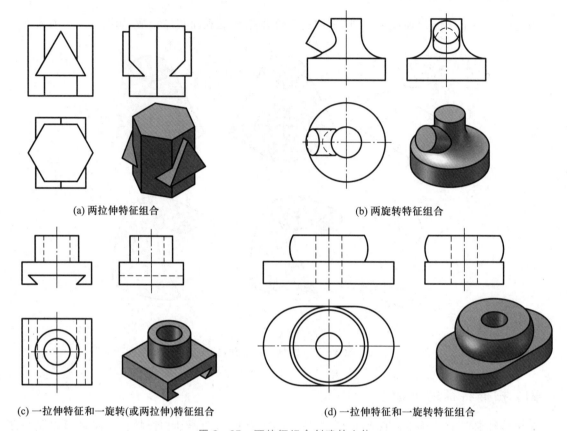

(a) 两拉伸特征组合

(b) 两旋转特征组合

(c) 一拉伸特征和一旋转(或两拉伸)特征组合

(d) 一拉伸特征和一旋转特征组合

图 3 - 37　两特征组合创建的立体

第四章 组合体

由两个或两个以上的基本几何体通过叠加或切割方式所形成的复杂立体称为组合体。本章主要研究组合体三视图的画图、读图、尺寸标注和组合体构形设计的基本规律、方法、步骤。

§4-1 组合体的构成及形体分析法

一、组合体的构成

组合体的形成方式可以分为叠加、切割(包括挖切)或者两者相混合的形式。叠加指的是立体与立体之间的堆积拼合,图 4-1a 所示的组合体由圆柱和四棱柱叠加而成;切割指的是从一个立体上切去另一个立体,图 4-1b 所示的组合体由圆柱切割去两块后形成。而图 4-1c 所示组合体的构成方式,既有叠加,又有切割,是两者的混合形式。

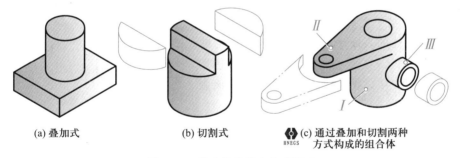

(a) 叠加式   (b) 切割式   (c) 通过叠加和切割两种
                                        方式构成的组合体

图 4-1 组合体的基本构成形式

二、组合体构成的分析方法

1. 形体分析法

将形状复杂的立体分析成由基本体或简单形体构成的方法称为形体分析法。在画图、看图和尺寸标注时,应用形体分析法就能化繁为简,化难为易。

对类似图 4-1c 所示的组合体作形体分析时,必须有步骤、分层次地进行。首先把它分析成由 I、II、III 三部分叠加而成,然后再分别把 I、III 分解成由圆柱体通过挖切而成,把 II 分解成由三棱柱通过挖切而成。为了便于叙述,本书把第一步分析出来的形体称为简单形体,如图 4-1c 中的形体 I 、II 、III 。由于简单形体的形状已经较为简单,没必要再进一步分解。

2. 线面分析法

当组合体由切割而成,且截交线比较复杂时,用形体分析法就不便分析和处理这些复杂的截交线。如图 4-2 所示,压板由四棱柱切割而成,产生的截交线比较复杂,这时可将组合体上的表面分解成若干截切面,分析它们之间的相对关系,从而完成组合体的形体分析。这种用"线面"的概念来分析组合体的方法,称为线面分析法。图 4-2 中的组合体,可看成是一个四棱柱被 A(正垂面)、B(铅垂面)、E(正平面)、F(水平面)截切而成。

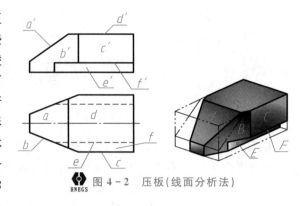

图 4-2 压板(线面分析法)

三、组合体的表面连接关系

形体分析是将组合体假想分解为若干基本体或简单形体的叠加与切割,而实际上它仍然是一个整体。因此,在画图和看图时要特别注意这些形体(基本体或简单形体)间表面的连接关系。这些连接关系有共面、相切和相交三种形式。

1. 共面

共面是指两形体间有的表面互相平齐。两个形体的表面共面时,中间不应画分界线,如图 4-3 所示。

2. 相切

相切是指两形体的表面(平面与曲面或曲面与曲面)光滑过渡。如图 4-4 所示,由于两形体表面相切的地方是光滑的,没有交线,因此在视图中不应该画分界线。

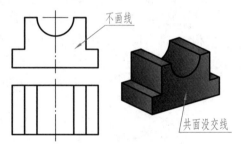

图 4-3 共面的情况

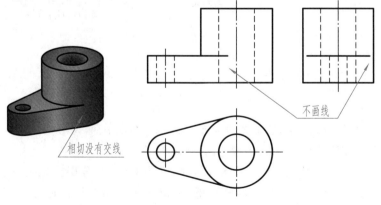

图 4-4 相切的情况

3. 相交

相交是指两形体的表面相交。当两个形体的表面相交时,将出现交线(截交线或相贯线),在视图中应该画出这些交线的投影,如图4-5所示。

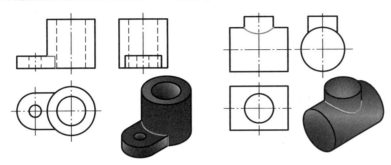

图4-5　相交的情况

§4-2　组合体视图的画法

一、形体分析法画图举例

(一) 叠加特征的组合体

例4-1　试画出图4-6所示轴承座的三视图。

1. 形体分析

首先搞清楚该组合体是由哪些基本体或简单形体组成的,其次是分析它们的组合方式、相对位置和连接关系,对该组合体的结构有一个整体的概念。用形体分析法可将该轴承座看作是由凸台、圆筒、支承板、肋板和底板叠加而成的,如图4-7所示。凸台与圆筒垂直相交,支承板与圆筒两侧相切,肋板与圆筒相交,底板与肋板、支承板叠加。

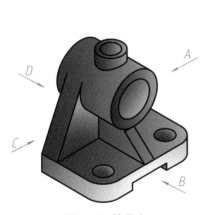

图4-6　轴承座

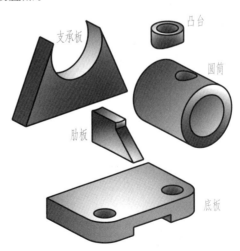

图4-7　轴承座的形体分析(形体分析法)

2. 选择主视图

选择主视图时,首先考虑形体的安放位置。一般使形体按自然位置安放,且主要平面与投影面平行;然后选择适当的投射方向作为主视图投射方向。主视图应尽可能多地反映形体的形状特征和位置特征,同时使其他视图的虚线较少。通过几种方案的比较可确定出最佳方案。

确定图 4-6 所示轴承座主视图的投射方向时,首先选择自然平稳的安放位置,即大面在下,再比较图 4-8 中 A、B、C、D 四个方向的投影图。如果将 D 向作为主视图投射方向,虚线较多,显然没有 B 向清楚;C 向与 A 向的视图都比较清楚,但是,当选 C 向作为主视图投射方向时,其左视图(D 向)的虚线较多,因此,选 A 向比 C 向好。综合上述,A 向和 B 向都能反映形体的形状特征,都可以作为主视图的投射方向,A 向较多地反映了位置关系,B 向较多地反映了形状特征。选择 A 向还是 B 向,还有一个考虑因素是:选择长度方向尺寸较大者作为主视图,以便于用 X 型图幅布图。在此选用 B 向作为主视图投射方向。

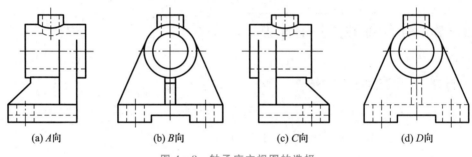

(a) A向　　　　(b) B向　　　　(c) C向　　　　(d) D向

图 4-8　轴承座主视图的选择

3. 确定绘图比例、布图

画图前,先选择适当的比例,再确定图纸的幅面。画图时,先画出各视图中的主要中心线和定位线,确定三个视图在图纸中的位置(布图),如图 4-9a 所示。

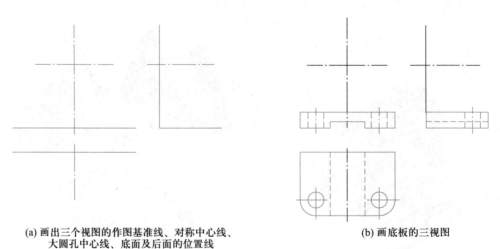

(a) 画出三个视图的作图基准线、对称中心线、大圆孔中心线、底面及后面的位置线　　　　(b) 画底板的三视图

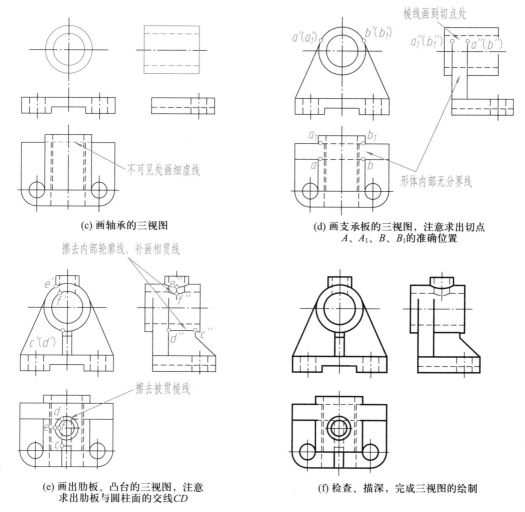

(c) 画轴承的三视图

不可见处画细虚线

棱线画到切点处

形体内部无分界线

(d) 画支承板的三视图，注意求出切点
A、A_1、B、B_1 的准确位置

擦去内部轮廓线，补画相贯线

擦去被贯棱线

(e) 画出肋板、凸台的三视图，注意
求出肋板与圆柱面的交线 CD

(f) 检查、描深，完成三视图的绘制

图 4-9　画轴承座三视图的过程

4. 画底稿

按"先主体后细节、先特征后其他"的原则，用细实线逐个画出各个形体的三个视图。注意，画单个基本体或简单形体的视图时，要三个视图联系起来画，同时应注意各形体之间的相对位置，判断它们之间的可见性；还应特别注意相邻形体间的表面连接关系（共面、相切、相交），不断地擦去或补上一些线条，如图 4-9b、c、d、e 所示。

5. 整理加深

清理图面，按国标要求加深图线。作图结果如图 4-9f 所示。

（二）切割特征的组合体

例 4-2　画图 4-10a 所示底座的三视图。

形体分析：该底座可看成是由一个长方体经过切割、穿孔形成的，如图 4-10b 所示。按自然位置放置底座，选 A 向为主视图投射方向，具体作图过程如图 4-11 所示。

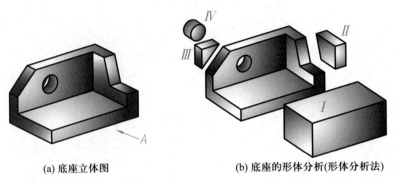

(a) 底座立体图　　　　　　　　　　　(b) 底座的形体分析(形体分析法)

图 4 - 10　画底座三视图(形体分析法)

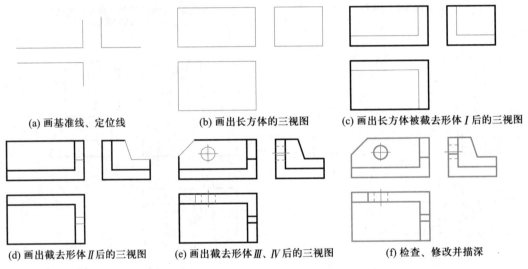

(a) 画基准线、定位线　　　(b) 画出长方体的三视图　　(c) 画出长方体被截去形体 I 后的三视图

(d) 画出截去形体 II 后的三视图　(e) 画出截去形体 III、IV 后的三视图　(f) 检查、修改并描深

图 4 - 11　画底座三视图的过程(形体分析法)

（三）叠加与切割两者相混合的组合体

例 4 - 3　画图 4 - 12a 所示支座的三视图。

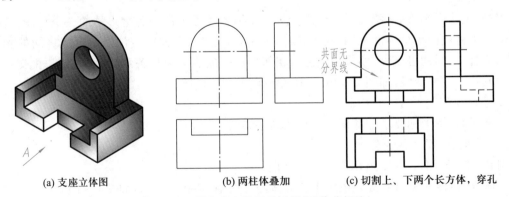

(a) 支座立体图　　　　　(b) 两柱体叠加　　　　　(c) 切割上、下两个长方体，穿孔

图 4 - 12　画支座三视图的过程(形体分析法)

形体分析:该支座可看成是一个长方体与一个上圆下方的柱体叠加,它们的后端面共面,如图 4-12b 所示;然后再切割上、下两个长方体,最后穿孔而形成,如图 4-12c 所示。按工作位置放置支座,选 A 向为主视图投射方向,具体作图过程如图 4-12b、c 所示。

二、线面分析法画图举例

例 4-4 画图 4-13 所示压板的三视图。

该压板可看成是一个四棱柱,被 A(正垂面)、B(铅垂面)、E(正平面)、F(水平面)四个截切面截切而成。

具体作图过程如图 4-14 所示:先作出四棱柱的三视图;再画出正垂截切面 A 的正面投影 a′并作出产生的截交线,如图 4-14a 所示;画出铅垂截切面 B 的水平投影 b 并作出产生的截交线,应注意截切面 A 和 B 交线的投影,如图 4-14b 所示;画出正平截切面 E 和水平截切面 F 的侧面投影 e″、f″及它们所产生的截交线,如图 4-14c 所示。在此过程中,应不断地擦去被截去的棱线,补上产生的截交线。最终结果如图 4-14d 所示。

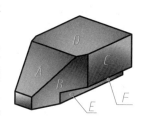

图 4-13　压板形体分析
(线面分析法)

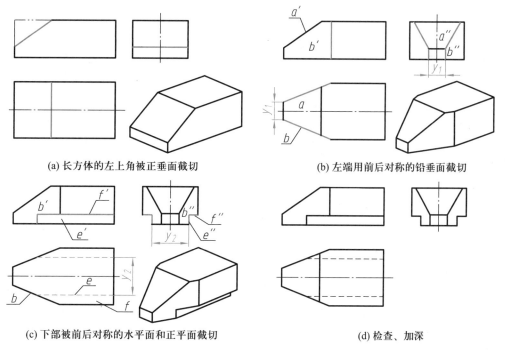

(a) 长方体的左上角被正垂面截切　　　　(b) 左端用前后对称的铅垂面截切

(c) 下部被前后对称的水平面和正平面截切　　　(d) 检查、加深

图 4-14　画压板三视图的过程(线面分析法)

§4-3　组合体的尺寸标注

视图只能反映立体的形状结构,而其真实大小及各形体的相对位置则要通过标注尺寸来确定。组合体尺寸标注的基本要求是"正确、完整、清晰"。

（1）正确　尺寸标注的数值要正确,注写要符合国家标准的有关规定。

（2）完整　尺寸标注必须齐全,不遗漏、不重复。

（3）清晰　每个形体的尺寸都必须标注在反映该形体形状和位置最清晰的图形上,以便于读图。

一、组合体上的尺寸分类

组合体上的尺寸按其作用可分为定形尺寸、定位尺寸和总体尺寸三种。

1. 定形尺寸

确定组合体各组成部分形体形状大小的尺寸,称为定形尺寸。图 4-15a 中所注的均为定形尺寸,这些尺寸确定了组合体中底板和立板的形状和大小。

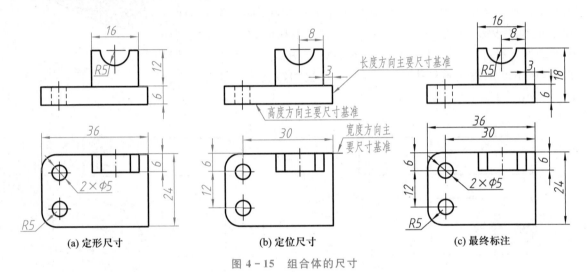

图 4-15　组合体的尺寸

2. 定位尺寸

确定组合体各组成部分形体间或各截平面间相互位置的尺寸,称为定位尺寸。图 4-15b 中所注的均为定位尺寸,其中尺寸 3 确定立板的左右位置,尺寸 8 确定半圆槽的左右位置,尺寸 30、6、12 确定圆柱孔的位置。

标注组合体的定位尺寸时,首先应在长、宽、高三方向上各选一个尺寸基准,以便从基准出发标注定位尺寸。当一个方向有两个或多个基准时,则其中一个为主要基准,其余为辅助基准。一般选择组合体的对称面(在视图中为对称中心线)、大的底面、大的端面及回转体的轴线作为尺寸基准,如图 4-15b 所示。

尺寸基准选定后,可直接或间接从基准出发,注出每一形体上的对称面、回转体轴线、端面、截平面等的定位尺寸。

3. 总体尺寸

确定组合体总长、总宽、总高的尺寸,称为总体尺寸。如图 4-15c 所示,组合体的总体尺寸为:总长 36,总宽 24,总高 18。

当组合体某个方向的形体具有回转面时,一般不应注出该向的总体尺寸,而应注出轴线的定位尺寸和回转面的半径或直径尺寸,如图 4-16 所示(图中画"×"的尺寸,为多余尺寸)。

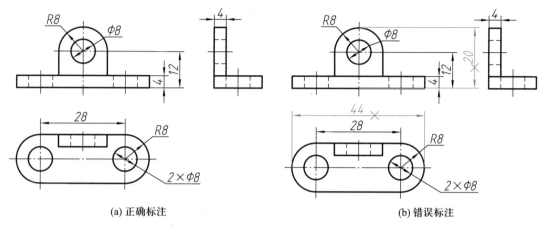

(a) 正确标注　　　　　　　　　　　　　　　(b) 错误标注

图 4-16　不注具有回转面方向总体尺寸的情况

二、基本体的尺寸注法

组合体是由若干基本体或简单形体按一定组合方式形成的。要掌握组合体尺寸标注的方法,应熟悉和掌握基本体的尺寸标注方法。一般情况下,标注平面基本体的尺寸时,应标出长、宽、高三个方向的尺寸。对于回转体,如圆柱体、圆锥体,应标注底面直径和高度;球标注其直径;圆台有三种不同的标注方法,如图 4-17 所示。

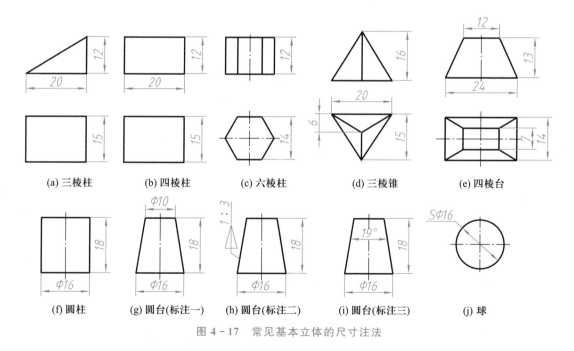

(a) 三棱柱　　　(b) 四棱柱　　　(c) 六棱柱　　　(d) 三棱锥　　　(e) 四棱台

(f) 圆柱　　(g) 圆台(标注一)　　(h) 圆台(标注二)　　(i) 圆台(标注三)　　(j) 球

图 4-17　常见基本立体的尺寸注法

三、切割体的尺寸标注

对于切割体,一般只注原始形体的定形尺寸和截平面的定位尺寸,不能对其截交线标注尺寸,如图4-18所示(图中画"×"的尺寸均为错误尺寸)。

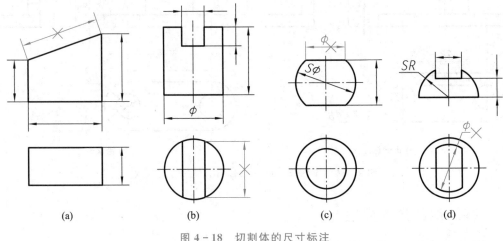

(a)　　　　　　　(b)　　　　　　　(c)　　　　　　　(d)

图4-18　切割体的尺寸标注

四、相贯体的尺寸标注

对于相贯体,应标注组成部分的定形尺寸及定位尺寸,不能对相贯线标注尺寸,因相贯线是自然形成的,如图4-19所示。

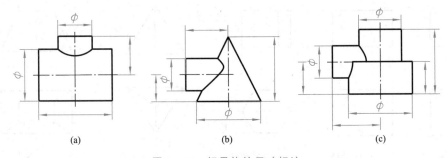

(a)　　　　　　　　　(b)　　　　　　　　　(c)

图4-19　相贯体的尺寸标注

五、清晰标注尺寸

为了便于看图,尺寸标注除正确、完整外,还要布置整齐、清晰。

(1)尺寸应尽量标注在形状特征明显的视图上,有关联的尺寸尽量标注在该形体的两视图之间,以便于读图和想象立体的空间形状,如图4-20所示。虚线处尽量不要标注尺寸。

(2)同一个形体尺寸应尽量集中标注。如图4-21所示,底板的尺寸集中在俯视图上标注,立板的尺寸集中标注在主视图上。半径尺寸只能标注在投影为圆弧的视图上,而且尺寸线应过圆心。

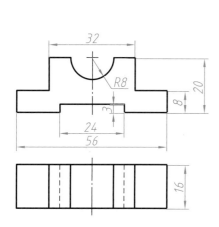

图 4-20　尺寸应尽量标注在形状特征明显的视图上

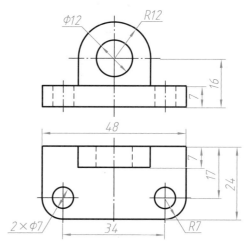

图 4-21　同一个形体尺寸应尽量集中标注

（3）回转体的直径尺寸最好标注在反映为非圆的视图上，同心轴的直径尺寸不宜集中标注在反映为圆的视图上，缺口的尺寸应标注在反映为真形的视图上，如图 4-22 所示。

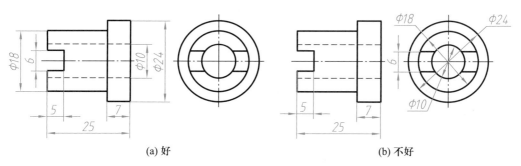

(a) 好　　　　　　　　　　　　　　　　(b) 不好

图 4-22　回转体及切口尺寸标注

（4）尺寸标注要排列清晰整齐。尺寸应尽量标注在视图的外部，当图形内有足够的空白处并不影响图形的清晰时也可注在视图内；小尺寸在内，大尺寸在外，应避免尺寸线与其他尺寸界线相交；同一方向的几个连续尺寸，应尽量标注在同一条尺寸线上，如图 4-23 所示。

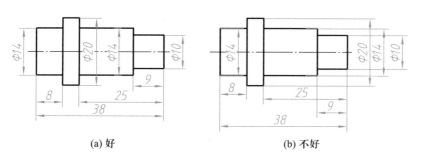

(a) 好　　　　　　　　　　　　　(b) 不好

图 4-23　尺寸标注要排列清晰整齐

（5）应避免标注成封闭尺寸链。如图 4-24a 所示，长度方向两个尺寸就够了，若标注三个尺寸(图4-24b),就成了封闭尺寸链。封闭尺寸链不利于控制加工误差。

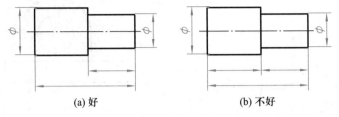

(a) 好　　　　　　　　　　(b) 不好

图 4-24　应避免标注成封闭尺寸链

六、组合体尺寸标注举例

标注组合体尺寸的基本方法是形体分析法,即先分析组合体的构成,确定尺寸基准,然后标注各形体的定形、定位尺寸,最后综合调整,标注总体尺寸。

例4-5　用形体分析法标注图4-9f所示轴承座的尺寸。

具体步骤如图4-25所示。

(1) 形体分析初步考虑各形体的定形尺寸

该轴承座可看作是由底板、圆筒、支承板、肋板和凸台等五个部分叠加组成。其各形体的定形尺寸如图4-25a所示。

(2) 确定尺寸基准

标注尺寸时,首先应在组合体长、宽、高三方向上各选一个主要尺寸基准。一般选择组合体的对称面、大的底面、大的端面及回转体的轴线作为主要尺寸基准。对该组合体选择底面作为高度方向的主要基准,左右对称面作为长度方向主要基准,后端面作为宽度方向主要基准,如图4-25b所示。

(3) 逐个标注各形体的定形、定位尺寸

标注时要考虑看图方便、排列整齐、相对集中的原则。各形体的尺寸标注如图4-25b、4-25c所示。

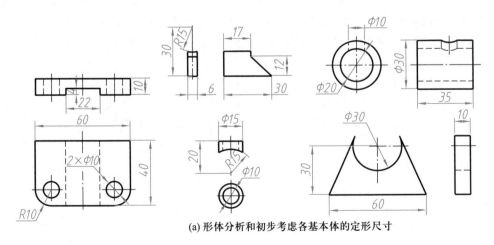

(a) 形体分析和初步考虑各基本体的定形尺寸

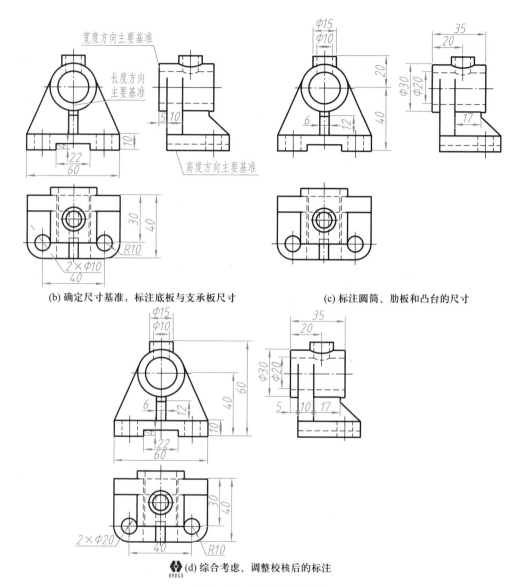

(b) 确定尺寸基准，标注底板与支承板尺寸   (c) 标注圆筒、肋板和凸台的尺寸

(d) 综合考虑、调整校核后的标注

图 4-25   轴承座尺寸标注

（4）综合考虑、调整校核

对标注的尺寸要综合考虑，一般情况下都要考虑标注组合体的总体尺寸。因此，在高度方向标注出总体尺寸 60，去除凸台定位尺寸 20；由于要保证支承板的定位尺寸 5 和标注底板的宽度尺寸 40，因此，不标注宽度方向的总体尺寸。最后对已标注的尺寸，按正确、完整、清晰的要求进行检查，必要时可作适当调整，结果如图 4-25d 所示。

例 4-6   用线面分析法标注图 4-14d 所示压板的尺寸。

具体步骤如下：

（1）形体分析

该压板可看作是一个四棱柱，被 A（正垂面）、B（铅垂面）、E（正平面）、F（水平面）截切而成，如图 4 - 26a 所示。

（2）标注基体尺寸

该组合体的基体是一个四棱柱,长 40、宽 22、高 14 即为它的定形尺寸。

（3）标注截切平面位置尺寸

选择右端面、前后对称面、下底面分别作为长、宽、高方向定位尺寸的主要基准。主视图中尺寸 25 和 4 是正垂面 A 的定位尺寸;俯视图中尺寸 21 和尺寸 7 是铅垂面 B 的定位尺寸;左视图中尺寸 14 和尺寸 4 分别是正平面 E 和水平面 F 的定位尺寸。

（4）校核、调整

按正确、完整、清晰的要求进行检查,完成尺寸标注,结果如图 4 - 26b 所示。

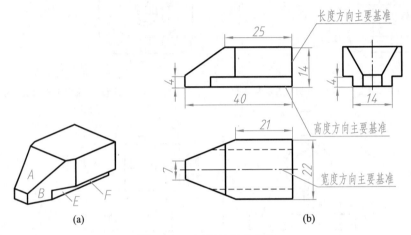

(a)   (b)

图 4 - 26　压板的尺寸标注

§4-4　读组合体视图的方法

读组合体三视图,即根据已知组合体的三视图想象出空间物体的结构形状,是画组合体三视图的逆过程,其基本思路仍然是组合体的形体分析。

一、读图的基本要领

(一) 几个视图联系起来看

由于一个视图不能确定形体的全部形状,因此,看图时要几个视图联系起来看。图 4 - 27a、b 所示的主视图都相同,但它们所表达的形状却不一样。又如图 4 - 28 所示,尽管它们的主、俯视图都相同,而实际上是两个不同的立体。

(二) 明确视图中的线框和图线的含义

（1）视图中的封闭线框,可能是组合体的某一基本体或简单形体的一个投影（形体分析法）,如图 4 - 27a、b 主视图中封闭线框,分别表示四棱柱、半圆柱等基本体。视图中的封闭线框也可能是组合体上一个表面的投影（线面分析法）,所表示的面可能是平面或曲面,也可能是平面与曲面相切所组成的面,还可能是孔洞的投影。如图 4 - 29 所示,主视图中的封闭线框 a'、b'、c'、h'

110

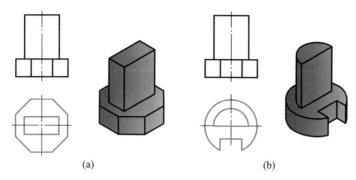

(a)   (b)

图 4 - 27 一个视图相同而形状不同的几个物体

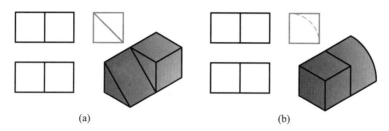

(a)   (b)

图 4 - 28 主、俯视图相同而形状不同的几个物体

表示平面,封闭线框 e' 表示曲面(圆孔),俯视图 d、f 分别表示平面、平面与圆面相切的组合面。

（2）视图中的一条图线,可能是下列情况中的一种:

① 平面或曲面的积聚性投影:图 4 - 29 俯视图中的线段 a、b、c、h 表示平面的水平投影;主视图中的线段 e' 表示曲面(孔)的正面投影。

② 两个面交线的投影:图 4 - 29 主视图中的线段 g' 表示两平面交线的正面投影。

③ 转向轮廓线的投影:图 4 - 29 俯视图中的线段 i(细虚线),表示圆柱孔在水平投影面上的转向轮廓线的投影。

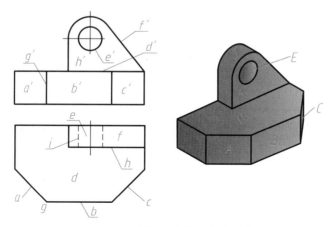

图 4 - 29 分析视图中线框和线的含义

（3）视图中相邻的封闭线框，可能是相交的两个面的投影，也可能是两个不相交的两个面的投影。图 4 - 29 主视图中的线框 a' 与 b' 相邻，它们是相交的两个平面的投影；线框 h' 与 b' 相邻，它们是不相交的两个平面的投影，且 b 面在 h 面之前。

（三）从主视图入手了解组合体的形体特征

一般情况下，主视图最能反映物体的形体特征和位置关系。因此，应该从主视图入手分析出该组合体的形体特征是叠加还是切割。再对照其他视图，得出各基本体或简单形体的形状及各截切面的截切情况，然后根据三视图的投影规律，判断出它们之间的上下、左右、前后位置关系，最终得出组合体的正确形状。

（四）善于捕捉特征视图来构思基本体的形状

由于基本体或简单形体的所有形状特征图形不一定全都在主视图上。因此，看图时应三个视图对照来看，要善于在视图中捕捉反映基本体形状特征的图形。如图 4 - 30 所示，形体 I 在俯视图中反映其形状特征；形体 II、III 在主视图中反映其形状特征。

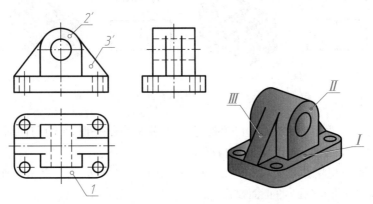

图 4 - 30 立体的特征视图

（五）善于构思，逐步细化

本着"先主体后细节、先特征后其他"的原则，以形体分析法为主，先构思出组合体的主体结构，并根据其特征视图，构思出立体形状的几种可能，对照其他视图，想象出立体的正确形状；再辅以线面分析法，构思出立体的细部结构。最后逐步细化，得出组合体的整体形状。

例 4 - 7 如图 4 - 31 所示，已知立体三视图的外轮廓，构思该立体形状，补全三视图。

（1）主视图为正方形的立体，有多种形状，如正方体、圆柱体等，如图 4 - 32a 所示。

（2）主视图为正方形、俯视图为圆的立体，一定是圆柱体，如图 4 - 32b 所示。

（3）由主、俯视图确定立体为圆柱体后，当左视图为一个三角形时，通过分析可想象出：它是圆柱被两个侧垂面前后截切后形成的，如图 4 - 32c 所示。

由于圆柱体被截切后会产生截交线，因此，要补齐截交线在三个视图中的投影，结果如图 4 - 32d 所示。

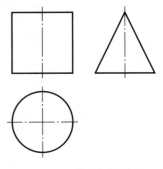

图 4 - 31 由三视图构思
立体并补所缺线条

112

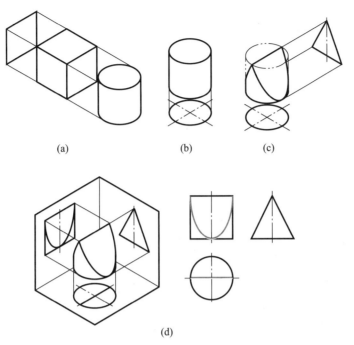

(a)　　　　　　　(b)　　　　　　(c)

(d)

图 4－32　由视图构思物体的过程及作图结果

（六）利用线段的虚实、形状特征看图

根据图 4－28a、b 中左视图中线条的虚、实，可判断出两个基本体或简单形体间的左右位置关系；由图 4－33 中的轮廓线的虚、实和截交线形状，可知图 4－33a 表示两实体圆柱相贯，图 4－33b 表示一个圆柱被挖去一方孔。此外，利用尺寸标注中的有关规定，如"ϕ""R""□"等，也可判断出立体的形状。

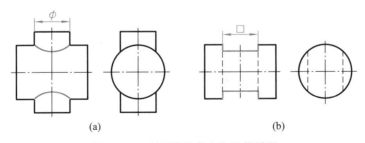

(a)　　　　　　　　　　　(b)

图 4－33　利用线段虚实和形状看图

二、读图的方法与步骤

读组合体视图的过程是画图的逆过程，其基本思路仍然用形体分析法或线面分析法对组合体进行分解。本着"先主体后细节、先特征后其他"的原则，依次看出各基本体或简单形体（形体分析法）、截切面（线面分析法），再全面考虑它们之间的相对位置，从而想象出组合体的整体形状。

（一）形体分析法

从反映形体特征的主视图入手，根据视图的特点将组合体分成几个部分，对照其他视图，将各个部分的形体想象出来，再分析各个形体之间的组合方式与相对位置关系，得出组合体的形状。具体方法与步骤如下：

（1）分线框，对投影

一般情况下每个线框都对应一个基本体或简单形体。需要说明的是由于形体表面间的共面、相切及内部间的连接关系，相交处有些情况是不画分界线的，因此，视图中会出现不封闭线框。此时，可通过对照每个线框在三个视图的投影关系加以判断。

（2）按投影，想形体

按照每个线框在三视图中的位置和形状，想象出各基本体或简单形体的形状。

（3）综合起来想整体

依照主视图、俯视图和左视图所反映的上下、左右、前后的位置关系，分析出各基本体或简单形体之间的相对位置。至此，整个组合体的形状就想象出来了。

例 4 - 8　如图 4 - 34 所示，已知组合体三视图，想象出其空间立体形状。

解题方法和过程如图 4 - 35 所示。

（1）分线框，对投影

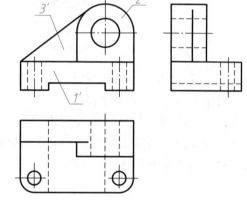

如图 4 - 34 所示，将主视图分为三个封闭的线框 $1'$、$2'$ 和 $3'$，并按"长对正、高平齐、宽相等"的三视图投影规律，对应找出它们在另外两个视图中的投影（线框）。由于相切关系，线框 $2''$、$3''$ 是不封闭的。

（2）按投影，想形体

对照三个视图，想象出各个线框所代表的形体的形状，如图 4 - 35a、b、c 所示。

（3）综合起来想整体

由三视图所反映的位置关系可知，形体 Ⅱ、Ⅲ 与形体 Ⅰ 叠加，并且 Ⅰ、Ⅱ 和 Ⅲ 在后面共面，Ⅰ 和 Ⅱ 在

图 4 - 34　看组合体的视图

右边共面，形体 Ⅱ 和 Ⅲ 有相切连接关系，结果如图 4 - 35d 所示。

（二）线面分析法

对切割特征且截交线复杂的组合体，特别是一些比较复杂的局部，还要采用线面分析法，即通过分析截切面的形状、相对位置等来帮助想象出组合体形状。下面是用线面分析法读组合体三视图的方法与步骤。

（1）分线框，对投影

在这里，每个线框都对应一个截切面。根据 §2 - 5 中介绍的各种位置平面的投影特性可知，一般位置平面在各投影面的投影均为类似形；特殊位置平面有积聚性，即"若非类似形，必有积聚性"。

（2）按投影，想线面

通过对照每个线框在三视图的投影关系，判断出每个线框表示的截切面在立体上的位置及对各投影面的相对位置，得出组合体被截切的情况。

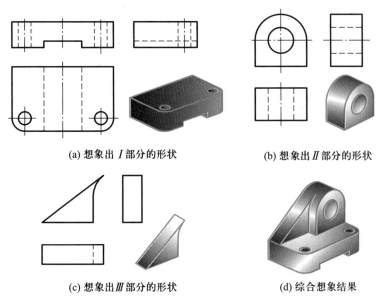

(a) 想象出 *I* 部分的形状　　　　　(b) 想象出 *II* 部分的形状

(c) 想象出 *III* 部分的形状　　　　　(d) 综合想象结果

图 4-35　形体分析法看组合体

（3）综合起来想整体

依照三视图所反映的上下、左右、前后的位置关系，分析出各截切面之间的上下、左右、前后间的相对位置。至此，整个组合体的形状就想象出来了。

例 4-9　如图 4-36a 所示，已知组合体三视图，想象出其空间立体形状。

首先对组合体进行形体分析。用形体分析法可知，组合体的基体是一四棱柱，如图 4-36b所示。视图中之所以出现了那么多线条应该是切割所致。下面应用线面分析法来解题。

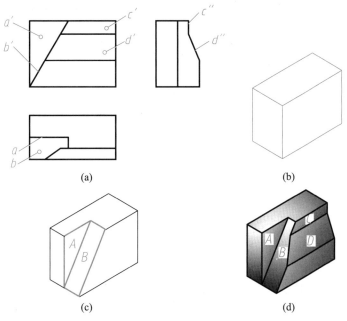

(a)　　　　　　　　　　　(b)

(c)　　　　　　　　　　　(d)

图 4-36　线面分析法看组合体视图

（1）分线框，对投影

在主视图上有四个线框，依据投影规律，分别找到它们在其他视图中的投影。注意："若非类似形，必有积聚性"。

（2）按投影，想线面

主视图中的线框 a' 在俯视图中对应的投影是 a 直线段，它表示一正平面 A；俯视图中的线框 b 在主视图中对应的投影是 b' 直线段，它表示一正垂面 B，如图 4-36c 所示；主视图中的线框 c' 在左视图中对应的投影是 c'' 直线段，它表示一正平面 C；主视图中的线框 d' 在左视图中对应的投影是 d'' 直线段，它表示一侧垂面 D，如图 4-36d 所示。

（3）综合起来想整体

综上所述，想象出这是一个由长方体被四个截切面切割而成的组合体，如图 4-36d 所示。

需要注意的是，读图时以形体分析法分析为主，线面分析法为辅。即用形体分析法分析立体的主体结构，对于一些比较复杂的局部结构，采用线面分析法。

三、已知立体两个视图补画第三视图

有些立体用两个视图就能表达清楚它的形状，根据这两个视图可画出第三个视图，即所谓的"二求三"。它也是本门课程的基本训练之一。做题过程中，应在读懂题给视图的前提下，综合应用形体分析法和线面分析法逐个画出各基本体或简单形体及截切面。

例 4-10 如图 4-37a 所示，已知立体的主、俯视图，补画左视图，并标注尺寸（尺寸数值从图中量取，取整数）。

（1）本着"先主体后细节、先特征后其他"的原则，用形体分析法分析主体结构。先将主视图分为四个主要的封闭线框 $1'$、$2'$、$3'$、$4'$，对应找出它们在另外两个视图中的投影，如图 4-37a 所示。

（2）线框 $1'$ 表示一个半圆柱，想象出该形体的形状，并画出左视图，如图 4-37b 所示。

（3）线框 $2'$ 表示一个上圆下方的柱体，后表面与半圆柱共面，想象出该形体的形状，并画出左视图，如图 4-37c 所示。

（4）线框 $3'$、$4'$ 表示两个肋板，后表面与半圆柱共面，上部与圆柱相切，想象出该形体的形状，并画出左视图（注意棱线画到切点处），如图 4-37d 所示。

（5）用线面分析法分析主视图中线框 a' 和俯视图中线框 b，它们分别为一正平面和水平面，由此可知半圆柱前部切去一个方槽，画出它的左视图（注意侧平面与半圆柱交线 MN 的画法），如图 4-37e 所示。

（6）通过分析可知，主视图中线框 c' 表示一个圆柱穿孔，画出它的左视图，如图 4-37f 所示。

（7）检查、修改并描深，补画的左视图如图 4-37g 所示，组合体形状如图 4-37h 所示。

按形体分析法和线面分析法给该组合体的三视图标注尺寸，结果如图 4-38 所示。

其中，$R24$、12 为下部半圆柱的定形尺寸，$R12$、10、18 为上圆下方柱体的定形尺寸，6 为肋板的定形尺寸，$\phi10$ 为圆柱穿孔的定形尺寸。

选择左右对称面作为长度方向尺寸基准，后端面作为宽度方向尺寸基准，底面作为高度方向的尺寸基准。四个简单形体左右对称放置、后端面共面、上下依次堆积，因此它们之间不再需要定位尺寸；俯视图中尺寸 15 为正平截切面的定位尺寸，24 为两侧平截切面的定位尺寸，左视图中尺寸 4 为水平截切面的定位尺寸。

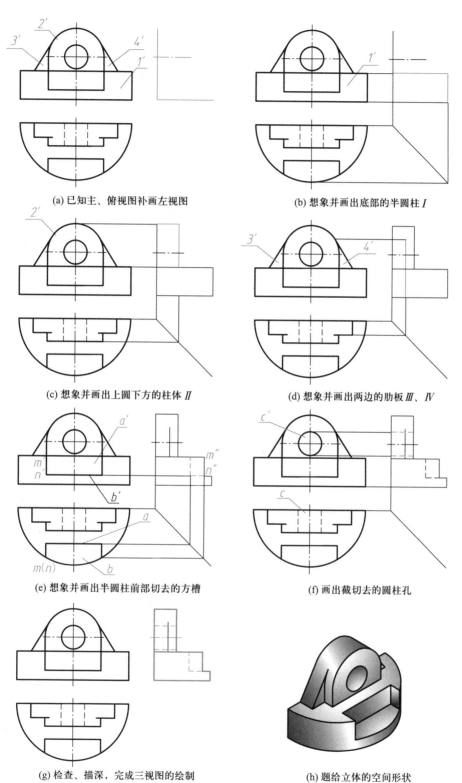

(a) 已知主、俯视图补画左视图

(b) 想象并画出底部的半圆柱 I

(c) 想象并画出上圆下方的柱体 II

(d) 想象并画出两边的肋板 III、IV

(e) 想象并画出半圆柱前部切去的方槽

(f) 画出截切去的圆柱孔

(g) 检查、描深，完成三视图的绘制

(h) 题给立体的空间形状

图 4-37　由题给两视图补画第三视图

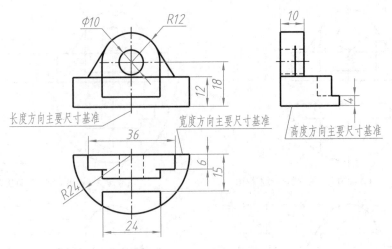

图 4-38 组合体的尺寸标注

---

§4-5 组合体的构形设计

组合体的构形设计就是利用基本体或简单形体构建组合体,并将其表达成图样。在掌握组合体读图与画图的基础上,进行组合体的构形设计训练,能够有效提高看图能力、空间想象能力和创造思维能力,为今后的工程设计打下基础。

一、组合体构形设计的基本要求

1. 构形应以基本体为主

组合体的构形应符合工程上零件结构的设计要求,但是又不能完全工程化。因此,所构思的组合体应由基本体组成。如图 4-39 所示,组合体的外形很像一部小货车,但是都是由几个基本体组合而成。

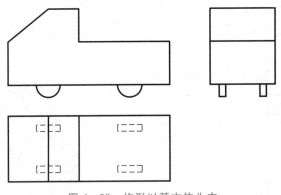

图 4-39 构形以基本体为主

118

2. 构形应体现美感且新颖独特

构建的形体应简洁、美观、新颖,体现平稳、动静等艺术法则。例如,要使组合体具有平衡、稳定的效果,常设计成对称的结构,如图 4-40a 所示;而对于非对称的组合体,通过采用适当的形体分布,也可以获得力学与视觉上的平衡感与稳定感,如图 4-40b 所示。构想组合体时,在满足已给条件的情况下,应充分发挥空间想象能力,设计出具有美感且结构新颖的形体。

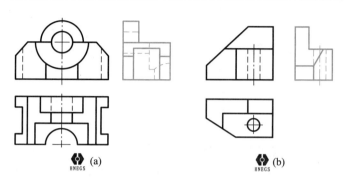

图 4-40 对称结构和非对称结构

3. 构形应符合工程实际和加工要求

构思出的形体要经过加工才能实现,因此,构形设计出的形体必须满足加工工艺的要求,不但要合理,而且要易于实现。因此,应该避免出现一些工程上不合理或加工困难的构形,如两形体之间不宜用点或线接触,内腔不宜设计为封闭形式等,如图 4-41 所示。

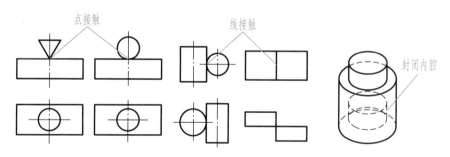

图 4-41 不合理和不易成形的构形

二、构形设计方法

组合体的构形设计是一个思维发散的过程,经常是在不违背构形原则的前提下,充分分析所给定的约束条件,然后在构形设计中思考实现满足条件的结构,通过一定的构形方法构思出不同的组合体。构形设计方法主要有:叠加式、切割式和混合式设计。

(1)叠加式设计

给定几个基本体,通过叠加而构成不同的组合体,称为叠加式设计。若给出若干个基本形体,变换其相对位置,可以叠加出许多组合体。如图 4-42 所示,三棱柱的五个表面和四棱柱的六个表面都可以两两贴合,三棱柱下表面与四棱柱上表面贴合时,又可以相对移动和转动,这样可以叠加出多种组合体。

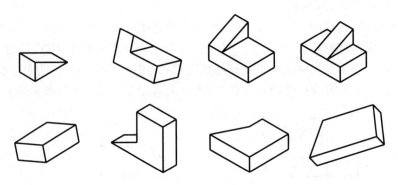

图 4-42　叠加式设计

（2）切割式设计

给定一基本体，经过不同截切面切割或穿孔而构成不同组合体的方法称为切割式设计。一个基本形体经过不同的切割，可以构成多个形状的组合体。如图 4-43 所示，两组立体分别是由一个四棱柱和一个圆柱经过不同方式的切割获得，它们的主俯视图虽然完全相同，但是不同的切割方式导致立体形状差异很大，在左视图中有较明显的体现。

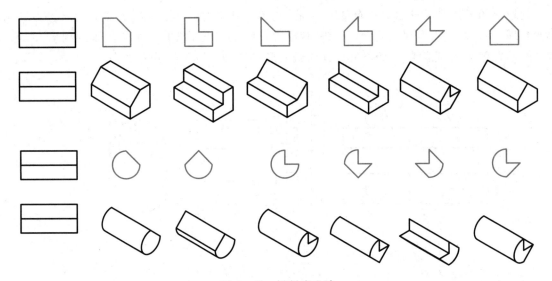

图 4-43　切割式设计

（3）混合式设计

混合式设计就是同时运用叠加式和切割式设计来构建组合体，即给定若干基本体，经过叠加、切割等方法构成组合体。如图 4-44 所示，四棱柱和圆锥通过叠加和切割，可以形成图 4-44b、c 两种组合体；而两个圆柱叠加，又可以形成图 4-44d、e 两种组合体。四种组合体的主视图完全相同，但是立体形状差异很大，在俯视图和左视图中有较明显的体现。

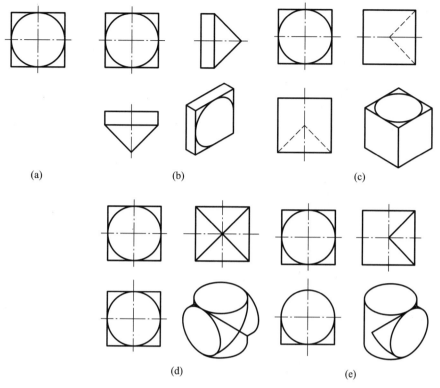

(a) (b) (c)

(d) (e)

图 4 - 44   混合式设计

第五章 轴测图

轴测图能够同时反映立体的正面、侧面和顶面形状,直观性强,容易看懂。但它不能同时反映上述各面的实形,度量性差,而且对形状比较复杂的立体不易表达清楚,在生产中一般作为辅助图样。

§5−1 轴测图的基本知识

一、轴测图的形成

将物体连同其参考直角坐标系,沿不平行于任一坐标平面的方向,用平行投影法将其投射在单一投影面上所得的具有立体感的图形,称为轴测投影图(又称轴测图),如图5−1所示。

本章中空间点记为 A_0、B_0 等,点的轴测投影相应记为 A、B 等。

二、轴测图的轴间角和轴向伸缩系数

(1)轴间角　空间点所在的直角坐标系中的坐标轴 O_0X_0、O_0Y_0、O_0Z_0,在轴测投影面上的投影 OX、OY、OZ 称为轴测投影轴(简称轴测轴),两条轴测轴之间的夹角称为轴间角,记为 $\angle XOY$、$\angle XOZ$、$\angle YOZ$。

(2)轴向伸缩系数　沿轴测轴方向的线段长度(轴测投影长度)与立体上沿坐标轴方向的对应线段长度(真实长度)之比,称为轴向伸缩系数。即:

$$p_1 = \frac{OA}{O_0A_0}(沿 OX 轴的轴向伸缩系数)$$

$$q_1 = \frac{OB}{O_0B_0}(沿 OY 轴的轴向伸缩系数)$$

$$r_1 = \frac{OC}{O_0C_0}(沿 OZ 轴的轴向伸缩系数)$$

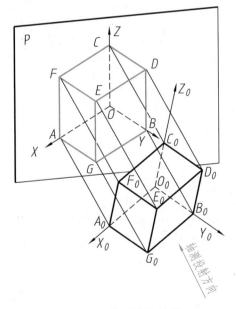

图 5−1　轴测图的形成

如果知道了轴间角和轴向伸缩系数,就可根据立体或立体的视图来绘制轴测图。在画轴测图时,只能沿轴测轴方向度量,并按相应的轴向伸缩系数获取有关尺寸,"轴测"二字即由此而来。

三、轴测图的投影特征

由于轴测图是用平行投影法绘制的，因而具有以下平行投影的特征，如图 5-1 所示。

（1）空间相互平行的线段其轴测投影仍相互平行（例如 $C_0F_0//D_0E_0$，则 $CF//DE$）。因而，平行于坐标轴的空间线段，其轴测投影仍平行于相应轴测轴。

（2）空间平行于坐标轴的线段，其轴测投影长度等于该坐标轴的轴向伸缩系数与线段真实长度的乘积。即：$DE=p_1 \times D_0E_0$；$EF=q_1 \times E_0F_0$；$EG=r_1 \times E_0G_0$（p_1、q_1、r_1 分别为 OX、OY、OZ 轴的轴向伸缩系数）。

（3）立体上平行于轴测投影面的直线和平面，在轴测图上反映实长和实形。

画轴测图主要就是利用上述轴测投影的三个投影特征。具体的作图方法有① 坐标法；② 形体分析法；③ 线面分析法；④ 移心法等。

四、轴测图的分类

根据投射方向与轴测投影面的相互位置，轴测图可分为正轴测图（投射方向垂直于轴测投影面）和斜轴测图（投射方向倾斜于轴测投影面）两大类。在各类轴测图中，根据选定的不同的轴向伸缩系数，轴测图又可分为三种：

① 正（或斜）等轴测图：轴向伸缩系数 $p_1=q_1=r_1$（如正等轴测图 $p_1=q_1=r_1 \approx 0.82$）；
② 正（或斜）二轴测图：通常采用 $p_1=r_1 \neq q_1$（如斜二轴测图 $p_1=r_1=1$ 及 $q_1=0.5$）；
③ 正（或斜）三轴测图：轴向伸缩系数 $p_1 \neq q_1 \neq r_1$。

应用较多的轴测图有正等轴测图和斜二轴测图，下面主要介绍它们的画法。

§5-2 正等轴测图

一、正等轴测图的形成

如图 5-2 所示，将正方体连同它的坐标系一起旋转，当三条坐标轴 O_0X_0、O_0Y_0、O_0Z_0 旋转到对轴测投影面的倾角都相等的位置时，即正方体的对角线 A_0O_0 垂直于轴测投影面的位置时，沿对角线 A_0O_0 方向向轴测投影面作正投射，即得到正方体的正等轴测图。

二、正等轴测图的轴间角和轴向伸缩系数

正等轴测图采用的仍是正投影。此时，通过空间几何关系分析可知：三个轴测轴的轴间角均为 $120°$，三个轴的轴向伸缩系数 $p_1=q_1=r_1 \approx 0.82$。在实际作图时，常采用简化轴向伸缩系数 $p=q=r=1$，这样可使作图简捷方便。用简化系数画出的图形沿各轴向的长度都分别放大了约 $1/0.82 \approx 1.22$ 倍，即将原轴测图整体放大了约 1.22 倍，但不影响轴测图的立体感。本章均采用简化轴向伸缩系数作正等轴测图。正等轴测图简称正等测。

三、立体正等轴测图画法与步骤

已知立体三视图，用简化轴向伸缩系数作轴测图的一般步骤是：

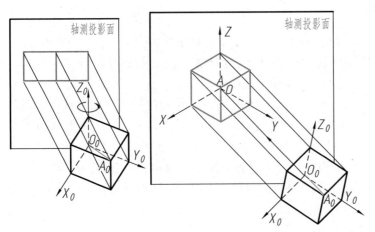
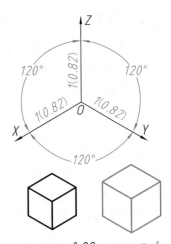

先绕O_0Z_0坐标轴旋转，再绕与轴测投影面平行的水平轴旋转至A_0O_0垂直投影面

(a) 正等轴测图的形成

$p_1=q_1=r_1 \approx 0.82$ $p=q=r=1$

(b) 各轴间角和各轴向伸缩系数

图 5 - 2　正等轴测图的形成和基本参数

（1）读立体三视图，进行形体分析，在三视图上设立空间坐标轴。

（2）由轴间角画出轴测轴。

（3）选择适当的作图方法，依次作出立体上各基本体或各线段、表面的轴测图，再擦去不可见的线段，加深可见部分，从而画出立体的轴测图。

（一）平面立体正等轴测图

在设立坐标轴和具体作图时，要考虑有利于坐标的定位和度量，可视立体的具体形状而定，并尽可能减少作图线，使作图简便。

例 5 - 1　由图 5 - 3a 所示立体的三视图，作出其正等轴测图。

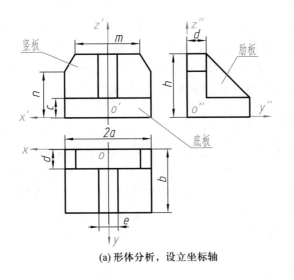

(a) 形体分析，设立坐标轴

(b) 作出正等轴测轴

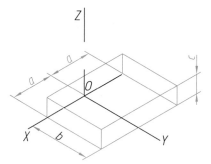

(c) 按尺寸a、b、c画出底板的正等测

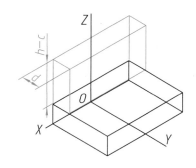

(d) 按尺寸d、h、c画出竖板四棱柱的正等测

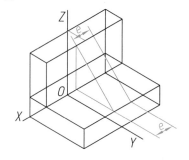

(e) 按尺寸e画出肋板的正等测

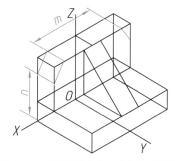

(f) 按尺寸m、n画出竖板上方被截切掉的两个三棱柱的正等测

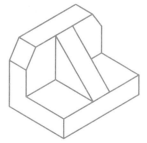

(g) 整理加深，完成立体的正等轴测图

图5-3　用形体分析法和线面分析法由立体三视图作立体正等轴测图

作图要点：立体可看作由底板、竖板和肋板叠加而成，而竖板是由一个四棱柱上方切掉两个三棱柱而形成。立体既有叠加又有切割，所以与作其三视图一样，先用形体分析法画出主体结构的轴测投影，然后用线面分析法作出截交线的轴测投影，最后擦去多余的线和不可见边线，完成立体的正等轴测图。作图过程如图5-3所示。

（二）曲面立体的正等轴测图

1. 平行于坐标面的圆的正等轴测图

正等轴测图中，由于空间三个坐标面均倾斜于轴测投影面，所以平行于三个坐标面的圆都投射为椭圆，空间外切于圆的正方形投射为菱形，如图5-4a所示。实际作图时，常用外切四边形法（四心圆法）作四段圆弧替代四段椭圆弧拟合成近似椭圆。图5-4b画出了正六面体表面三个内切圆的三个正等轴测近似椭圆。

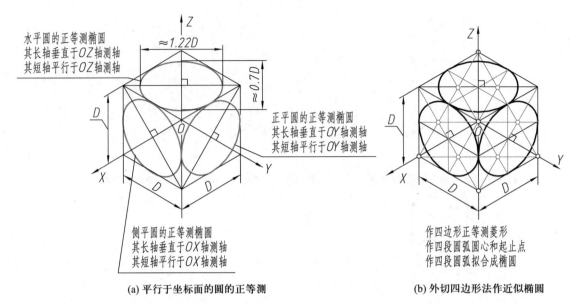

水平圆的正等测椭圆
其长轴垂直于OZ轴测轴
其短轴平行于OZ轴测轴

≈1.22D

≈0.7D

正平圆的正等测椭圆
其长轴垂直于OY轴测轴
其短轴平行于OY轴测轴

侧平圆的正等测椭圆
其长轴垂直于OX轴测轴
其短轴平行于OX轴测轴

作四边形正等测菱形
作四段圆弧圆心和起止点
作四段圆弧拟合成椭圆

(a) 平行于坐标面的圆的正等测　　　　　**(b) 外切四边形法作近似椭圆**

图 5-4　平行于坐标面的圆的正等测(简化轴向伸缩系数为 1)

2. 平行于坐标面的圆的正等轴测图画法(四心圆法)

水平圆的正等轴测图近似椭圆的作图过程如下：

① 设坐标轴，作出圆外切正方形，得出四个切点 a、b、c、d，如图 5-5a 所示。

② 画轴测轴，作出切点的轴测投影 A、B、C、D，再过这四个点画出圆外切正方形的轴测图（菱形），如图 5-5b 所示。

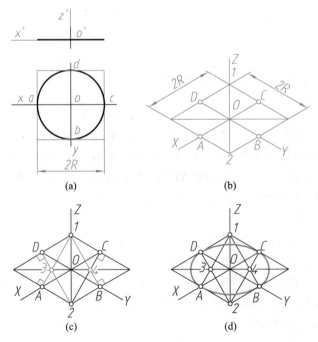

(a)　　　　　(b)

(c)　　　　　(d)

图 5-5　水平圆的正等轴测图——外切四边形法

③ 求四个圆心 *1、2、3、4*：菱形短对角线（椭圆短轴）上的两个顶点 *1* 和 *2* 即为两个圆心，连接 *1A* 和 *1B* 与长对角线（椭圆长轴）交得点 *3* 和 *4*，如图 5-5c 所示。

④ 画四段圆弧：分别以点 *1* 和点 *2* 为圆心画出等径的两段大圆弧（$\overset{\frown}{AB}$ 和 $\overset{\frown}{CD}$），以点 *3* 和点 *4* 为圆心画出等径的两段小圆弧（$\overset{\frown}{AD}$ 和 $\overset{\frown}{BC}$），这四段圆弧拟合出近似椭圆，如图 5-5d 所示。

正平圆、侧平圆的作图过程与之类似，不再详述。

例 5-2 已知圆柱的正投影图，作其正等轴测图（图 5-6a）。

作图要点： 设立坐标轴时，为了尽量减少作图线，将坐标原点取在顶面上；先作出上表面圆的正等测，再将四个圆心 *1、2、3、4* 下移圆柱的高 *h* 得点 *A、B、C、D*（移心法），作出下表面圆的正等测；再作两椭圆的外公切线（对轴测投影面 *P* 的转向轮廓线）；最后完成圆柱的正等轴测图，作图过程如图 5-6 所示。

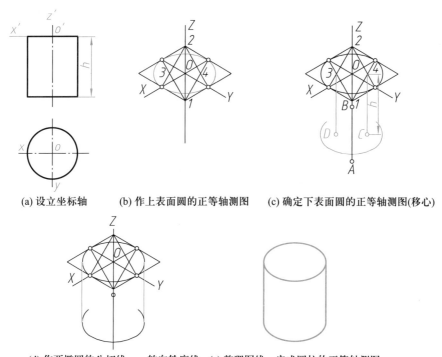

(a) 设立坐标轴　　(b) 作上表面圆的正等轴测图　　(c) 确定下表面圆的正等轴测图（移心）

(d) 作两椭圆的公切线——转向轮廓线　　(e) 整理图线，完成圆柱的正等轴测图

图 5-6　铅垂圆柱正等测画法——移心法

3. 圆角的正等测画法

圆角一般是指整圆的四分之一段圆弧。图 5-7b 表示了水平圆角的正投影图与其正等测（近似椭圆弧）的关系，即该四分之一段圆弧（如图 5-7a 中 $\overset{\frown}{ab}$）的正等测是四分之一段椭圆弧（如图 5-7b 中 $\overset{\frown}{AB}$），画四段圆弧替代四段椭圆弧，是画四段圆角正等测的简便方法。作圆角的正等测的要点是，找出各段圆弧（替代各段相应椭圆弧）的圆心、半径和起止点。

水平圆角（图 5-7a）的作图过程如下：

① 先作底板的轴测图（平行四边形）。自平行四边形各顶点沿两边量取 *R* 得 *A、B、C、D* 等八点，过这八点分别作菱形各边垂线，交得四圆心（*1、2、3、4*），从而画出 $\overset{\frown}{AB}$ 和 $\overset{\frown}{CD}$ 等四段圆弧来

127

拟合四段椭圆弧(这四段圆弧即为底板上表面的四段水平圆角的正等测),如图 5-7b 所示。

② 用移心法自 1、3、4 点各沿 OZ 轴方向向下量取 h,得 5、7、8 诸点,以这些点为圆心分别画出三段圆弧。这三段圆弧即为底板下表面前、左、右三个角上的水平圆角的正等测。

③ 作转向轮廓线 EF 和 MN。分别作出底板左、右角的上、下圆弧的公切线 EF 和 MN,它们平行于 OZ 轴测轴,如图 5-7c 所示。

④ 整理完成圆角板的正等轴测图,如图 5-7d 所示。

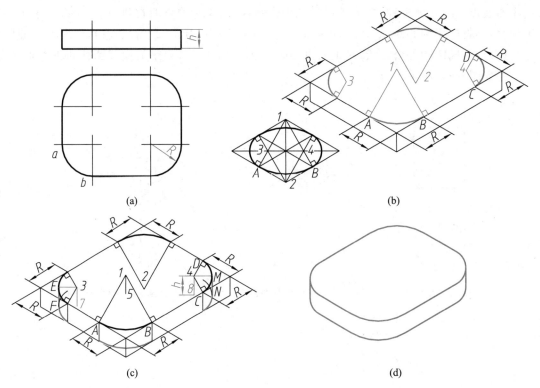

图 5-7　水平圆角底板的正等轴测图——外切四边形法做近似椭圆弧

4. 切割圆柱的正等轴测图画法

例 5-3　如图 5-8a 所示,根据切割圆柱的主、俯视图,求作其正等轴测图。

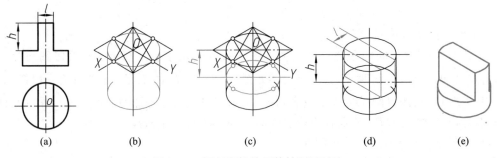

图 5-8　切割圆柱的正等轴测图画法

128

作图要点：先作出整体圆柱的正等轴测图，如图 5-8b 所示；再采用移心法画出距上面圆距离为 h 的切割圆的正等轴测投影，如图 5-8c 所示；然后根据尺寸 h、l，用线面分析法画出圆柱左右两端被侧平面和水平面截切的截交线的正等轴测投影，如图 5-8d 所示；最后整理图线并加深，完成切割圆柱的正等轴测图，如图 5-8e 所示。

§5-3 斜二轴测图

一、斜二轴测图的形成及基本参数

如图 5-9 所示，将坐标轴 O_0Z_0 放置成竖直位置，坐标面 $X_0O_0Z_0$ 平行于轴测投影面，使轴测投射方向与三个坐标轴都不平行（即轴测投射方向倾斜于轴测投影面），形成了斜轴测图。根据平行投影的特性可得：轴测轴 OX 平行于坐标轴 O_0X_0，仍为水平方向，轴测轴 OZ 平行于坐标轴 O_0Z_0，仍为竖直方向，坐标轴 O_0X_0 和 O_0Z_0 的轴向伸缩系数 $p_1=r_1=1$，轴间角 $\angle XOZ=90°$。位于立体上平行于 $X_0O_0Z_0$ 坐标面的平面图形，其斜轴测投影反映真形，从而可大大简化作图。

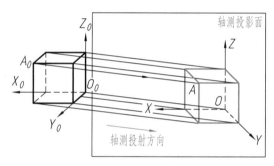

图 5-9　斜二轴测图的形成

斜二轴测图的轴向伸缩系数 $p_1=r_1=1$、$q_1=0.5$；轴间角 $\angle XOZ=90°$、$\angle XOY=\angle YOZ=135°$，如图 5-10 所示。斜二轴测图简称斜二测。

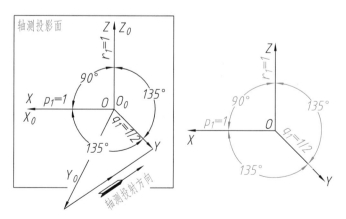

图 5-10　斜二测的基本参数

二、平行于坐标面的圆的斜二轴测图

图 5 - 11 作出了正立方体表面上三个内切圆(分别平行于三个坐标面)的斜二轴测投影。平行于坐标面 $X_0O_0Z_0$ 的圆的斜二测反映该圆的实形;而平行于坐标面 $X_0O_0Y_0$ 和 $Y_0O_0Z_0$ 的圆的斜二测为椭圆,作图烦琐。因此,斜二测常用于表达只有一个方向上有圆或圆弧的立体。

三、斜二轴测图的画法

例 5 - 4 已知立体的主、左视图,用移心法画立体的斜二测(图 5 - 12)。

作图要点: 对柱类立体,先画出反映柱类实形的一个端面的斜二测(图 5 - 12b),再用移心法顺次画出各端面的斜二测(图 5 - 12c),画出其余可见棱线的斜二测(图 5 - 12d),最后画出转向轮廓线 MN,整理加深从而完成立体的斜二轴测图(图 5 - 12e)。

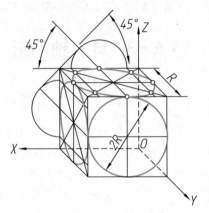

图 5 - 11　平行于坐标面的圆的斜二测

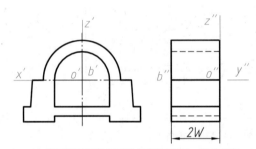
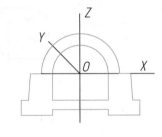

(a) 以平行于圆的平面为轴测投影面,设坐标轴　　　　(b) 作轴测轴和前端面的斜二测(实形)

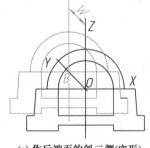
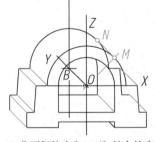

(c) 作后端面的斜二测(实形)　　(d) 作两侧轮廓和 MN 线(转向轮廓线)　　(e) 整理完成斜二测

图 5 - 12　作柱类立体的斜二测——移心法

§5 - 4　轴测图的剖切画法

当绘制内部形状较复杂立体的轴测图时,为了表达立体的内部结构形状,可假想用剖切平面将立体的一部分剖去,画成轴测剖视图(剖视图的概念见第六章)。

一、轴测图的剖切方法

为了能同时表达清楚立体的内外部形状,剖切平面通常要通过两个互相垂直的轴测坐标面(或平行于轴测坐标面)进行剖切,即假想将立体切掉1/4。当所剖切的立体为回转体时,应使剖切平面通过其轴线。

为了与立体上未剖到的区域相区别,用剖切平面剖切立体所得到的剖面区域需要填充剖面符号。剖面符号一般为等距且平行的细实线,称为剖面线。不同坐标面(或平行于该坐标面)上的剖面线有不同的倾斜方向,不同坐标面上的剖面线的间隔由于轴向伸缩系数不同也不完全相等(注意:剖面线此处的规定与第六章剖视图中剖面线的规定不同)。

正等测剖面线方向应按图5-13a所示的规定来画,XOY坐标面(或平行于该坐标面)上的剖面线与水平线平行,其他两个坐标面(或平行于这两个坐标面)上的剖面线与水平线成60°角,并向左、右两个不同方向倾斜,但是三个坐标面上剖面线的间隔是相等的。

斜二测剖面线应按图5-13b所示的规定来画,XOZ坐标面(或平行于该坐标面)上的剖面线相互平行且与水平方向成45°角。根据斜二测轴向伸缩系数的特点,沿轴测轴OY上所取分点距离为沿轴测轴OX和轴测轴OZ上所取距离的一半,将这些分点连成等腰三角形,这些等腰三角形的每一条边即表示相应坐标面上的剖面线的方向。

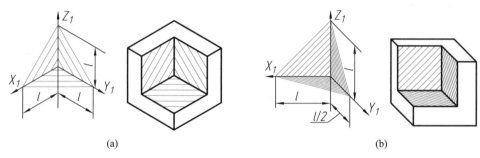

(a)   (b)

图5-13 轴测图中的剖面线方向

二、轴测剖视图的画法

在轴测图上画剖视图时,有两种画法。

第一种为先画整体外形轮廓,然后画剖面和内部看得见的结构。

如图5-14a所示的空心圆柱,其轴测剖视图画法步骤为:用细实线画出空心圆柱的轴测投影(图5-14b),用细实线画出剖面区域,补画出内部可见部分的轴测投影,擦去被切除部分的轮廓线(图5-14c),在剖面区域内画出剖面线,最后整理加深完成作图(图5-14d)。

第二种画法为先画剖面形状,然后再画外面和内部看得见的结构。该画法可省略那些被剖切部分的轮廓线,并有助于保持图面整洁。

如图5-15a所示的圆柱套筒,其轴测剖视图画法步骤为:按照选定的剖切位置用细实线画出剖面区域的轴测投影(图5-15b),补画出外形和内部可见结构的轴测投影(图5-15c),在剖面区域内画出剖面线,最后整理加深完成作图(图5-15d)。

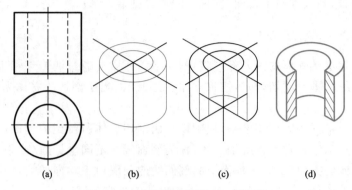

(a)   (b)   (c)   (d)

图 5 – 14　轴测剖视图的第一种画法

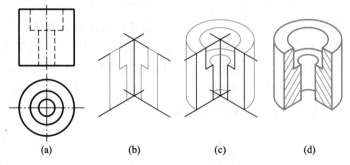

(a)   (b)   (c)   (d)

图 5 – 15　轴测剖视图的第二种画法

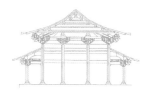

第六章 工程形体的表达方法

在生产实际中,工程形体的内、外结构和形状是多种多样的,为了完整、清晰、简便地表达它们的结构,国家标准规定了工程形体的各种表达方法。本章以机械工程图样为例,对国家标准《技术制图》《机械制图》中的"图样画法"规定的视图、剖视图、断面图、简化画法等常用的表达方法进行了介绍。

§6-1 视图

视图主要用来表达机件的外部结构和形状,一般只画出机件的可见部分,必要时才用细虚线表达其不可见部分。视图的种类通常有基本视图、向视图、局部视图和斜视图。

一、基本视图

机件向基本投影面投射所得的视图,称为基本视图。

为了清楚地表达机件的上、下、左、右、前、后六个方向的结构形状,在原三个投影面的基础上,再增加三个投影面,构成了一个正六面体。六面体的六个面即为六个基本投影面。将机件放置其中,分别向各基本投影面投射,即得到了六个基本视图,如图6-1所示。

六个基本视图:除前面学过的主视图、俯视图、左视图外,还有:

从右向左投射得到的右视图;

从下向上投射得到的仰视图;

从后向前投射得到的后视图。

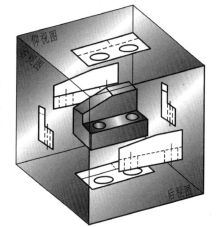

图6-1 六个基本视图的形成

基本视图的展开,仍然保持正投影面不动,其他各投影图按图6-2所示方式展开。

当各视图按图6-3所示配置时,称为基本配置位置,一律不注视图名称。

六个基本视图之间仍符合"长对正、高平齐、宽相等"的投影规律。

以主视图为准,除后视图外,各视图靠近主视图的一边,均表示机件的后面,远离主视图的一边表示机件的前面,即"里后外前"。

实际应用时,并非要将六个基本视图都画出来,而是根据机件形状的复杂程度和结构特点,在将机件表达清楚的前提下,选择必要的基本视图,尽量减少视图的数量,并尽可能避免出现不

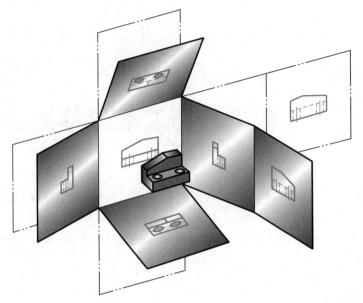

图 6 – 2　六个基本视图的展开

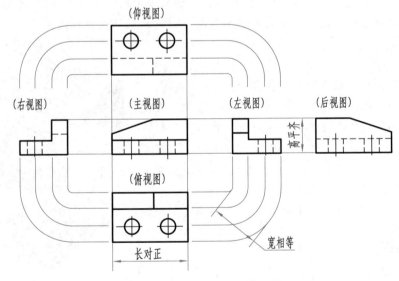

图 6 – 3　六个基本视图的配置

可见轮廓线。一般优先选用主、俯、左三个视图。

二、向视图

向视图是可以自由配置的基本视图。

在实际设计绘图中,有时为了合理地利用图纸幅面,基本视图可以不按规定的位置配置。但必须在该视图上方用大写拉丁字母(如 A、B…)标出该视图的名称,并在相应视图附近用箭头指明投射方向,并注上相同的字母,如图6-4所示。

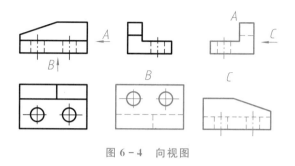

图6-4 向视图

三、局部视图

将机件的某一部分向基本投影面投射所得的视图,称为局部视图。

当机件的主要形状已经表达清楚,只有对局部结构需要进行表达时,为了简化画图,不必再增加一个完整的基本视图,即可采用局部视图。

图6-5a所示的机件,用主、俯两个基本视图,其主要结构已表达完整,如图6-5b所示。但左、右两个凸台的形状不够清晰。若因此再画两个完整的基本视图(左视图和右视图),则大部分投影重复;如只画出基本视图的一部分,如图6-5b中的局部视图A和局部视图B,既简化了作图,表达又简单明了、重点突出。

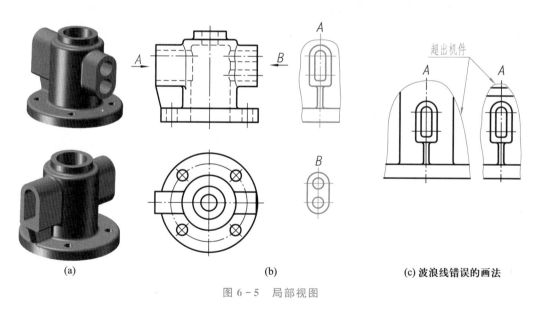

(a)   (b)   (c)波浪线错误的画法

图6-5 局部视图

1.局部视图的表达方法

(1)局部视图的断裂边界以波浪线(或双折线)表示,波浪线不应超出断裂机件的轮廓线,如图6-5b中上图A所示。

(2)所表达的局部结构是完整的,且外形轮廓线成封闭,又与机件其他部分分开时,则可省略表示断裂边界的波浪线。如图6-5b中下图 B 所示。

2.局部视图的配置形式及标注

（1）可按基本视图的形式配置，如图6-5b中上方表达"左凸台"的 A 局部视图。当局部视图按投影关系配置时，中间又没有其他视图隔开时，可省略标注。

（2）可按向视图的配置形式配置（图6-5b中下方表达"右凸台"的 B 向局部视图）。

3.局部视图表达中的常见错误

局部视图表达中的常见错误如图6-5c所示。

四、斜视图

机件向不平行于任何基本投影面的平面投射所得到的视图，称为斜视图。

如图6-6a所示的机件，其倾斜结构在俯视图和左视图上均不反映实形。这时可选择一个新的辅助投影面，使它与该倾斜部分平行（且垂直于某一基本投影面）。然后将机件上的倾斜部分向新的辅助投影面投射，所得的视图就可表达该部分的实形。再将新投影面按箭头所指的方向，旋转到与其垂直的基本投影面重合的位置，如图6-6b所示。

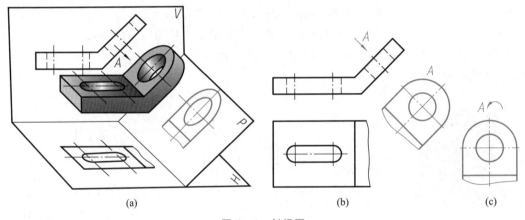

(a)　　　　　　(b)　　　　　　(c)

图6-6　斜视图

斜视图的画法、配置及标注方法如下：

（1）斜视图只表达机件倾斜部位结构特征的真实形状，其余部分省略不画，所以用波浪线或双折线断开，如图6-6a所示。

（2）斜视图必须标注。斜视图一般按向视图的配置形式配置，在斜视图的上方用字母标注出视图的名称，在相应的视图附近用箭头指明投射方向，并注上同样的字母，字母应水平注写，如图6-6b所示。

（3）必要时允许将斜视图旋转配置，但须画出旋转符号，如图6-7所示，旋转符号的箭头应与视图旋转方向一致。旋转符号为半圆形，半径等于字体高度，线宽为字体高度的十分之一至十四分之一，如图6-7所示，表示该视图名称的大写拉丁字母应靠近旋转符号的箭头端，也允许将旋转角度标注在字母之后。

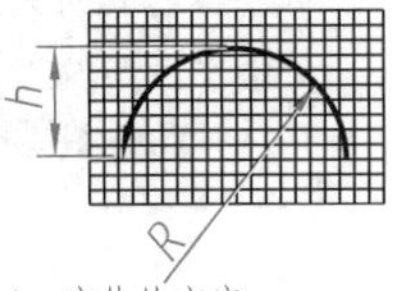

h=字体的高度
h=R
符号笔画宽度= $\frac{1}{10}h$ 或 $\frac{1}{14}h$

图6-7　旋转符号
的尺寸和比例

§6-2 剖视图

当机件的内部结构比较复杂时,视图中的细虚线较多,这些虚线往往与实线或虚线相互交错重叠,既影响图形的清晰度,也不便于看图和标注尺寸,如图 6-8a 所示。为了将视图中不可见的部分变为可见的,从而使细虚线变为实线,国家标准 GB/T 17452—1998 和 GB/T 4458.6—2002 中规定了用剖视图来表达机件内部结构的方法。

一、剖视图的概念

1. 剖视图的形成

假想用剖切面剖开物体,将处在观察者和剖切面之间的部分移去,而将其余的部分向投影面投射,并在剖面区域内加上剖面符号所得的图形称为剖视图,简称剖视,如图 6-8b 所示。

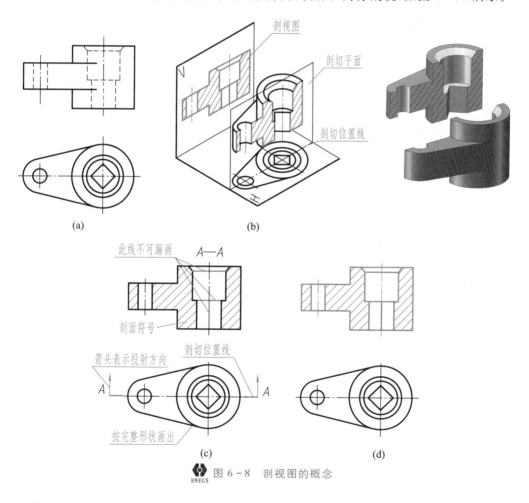

图 6-8　剖视图的概念

2. 剖视图的画法

（1）确定剖切平面的位置　为充分表达机件内部孔、槽等的真实结构、形状,剖切平面应通

137

过孔的轴线、槽的对称面,如图 6-8c 所示。

(2) 画剖视图 剖切面与机件实体接触的部分称为断面(也称为剖面)。画剖视图时,应把断面及剖切面后方的可见轮廓线用粗实线画出,在断面上应画出剖面符号,如图 6-8 所示。剖面符号不仅仅用来区分机件的空心及实体部分,同时还表示制造该机件所用材料的类别。国家标准《机械制图》中规定了材料的剖面符号,见表 6-1。

表 6-1 部分材料的剖面符号

材料名称	剖面符号	材料名称	剖面符号	材料名称	剖面符号
金属材料(已有规定剖面符号者除外)	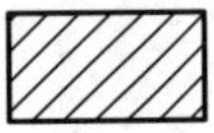	型砂、填砂、粉末冶金、砂轮、硬质合金刀片等	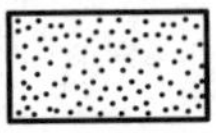	混凝土	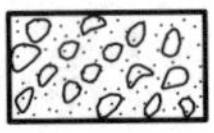
非金属材料(已有规定剖面符号者除外)	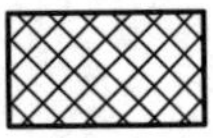	玻璃及供观察用的其他透明材料	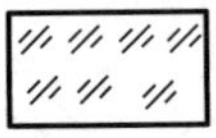	钢筋混凝土	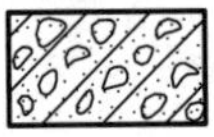
线圈绕组元件	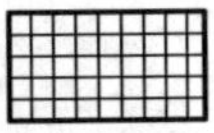	木材 纵断面		砖	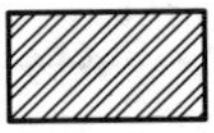
转子、电枢、变压器和电抗器等叠钢片	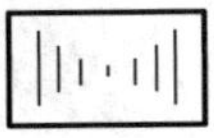	木材 横断面		液体	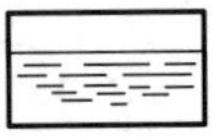

在同一金属零件的图中,剖视图、断面图中的剖面线,应画成间隔相等、方向相同且与一般剖面区域的主要轮廓线或对称线成 45°的平行线,如图 6-9a 所示。必要时,剖面线也可画成与主要轮廓线成适当角度,如图 6-9b 所示。

3. 剖切位置和剖视图的标注

画剖视图时,一般需在相应的视图上用剖切符号及名称表示。剖切符号由粗短画和箭头组成,粗短画(长 5～10 mm)表示出剖切位置,箭头(画在粗短画的外端,并与粗短画垂直)表示投射方向。在剖切符号附近还要注写大写拉丁字母"×",并在剖视图的正上方用相同的字母注写剖视图的名称"×—×",如图 6-8c 所示。

当剖视图按投影关系配置,中间又没有其他图形隔开时,可以省略箭头。

当单一剖切平面通过机件的对称平面或基本对称平面,且剖视图按投影关系配置,中间又没有其他图形隔开时,可以省略标注,如图 6-8d 所示。

4. 画剖视图应注意的几点

(1) 剖切面是假想的,因此,当机件的某一个视图画成剖视之后,其他视图仍按完整结构画出。

(2) 剖切面后方的可见轮廓线应全部画出,不应遗漏,如图 6-10 所示。

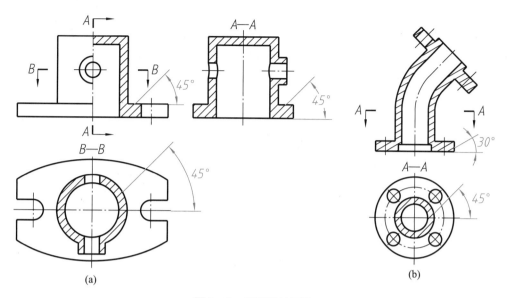

图 6 - 9   剖面线的画法

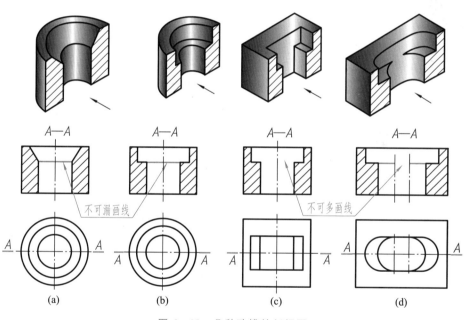

图 6 - 10   几种孔槽的剖视图

（3）在剖视图中，已经表达清楚的结构，细虚线省略不画。对没有表达清楚的结构，在不影响剖视图清晰度而又可以减少视图数量的情况下，可以画少量细虚线，如图 6 - 11 所示。

二、剖视图的种类

按机件被剖切的范围不同，剖视图可以分为全剖视图、半剖视图和局部剖视图三种。

1. 全剖视图

用剖切面将机件完全剖开所得到的剖视图,称为全剖视图,如图6-8、图6-11所示。全剖视图主要用于外形简单、内部形状复杂的不对称机件。

2. 半剖视图

当机件具有对称(或基本对称)平面时,向垂直于对称平面的投影面投射所得到的图形,应以对称中心线为界,一半画成剖视图,另一半画成视图,这样获得的图形称为半剖视图,如图6-12所示。

半剖视图主要用于内、外形状都需要表达的对称机件,其优点在于,一半(剖视图)能表达机件的内部结构,另一半(视图)表达外形,由于机件是对称的,能够容易想象出机件的整体结构形状,如图6-12所示。有时,机件的形状接近对称,且不对称部分已另有图形表达清楚时,也可以画成半剖视图,如图6-13、图6-14所示。

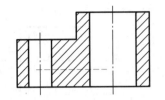

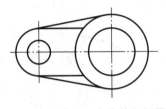

图6-11 应画细虚线的剖视图

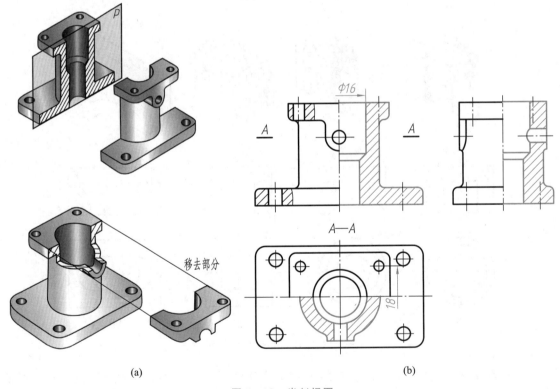

(a)

(b)

图6-12 半剖视图

画半剖视图时,应注意以下几点:

(1)在半剖视图中,半个视图与半个剖视图的分界线为细点画线,如果对称机件视图的轮廓线与作半剖视的分界线(细点画线)重合,则不能采用半剖视图,如图6-15所示。

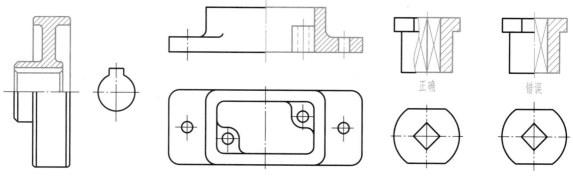

图 6-13　基本对称机件
的半剖视图

图 6-14　基本对称机件的半剖视图

图 6-15　不宜半剖的机件

（2）由于半剖视图可同时兼顾机件的内、外形状的表达，所以，在表达外形的那一半视图中一般不必再画出表达内形的细虚线。标注机件结构对称方向的尺寸时，只能在表示了该结构的那一半画出尺寸界线和箭头，尺寸线应略超过对称中心线，如图 6-12b 中的 $\phi16$ 和 18。

（3）半剖视图的标注，与全剖视图的标注规则相同，如图 6-16a 所示。半剖视图的画法正误对比如图 6-16b 所示。

3. 局部剖视图

用剖切面局部地剖开机件所得的剖视图，称为局部剖视图，如图 6-17 所示。

局部剖视图具有同时表达机件内、外结构的优点，且不受机件是否对称的条件的限制。在什么位置剖切、剖切范围的大小，均可根据实际需要确定，所以应用比较广泛，局部剖视图常用于下列情况：

（1）当机件只有局部的内部结构需要表达，或因需要保留部分外部形状而不宜采用全剖视图时，可采用局部剖视图，如图 6-17 所示。

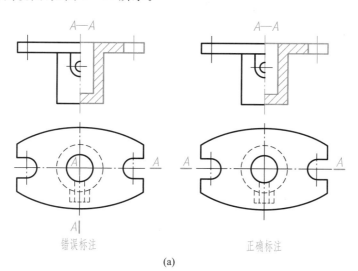

错误标注

正确标注

(a)

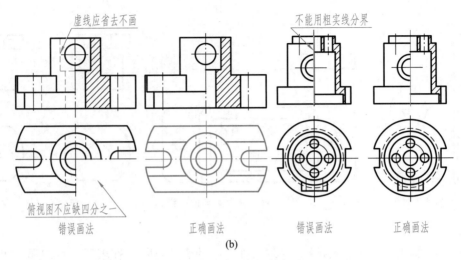

图 6 - 16　半剖视图的标注

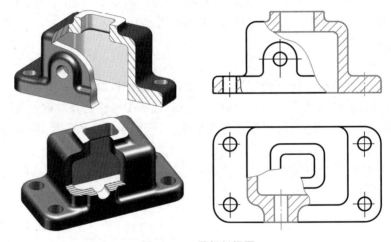

图 6 - 17　局部剖视图

（2）某些纵向剖切时按不剖绘制的实心杆件，如轴、手柄等，需要表达某处的内部结构形状时，可采用局部剖视图，如图 6 - 18 所示。

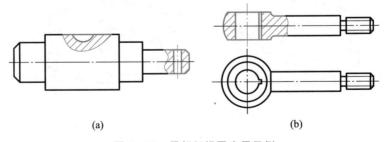

图 6 - 18　局部剖视图应用示例

（3）当机件的轮廓线与对称中心线重合，不宜采用半剖视图时，可采用局部剖视图，如图 6 - 15 所示。

画局部剖视图时，应注意以下几点：

1）局部剖视是一种比较灵活的表达方法，但在一个视图中，局部剖的数量不宜过多，否则图形过于零碎，不利于看图。

2）在局部剖视图中，视图与剖视的分界线为波浪线。波浪线可以看作是机件断裂面的投影，因此，波浪线不能超出视图的轮廓线；不能穿过中空处；也不允许波浪线与图样上其他图线重合，如图 6 - 19 所示。当被剖切结构为回转体时，允许将该结构的中心线作为局部剖视图与视图的分界线（即以中心线代替波浪线），如图 6 - 20 所示。

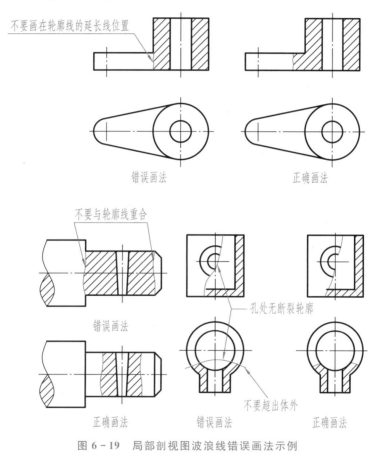

图 6 - 19　局部剖视图波浪线错误画法示例

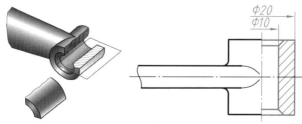

图 6 - 20　被剖切结构为回转体的局部剖视图

143

3）局部剖视图的标注方法与全剖视图的标注方法基本相同；若为单一剖切平面，且剖切位置明显时，可以省略标注，如图 6-17、图 6-18、图 6-20 所示的局部剖视图。

三、剖切面的种类和剖切方法

由于机件的结构形状千差万别，因此画剖视图时应根据机件的结构特点，可选用不同形式的剖切面来画全剖、半剖或局部剖视图，使机件的结构形状表达得更充分、更突出。国家标准规定常用的剖切面有以下几种：

1. 单一剖切面

（1）单一平行剖切平面　用一个平行于基本投影面的平面剖开机件，如图 6-8、图 6-12、图 6-17 所示。

（2）单一斜剖切平面　假想用一个不平行于任何基本投影面的剖切平面剖开机件，如图 6-21 所示。

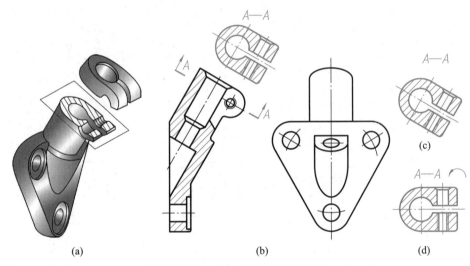

(a)　　　　　(b)　　　　　(c)　　　　　(d)

图 6-21　单一斜剖切平面剖切

该剖切方法常用来表达机件倾斜部分的内部结构。用一个与倾斜部分平行，且垂直于某一基本投影面的剖切平面剖开机件，然后，将剖切平面后面的部分向与剖切平面平行的投影面上投射。画斜剖视图时，一般按投影关系配置在与剖切符号相对应的位置上，如图 6-21b 所示；也可平移到其他适当的地方如图 6-21c 所示；在不致引起误解的情况下，也允许将图形旋转，如图 6-21d 所示。

（3）单一剖切柱面　如图 6-22 所示的扇形块，为了表达该零件上处于圆周分布的孔与槽等结构，可以采用圆柱面进行剖切。采用柱面剖切时，一般应按展开绘制，因此在剖视图上方应标出"×—×展开"。

注意：单一剖切柱面一般用于全剖视图。

2. 几个平行的剖切平面

用几个互相平行的剖切平面剖开机件，这种剖切形式主要适用于机件内部有一系列不在同一平面上的孔、槽等结构，如图 6-23 所示。

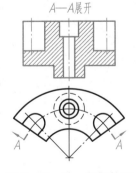

图 6-22　单一剖切柱面

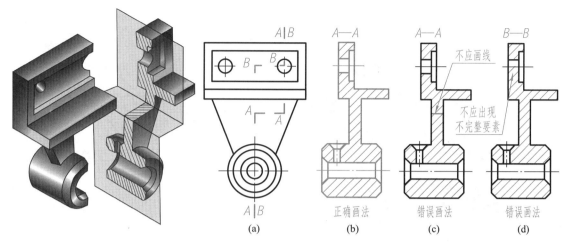

图 6-23 几个平行的剖切平面获得的剖视图(一)

画图时应注意以下几点:

(1) 剖视图上不允许画出剖切平面转折处的分界线,如图 6-23c 所示。

(2) 不应出现不完整的结构要素,如图 6-23d 所示。只有当不同的孔、槽在剖视图中具有共同的对称中心线和轴线时,才允许剖切平面在孔、槽中心线或轴线处转折,不同的孔、槽各画一半,二者以共同的中心线分界,如图 6-24 所示。

(3) 采用这种剖切面的剖视图必须标注,标注方法如图 6-23、图 6-24 所示。剖切平面的转折处不允许与图上的轮廓线重合。在转折处如因位置有限,且不致引起误解时,可以不注写字母。当剖视图按投影关系配置、中间又无其他视图隔开时,可省略箭头,如图 6-24 所示。

3. 几个相交的剖切平面

(1) 两个相交的剖切平面

用两个相交的剖切平面(交线垂直于某一基本投影面)剖开机件,将倾斜的结构绕交线旋转到与选定的投影面平行后再投射而获得的剖视图,如图 6-25 所示。

画图时应注意以下几点:

1) 先假想按剖切位置剖开机件,然后将被倾斜的剖切平面剖开的结构绕交线旋转到与选定的投影面平行后再投射。但处在剖切平面之

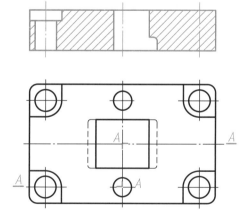

图 6-24 几个平行的剖切平面获得的剖视图(二)

后的其他结构,仍按原来位置投射,如图 6-25 所示机件上的小孔的投影。

2) 当剖切后产生不完整要素时,应将此部分按不剖绘制,如图 6-26 所示。

3) 该方法获得的视图必须进行标注,如图 6-25 所示。但当剖视图按投影关系配置,中间又无其他图形隔开时,允许省略箭头。

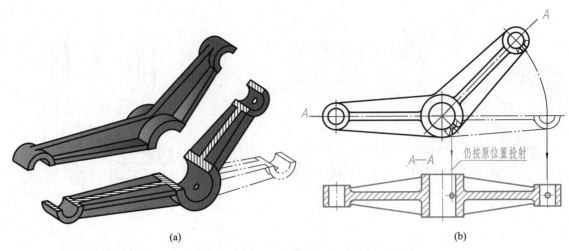

(a)   (b)

图 6 – 25　用两个相交的剖切平面获得的剖视图(一)

　　该方法主要用于表达孔、槽等内部结构不在同一剖切平面内,但又具有公共回转轴线的机件,如图 6 – 27 所示的盘盖类及摇杆、拨叉等需表达内结构的零件。

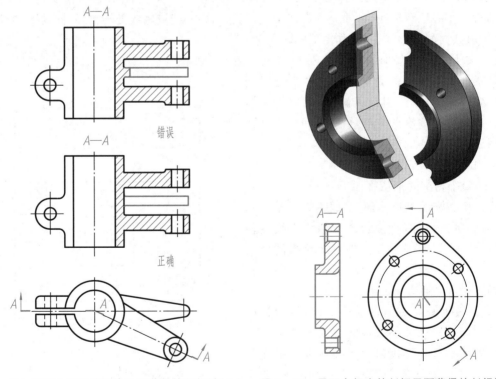

图 6 – 26　用两个相交的剖切平面获得的剖视图(二)　图 6 – 27　用两个相交的剖切平面获得的剖视图(三)

　　(2) 两个以上相交的剖切平面

　　用两个以上相交的剖切平面画图时,可以用展开画法,图名应标注"×—×展开",如图 6 – 28所示。

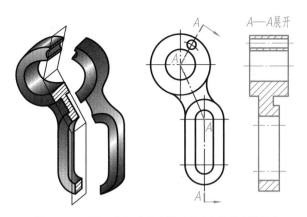

图 6-28　用三个相交的剖切平面获得的剖视图

四、剖视图应用需注意的问题

在应用剖视图表达工程形体时,应根据机件的结构特点,采用最适当的表达方法。

首先,根据形体的内部结构,确定剖切面的位置及形式(单一剖切面、几个平行的剖切平面及两个相交的剖切平面等)。图 6-17 所示机件的主视图应采用一组相互平行的剖切面 $A—A$;俯视图采用单一的剖切面 $B—B$,如图 6-29 所示。

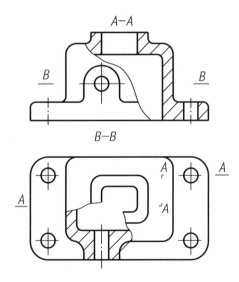

图 6-29　应用剖视图注意的问题

其次,根据形体的外部形状结构,决定采用剖视图种类(全剖、半剖、局部剖)。如图 6-17 所示,机件其主、俯视图上都有内外结构需表达,而图形又不对称,在全剖、半剖、局部剖中,只能选择局部剖视图,如图 6-29 所示。

比较图 6-17 和图 6-29 可看出,为使图形表达清晰,后者的表达方案更佳。

综合以上介绍的各种剖视图及剖切方法,应用时应根据机件的结构特点,采用最适当的表达方法,现列表汇总举例,详见表 6-2。

表 6-2　剖视图的种类和剖切方法总汇

种类		全剖视图	半剖视图	局部剖视图
单一剖切平面	平行于基本投影面	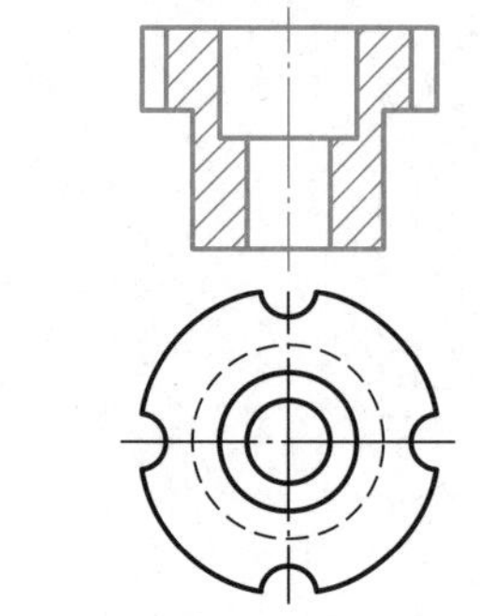	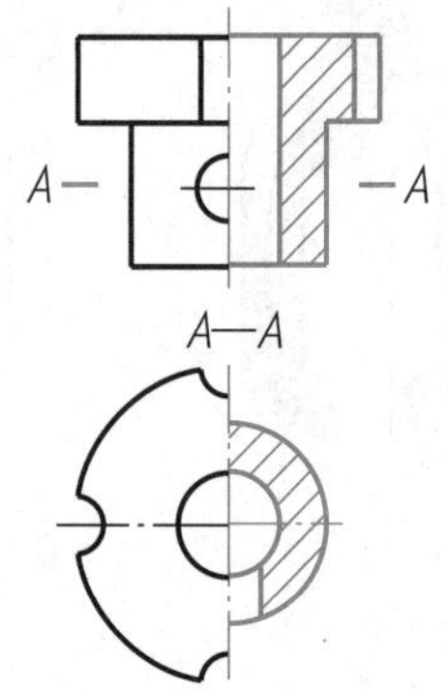	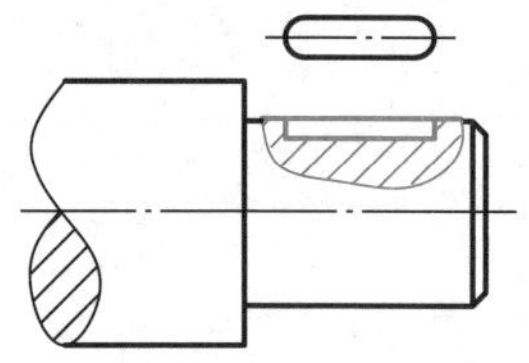
	不平行于基本投影面	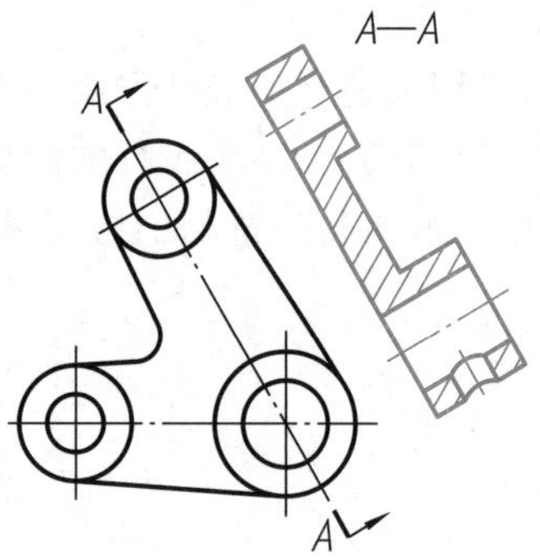	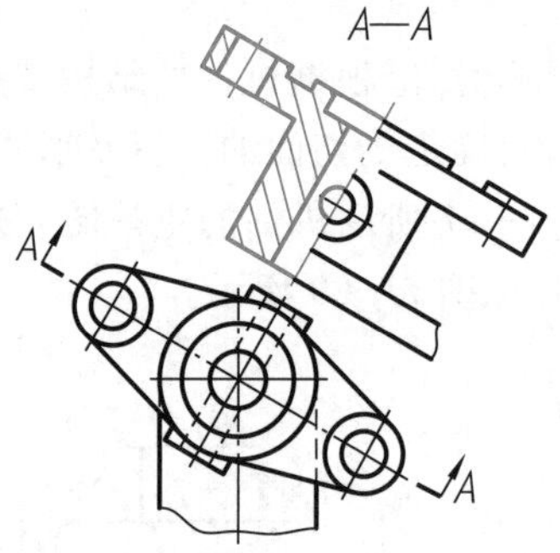	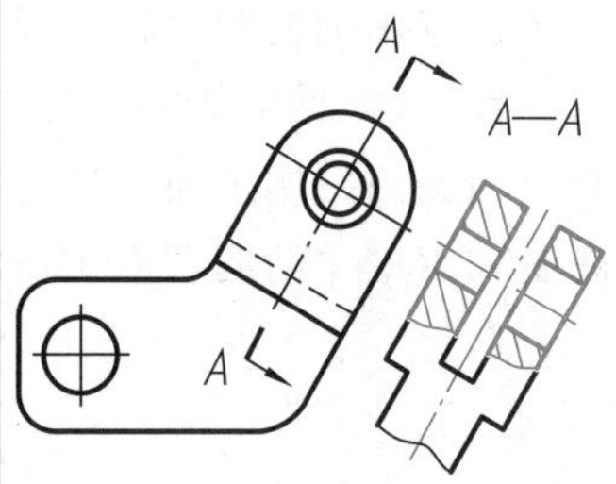
两个相交的剖切平面		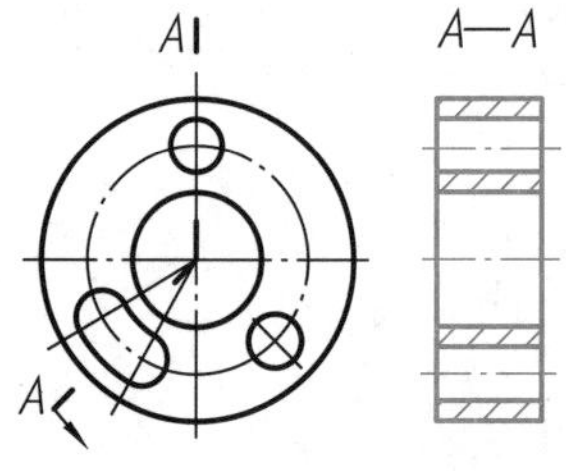	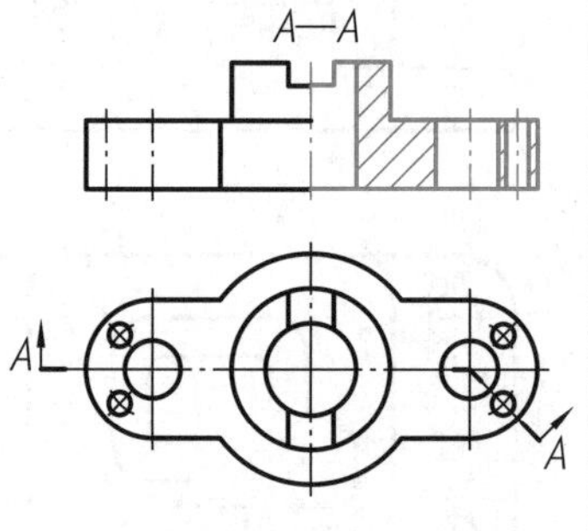	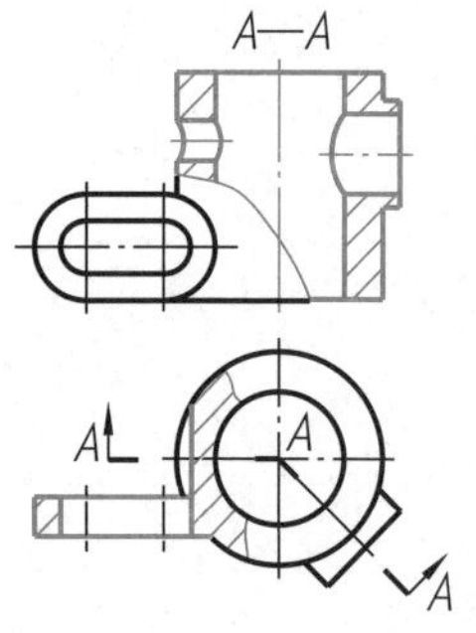
几个平行的剖切平面		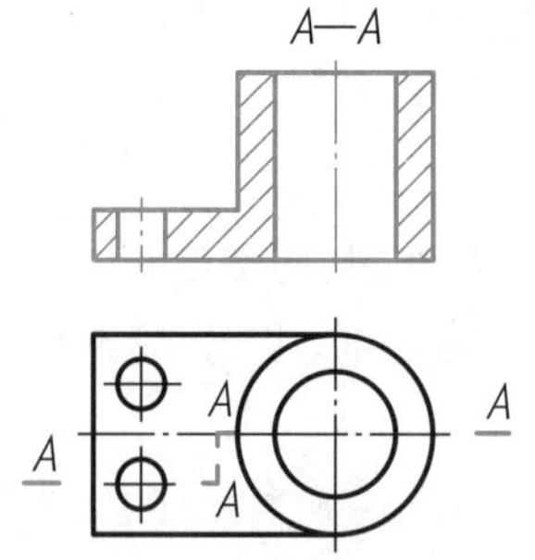	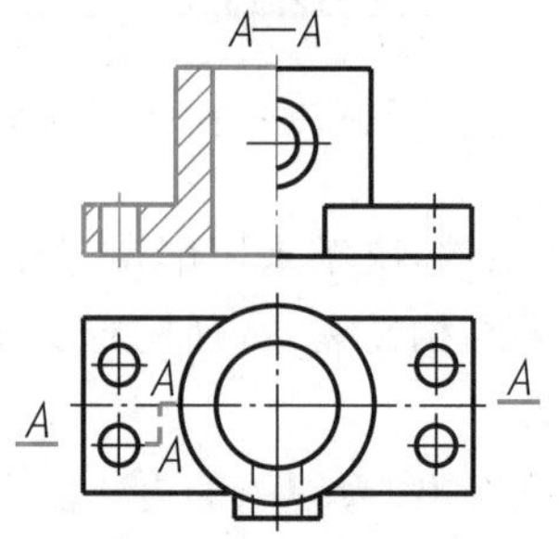	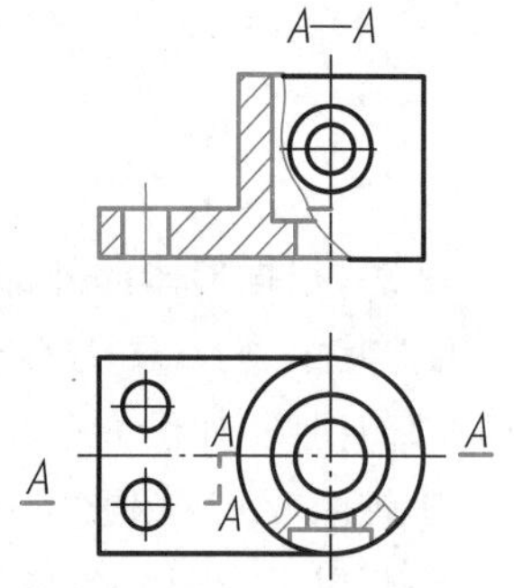

§6-3 断面图

一、断面图的概念

假想用剖切面将物体的某处切断,仅画出该剖切面与物体接触部分的图形,称为断面图,简称断面,如图 6-30 所示。国家标准 GB/T 17452—1998 和 GB/T 4458.6—2002 中规定了用断面图来表达机件内部结构的方法。

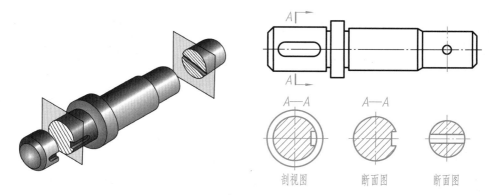

剖视图　　　断面图　　　断面图

图 6-30　断面图的形成及其与视图、剖视图的比较

断面图与剖视图的主要区别在于:断面图是仅画出机件断面形状的图形;而剖视图除要画出其断面形状外,还要画出剖切平面之后的可见轮廓线,如图 6-30 所示。

断面图主要用于实心杆件开有孔、槽等及型材、肋板、轮辐等断面形状的表达。

二、断面图的种类及画法

根据断面图的配置位置不同,可分为移出断面和重合断面两类。

1. 移出断面图的画法与标注

画在视图以外的断面图,称为移出断面图,如图 6-31 所示。

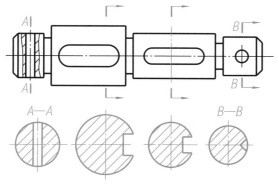

图 6-31　移出断面图

（1）移出断面图的轮廓线用粗实线绘制,并尽量画在剖切线的延长线上,必要时也可以将移出断面配置在其他适当的位置,如图 6-31 所示。

（2）当剖切平面通过由回转面形成的孔或凹坑的轴线时,这些结构按剖视图绘制,如图 6-31中的 *A—A*、*B—B* 所示。

（3）剖切平面应与被剖切部分的主要轮廓垂直,如图 6-32a、b 所示。若由两个或多个相交剖切面剖切,其断面图形中间应用波浪线断开,如图 6-32c 所示。

（4）当断面图形对称时,可将移出断面画在视图中断处,如图 6-33 所示。

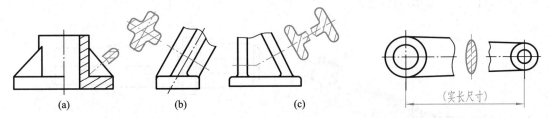

图 6-32　移出断面图　　　　　　　　　　　　图 6-33　移出断面画在视图中断处

（5）当剖切平面通过非圆孔,导致出现完全分离的两个断面时,则这些结构也应按剖视图绘制,如图 6-34 所示。

（6）标注移出断面图一般应用剖切符号表示剖切位置、箭头表示投射方向,并注上字母,在断面图上方标注出相应的名称"×—×",如图 6-31 中的 *A—A*。

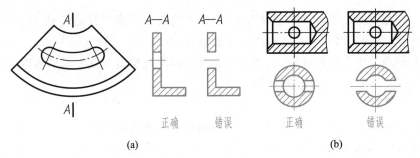

图 6-34　移出断面分离两部分的画法

国家标准规定的移出断面图的配置与标注见表 6-3。

表 6-3　移出断面图的配置与标注

配置	对称的移出断面	不对称的移出断面
配置在剖切线或剖切符号延长线上	不必标出字母和剖切符号	不必标注字母

配置	对称的移出断面	不对称的移出断面
按投影关系配置	 *A*| *A—A* *A*| 不必标注箭头	 *A*| *A—A* *A*| 不必标注箭头
配置在其他位置	 *A*| *A*| *A—A* 不必标注箭头	 *A*⌐→ *A*∟ *A—A* 应标注剖切符号(含箭头)和字母

2. 重合断面图的画法与标注

画在视图内的断面图称为重合断面图,如图 6 - 35 所示。

(1)重合断面的轮廓线用细实线绘制,当与视图中的轮廓线重叠时,视图的轮廓线仍应连续画出,不可间断。

(2)画重合断面时,可省略标注,如图 6 - 35a、b 所示。

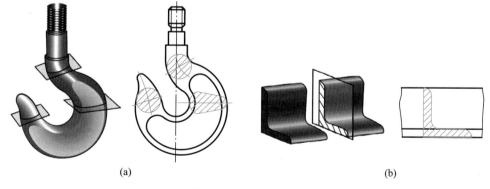

(a)   (b)

图 6 - 35 重合断面图

§6-4 局部放大图及简化表示法

为使图形清晰和画图简便,国家标准规定了局部放大图、简化表示法等其他表达方法,供绘图时选用。

一、局部放大图

机件按一定比例绘制视图后,如果其中一些细小结构表达不够清晰,又不便于标注尺寸时,可以用大于原图形所采用的比例单独画出些结构,这种图形称为局部放大图,如图6-36轴上的退刀槽和挡圈以及图6-37端盖孔内的槽等所示。

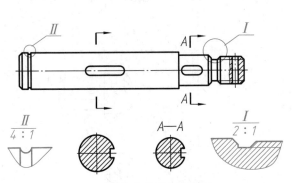

图6-36　轴的局部放大图

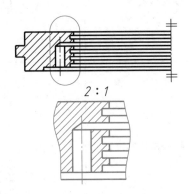

图6-37　端盖的局部放大图

局部放大图可以画成视图、剖视图或断面图。

画局部放大图时,在原图上要把所放大部分的图形用细实线圈出,并尽量把局部放大图配置在被放大部位的附近。当图上有几处放大部位时,要用罗马数字依次标明被放大部位,并在局部放大图的上方标出相应的罗马数字和所用的比例,若只有一处放大图部位时,则只需在放大图的上方注明采用的比例就可以了。特别注意:局部放大图上标注的比例是指该图形与零件的实际大小之比,而不是与原图形之比。

二、简化画法(包括规定画法、省略画法、示意画法等)

国家标准GB/T 16675.1—2012所规定的简化画法如表6-4所示。

表6-4　简化表示法

内容	图例			说明
相同结构的简化画法				当机件上具有若干相同结构(齿、槽等),并按一定规律分布时,只画出几个完整的结构,其余用细实线连接,但在零件图中必须注明该结构的总数

内容	图例	说明
相同结构的简化画法	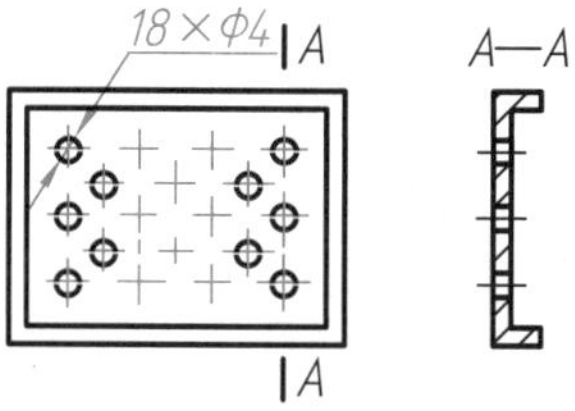	若干直径相同且按一定规律分布的孔,可仅画出一个或几个,其余用细实线表示其中心位置,标注尺寸时,注明孔的总数
机件上肋、轮辐等的剖切	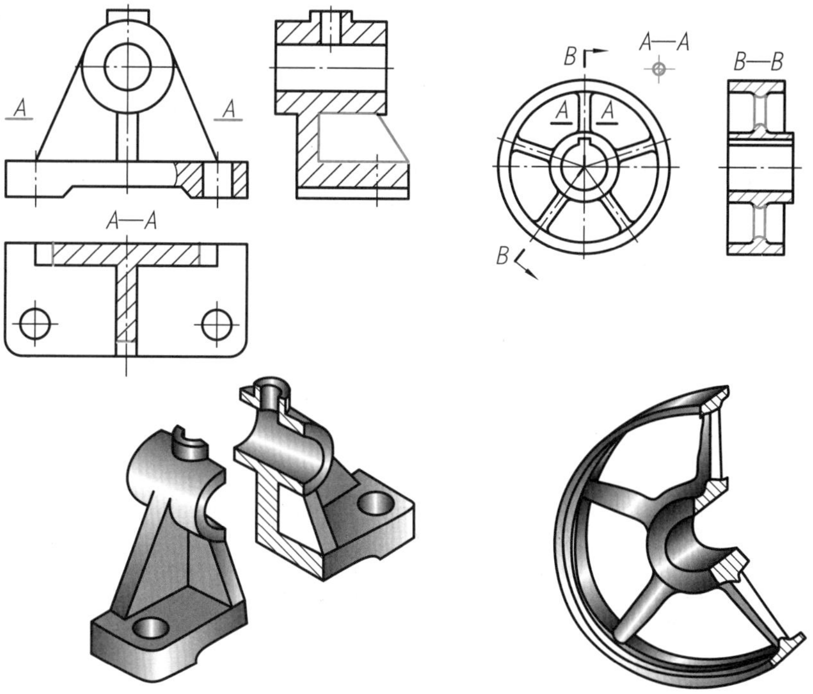	1. 对于机件上的肋、轮辐等结构,若沿其纵向剖切时,不画剖面符号,而用粗实线将其与邻接部分分开
	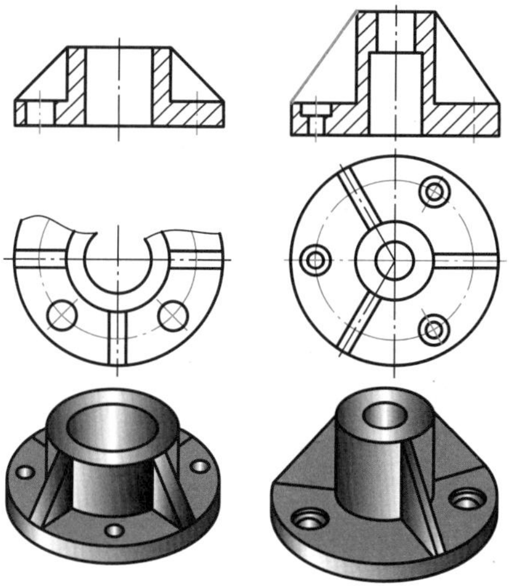	2. 机件上均匀分布的肋、轮辐、孔等结构,当其不处在剖切平面上时,可将这些结构旋转到剖切平面上画出

内容	图例	说明
圆柱形法兰上均布的孔的画法	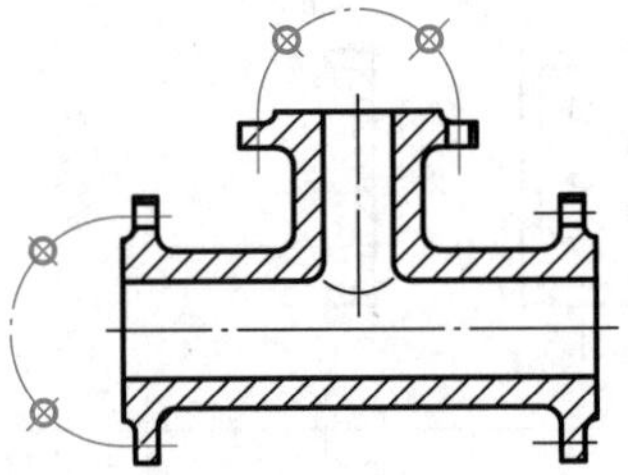	圆柱形法兰和类似零件上的均布孔，可由机件外向该法兰端面方向投射画出
对称机件的省略画法	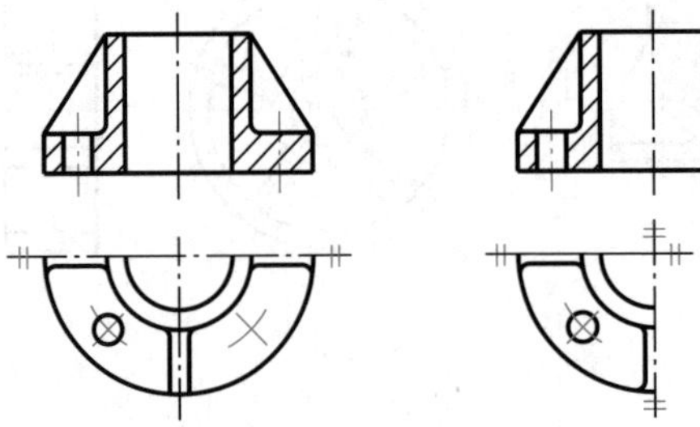	对称机件的视图允许只画一半或1/4，并在对称中心线的两端画两条与其垂直的平行细实线
较长机件的断开画法	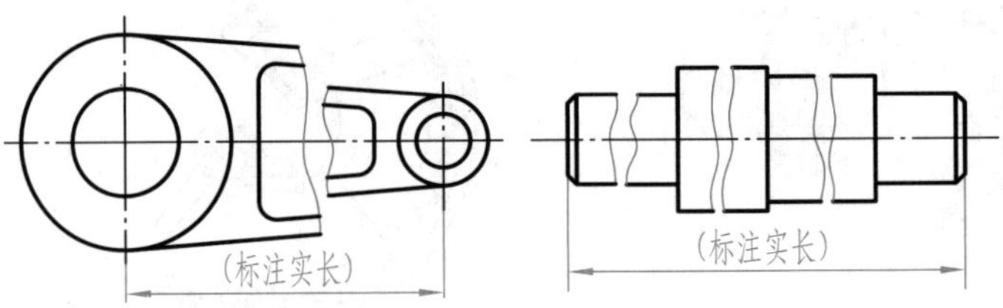 (标注实长) (标注实长)	较长的机件沿长度方向形状一致或按一定规律变化时，可将机件断开后缩短绘制，但仍按实际长度标注尺寸
较小结构的简化画法	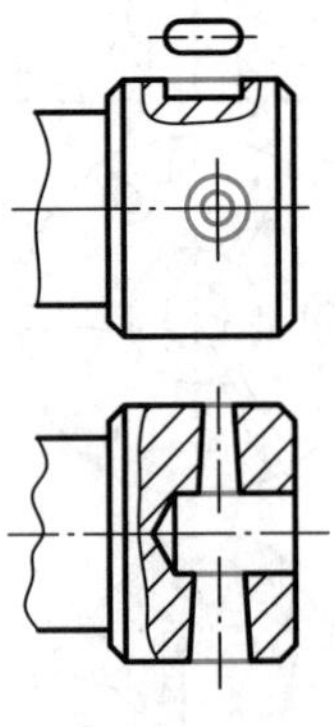	圆柱上的孔、槽等较小结构产生的表面交线允许简化成直线 机件上对称结构的局部视图（如键槽）可按图示方法绘制

内容	图例	说明
省略剖面符号		在移出断面图中,一般要画出断面符号。当不致引起误解时允许省略剖面符号,但剖切位置和断面图的标注必须遵守规定

注:国家标准 GB/T 16675.1—2012 规定了许多简化画法,这里只介绍了其中一部分。

§6-5 表达方法综合举例

在绘制机件图样时,应根据机件的结构形状,选择适当的表达方法,确保完全、正确、清楚、简便地表达机件。同时,在确定表达方案时,还应考虑尺寸标注的问题,以便于画图和看图。下面举例说明表达方法的综合应用。

例 6-1 确定图 6-38a 所示支架的表达方案。

经形体分析,确定用四个图形表达,如图 6-38b 所示。主视图是工作位置,用以表达机件的外部结构形状,图中的局部剖视图用来表达圆筒上大孔和斜板上小孔的内部结构形状;为了明确圆筒与十字支承板的连接关系,采用了一个局部视图;为了表达十字支承板的形状,采用了一个移出断面;为了反映斜板的实形及四个小孔的分布情况,采用了一个旋转配置的斜视图。

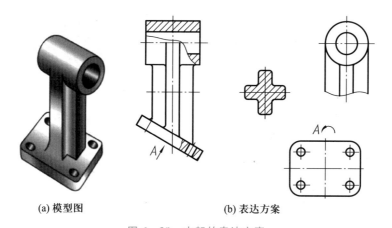

(a) 模型图　　　　　　　　(b) 表达方案

图 6-38　支架的表达方案

例 6-2 确定图 6-39 所示四通接头的表达方案。

155

（一）形体分析

四通接头的主体部分是轴线铅垂的四通管体 I ，它的顶部和底部分别为正方形凸缘 II 和圆形凸缘 V ，左上部有一圆形凸缘 IV ，右前部有一腰形凸缘 III ，各凸缘上均有与主体 I 相通的光孔。

（二）确定表达方案

1. 选择主视图

从放置稳定、加工、工作位置等多种因素考虑，该四通接头主视图按图 6 - 39 中工作位置放置，并按箭头方向作为主视图投射方向。

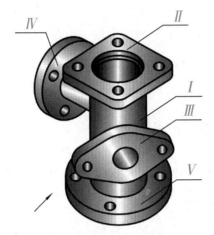

图 6 - 39   四通接头轴测图

为了表达各部分的内部形状，需对主视图作适当剖切。因管体与上、下凸缘同轴，并与左边凸缘的轴线在同一正平面内，而右前部凸缘的轴线与 V 面倾斜 $45°$ ，故主视图可用两个相交的剖切平面剖切，如图 6 - 40a 所示，画出的剖视图如图 6 - 41 中的" $B—B$ "图，这样就把上、下通孔、侧壁两凸缘孔的结构和其上、下位置关系均表达清楚了。

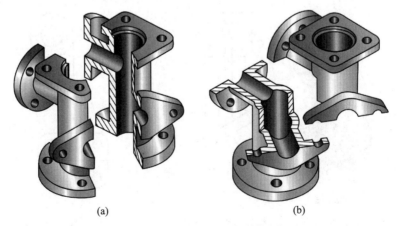

(a)   (b)

图 6 - 40   四通接头表达方案分析

2. 确定其他视图

为了表达右前部凸缘的倾斜位置,需画俯视图。为进一步表达管体孔与侧壁两凸缘孔的贯通情况、凸缘上的连孔及底部凸缘上的连接孔的分布情况,俯视图采用阶梯剖,如图 6 - 40b、图 6 - 41 中的"A—A"所示。右前部凸缘的形状用斜视图表示,如图 6 - 41 中的"⌒C"所示。上方的方形凸缘形状和四角孔的分布情况,用图 6 - 41 中的"D 向"局部视图表达。左部凸缘的形状和连接孔的分布,采用图 6 - 41 俯视图中的简化画法表达。四通接头的完整表达方法如图 6 - 41 所示。

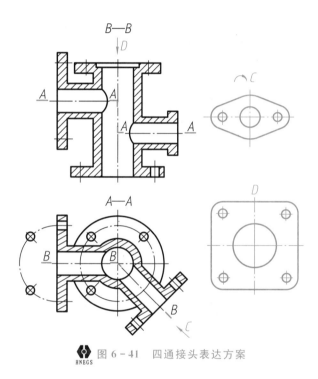

图 6 - 41　四通接头表达方案

§6-6　第三角投影简介

目前世界各国的工程图样有两种画法:第一角画法和第三角画法。我国国家标准规定优先采用第一角画法,而有些国家(如美国、日本等)则采用第三角画法。为了适应国际技术交流的需要,下面对第三角画法作一简单的介绍。

V、H 两个投影面把空间划分为四部分,每一部分称为一个分角。如图 6 - 42 所示,H 面的上半部,V 面的前半部分为第一分角;H 面的下部分,V 面的后半部分为第三分角;其余为二、四分角。第一角画法是将机件放在投影面和观察者之间,即保持人→机件→投影面的位置关系,用正投影法获得视图。第三角画法是将投影面处于观察者和机件之间(假设投影面是透明的),即保持人→投影面→机件的相对位置关系,用正投影法获得视图,如图 6 - 43 所示。

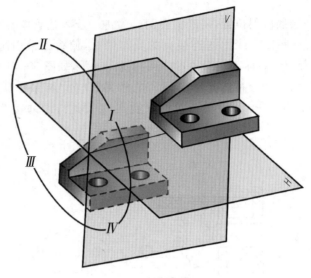

图 6 – 42　四个分角

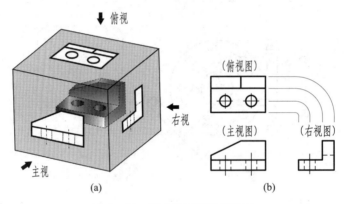

(a)　　　　　　　　(b)

图 6 – 43　第三角画法的三视图

一、第三角画法视图的名称

第三角画法所得到的视图分别为：

由前方垂直向后观察,在前面正立投影面上得到的视图称为主视图；

由上方垂直向下观察,在上方水平投影面上得到的视图称为俯视图；

由右方垂直向左观察,在右侧立投影面上得到的视图称为右视图；

由下方垂直向上观察,在下方水平投影面上得到的视图称为仰视图；

由后方垂直向前观察,在后方正立投影面上得到的视图称为后视图；

由左方垂直向右观察,在左侧立投影面上得到的视图称为左视图。

二、第三角画法视图的配置

图 6 – 44 为第三角画法视图的配置。第三角画法规定,投影面展开时,前面正立投影面不

动,上水平投影面、下水平投影面、两侧立投影面均按箭头所指向前旋转 90°与前立面展开在一个投影面上(后方正立投影面随左侧立投影面旋转 180°),如图 6-44 所示。第三角画法视图的配置如图 6-45 所示。

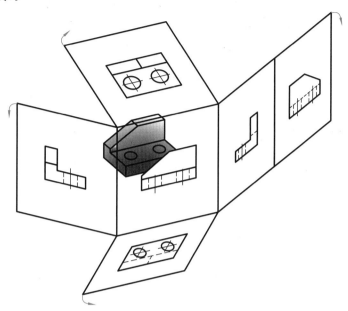

图 6-44　第三角画法视图的配置

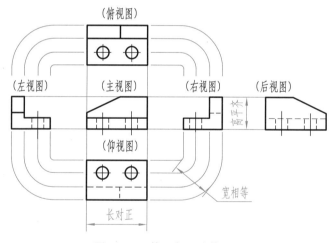

图 6-45　第三角画法的展开

第三角画法与第一角画法的视图配置相比,主视图的配置一样,其他视图的配置一一对应相反。俯视图、仰视图、右视图、左视图,靠近主视图的一边(里边),均表示机件的前面;而远离主视图的一边(外边),均表示机件的后面,即"里前外后"。这与第一角画法的"里后外前"正好相反。

国家标准规定,第一角画法用图 6-46 所示的识别符号表示,第三角画法用图 6-47 所示的识别符号表示。

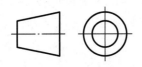 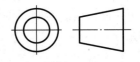

图 6 - 46　第一角的识别符号　　　　　图 6 - 47　第三角的识别符号

　　我国优先采用第一角画法。因此,采用第一角画法时,无须标注识别符号。当采用第三角画法时,必须在图样中(标题栏附近)画出第三角画法的识别符号。

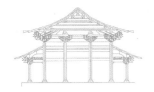

第七章　常用标准件和齿轮、弹簧的表示法

机器是由零件组成的。零件按其在部件中所起的作用和标准化程度,一般可分为三类:一般零件、传动零件和标准件。常用的标准件有螺栓、螺柱、螺钉、螺母、垫圈、键、销、滚动轴承等,这类零件的结构、尺寸、画法和标记已全部标准化。对于常用的齿轮、弹簧部分结构参数也已标准化。

本章将介绍螺纹和螺纹紧固件、键、销、滚动轴承以及齿轮、弹簧等的规定画法、代号、标注及其标准结构要素的表示法。

§7-1　螺纹和螺纹紧固件

一、螺纹

(一)螺纹的基本知识

1.螺纹的形成和结构

螺纹是零件上常见的一种结构。螺纹是在圆柱或圆锥表面上,具有相同的牙型、沿螺旋线连续凸起的牙体。螺纹分外螺纹和内螺纹两种,成对使用。在圆柱或圆锥外表面上所形成的螺纹,称为外螺纹;在圆柱或圆锥内表面上所形成的螺纹,称为内螺纹。

螺纹的加工方法很多,可在车床上车削螺纹(图7-1),用丝锥攻制螺纹,用板牙套制螺纹或用碾搓机碾制螺纹等。在车床上车削螺纹是常见的加工螺纹的方法。将工件装卡在与车床主轴相连的卡盘上,使它随主轴作等速旋转,同时使车刀沿轴线方向作等速移动,则当刀尖切入工件达一定深度时,就在工件的表面上车制出螺纹。车刀刀尖形状不同,车出的螺纹牙型不同。

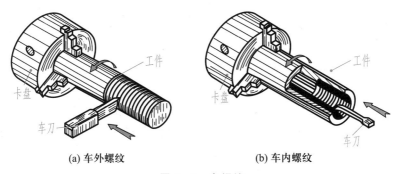

(a) 车外螺纹　　　　　　(b) 车内螺纹

图 7-1　车螺纹

螺纹的表面可分为凸起和沟槽两部分。凸起部分的顶端称为牙顶,沟槽部分的底部称为牙底,如图7-2所示。

2.螺纹要素

(1)牙型　在螺纹轴线平面内的螺纹轮廓形状,称为牙型。它由牙顶、牙底和两牙侧构成,两牙侧形成一定的牙型角。常见的牙型有三角形、梯形、锯齿形和矩形等,如图7-2所示。

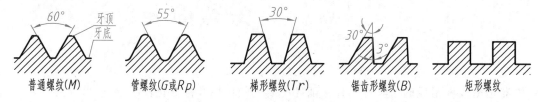

图7-2　常见的螺纹牙型

(2)直径　螺纹的直径有大径(d、D)、小径(d_1、D_1)、中径(d_2、D_2)三种,如图7-3所示。对内螺纹使用直径的大写字母代号"D",对外螺纹使用直径的小写字母代号"d"。

大径:与外螺纹牙顶或内螺纹牙底相切的假想圆柱或圆锥的直径。

小径:与外螺纹牙底或内螺纹牙顶相切的假想圆柱或圆锥的直径。

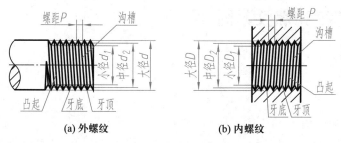

(a)外螺纹　　　　　　(b)内螺纹

图7-3　螺纹的结构

中径:一个假想圆柱(圆锥),该圆柱(圆锥)母线通过圆柱(圆锥)螺纹上牙厚与牙槽宽度相等地方的直径。

公称直径:代表螺纹尺寸的直径称为公称直径。对紧固螺纹和传动螺纹,其大径基本尺寸是螺纹的代表尺寸。对管螺纹,其管子公称尺寸是螺纹的代表尺寸。

(3)线数　螺纹有单线和多线之分。只有一个起始点的螺纹称为单线螺纹(图7-4a);具有两个或两个以上起始点的螺纹称为多线螺纹(图7-4b)。线数的代号用n表示。

(4)螺距和导程　螺距是相邻两牙体上的对应牙侧与中径线相交两点间的轴向距离。导程是最相邻近的两同名牙侧与中径线相交两点间的轴向距离(也是一个点沿着中径圆柱或圆锥上的螺旋线旋转一周所对应的轴向位移)。

螺距、导程、线数之间的关系是:$P = P_h/n$。对于单线螺纹,则有$P = P_h$。

(5)旋向　内、外螺纹旋合时的旋转方向称为旋向。螺纹的旋向有左、右之分。顺时针旋转时旋入的螺纹,称为右旋螺纹;逆时针旋转时旋入的螺纹,称为左旋螺纹。实际中的螺纹绝大部分为右旋螺纹。

在螺纹的五个要素中,螺纹牙型、直径和螺距是决定螺纹的最基本要素,称为螺纹三要素。

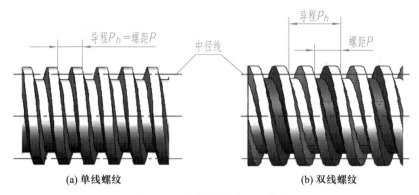

| 导程P_h=螺距P | 中径线 | 导程P_h | 螺距P |

(a) 单线螺纹　　　　　　　　　　　　　　(b) 双线螺纹

图 7 - 4　螺纹线数、螺距、导程

凡这三个要素都符合标准的称为标准螺纹。螺纹牙型符合标准,而大径、螺距不符合标准的称为特殊螺纹。若螺纹牙型不符合标准,则称为非标准螺纹。内、外螺纹总是成对使用,但只有当五个要素相同时,内、外螺纹才能旋合在一起。

3. 螺纹的种类

螺纹按用途分为两大类:连接螺纹和传动螺纹。前者起连接作用,后者用于传递动力和运动。

常见的连接螺纹有三种:粗牙普通螺纹、细牙普通螺纹和管螺纹。

连接螺纹的共同特点是牙型皆为三角形,其中普通螺纹的牙型顶角为 60°,管螺纹的牙型顶角为 55°。

同一种基本大径的普通螺纹,一般有几种螺距,螺距最大的一种称为粗牙普通螺纹,其余称为细牙普通螺纹。细牙普通螺纹多用于细小的精密零件或薄壁零件,而管螺纹多用于水管、油管、煤气管等。

常见的传动螺纹有梯形螺纹、锯齿形螺纹和矩形螺纹。

(二) 螺纹的规定画法

螺纹通常采用专用刀具在机床或专用机床上制造,无须绘制螺纹的真实投影,国家标准(GB/T 4459.1—1995)对螺纹的画法作了规定。

1. 外螺纹画法

如图 7 - 5 所示,在投影为非圆的视图上,外螺纹的大径画粗实线,小径画细实线,螺纹终止线画粗实线。小径在倒角或倒圆部分也应画出。小径的直径可在附录有关表中查到,画图时小径通常画成大径的 0.85 倍。在投影为圆的视图上,大径用粗实线圆画出,小径用 3/4 圈细实线圆弧画出,倒角圆省略不画。图 7 - 5a 表示外螺纹不剖时的画法,图 7 - 5b 为剖切时的画法。

2. 内螺纹画法

内螺纹一般应画成剖视图,如图 7 - 6 所示。在投影为非圆的视图上,内螺纹的小径画成粗实线,大径画成细实线,剖面线画到粗实线处;在投影为圆的视图上,小径画成粗实线圆,大径画成约 3/4 圈的细实线圆弧,倒角圆省略不画,如图 7 - 6a 所示。对于不穿通的螺孔(不穿通孔也称盲孔)钻孔深度比螺孔深度大 0.5D,锥尖角画成 120°(由钻尖顶角所形成,无需标注),如图 7 - 6b 所示。不可见螺纹的所有图线(轴线除外)均用细虚线绘制。

163

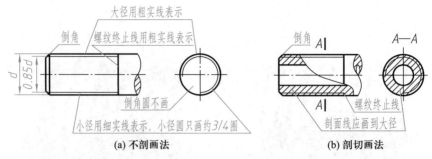

图 7-5　外螺纹的画法

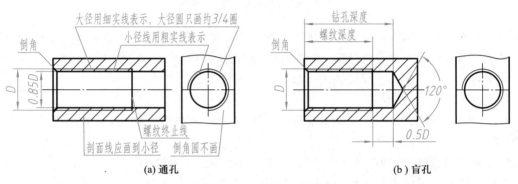

图 7-6　内螺纹的画法

3. 螺纹连接画法

图 7-7 所示为装配在一起的内、外螺纹连接的画法。国家标准规定,在剖视图中,内、外螺纹旋合部分按外螺纹绘制,未旋合部分按各自的规定画法绘制。

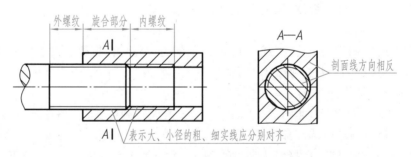

图 7-7　螺纹连接画法

（三）螺纹的标注方法

螺纹按规定画法画出后,图上反映不出它的牙型、螺距、线数、旋向等要素,需要用标记加以说明。国家标准对各种常用螺纹的标记及其标注方法的规定见表 7-1。

表 7-1　常用螺纹标注及标记方法

螺纹类别		标注示例	标注含义
普通螺纹 M	粗牙	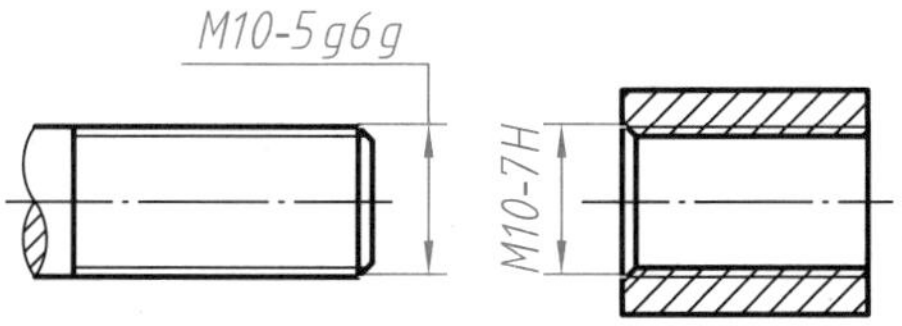 M10-5g6g　M10-7H	普通螺纹,公称直径 10 mm,粗牙,右旋;外螺纹中径公差带代号 5g,顶径公差带代号 6g;内螺纹中径和顶径公差带代号都是 7H;中等旋合长度
	细牙	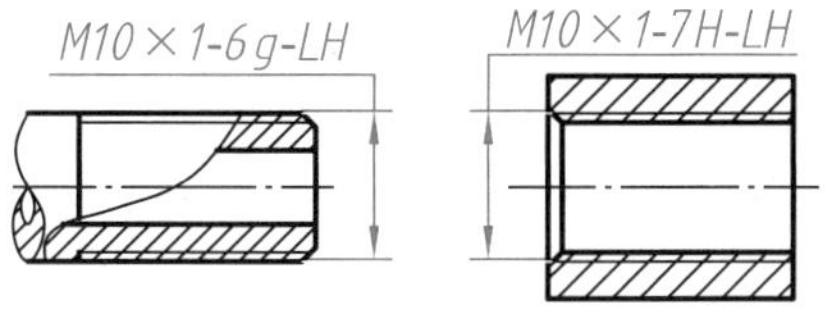 M10×1-6g-LH　M10×1-7H-LH	普通螺纹,公称直径 10 mm,细牙,螺距 1 mm,左旋;外螺纹中径和顶径公差带代号 6g;内螺纹中径和顶径公差带代号 7H;中等旋合长度
梯形螺纹 Tr		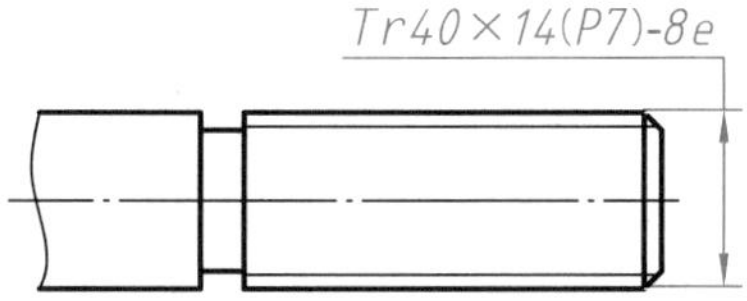 Tr40×14(P7)-8e	梯形螺纹,公称直径 40 mm,导程 14 mm,螺距 7 mm,右旋;中径公差带代号 8e,中等旋合长度
锯齿形螺纹 B		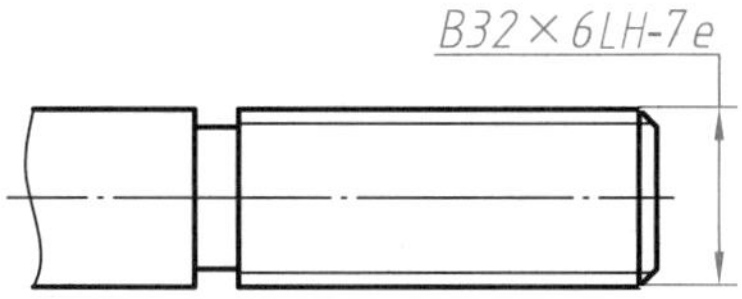 B32×6LH-7e	锯齿形螺纹,公称直径 32 mm,单线,螺距 6 mm,左旋;中径公差带代号 7e,中等旋合长度
管螺纹	55°非密封管螺纹 G	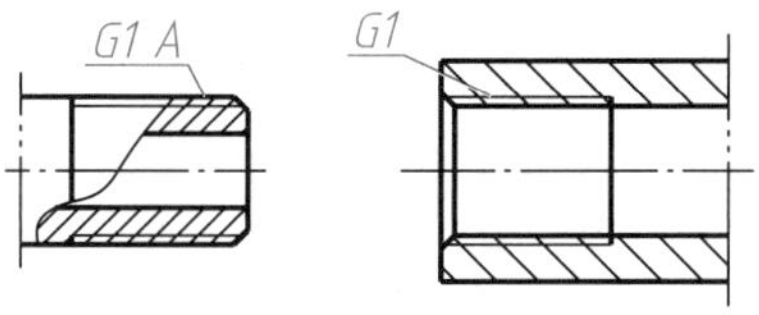 G1 A　G1	55°非密封管螺纹,尺寸代号为 1,右旋,外螺纹公差等级为 A 级
	55°密封管螺纹	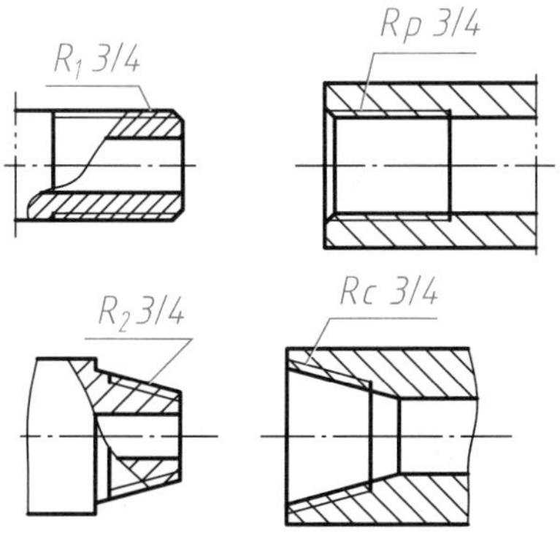 R₁ 3/4　Rp 3/4　R₂ 3/4　Rc 3/4	55°密封管螺纹,尺寸代号为 3/4,右旋。 R_1 表示与圆柱内螺纹相配合的圆锥外螺纹; R_2 表示与圆锥内螺纹相配合的圆锥外螺纹; Rc 表示圆锥内螺纹; Rp 表示圆柱内螺纹

螺纹类别	标注示例	标注含义
矩形螺纹 （非标准螺纹）	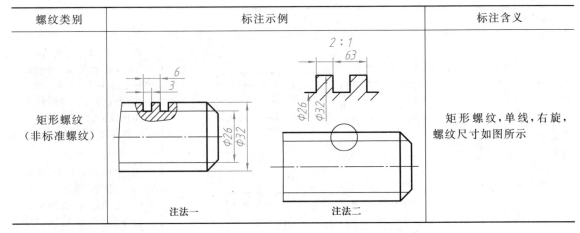 注法一　　　　　　注法二	矩形螺纹，单线，右旋，螺纹尺寸如图所示

螺纹标注时应注意以下几点：

① 普通螺纹的螺距有粗牙和细牙两种，粗牙螺距不标注，细牙必须注出螺距。

② 左旋螺纹要注写 LH，右旋螺纹不注。

③ 螺纹公差带代号包括中径和顶径公差带代号，如 5g6g，前者表示中径公差带代号，后者表示顶径公差带代号。如果中径与顶径公差带代号相同，则只标注一个代号。

④ 普通螺纹的旋合长度规定为短（S）、中（N）、长（L）三组，中等旋合长度（N）不必标注。

⑤ 管螺纹的尺寸代号是指管子内径（通径）"英寸"的数值，不是螺纹大径，画图时大小径应根据尺寸代号查出具体数值。55°非密封的管螺纹，其外螺纹有 A 和 B 两个公差等级，内螺纹只有一个公差等级，不必标出。

⑥ 当需要表示螺纹牙型时，可采用局部剖视图画出几个牙型。

二、螺纹紧固件

螺纹紧固件指通过一对螺纹的旋合起到紧固、连接作用的主要零件和辅助零件。常用的螺纹紧固件有螺栓、螺钉、双头螺柱、螺母和垫圈等，如图 7-8 所示。螺纹紧固件一般由标准件厂生产。设计时无需画出它们的零件图，只要在装配图的明细栏内填写规定的标记即可。根据螺纹紧固件的规定标记，就能在相应的标准中查出其有关尺寸。

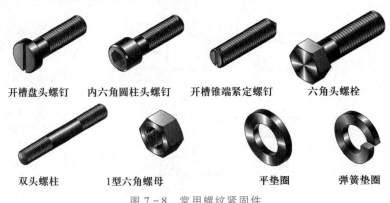

开槽盘头螺钉　内六角圆柱头螺钉　开槽锥端紧定螺钉　六角头螺栓

双头螺柱　　1型六角螺母　　平垫圈　　弹簧垫圈

图 7-8　常用螺纹紧固件

（一）螺纹紧固件的标记(GB/T 1237—2000)

螺纹紧固件有完整标记和简化标记两种标记方法。如图 7-9 所示六角头螺栓公称直径d＝M8,公称长度 40,性能等级 10.9 级,产品等级为 A 级,表面氧化,其完整标记为:螺栓　GB/T 5782—2016　M8×40—10.9—A—O,其余螺纹紧固件的完整标记方法请参考有关手册,这里仅介绍螺纹紧固件的简化标记。常用螺纹紧固件的简化标记见表 7-2。

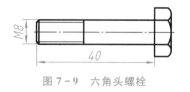

图 7-9　六角头螺栓

表 7-2　常用的螺纹紧固件及其简化标记示例

名称及视图	简化标记示例	名称及视图	简化标记示例
六角头螺栓	螺栓 GB/T 5782 M6×30	双头螺柱	螺柱 GB/T 897 M8×25
开槽盘头螺钉	螺钉 GB/T 67 M6×25	内六角圆柱头螺钉	螺钉 GB/T 70.1 M6×25
开槽锥端紧定螺钉	螺钉 GB/T 71 M6×20	1 型六角螺母	螺母 GB/T 6170 M8
平垫圈	垫圈 GB/T 97.1　6	弹簧垫圈	垫圈 GB/T 93　6

（二）螺纹紧固件装配图画法

螺纹紧固件各部分尺寸可以从相应国家标准中查出,但在绘图时为简便和提高效率,可以采用比例画法。

所谓比例画法就是当螺纹大径选定后除了紧固件的有效长度要根据实际情况确定外,紧固件的各部分尺寸都取与紧固件的螺纹大径 d(或 D)成一定比例的数值来作图的方法。

画螺纹紧固件装配图的一般规定:

(1) 当剖切平面通过螺杆的轴线时,螺栓、螺母、螺钉及螺柱、垫圈等均按不剖绘制。

（2）在剖视图上,同一零件在各视图上的剖面线的方向和间隔必须一致,相邻两零件的剖面线的方向或间隔应不同。

（3）相邻两零件的表面接触面时,画一条粗实线作为分界线;不接触时按各自的尺寸画出,间隙过小时,应夸大画出。

1. 螺栓连接装配图的画法

螺栓连接由螺栓、螺母、垫圈组成,一般用于当被连接的两零件厚度不大,容易钻出通孔的情况下,如图7-10所示。螺栓连接装配图一般根据公称直径 d 按比例关系画出(图7-11)。

画图时应注意下列两点:

（1）螺栓的有效长度 $l \approx (\delta_1 + \delta_2)$（两被连接零件厚度）$+ 0.15d$（垫圈厚）$+ 0.8d$（螺母厚）$+ 0.3d$（螺栓伸出螺母高度）,然后根据估算出的数值查有关手册,根据螺栓的有效长度 l 的系列数值,选取一个大于或等于 l 的标准数值。

（2）为了保证成组多个螺栓装配方便,不因上、下板孔间距误差造成装配困难,被连接零件的孔径比螺纹大径略大些,画图时按 $1.1d$ 画出,同时螺栓上螺纹终止线应低于通孔的顶面,以保证拧紧螺母时有足够的螺纹长度。

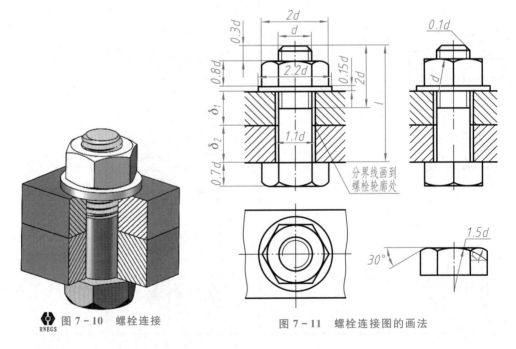

图 7 - 10　螺栓连接

图 7 - 11　螺栓连接图的画法

2. 双头螺柱连接装配图的画法

双头螺柱连接由双头螺柱、螺母、垫圈组成,连接时一端直接拧入被连接零件的螺孔中,另一端用螺母拧紧,如图7-12所示。双头螺柱连接多用于被连接件太厚或由于结构的限制,不宜用螺栓连接的场合。

双头螺柱装配图的比例画法(图7-13)应注意下列几点:

（1）双头螺柱的有效长度 l 应按下式估算:

$$l \approx \delta + 0.2d（垫圈厚）+ 0.8d（螺母厚）+ 0.3d（螺栓伸出螺母高度）$$

然后根据算出的数值查附录表中双头螺柱的有效长度 l 的系列值,选取一个大于或等于 l 的标准数值。

（2）双头螺柱旋入机件的一端的长度 b_m 的值与机件的材料有关。对于钢和青铜 $b_m=1d$,对于铸铁 $b_m=1.25d$,对于材料强度在铸铁和铝之间的零件 $b_m=1.5d$,对于铝 $b_m=2d$。

（3）为确保旋入端全部旋入,机件上的螺孔的螺纹深度应大于旋入端的螺纹长度 b_m。画图时螺孔的螺纹深度可按 $b_m+0.5d$ 画出;钻孔深度可按 $b_m=d$ 画出。

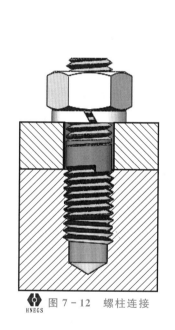

图 7 - 12　螺柱连接

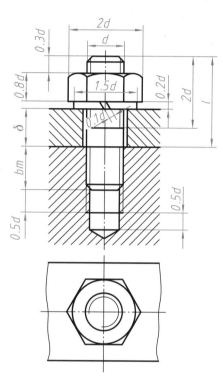

图 7 - 13　双头螺柱连接图的画法

3. 螺钉连接装配图的画法

螺钉连接不用螺母,而是将螺钉直接拧入机件的螺孔,依靠螺钉头部压紧被紧固零件。螺钉连接多用于受力不大,而被连接件之一较厚的情况下,如图 7 - 14 所示。

螺钉根据头部形状不同有许多型式,图 7 - 15 所示是两种常见螺钉连接图的比例画法。画螺钉连接图时,应注意以下几点:

（1）螺钉的有效长度 l 应按下式估算:

$$l \approx \delta + b_m \quad (b_m \text{根据被旋入零件的材料而定,见双头螺柱})$$

然后根据估算出的数值由有关手册查出相应螺钉有效长度 l 的系列值,选取标准数值。

（2）为了使螺钉头能够压紧被连接零件,螺钉的螺纹线应高出螺孔的端面,或在螺杆的全长上都有螺纹。

（3）在投影为圆的视图上,螺钉头部的一字槽不符合投影关系,按习惯应画成与对称中心线成 45°。

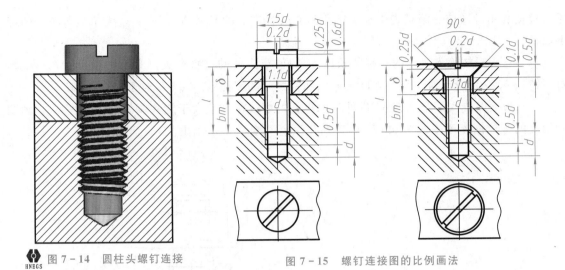

图 7 - 14　圆柱头螺钉连接

图 7 - 15　螺钉连接图的比例画法

4. 紧定螺钉连接装配图的画法

紧定螺钉用来定位并固定两零件的相对位置,图 7 - 16d 是锥端紧定螺钉连接图的画法。

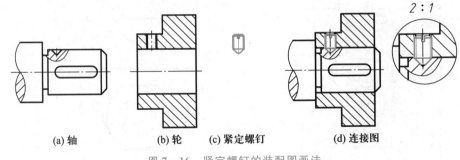

(a) 轴　　　(b) 轮　　(c) 紧定螺钉　　　　(d) 连接图

图 7 - 16　紧定螺钉的装配图画法

5. 螺纹紧固件连接图的简化画法(图 7 - 17)

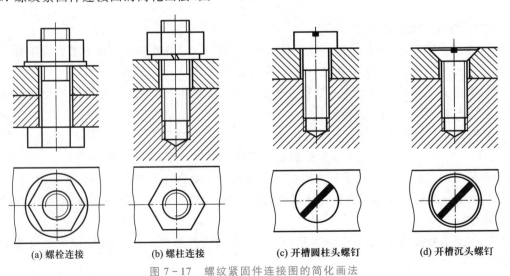

(a) 螺栓连接　　　　(b) 螺柱连接　　　(c) 开槽圆柱头螺钉　　(d) 开槽沉头螺钉

图 7 - 17　螺纹紧固件连接图的简化画法

国家标准规定,在装配图中螺纹紧固件还可以采用以下简化画法:

(1) 螺母、螺栓、螺柱、螺钉头部的倒角可省略不画。

(2) 不穿通的螺孔可以不画出钻孔深度,而仅按螺纹的深度画出。

(3) 螺钉头部的一字槽和十字槽的投影可以涂黑表示。

§7-2 键和销

键和销都是标准件,它们的结构、型式和尺寸国家标准都有规定,使用时应查阅相关标准。

一、键连接

键是用来连接轴及轴上的零件(齿轮、带轮等),使它们和轴一起转动,如图 7-18 所示。

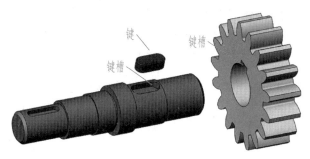

图 7-18　键连接

(一) 键的种类和标记

常用键有普通平键、半圆键和钩头楔键(图 7-19)。普通平键有三种结构形式:A 型(圆头)、B 型(平头)和 C 型(单圆头)。常用键的种类和标记如表 7-3 所示。

图 7-19　常用的键

表 7-3　常用键的种类和标记

名称及标准	简图	标记示例及说明
普通平键 GB/T 1096—2003	26 8 7	标记:GB/T 1096　键 8×7×26 说明:普通 A 型平键,宽度 $b=8$ mm,高度 $h=7$ mm,长度 $L=26$ mm

名称及标准	简图	标记示例及说明
半圆键 GB/T 1099.1—2003		标记:GB/T 1099.1　键 6×10×25 说明:半圆键,宽度 $b=6$ mm,高度 $h=$ 10 mm,直径 $d=25$ mm
GB/T 1565—2003 钩头楔键		标记:GB/T 1565　键 8×7×28 说明:钩头楔键,宽度 $b=8$ mm,高度 $h=$ 7 mm,长度 $L=28$ mm

（二）键的选用规则

在选用键时可根据轴的直径查有关标准,得出它的尺寸。平键和钩头楔键的长度 L 应根据毂(轮盘上有孔,穿轴的那一部分)长度及受力大小通过设计计算后选取相应的系列值。

（三）键连接的装配图画法

用键连接轴和轮时,必须在轴和轮上加工出键槽,装配时,键有一部分嵌在轴上的键槽中,另一部分嵌在轮上的键槽内。

1.普通平键连接的装配图画法

用普通平键连接时,键的两侧面是工作面,因此画装配图时,键的两侧面和下底面与轴上键槽的相应表面之间不留间隙,只画一条线,而键的上底面与轮毂上的键槽底面间应有间隙,要画两条线。此外,在剖视图中,当剖切平面通过键的纵向对称面时键按不剖绘制,当剖切平面垂直于轴线剖切时被剖切键应画出剖面线,如图 7-20 所示。为了表示轴上的键槽,轴采用了局部剖视图。

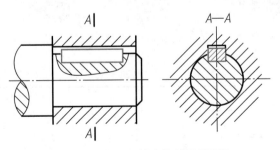

图 7-20　普通平键连接装配图画法

2.半圆键和钩头楔键连接的装配图画法

半圆键连接的装配图画法和普通平键连接的装配图画法类似,如图 7-21 所示。

在钩头楔键连接中,键是打入键槽中的,键的顶面和底面同为工作面,与槽顶和槽底都没有间隙，键的两侧面与键槽的两侧面有配合关系，如图 7 - 22 所示。

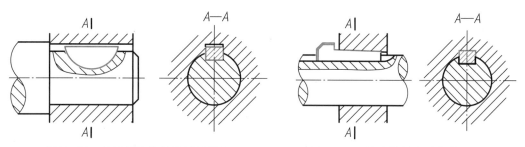

图 7 - 21 半圆键连接的装配图画法　　　　　图 7 - 22 钩头楔键连接的装配图画法

轴上的键槽与轮毂上的键槽的画法和尺寸注法如图 7 - 23 所示。

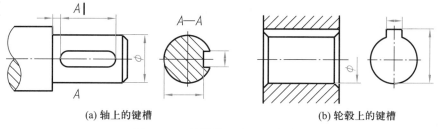

(a) 轴上的键槽　　　　　　　　　　　　　　　(b) 轮毂上的键槽

图 7 - 23 键槽的画法和尺寸注法

二、销连接

销通常用于零件间的连接或定位。

（一）销的种类和标记

常用的销有圆柱销、圆锥销和开口销（图 7 - 24）。开口销用于带孔螺栓和六角开槽螺母，将它穿过螺母的槽口和螺栓的孔，并在销的尾部叉开，以防螺母与螺栓松脱。它们的简图和规定标记如表 7 - 4 所示。

(a) 圆柱销　　　　　　　　(b) 圆锥销　　　　　　　　(c) 开口销

图 7 - 24 常用销

表 7 - 4 销的种类和标记

名称及标准	简图	标记示例及说明
圆柱销 GB/T 119.1—2000	$\phi 8m6$　32	标记：销　GB/T 119.1　8m6×32 说明：表示公称直径 d = 8 mm、公差为 m6，公称长度 L = 32 mm，材料为钢，不淬火，不经表面处理的圆柱销

173

名称及标准	简图	标记示例及说明
圆锥销 GB/T 117—2000	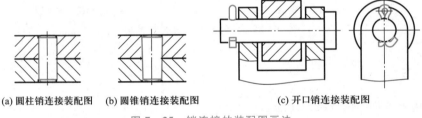	标记:销 GB/T 117 8×32 说明:公称直径 $d=8$ mm,公称长度 $L=32$ mm,材料为 35 钢,热处理硬度为 28～38 HRC,表面氧化处理的 A 型圆锥销
开口销 GB/T 91—2000		标记:销 GB/T 91 5×20 说明:公称规格 $d=5$ mm,公称长度 $L=20$ mm,材料为 Q235,不经表面处理的开口销

（二）销连接的装配图画法

图 7-25a 和图 7-25b 分别是圆柱销和圆锥销连接的装配图画法。在剖视图中,当剖切平面通过销的轴线时,销按不剖绘制;剖切平面垂直于销的轴线时,被剖切的销应画出剖面线。

图 7-25c 是某种电器上用开口销来防止小轴脱落的结构,图上表示出了开口销连接的装配图画法。

(a) 圆柱销连接装配图　(b) 圆锥销连接装配图　(c) 开口销连接装配图

图 7-25　销连接的装配图画法

§7-3 滚动轴承

滚动轴承是支承转动轴的标准部件。它具有摩擦力小、结构紧凑的优点,已被广泛使用在机器或部件中。

一、滚动轴承的结构及分类

滚动轴承的结构大体相同,一般由外圈、内圈、滚动体和保持架组成(图 7-26)。其外圈装在机座的孔内固定不动,内圈安装在轴上随轴一起转动。

滚动轴承的种类很多,按承受载荷的方向可分为三类:

（1）向心轴承　主要承受径向载荷,如深沟球轴承。

（2）推力轴承　只承受轴向载荷,如推力球轴承。

（3）向心推力轴承　同时承受径向和轴向载荷,如圆锥滚子轴承。

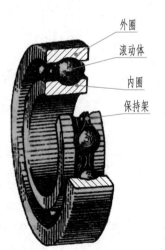

外圈
滚动体
内圈
保持架

图 7-26　滚动轴承的结构

二、滚动轴承的标记及代号

滚动轴承的规定标记是:"滚动轴承　基本代号　国标编号"。

例如:滚动轴承　6208　GB/T 276—2013

按照国标规定,滚动轴承的完整的代号由前置代号、基本代号、后置代号构成。基本代号表示轴承的基本类型、结构和尺寸,是轴承代号的基础。轴承通常用基本代号表示。

基本代号由轴承类型代号、尺寸系列代号和内径代号三部分组成,其中类型代号用数字或字母表示,其余都用数字表示,最多为 8 位,自左至右顺序排列组成。

例如滚动轴承 6208:6—类型代号,表示深沟球轴承;2—尺寸系列代号,表示 02 系列(0 表示宽度系列代号,2 表示直径系列代号,"0"常省略);08—内径代号,表示轴承内径 $d = (8 \times 5)\,\text{mm} = 40\,\text{mm}$(注:轴承内径为 10 mm、12 mm、15 mm、18 mm 时,内径代号分别为 00、01、02、03。当 20 mm$\leqslant d \leqslant$480 mm 时,则代号数字乘以 5 即为轴承内径 d 的毫米数;当 $d \geqslant$500 mm 时,直接用内径数字表示内径代号)。

三、滚动轴承的画法

滚动轴承是标准部件,不必画零件图。GB/T 4459.7—2017《机械制图　滚动轴承表示法》中规定了滚动轴承的通用画法、特征画法和规定画法。

(1)在装配图中,滚动轴承的保持架及倒角、圆角等可省略不画。

(2)通用画法、特征画法及规定画法中的各种符号、矩形线框和轮廓线均用粗实线绘制。

(3)一般可按表 7-5 中的规定画法或特征画法绘制。规定画法一般绘制在轴的一侧,另一侧按通用画法绘制。

(4)采用通用画法或特征画法绘制滚动轴承时,在同一图样中一般只采用其中一种画法。通用画法中线框中央正立的十字形符号不应与矩形线框接触。

表 7-5 给出了常见滚动轴承的型式、画法和用途。

表 7-5　常见滚动轴承的型式、画法和用途

轴承名称、类型及标准号	类型代号	规定画法	特征画法	用途
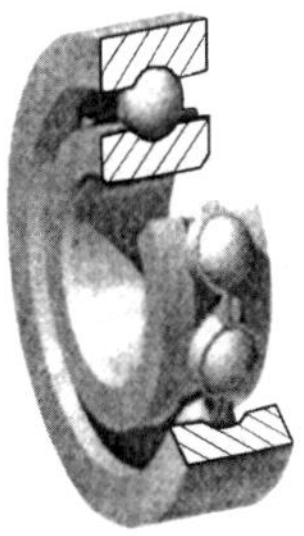 深沟球轴承 60000 型 GB/T 276—2013	6	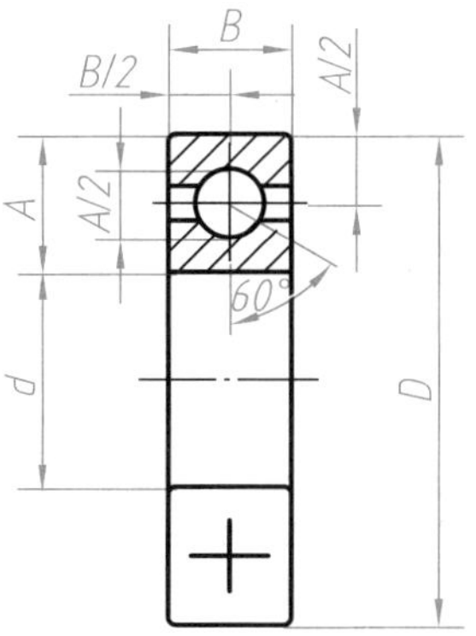	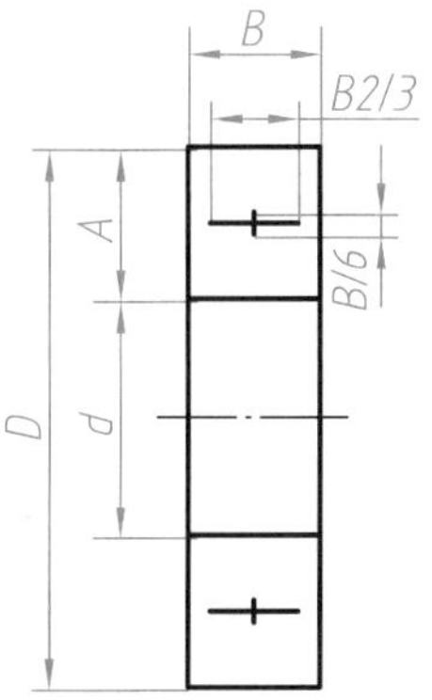	主要承受径向力

轴承名称、类型及标准号	类型代号	规定画法	特征画法	用途
 圆锥滚子轴承 30000 型 GB/T 297—2015	3	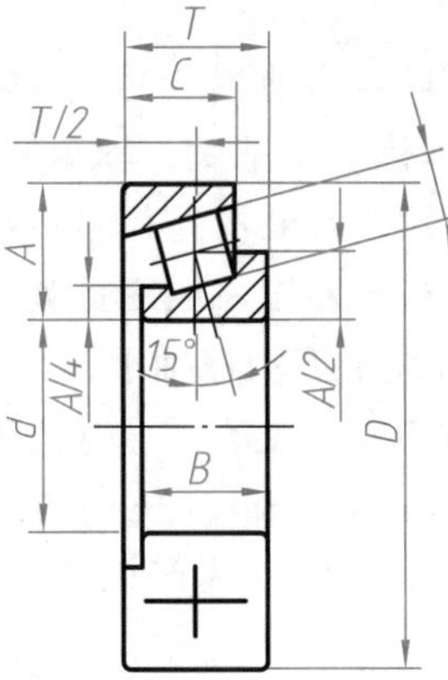	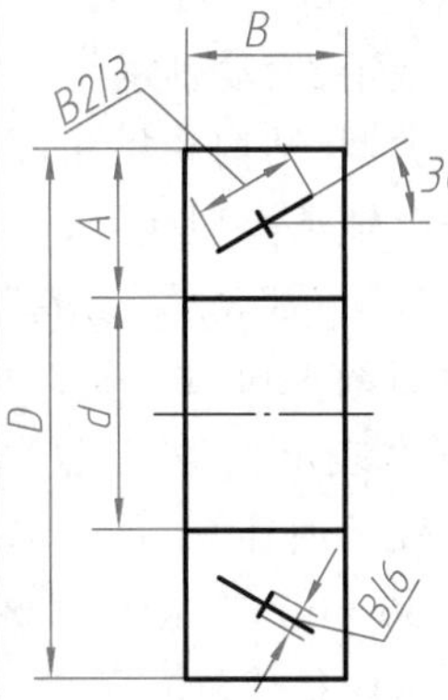	可同时承受 径向力和 轴向力
 推力球轴承 51000 型 GB/T 301—2015	5	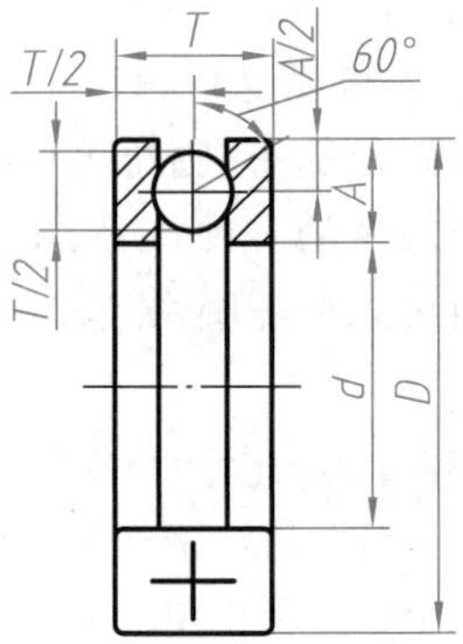	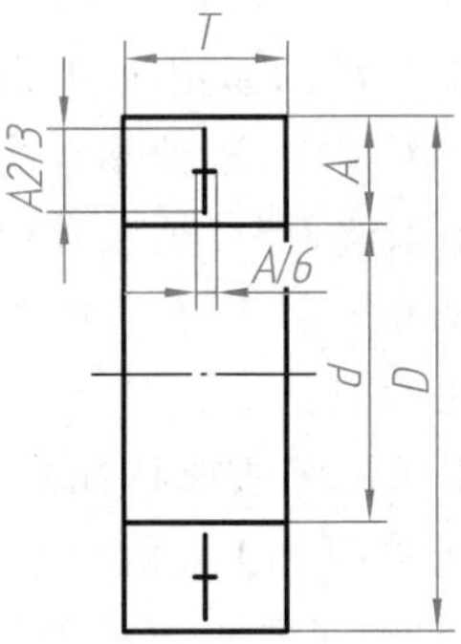	承受单方向 的轴向力

§7-4 齿轮

齿轮是机械中常用的传动零件,通过一对齿轮的啮合可以将一根轴的转动传递给另一根轴,以达到变速、换向等目的。根据转动轴轴线的相对位置的不同,常见的齿轮传动有圆柱齿轮传动(用于两平行轴之间的传动)、锥齿轮传动(用于两相交轴之间的传动)和蜗轮蜗杆传动(用于两交叉轴之间的传动),如图 7-27 所示。

齿轮上的齿称为轮齿。圆柱齿轮按轮齿方向的不同分为直齿、斜齿和人字齿。当圆柱齿轮的轮齿方向与圆柱素线方向一致时,称为直齿圆柱齿轮。本节仅介绍用途最广的直齿圆柱齿轮的基本知识和画法。

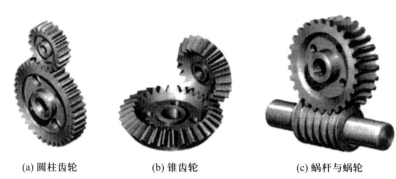

(a) 圆柱齿轮　　　　　　(b) 锥齿轮　　　　　　(c) 蜗杆与蜗轮

图 7 - 27　常见的齿轮传动

一、直齿圆柱齿轮的结构与参数

直齿圆柱齿轮的结构及各部分名称如图 7 - 28 所示。

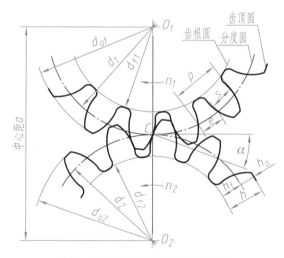

图 7 - 28　啮合的圆柱齿轮示意图

直齿圆柱齿轮的主要参数有：

（1）齿数（z）　齿轮上轮齿的个数。

（2）齿顶圆直径（d_a）　通过轮齿顶部的圆周直径。

（3）齿根圆直径（d_f）　通过轮齿根部的圆周直径。

（4）分度圆直径（d）　在齿顶圆和齿根圆之间，作为计算轮齿各部分尺寸的基准圆。在分度圆上齿厚（s）与齿槽宽（e）的弧长相等。

（5）节圆直径（d'）　两齿轮啮合时（图 7 - 28），在中心 O_1、O_2 的连线上，两齿廓啮合点 C 所在的圆（以 O_1、O_2 为圆心，分别过啮合点所作的两个圆）称为节圆，两节圆相切，其直径分别用 d'_1、d'_2 表示。一对装配准确的标准齿轮的节圆与分度圆直径相等。

（6）齿距（p）　分度圆上相邻两齿对应点之间的弧长。

（7）齿厚（s）　分度圆上每个齿的弧长。

(8) 槽宽(e)　分度圆上两齿槽间的弧长。在标准齿轮中，$s＝e$，$p＝s＋e$。

(9) 齿顶高(h_a)　齿顶圆与分度圆之间的径向距离。

(10) 齿根高(h_f)　齿根圆与分度圆之间的径向距离。

(11) 齿高(h)　齿顶圆与齿根圆之间的径向距离，$h＝h_a＋h_f$。

(12) 压力角(α)　过齿廓与分度圆交点的径向直线与在该点处的齿廓切线所夹的锐角。我国规定标准齿轮的压力角为 20°。

(13) 模数(m)　分度圆周长＝$\pi d＝zp$，即 $d＝\dfrac{p}{\pi}z$。令 $\dfrac{p}{\pi}＝m$，则 $d＝mz$。这里 m 就是齿轮的模数，它等于齿距 p 与 π 的比值。因为两啮合齿轮的齿距 p 必须相等，所以它们的模数也必须相等。为便于设计和制造，模数已经标准化，其值见表 7-6。

表 7-6　齿轮模数系列(GB/T 1357—2008)

第一系列	1　1.25　1.5　2　2.5　3　4　5　6　8　10　12　16　20　25　32　40　50
第二系列	1.85　2.25　2.85　(3.25)　3.5　(3.85)　4.5　5.5　6.5　8　9　(11)　14　18　22　28　36　45

注：选用模数时应优先选用第一系列，括号内的模数尽可能不用。

(14) 中心距 a　两圆柱齿轮轴线之间的最短距离称为中心距。

在设计齿轮时，首先要选定齿数和模数，其他参数都可以由齿数和模数计算出来。标准直齿圆柱齿轮各部分尺寸关系见表 7-7。

表 7-7　标准直齿圆柱齿轮各部分尺寸关系

名称	代号	尺寸关系
模数	m	由设计确定
分度圆直径	d	$d＝mz$
齿顶高	h_a	$h_a＝m$
齿根高	h_f	$h_f＝1.25m$
齿高	h	$h＝h_a＋h_f＝2.25m$
齿顶圆直径	d_a	$d_a＝d＋2h_a＝m(z＋2)$
齿根圆直径	d_f	$d_f＝d－2h_f＝m(z－2.5)$
两啮合齿轮中心距	a	$a＝(d_1＋d_2)/2＝m(z_1＋z_2)/2$

二、直齿圆柱齿轮的画法

(一) 单个直齿圆柱齿轮画法

根据 GB/T 4459.2—2003 规定的齿轮画法，齿顶圆和齿顶线用粗实线绘制，分度圆和分度线用细点画线绘制，齿根圆和齿根线用细实线绘制（也可省略不画），如图 7-29a 所示；在剖视图中，当剖切平面通过齿轮的轴线时，轮齿一律按不剖处理，齿顶线用粗实线绘制，如图 7-29b 所示。

(二) 啮合的直齿圆柱齿轮画法

在垂直于圆柱齿轮轴线的投影面上的视图中，啮合区内齿顶圆均用粗实线绘制(图 7-30a)，也

178

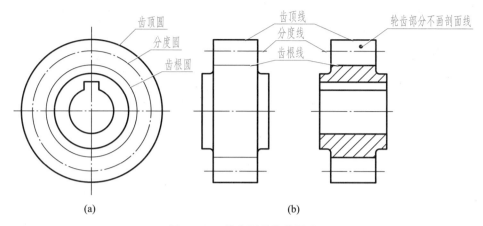

(a)   (b)

图 7 – 29   单个圆柱齿轮画法

可省略不画(图 7 – 30b)。相切的节圆用细点画线画出。两齿根圆用细实线画出,也可省略不画。在剖视图中,当剖切平面通过两啮合齿轮轴线时,在啮合区内,将一个齿轮的轮齿用粗实线绘制,另一个齿轮的轮齿被遮挡的部分用细虚线绘制(图 7 – 30a)也可省略不画。当剖切平面不通过两啮合齿轮的轴线时,轮齿一律按不剖绘制。在平行于圆柱齿轮轴线的投影面的外形视图中,啮合区的齿顶线不必画出,节线用粗实线绘制,非啮合区的节线用细点画线绘制,如图 7 – 30b 所示。

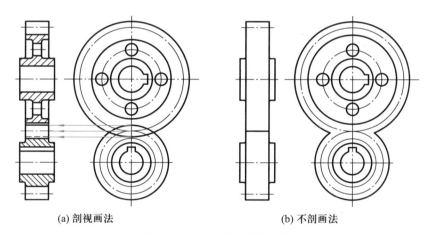

(a) 剖视画法   (b) 不剖画法

图 7 – 30   啮合圆柱齿轮画法

图 7 – 31 为直齿圆柱齿轮的零件图。零件图中的技术要求、几何公差、表面结构要求等内容,请参考第 8 章 §8 – 1。

179

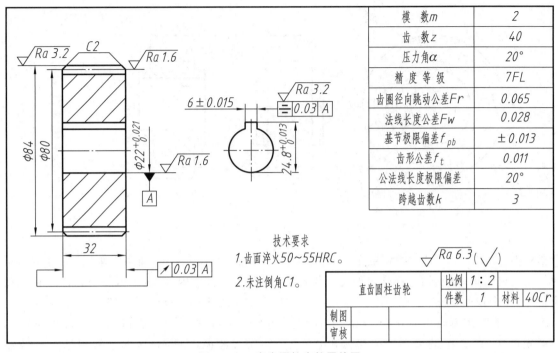

模　数 m	2
齿　数 z	40
压力角 α	20°
精度等级	7FL
齿圈径向跳动公差 Fr	0.065
法线长度公差 Fw	0.028
基节极限偏差 f_{pb}	±0.013
齿形公差 f_t	0.011
公法线长度极限偏差	20°
跨越齿数 k	3

技术要求
1. 齿面淬火50~55HRC。
2. 未注倒角C1。

直齿圆柱齿轮	比例	$1:2$		
	件数	1	材料	40Cr
制图				
审核				

图 7-31　直齿圆柱齿轮零件图

§7-5　弹簧

弹簧主要用于减振、夹紧、储存能量、测力和复位等。弹簧的种类很多,常用弹簧如图7-32所示。本节仅介绍圆柱螺旋压缩弹簧的有关知识和画法。

一、圆柱螺旋压缩弹簧结构与参数

圆柱螺旋压缩弹簧结构如图7-32a所示,它的参数(图7-33)如下:

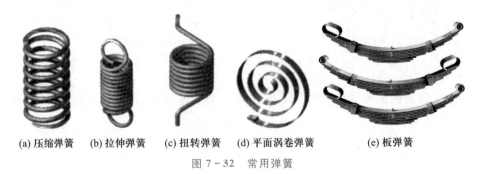

(a) 压缩弹簧　(b) 拉伸弹簧　(c) 扭转弹簧　(d) 平面涡卷弹簧　(e) 板弹簧

图 7-32　常用弹簧

(1)线径 d　弹簧钢丝的直径。
(2)弹簧外径 D_2　弹簧的最大直径。

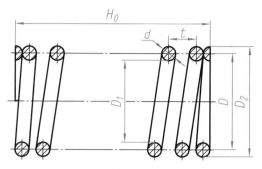

图 7 - 33 圆柱螺旋压缩弹簧

（3）弹簧内径 D_1 弹簧的最小直径，$D_1 = D_2 - 2d$。

（4）弹簧中径 D 弹簧的内径和外径的平均值，$D = \dfrac{D_1 + D_2}{2} = D_1 + d = D_2 - d$

（5）节距 t 除支承圈外，相邻两圈的轴向距离。

（6）有效圈数 n、支承圈数 n_2 和总圈数 n_1 为了使螺旋压缩弹簧工作时受力均匀，增加弹簧的平稳性，弹簧的两端要并紧、磨平。并紧、磨平的各圈仅起支承作用，称为支承圈。两端的支承圈数之和就是支承圈数 n_2，常用 1.5 圈、2 圈、2.5 圈三种形式。保持相等节距的圈数，称为有效圈数。有效圈数与支承圈数之和称为总圈数，即 $n_1 = n + n_2$。

（7）自由高度 H_0 弹簧在不受外力作用时的高度或长度，$H_0 = nt + (n_2 - 0.5)d$。

（8）展开长度 L 制造弹簧时坯料的长度。

二、圆柱螺旋压缩弹簧的规定画法

GB/T 4459.4—2003 规定了弹簧的画法，规定如下：

（1）圆柱螺旋压缩弹簧在平行于轴线的投影面上的视图中，各圈的投影转向轮廓线画成直线，如图 7 - 33 所示。

（2）有效圈数在 4 圈以上的弹簧，中间各圈可以省略不画。中间部分省略后可适当缩短图形的长度，如图 7 - 34 所示。

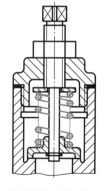

(a) 不画挡住部分的零件轮廓

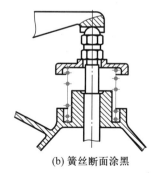

(b) 簧丝断面涂黑

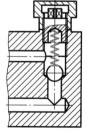

(c) 簧丝示意画法

图 7 - 34 装配图中弹簧的规定画法

（3）在图样上，螺旋弹簧均可画成右旋，但不论右旋与左旋，对必须保证的旋向要求应在"技术要求"中注出。

（4）对于螺旋压缩弹簧，如要求两端并紧且磨平或制扁时，不论支承圈的圈数多少和末端并紧情况如何，均可按支承圈数 $n_2 = 2.5$ 绘制，如图 7-33 所示。

（5）装配图中，被弹簧挡住的结构一般不画出，可见部分应从弹簧的外轮廓线或从弹簧钢丝剖面的中心线画起，如图 7-34a 所示。

（6）装配图中，弹簧被剖切时，如图形中簧丝直径等于或小于 2 mm，簧丝断面可全涂黑（图 7-34b 中为清晰表达装配图中弹簧的画法，用红色表示），如图 7-34b 所示；也可用示意画法画出，如图 7-34c 所示。

三、圆柱螺旋压缩弹簧的画图步骤

圆柱螺旋压缩弹簧的画图步骤如图 7-35 所示。

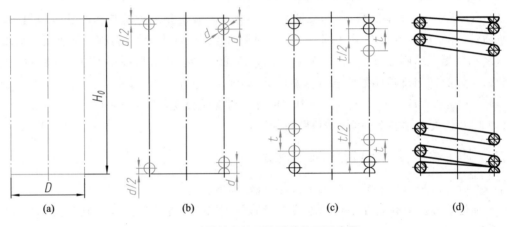

图 7-35　圆柱螺旋压缩弹簧的画图步骤

（1）根据弹簧中径 D 作出左右两条中心线，根据 $H_0 = nt + (n_2 - 0.5)d$ 确定高度，如图 7-35a 所示。

（2）根据簧丝直径 d 画出两端支承的小圆，如图 7-35b 所示。

（3）根据节距 t 画出几个有效的小圆，如图 7-35c 所示。

（4）按右旋作相应小圆的外公切线，画剖面线，加深粗实线，如图 7-35d 所示。

图 7-36 为圆柱螺旋压缩弹簧的零件图。

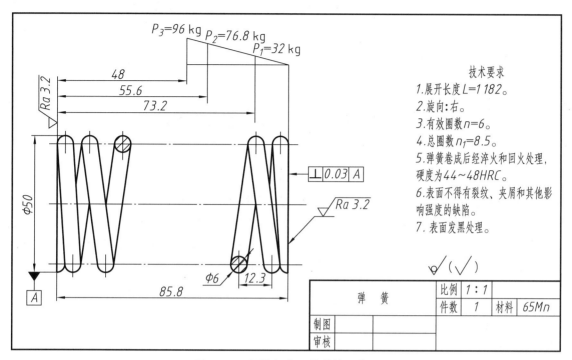

技术要求
1.展开长度L=1 182。
2.旋向:右。
3.有效圈数n=6。
4.总圈数n₁=8.5。
5.弹簧卷成后经淬火和回火处理，硬度为44~48HRC。
6.表面不得有裂纹、夹屑和其他影响强度的缺陷。
7.表面发黑处理。

弹　簧		比例	1 : 1		
		件数	1	材料	65Mn
制图					
审核					

图 7-36　圆柱螺旋压缩弹簧零件图

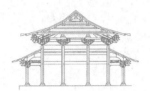

第八章　机械图样

机器或部件是由一些零件按照一定的装配关系和技术要求装配而成的。在生产中,先制造出每个零件,然后再装配成机器或部件。表达单个零件形状、大小和特征的图样称为零件图,它是制造和检验零件的依据,是指导零件生产的重要技术文件。装配图是表达机器或部件的图样,主要表达机器或部件的工作原理和装配关系,其中表示部件的图样,称为部件装配图,表示一台完整机器的图样,称为总装配图或总图。

§8-1　零件图与零件三维造型设计

本节主要介绍零件图的内容、典型零件分析、技术要求以及零件的三维造型设计,是零件构形设计、图样绘制和阅读的基础。

一、零件图的作用和内容

零件的制造过程,一般是先经过铸造、锻造或轧制等方法制出毛坯,然后对毛坯进行一系列加工,最后成为产品。零件毛坯的制造,加工工艺的拟定,工装夹具、量具的设计都是以零件图为依据的。一张完整的零件图应具备以下内容:

1. 一组图形

包括视图、剖视图、断面图及其他按规定方法画出的图形,可完整、清晰地表达出零件的内外结构形状,如图 8-1 所示。

2. 完整尺寸

正确、齐全、清晰、合理地标出零件各部分的大小及其相对位置尺寸,便于零件的制造和检验。

3. 技术要求

用一些规定的符号、数字、字母和文字注解,简明、准确地给出零件在使用、制造和检验时应达到的一些技术要求,如零件的表面结构要求、尺寸公差、几何公差及材料热处理等。

4. 标题栏

填写零件的名称、材料、数量、图号、比例、制图和审核人员的姓名以及日期等。

二、零件表达方案的选择与尺寸标注

(一) 零件表达方案的选择

一张零件图首先要能够完全、正确、清晰地表达出零件各部分的结构形状及其相对位置,并

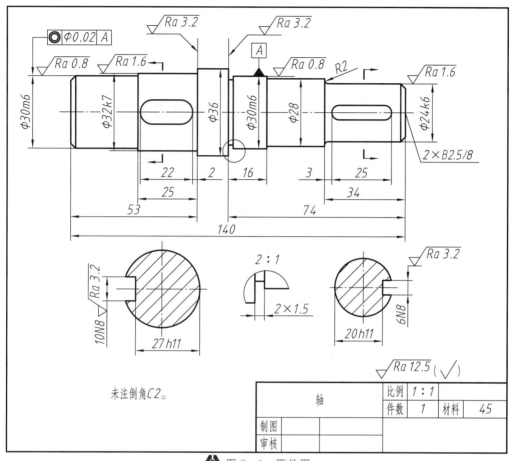

图 8-1　零件图

考虑读图方便和画图简单,因而恰当地选择一组视图是绘制零件图的主要前提。

主视图是一组图形的核心,画图、读图一般都是先从主视图入手,主视图选择是否合理直接关系到读图、画图是否方便。其次是确定其他视图,最终确定较好的表达方案。

1. 主视图的选择

(1) 主视图应符合零件在机器中的工作位置或零件的主要加工位置

① 零件的加工位置　指零件在机床上加工时的装夹位置。如轴、套类零件主要是在车床、磨床上加工,为了加工时读图方便,主视图应将其主要轴线水平放置。

② 零件的工作位置　指零件在装配体中所处的位置。零件主视图的放置,应尽量与零件在机器中工作的位置一致,便于根据装配关系来考虑零件的形状与有关尺寸,便于校对。对于工作位置歪斜放置的零件,不便于画图,则需将零件放正。对于装配体中的重要零件和一些箱体类型的铸、锻件,一般其主视图应选择工作位置。

(2) 主视图的投射方向应能反映零件的形状特征和各部分之间的相对位置关系

从构形观点来分析,零件的工作部分是最基本的结构组成部分。为此,零件的主视图应清晰地表达工作部分的结构以及与其他部分的联系。零件的类型是多种多样的,而每一个零件都有

185

它独特的形状特征。

2. 其他视图的选择

应优先考虑基本视图,并采用相应的剖视图表达零件的主要结构和形状,再用一些辅助视图(如局部视图、向视图、斜视图)以及断面图、局部放大图等作为基本视图的补充,来表达次要结构和局部形状。所需图形的多少,由零件的复杂程度以及其内、外结构特点确定,每个图形都应有明确的表达重点,在表达清楚又便于看图的前提下,应力求所用图形的数量少且简单,同时应考虑便于标注尺寸,尽量避免使用细虚线表达零件的结构形状。

(二)零件图的尺寸标注

视图只能表示零件的形状,零件的大小要靠标注尺寸来决定。在生产中是按零件图的尺寸数值来制作零件的,图中若少注尺寸,零件就无法加工;若错写一个尺寸,整个零件可能成为废品,所以标注尺寸必须认真负责,一丝不苟。

1. 尺寸标注的基本要求

在零件图上标注尺寸应是正确、完整、清晰、合理。所谓合理即标注的尺寸首先应满足设计要求,以保证产品的质量,同时也应满足工艺要求,以利于制造和测量。

2. 尺寸基准的选择

为使尺寸标注符合以上要求,首先要选择恰当的尺寸基准。所谓基准,就是确定尺寸位置的几何元素。按基准本身的几何形状可分为:平面基准、直线基准和点基准。

根据基准的作用不同,又可分为设计基准和工艺基准。设计基准是按照零件的结构特点和设计要求所选定的基准。零件的重要尺寸应从设计基准出发标注。工艺基准,即是为了加工和测量所选定的基准,机械加工的尺寸应从工艺基准出发标注。如图 8-2 所示,支架底平面为支架的设计基准,前端面为工艺基准。

图 8-2 尺寸基准选择举例

由于每个零件都有长、宽、高三个方向的尺寸,因而每个方向至少有一个主要基准。选择基准时应根据零件在机器中的位置、作用及其在加工中的定位、测量等要求来选定,故每个方向还要有一些附加基准,即辅助基准。在图 8-2 中,支架的底平面为支架高度方向尺寸的主要基准,而用来支承轴的孔的轴线,为确定孔径的辅助基准。

在设计工作中,应尽量使设计基准和工艺基准相一致。这样可以减少尺寸误差,便于加工。在图 8-2 中,支架的底平面既是设计基准,又是工艺基准,利用底平面进行高度方向尺寸的测量极为方便。

3. 合理标注尺寸应注意一些问题

(1)功能尺寸必须直接注出

影响产品工作性能、装配精度和互换性的尺寸,称为功能尺寸。标注出的尺寸是加工时要保证的尺寸。由于零件在加工制造时总会产生误差,为了保证零件质量,而又不必要地增加成本,加工时,标注出的尺寸必须检验,而没有标注的尺寸则不检验。因此,功能尺寸必须直接注出。

如图 8-3a 所示,支架的功能尺寸是从设计基准出发直接标出的,而图 8-3b 所示的注法是不正确的。

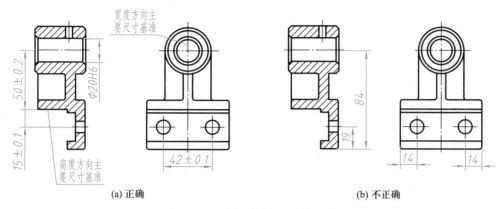

图 8-3　支架尺寸标注方案比较

（2）不能注成封闭的尺寸链

如图 8-4 所示,同一方向的尺寸串联并首尾相接成封闭的形式,称为封闭尺寸链。封闭尺寸链的缺点是各段尺寸精度相互影响,很难同时保证各段尺寸精度的要求。因此,零件图上的尺寸,一般应为开口环,不允许有多余的尺寸出现。所谓开口环即对精度要求较低的一环不注尺寸,这样既保证了设计要求,又降低了加工费用。

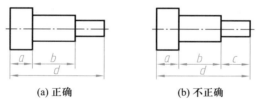

图 8-4　封闭的尺寸链

（3）要符合加工顺序和便于测量

标注尺寸应便于加工和检测,如图 8-5 所示。从图 8-5c 所示的加工顺序中可以看出,图 8-5a 中的尺寸标注方法是正确的,而图 8-5b 中所标注的尺寸既不符合加工顺序又不便于测量。

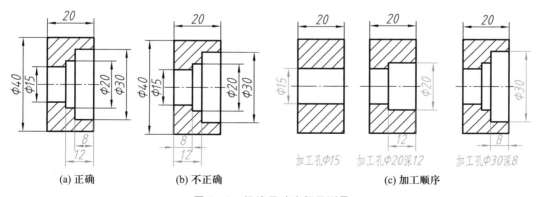

图 8-5　标注尺寸应便于测量

（三）典型零件分析

零件的结构形状是根据零件在机器中所起的作用和制造工艺要求确定的。机器有其确定的功能和性能指标，而零件是组成机器的基本单元，所以每个零件均有一定的作用，例如具有支承、传动、连接、定位和密封等一项或几项功能。根据零件的结构形状不同，大致可以分成四类零件：

① 轴套类零件，如轴、杆、衬套等零件；

② 轮盘类零件，如手轮、带轮、齿轮、端盖、阀盖等零件；

③ 叉架类零件，如拨叉、支架、连杆等零件；

④ 箱体类零件，如阀体、泵体、齿轮减速器箱体、液压缸体等零件。

1. 轴套类零件

轴类零件主要用于支撑齿轮、带轮等传动零件，用来传递运动和动力；套筒类零件主要起定距和隔离的作用。图 8-6 所示的轴由多段直径不同的回转体组成，上有键槽、砂轮越程槽、倒角等结构。

（1）视图选择

轴套类零件主要是在车床和磨床上加工的，装夹时，它们的轴线一般水平放置。因此，此类零件常按装夹位置，即把轴线放成水平来选择主视图，采用断面图、局部剖视图、局部放大图等表达方法表示轴套上键槽、孔、退刀槽、砂轮越程槽等局部结构。

图 8-6　轴立体图

图 8-1 所示的轴零件图，采用一个基本视图加上一系列尺寸，就能表达轴的主要形状及大小，对于轴上的键槽等，采用移出断面图，既表示了它们的形状，也便于标注尺寸。对于轴上的其他局部结构，如砂轮越程槽，采用局部放大图表达。

（2）尺寸标注

轴套类零件的尺寸分径向尺寸（即高度尺寸与宽度尺寸）和轴向尺寸。径向尺寸表示轴上各回转体的直径，它以水平放置的轴线作为径向尺寸基准，如 $\phi30m6$、$\phi32k7$ 等。重要的安装端面（轴肩），如 $\phi36$ 轴的左端面是轴向主要尺寸基准，由此注出 25、2 等尺寸，轴的两端一般作为辅助尺寸基准（测量基准），由此注出 34、74 等尺寸。

2. 轮盘类零件

轮盘类零件在机器与设备上使用较多，如齿轮、蜗轮、带轮、链轮以及手轮、端盖、透盖和法兰盘等都属于轮盘类零件。图 8-7 所示泵盖即为轮盘类零件。

（1）视图选择

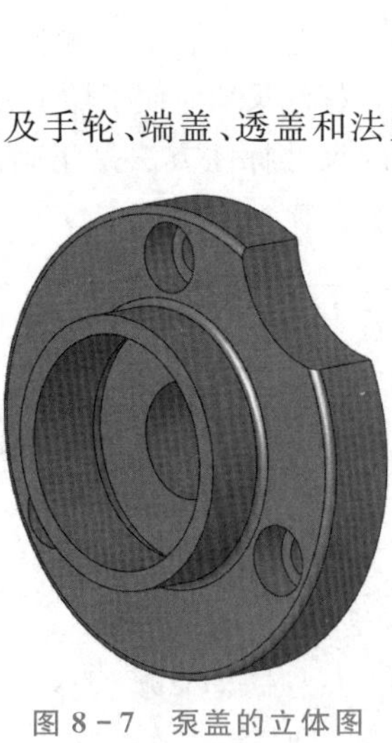

轮盘类零件的主视图仍按零件的加工位置选择，即把轴线放成水平位置。一般采用两个基本视图，主视图常用剖视表示孔槽等内部结构形状；左（或右）视图表示零件的外形轮廓和各组成部分如孔、肋、轮辐等沿径向和轴向的相对位置。如图 8-8 所示，零件图用一个全剖的主视图表示泵盖的内部结构，用左视图表示泵盖的外形和安装孔的分布情况。

（2）尺寸标注

轮盘类零件在标注尺寸时，通常选用轴孔的轴线作为径向尺寸

图 8-7　泵盖的立体图

基准,由此注出 $\phi 60H10$,$\phi 30H7$ 等尺寸。长度方向尺寸基准常选用重要的安装端面或定位端面,图 8-8 所示泵盖就选用表面结构要求为 $\sqrt{Ra\,3.2}$ 的右端面作为长度方向主要尺寸基准,由此注出 $7_{-0.1}^{\ 0}$、20 等尺寸。

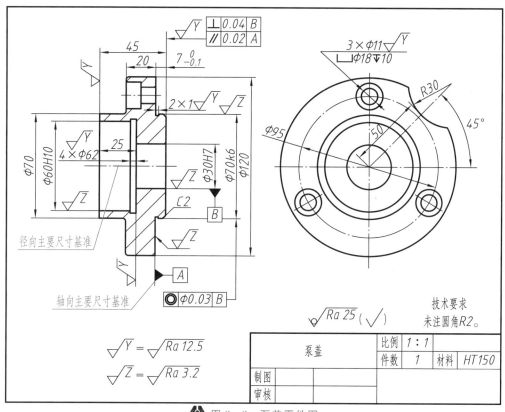

$\sqrt{Y} = \sqrt{Ra\,12.5}$

$\sqrt{Z} = \sqrt{Ra\,3.2}$

$\sqrt{Ra\,25}\ (\sqrt{\ })$

技术要求
未注圆角R2。

泵盖		比例	$1:1$		
		件数	1	材料	HT150
制图					
审核					

图 8-8 泵盖零件图

3. 叉架类零件

如图 8-9 所示,叉架类零件一般由工作部分、连接部分和安装部分组成,常用在变速机构、操纵机构和支承机构中,用于拨动、连接和支承传动零件。常见的叉架类零件有拨叉、连杆、杠杆、摇臂、支架等。

（1）视图选择

由于叉架类零件的结构形状较为复杂,各加工面往往在不同的机床上加工,因此,其零件图一般按工作位置放置。若工作位置处于倾斜状态时,可将其位置放正,再选择最能反映其形状特征的投射方向作为主视图。由于叉架类零件倾斜扭曲结构较多,除了基本视图外,还常选择斜视图、局部视图、局部剖视图及断面图等表示方法,如图 8-10 所示。

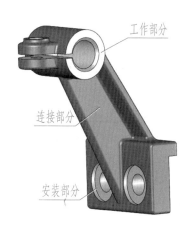

图 8-9 支架的立体图

189

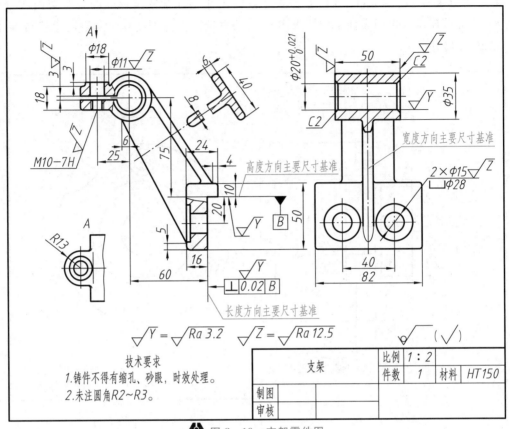

图 8-10　支架零件图

（2）尺寸标注

叉架类零件标注尺寸时，通常选用安装基面或零件的对称面作为主要尺寸基准。如图 8-10 所示，支架选用表面结构要求为$\sqrt{Ra\,3.2}$的右端面、B 端面，作为长度方向和高度方向尺寸基准，由此注出尺寸 16、60 和 10、20、75。选用支架的前后对称面，作为宽度方向的尺寸基准，分别注出尺寸 40、82。上部轴承的轴线作为 $\phi20^{+0.021}_{0}$、$\phi35$ 的径向尺寸基准。

4. 箱体类零件

箱体类零件是连接、支承、包容件，一般为部件的外壳，如各种变速器箱体或齿轮油泵的泵体等。主要起到支承和包容其他零件的作用，如图 8-11 所示的泵体。

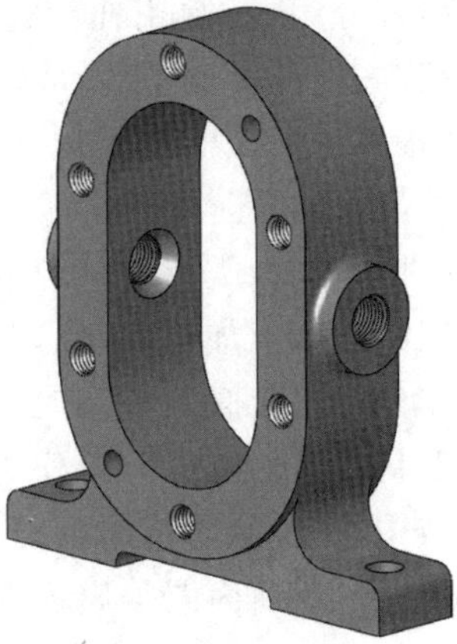

（1）视图选择

图 8-12 所示的泵体零件图，主视图表达了泵体的主体结构形状及 2 个 $\phi6H7$ 销孔和 6 个 M8-H7 螺孔的分布位置；采用三处局部剖，表达泵壁上前后与单向阀体相接的两个螺孔（$R_p1/4$，是泵体的进、出油口）与底板上安装孔的情况。左视图采用全剖视图，以表达泵体泵腔的结构特点。B 向局部视图表达了底板结构特征。

图 8-11　泵体

（2）尺寸标注

通常选用设计上要求的轴线、重要的安装面、接触面（或加工面）和箱体的对称面，作为主要尺寸基准。

在图 8-12 中，选用泵体的左右对称面作为长度方向主要基准，注出尺寸 50、92、120 等。以表面结构要求为 $\sqrt{Ra\,3.2}$ 的泵体后端面作为宽度方向主要基准，注出尺寸 15、30。选用泵体的底座底面作为高度方向主要基准，注出尺寸 12、90 等。

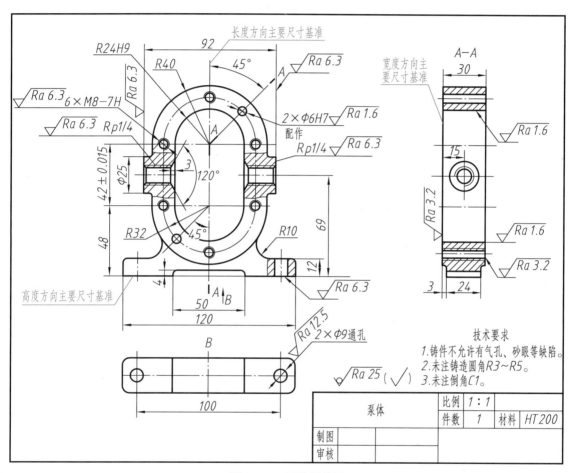

图 8-12　泵体零件图

三、零件图的技术要求

零件图中除了图形和尺寸外，还有制造该零件时应满足的一些加工要求，通常称为"技术要求"，如表面粗糙度、尺寸公差、几何公差以及材料热处理等。

（一）表面结构的表示法

1. 表面结构的基本概念

（1）概述

为了保证零件的使用性能，在机械图样中需要对零件的表面结构给出要求。表面结构是表面粗糙度、表面波纹度、表面缺陷、表面纹理和表面几何形状的总称。表面结构的各项要求及在图样上的表示法在 GB/T 131—2006《产品几何技术规范（GPS） 技术产品文件中表面结构的表示法》中均有具体规定。

（2）表面结构的评定参数

评定零件表面结构的参数有轮廓参数、图形参数和支承率曲线参数。其中轮廓参数分为三种：R 轮廓参数（粗糙度参数）、W 轮廓参数（波纹度参数）和 P 轮廓参数（原始轮廓参数）。机械图样中，常用表面粗糙度参数 Ra 和 Rz 作为评定表面结构的参数。

① 轮廓算术平均偏差 Ra　它是在取样长度 lr 内，纵坐标 $Z(x)$（被测轮廓上的各点至基准线 x 的距离）绝对值的算术平均值，如图 8-13 所示。可用下式表示：

$$Ra = \frac{1}{lr}\int_{0}^{lr} |Z(x)| dx$$

② 轮廓最大高度 Rz　它是在一个取样长度内，最大轮廓峰高与最大轮廓谷深之和，如图 8-13 所示。

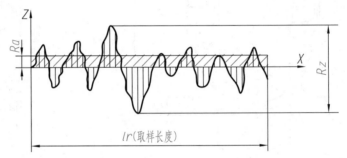

图 8-13　Ra、Rz 参数示意图

国家标准 GB/T 1031—2009 给出的 Ra 和 Rz 系列值如表 8-1 所示。

表 8-1　Ra、Rz 系列值　　　　　　　　　　　　　　　　　　μm

Ra	Rz	Ra	Rz
0.012		6.3	6.3
0.025	0.025	12.5	12.5
0.05	0.05	25	25
0.1	0.1	50	50
0.2	0.2	100	100
0.4	0.4		200
0.8	0.8		400
1.6	1.6		800
3.2	3.2		1 600

2. 标注表面结构的图形符号

（1）图形符号及其含义

在图样中，可以用不同的图形符号来表示对零件表面结构的不同要求。标注表面结构的图形符号及其含义如表8-2所示。

表8-2　表面结构图形符号及其含义

符号名称	符号样式	含义及说明
基本图形符号	√	未指定工艺方法的表面；基本图形符号仅用于简化代号标注，当通过一个注释解释时可单独使用，没有补充说明时不能单独使用
扩展图形符号	√	用去除材料的方法获得的表面，如通过车、铣、刨、磨等机械加工获得的表面；仅当其含义是"被加工表面"时可单独使用
	√	用不去除材料的方法获得的表面，如铸、锻等；也可用于保持上道工序形成的表面，不管这种状况是通过去除材料或不去除材料形成的
完整图形符号	√ √ √	在基本图形符号或扩展图形符号的长边上加一横线，用于标注表面结构特征的补充信息
工件轮廓各表面图形符号	√ √ √	当在某个视图上组成封闭轮廓的各表面有相同的表面结构要求时，应在完整图形符号上加一圆圈，标注在图样中工件的封闭轮廓线上

（2）图形符号的画法及尺寸

图形符号的画法如图8-14所示，表8-3列出了图形符号的尺寸。

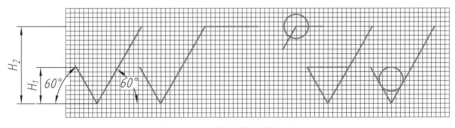

图8-14　图形符号的画法

表8-3　图形符号的尺寸　　　　　　　　　　　　　　　　　　　　mm

数字与字母的高度 h	2.5	3.5	5	7	10	14	20
高度 H_1	3.5	5	7	10	14	20	28
高度 H_2（最小值）	7.5	10.5	15	21	30	42	60

注：H_2取决于标注内容

193

标注表面结构参数时应使用完整图形符号；在完整图形符号中注写了参数代号、极限值等要求后，称为表面结构代号。表面结构代号示例见表 8-4。

表 8-4　表面结构代号示例

代号	含义/说明
$\sqrt{}$ Ra 1.6	表示去除材料，单向上限值，默认传输带，R 轮廓，粗糙度算术平均偏差 1.6 μm，评定长度为 5 个取样长度（默认），"16％规则"（默认）
$\sqrt{}$ Rz max 0.2	表示不允许去除材料，单向上限值，默认传输带，R 轮廓，粗糙度最大高度的最大值 0.2 μm，评定长度为 5 个取样长度（默认），"最大规则"
$\sqrt{}$ U Ra 3.2　L Ra 0.8	表示不允许去除材料，双向极限值，两极限值均使用默认传输带，R 轮廓，上限值：算术平均偏差 3.2 μm，评定长度为 5 个取样长度（默认），"最大规则"，下限值：算术平均偏差 0.8 μm，评定长度为 5 个取样长度（默认），"16％规则"（默认）
铣 $\sqrt{}$ -0.8/Ra3 6.3	表示去除材料，单向上限值，传输带：根据 GB/T 6062，取样长度 0.8 mm，R 轮廓，算术平均偏差极限值 6.3 μm，评定长度包含 3 个取样长度，"16％规则"（默认），加工方法：铣削，纹理垂直于视图所在的投影面

3. 表面结构要求在图样中的标注

表面结构要求在图样中的标注实例如表 8-5 所示。

表 8-5　表面结构要求在图样中的标注实例

说明	实例
表面结构要求对每一表面一般只标注一次，并尽可能注在相应的尺寸及其公差的同一视图上。 表面结构的注写和读取方向与尺寸的注写和读取方向一致	
表面结构要求可标注在轮廓线或其延长线上，其符号应从材料外指向并接触表面。必要时表面结构符号也可用带箭头和黑点的指引线引出标注	
在不致引起误解时，表面结构要求可以标注在给定的尺寸线上	

说明	实例
表面结构要求可以标注在几何公差框格的上方	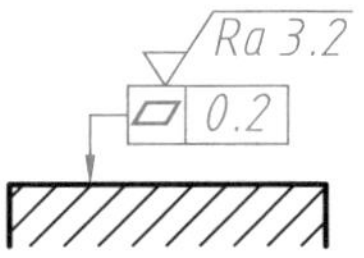 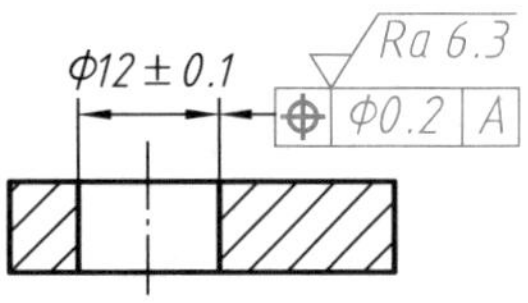
如果在工件的多数表面有相同的表面结构要求,则其表面结构要求可统一标注在图样的标题栏附近,此时,表面结构要求的代号后面应有以下两种情况:① 在圆括号内给出无任何其他标注的基本符号(图 a);② 在圆括号内给出不同的表面结构要求(图 b)	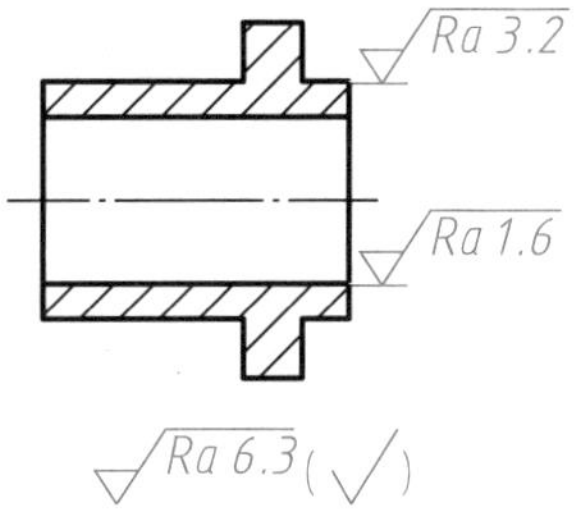 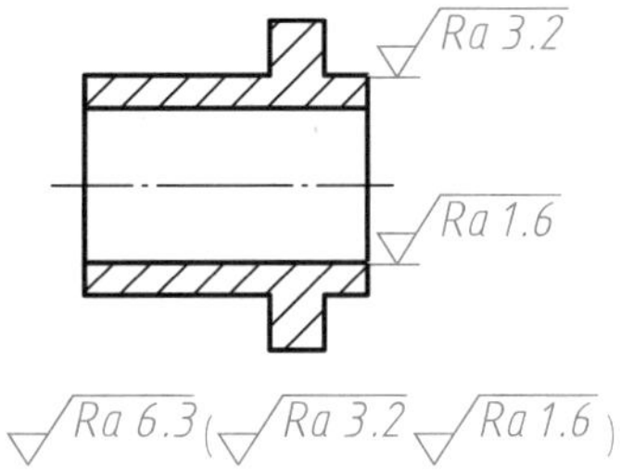
当多个表面有相同的表面结构要求或图纸空间有限时,可以采用简化注法。 ① 用带字母的完整图形符号,以等式的形式,在图形或标题栏附近,对有相同表面结构要求的表面进行简化标注(图 a) ② 用基本图形符号或扩展图形符号,以等式的形式给出对多个表面共同的表面结构要求(图 b)	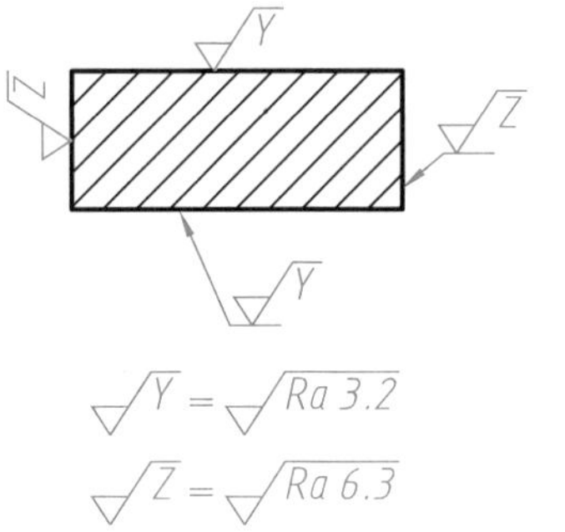 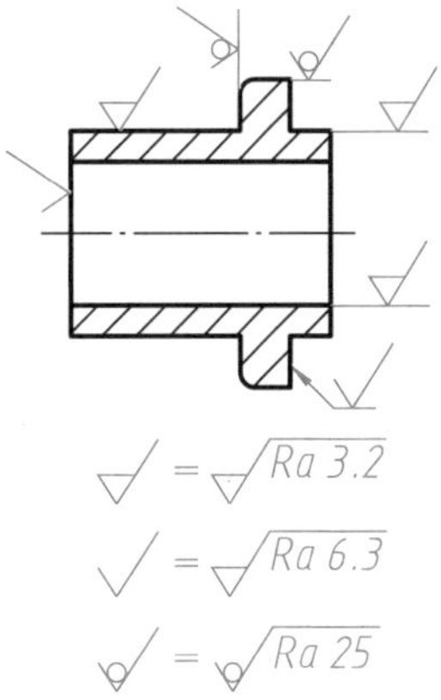

(二)极限与配合

1. 极限与配合的基本概念

在相同规格的一批零件或部件中,不经选择和修配就能装在机器上,达到规定的技术要求,这种性质称为互换性。它是机器进行现代化大批量生产的主要基础,可提高机器装配、维修速度,并取得最佳经济效益。

(1)尺寸公差

在实际生产中,由于机床精度、刀具磨损、测量误差等方面原因,零件制造和加工后要求尺寸绝对准确是不可能的。为了使零件或部件具有互换性,必须对尺寸规定一个允许的变动量,这个变动量称为尺寸公差,简称公差。

尺寸公差的术语及其相互关系,以图 8-15 中轴的尺寸 $\phi 50^{-0.009}_{-0.023}$ 为例,简要说明如下:

① 公称尺寸　由图样规范确定的理想形状要素的尺寸,如 $\phi 50$。

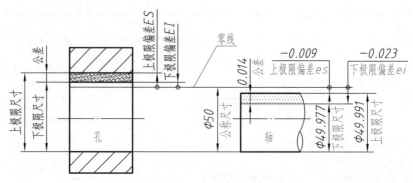

图 8 - 15 术语图解

② 极限尺寸 尺寸要素允许的尺寸的两个极端。

上极限尺寸 尺寸要素允许的最大尺寸,如图 8 - 15 中,50 - 0.009 = 49.991 mm。

下极限尺寸 尺寸要素允许的最小尺寸,如图 8 - 15 中,50 - 0.023 = 49.977 mm。

③ 偏差 某一尺寸(实际尺寸、极限尺寸等)减其公称尺寸所得的代数差。

上极限偏差 上极限尺寸减其公称尺寸所得的代数差,如图 8 - 15 中,49.991 - 50 = -0.009 mm。

下极限偏差 下极限尺寸减其公称尺寸所得的代数差,如图 8 - 15 中,49.977 - 50 = -0.023 mm。

上极限偏差和下极限偏差统称为极限偏差,偏差可以为正、负或零值。孔、轴的上、下极限偏差代号用大写字母 ES、EI 和小写字母 es、ei 表示,如图 8 - 16 所示。

④ 尺寸公差(简称公差) 允许尺寸的变动量,即上极限尺寸减下极限尺寸之差,或上极限偏差减下极限偏差之差。

⑤ 零线 在公差带图解中,表示公称尺寸的一条直线,以其为基准确定偏差和公差。通常零线沿水平方向绘制,正偏差位于其上,负偏差位于其下,如图 8 - 16 所示。

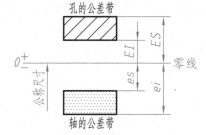

图 8 - 16 公差带图解

⑥ 公差带 在公差带图解中,由代表上极限偏差和下极限偏差或上极限尺寸和下极限尺寸的两条直线所限定的一个区域,它由公差大小及其相对零线的位置来确定。

(2) 标准公差和基本偏差

国家标准规定,孔、轴公差带由标准公差和基本偏差两个要素组成。标准公差确定公差带大小,基本偏差确定公差带位置。

① 标准公差(IT) 标准公差是标注所列的,用来确定公差大小的任一公差。标准公差的数值由公称尺寸和公差等级来确定,其中公差等级确定尺寸的精确程度。国家标准将公差等级分为 20 级,即 IT01、IT0、IT1、IT2、…、IT18。IT 表示标准公差,数字表示公差等级,IT01 级精度最高,以下依次降低。公称尺寸小于等于 500 mm 的各级标准公差数值如表 8 - 6 所示。

表 8 - 6　标准公差数值(GB/T 1800.1—2009)

公称尺寸/ mm		标准公差																		
		μm											mm							
大于	至	IT1	IT2	IT3	IT4	IT5	IT6	IT7	IT8	IT9	IT10	IT11	IT12	IT13	IT14	IT15	IT16	IT17	IT18
—	3	0.8	1.2	2	3	4	6	10	14	25	40	60	0.1	0.14	0.25	0.4	0.6	1	1.4
3	6	1	1.5	2.5	4	5	8	12	18	30	48	75	0.12	0.18	0.3	0.48	0.75	1.2	1.8
6	10	1	1.5	2.5	4	6	9	15	22	36	58	90	0.15	0.22	0.36	0.58	0.9	1.5	2.2
10	18	1.2	2	3	5	8	11	18	27	43	70	110	0.18	0.27	0.43	0.7	1.1	1.8	2.7
18	30	1.5	2.5	4	6	9	13	21	33	52	84	130	0.21	0.33	0.52	0.84	1.3	2.1	3.3
30	50	1.5	2.5	4	7	11	16	25	39	62	100	160	0.25	0.39	0.62	1	1.6	2.5	3.9
50	80	2	3	5	8	13	19	30	46	74	120	190	0.3	0.46	0.74	1.2	1.9	3	4.6
80	120	2.5	4	6	10	15	22	35	54	87	140	220	0.35	0.54	0.87	1.4	2.2	3.5	5.4
120	180	3.5	5	8	12	18	25	40	63	100	160	250	0.4	0.63	1	1.6	2.5	4	6.3
180	250	4.5	7	10	14	20	29	46	72	115	185	290	0.46	0.72	1.15	1.85	2.9	4.6	7.2
250	315	6	8	12	16	23	32	52	81	130	210	320	0.52	0.81	1.3	2.1	3.2	5.2	8.1
315	400	7	9	13	18	25	36	57	89	140	230	360	0.57	0.89	1.4	2.3	3.6	5.7	8.9
400	500	8	10	15	20	27	40	63	97	155	250	400	0.63	0.97	1.55	2.5	4	6.3	9.7

② 基本偏差　基本偏差是标注所列的,用来确定公差带相对于零线位置的上极限偏差或下极限偏差,一般是指孔和轴的公差带中靠近零线的那个偏差。

GB/T 1800.1—2009 中规定了基本偏差系列。孔和轴各有 28 个基本偏差,用拉丁字母表示,大写的为孔,小写的为轴,如图 8 - 17 所示。基本偏差数值与基本偏差代号、公称尺寸和标准公差等级有关,国家标准用列表方式提供了这些数值,详见附录。

（3）配合

配合就是公称尺寸相同并且相互结合的孔和轴公差带之间的关系。孔和轴配合时,由于实际尺寸不同,将产生间隙或过盈。孔的尺寸减去轴的尺寸所得代数差值为正时是间隙,为负时是过盈。

相互配合的孔和轴公差带之间的关系有三种,因而产生三类不同的配合,即间隙配合、过盈配合和过渡配合。

间隙配合　具有间隙(包括最小间隙为零)的配合。此时,孔的公差带在轴的公差带之上,如图 8 - 18a 所示。主要用于结合件有相对运动的配合(包括旋转运动和轴向滑动),也可用于一般的定位配合。

过盈配合　具有过盈(包括最小过盈为零)的配合。此时,孔的公差带在轴的公差带之下,如图 8 - 18b 所示。主要用于结合件没有相对运动的配合,过盈不大时,用键连接传递扭矩;过盈大时,靠孔、轴结合力传递扭矩。前者可以拆卸,后者是不能拆卸的。

过渡配合　具有间隙或过盈的配合。此时,孔的公差带与轴的公差带相互交叠,如图8 - 18c所示。主要用于定位精确高并要求拆卸的相对静止的联结。

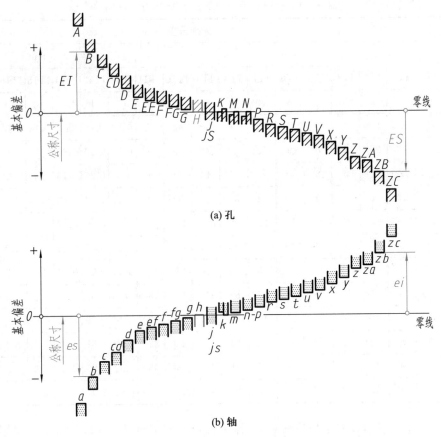

(a) 孔

(b) 轴

图 8-17 基本偏差系列示意图

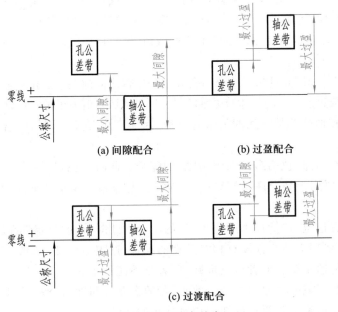

(a) 间隙配合   (b) 过盈配合

(c) 过渡配合

图 8-18 配合种类

（4）配合制

在制造互相配合的零件时，使其中一种零件作为基准件，它的基本偏差固定，通过改变另一种非基准件的偏差来获得各种不同性质的配合制度称为配合制。国标规定了两种配合制，即基孔制和基轴制。

基孔制配合　基本偏差为一定的孔的公差带，与不同基本偏差的轴的公差带形成各种配合的一种制度，如图8-19所示。基孔制配合的孔称为基准孔，其基本偏差代号为H，下极限偏差为零。

基轴制配合　基本偏差为一定的轴的公差带，与不同基本偏差的孔的公差带形成各种配合的一种制度，如图8-20所示。基轴制的轴为基准轴，其基本偏差代号为h，上极限偏差为零。

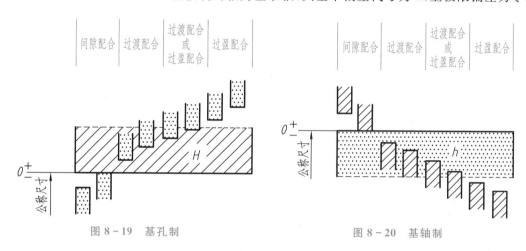

图8-19　基孔制　　　　　　　　　　图8-20　基轴制

（5）优先和常用配合

标准公差有20个等级，基本偏差有28种，可组成大量配合。如此多的配合既不能发挥标准的作用，也不利于组织生产。为此，国家标准规定了公称尺寸至500 mm的优先、常用和一般用途的孔、轴公差带，和与之相应的优先、常用配合。基孔制常用配合有59种，其中优先配合13种；基轴制常用配合有47种，其中优先配合13种。优先配合如表8-7所示，常用配合可查阅国家标准或有关手册。

表8-7　优先配合

	间隙配合	过渡配合	过盈配合
基孔制 优先配合	$\dfrac{H7}{g6}$、$\dfrac{H7}{h6}$、$\dfrac{H8}{f7}$、$\dfrac{H8}{h7}$ $\dfrac{H9}{d9}$、$\dfrac{H9}{h9}$、$\dfrac{H11}{c11}$、$\dfrac{H11}{h11}$	$\dfrac{H7}{k6}$、$\dfrac{H7}{n6}$	$\dfrac{H7}{p6}$、$\dfrac{H7}{s6}$、$\dfrac{H7}{u6}$
基轴制 优先配合	$\dfrac{G7}{h6}$、$\dfrac{H7}{h6}$、$\dfrac{F8}{h7}$、$\dfrac{H8}{h7}$ $\dfrac{D9}{h9}$、$\dfrac{H9}{h9}$、$\dfrac{C11}{h11}$、$\dfrac{H11}{h11}$	$\dfrac{K7}{h6}$、$\dfrac{N7}{h6}$	$\dfrac{P7}{h6}$、$\dfrac{S7}{h6}$、$\dfrac{U7}{h6}$

2. 公差与配合在零件图中的标注

① 当采用公差带代号标注线性尺寸的公差时，公差带代号应注在公称尺寸的右边，如图 8 - 21a 所示。

② 当采用极限偏差标注线性尺寸的公差时，上极限偏差应注在公称尺寸右上方，下极限偏差应与公称尺寸注在同一底线上，如图 8 - 21b 所示。

图中偏差值的字体应比公称尺寸数字的字体小一号。上、下极限偏差前面必须标出正、负号，上、下偏差的小数点必须对齐，小数点后的位数也必须相同。当上极限偏差或下极限偏差为"零"时，用数字"0"标出，并与另一偏差的小数点前的个位数对齐。

③ 当要求同时标注公差带代号和相应的极限偏差时，则后者应加上圆括号，如图 8 - 21c 所示。

当公差带相对公称尺寸对称地配置即两个偏差相同时，偏差只注写一次，并应在偏差与公称尺寸之间注出"±"，且两者数字高度相同，如 $\phi 50 \pm 0.012$。

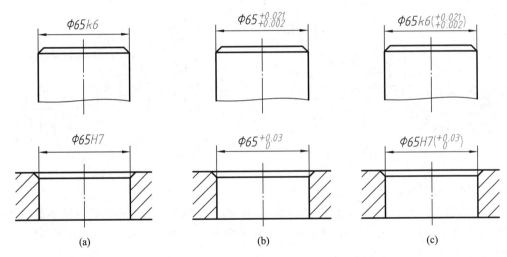

图 8 - 21　零件图上公差代号注法

(三) 几何公差

在机器中某些精确度程度较高的零件，不仅要保证其尺寸公差，而且还要保证其几何公差。几何公差包括形状、方向、位置和跳动公差。形状公差是指单一实际要素的形状所允许的变动全量；方向公差是指关联实际要素对基准在方向上所允许的变动全量；位置公差是指关联实际要素对基准在位置上所允许的变动全量；跳动公差是指关联实际要素绕基准回转一周或连续回转时所允许的变动全量。

由于零件的几何公差影响到零件的使用性能，因此，零件上有较高要求的要素需要标注其几何公差。GB/T 1182—2008 中规定了工件几何公差标注的基本要求和方法。

1. 几何公差的几何特征和符号 (表 8 - 8)

2. 公差框格

表达几何公差要求的公差框格由两格或多格组成，从左到右顺序填写几何特征符号、公差值、基准和附加符号，如图 8 - 22 所示。

表 8-8　几何特征符号

公差类别	几何特征	符号	有无基准	公差类别	几何特征	符号	有无基准
形状公差	直线度	——	无	位置公差	位置度	⊕	无
	平面度	▱			位置度	⊕	
	圆度	○			同心度（用于中心点）	◎	有
	圆柱度	⌓					
	线轮廓度	⌒			同轴度（用于轴线）		
	面轮廓度	◠					
方向公差	平行度	//	有		对称度	=	
	垂直度	⊥			线轮廓度	⌒	
	倾斜度	∠			面轮廓度	◠	
	线轮廓度	⌒		跳动公差	圆跳动	↗	
	面轮廓度	◠			全跳动	↗↗	

　　公差框格用细实线绘制。第一格为正方形,第二格及以后各格视需要而定,框格中的文字与图样中尺寸数字同高,框格的高度为文字高度的两倍。

　　公差值的单位为mm。公差带为圆形或圆柱形时,公差值前加注符号"ϕ"。用一个字母表示单个基准,或用几个字母表示基准体系或公共基准。

　　3. 基准符号

　　与被测要素相关的基准用一个大写字母表示。字母标注在方格内,用细实线与一个涂黑的或空白的三角形相连以表示基准,如图 8-23 所示。表示基准的字母还应标注在公差框格内。

图 8-22　公差框格　　　　　　　　　　　　图 8-23　基准符号

　　4. 被测要素与基准的标注方法

　　被测要素用带箭头的指引线与框格相连。指引线可以引自框格的任意一侧,箭头应垂直于被测要素。被测要素的标注方法如表 8-9 所示。

表 8 - 9 被测要素的标注方法

解释	示例
当公差涉及轮廓线或轮廓面时,箭头指向该要素的轮廓线,也可指向轮廓线的延长线,但必须与尺寸线明显错开	
当公差涉及轮廓面时,箭头也可指向引出线的水平线,带黑点的指引线引自被测面	
当公差涉及要素的中心线、中心面或中心点时,箭头应位于相应尺寸线的延长线上	
若干分离要素具有相同几何公差要求时,可以用同一框格多条指引线标注	
某个被测要素有多个几何公差要求时,可以将一个公差框格放在另一个的下面	
当每项公差应用于几个相同要素时,应在框格上方被测要素的尺寸之前注明要素的个数,并在两者之间加上乘号"×"	

带基准字母的基准三角形应按表 8 - 10 所示位置放置。

表 8 - 10　基准的标注方法

解释	示例
当基准要素是轮廓线或表面时,基准三角形应放在要素的轮廓线或其延长线上(与尺寸线明显错开),基准三角形也可放置在轮廓面引出线的水平线上	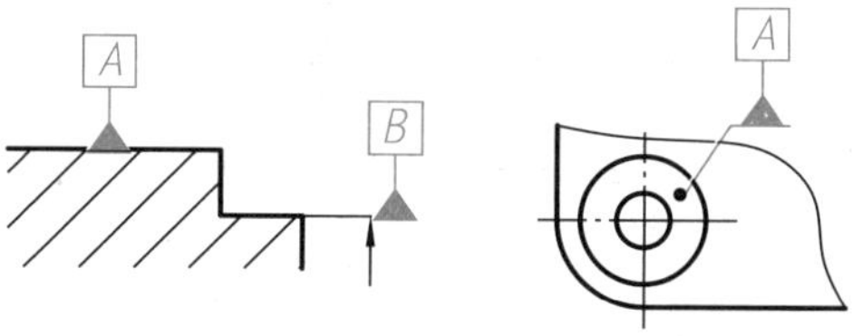
当基准是尺寸要素确定的中心线、中心面或中心点时,基准三角形应放在该尺寸线的延长线上。如果没有足够的位置标注基准要素尺寸的两个尺寸箭头,则其中一个箭头可用基准三角形代替	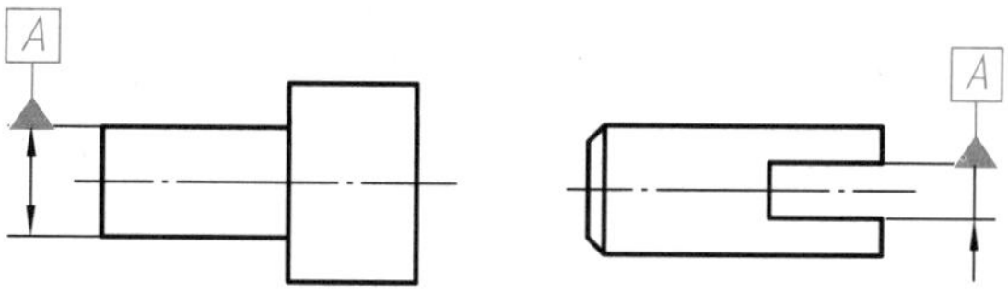
由两个要素建立公共基准时,用中间加连字符的两个大写字母表示;以两个或三个基准建立基准体系时,表示基准的大写字母应按基准的优先次序从左至右置于框格中	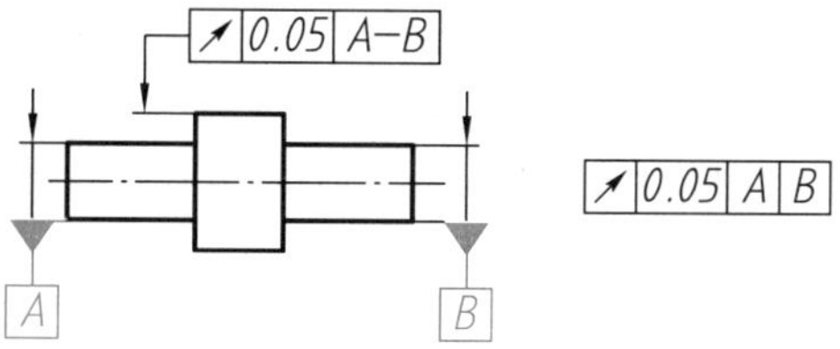

四、零件工艺结构简介

零件除需满足设计要求外,其结构形状还应满足加工、测量、装配等制造过程所提出的一系列工艺要求,这是确定零件局部结构的依据,因此,在进行设计时,还应考虑零件结构工艺性。下面介绍一些常见工艺对零件结构的要求,供零件设计时参考。

1. 铸造零件和零件加工面的工艺结构

零件最常见工艺结构有铸造所需的铸造圆角、起模斜度和因切削加工和装配所需的倒角、退刀槽及砂轮越程槽等,它们的作用特点和表示方法如表 8 - 11 所示。

表 8 - 11　零件的工艺结构

结构名称	作用特点	图例
铸件壁厚	为了避免浇铸后零件各部分因冷却速度不同而产生残缺、缩孔或裂纹,铸件各处壁厚应尽量保持相同或均匀过渡	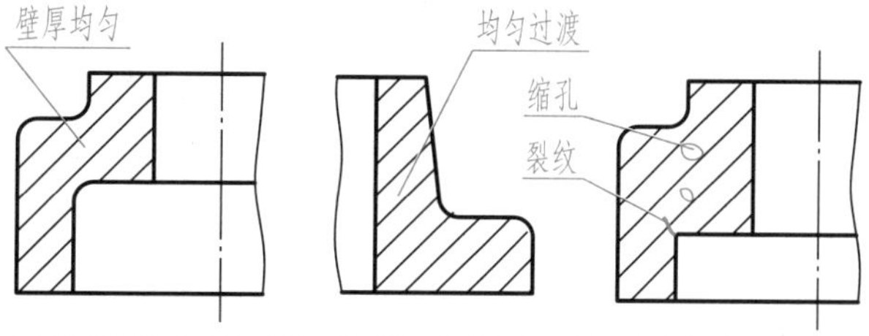

结构名称	作用特点	图例
铸造圆角	为了防止浇注铁水时冲坏砂型尖角产生砂孔和避免应力集中产生裂纹,铸件两面相交处应做出过渡圆角。铸造圆角半径 $R3\sim R5$,可在技术要求中统一注明	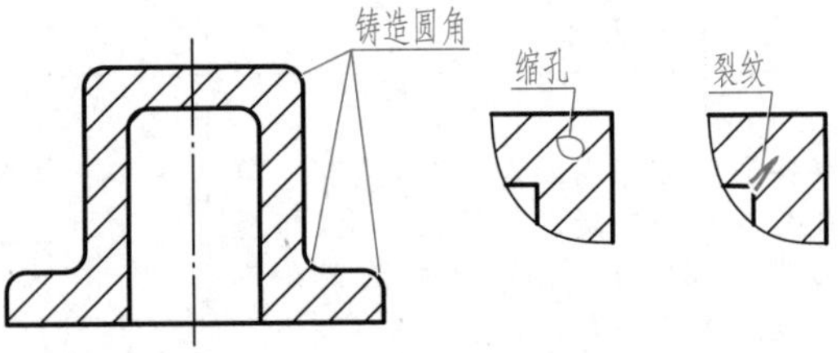
起模斜度	为了便于将木模从砂型中取出,在铸件内外壁上沿着起模方向应设计出 1:20 的斜度,即起模斜度。它可在零件图上画出,也可在技术要求中用文字说明	 (a) 好 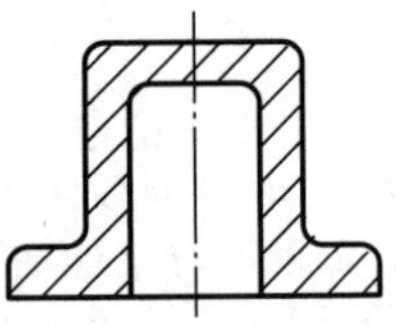　　(b) 不好
倒角	为便于操作和装配,常在零件端部或孔口处加工出倒角。常见的倒角为 45°,也有 30°和 60°倒角,其尺寸标注如右图。图样中倒角尺寸全部相同或某一尺寸占多数时,可在图样空白处注明"$C2$"或"其余 $C2$"	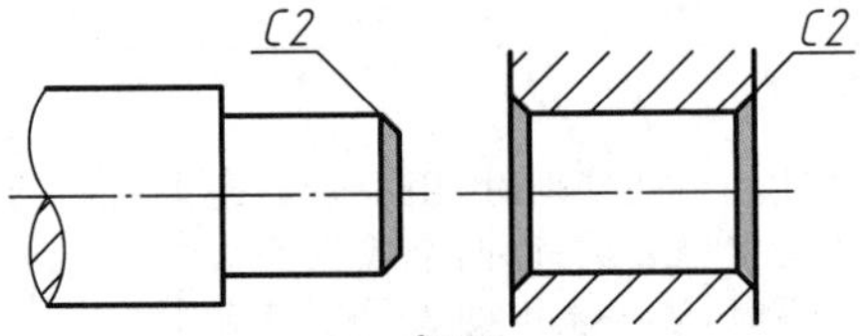 (a) 45°倒角 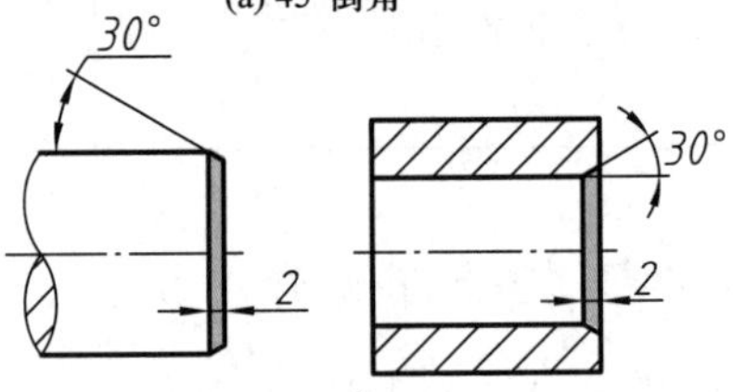 (b) 非45°倒角
倒圆	为了避免阶梯轴轴肩根部或阶梯孔的孔肩处因产生应力集中而断裂,通常,阶梯轴轴肩根部或阶梯孔的孔肩处都以圆角过渡	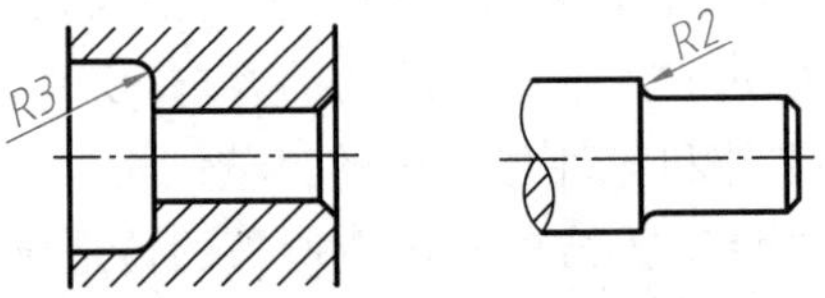
钻孔结构	零件上的孔,常用钻头加工而成。为防止钻头歪斜或折断,钻孔端面应与钻头垂直。为此,对于斜孔、曲面上的孔应制成与钻头垂直的凸台或凹坑。钻削不通孔,在孔的底部有 120°锥角	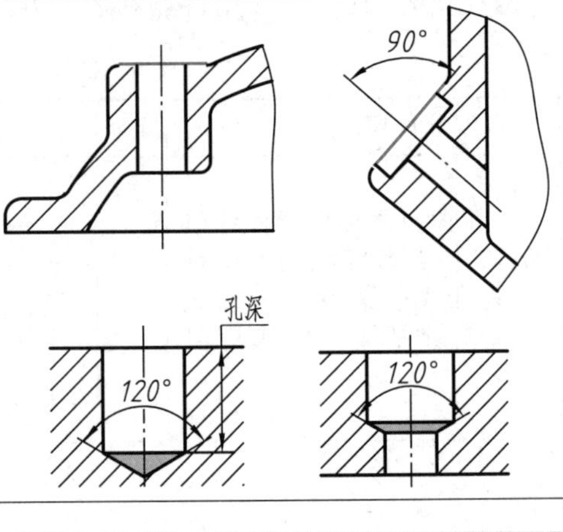

续表

结构名称	作用特点	图例
退刀槽及砂轮越程槽	在对零件进行切削加工时，为了便于退出刀具及保证装配时相关零件的接触面靠紧，在被加工表面台阶处应预先加工出退刀槽或砂轮越程槽。退刀槽或砂轮越程槽的标注如右图所示，尺寸系列可查阅有关标准	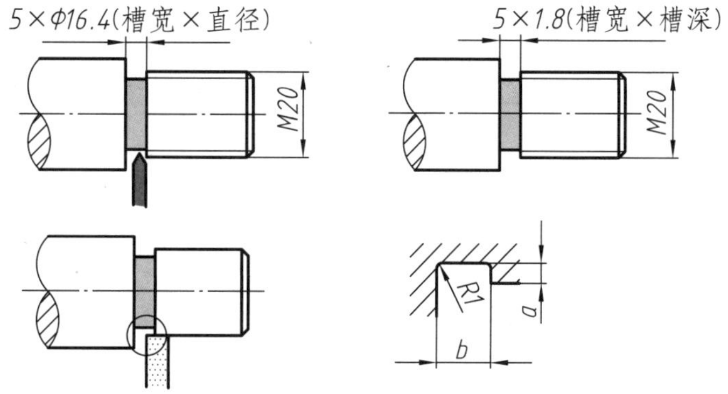5×Φ16.4(槽宽×直径) M20 5×1.8(槽宽×槽深) M20 R1 a b
凸台及凹坑	零件上与其他零件接触的接触面，一般都要加工。为了减少加工面积，并保证零件表面之间有良好的接触，常常在铸件上设计出凸台、凹坑，凸台、凹坑结构可减轻零件重量，节省材料、工时，提高加工精度和装配精度	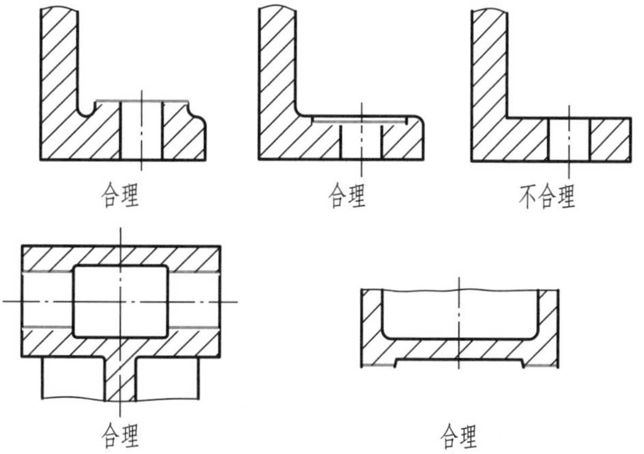合理 合理 不合理 合理 合理

2. 常见孔结构及尺寸标注

零件上常有各类不同形式和不同用途的孔，如光孔、螺孔、盲孔（不通孔）、沉孔等，它们可采用旁注和符号相结合的方法标注，如表 8－12 所示。

表 8－12　各类孔的简化注法

结构类型		简化前注法	简化后注法		说明
通孔	螺孔	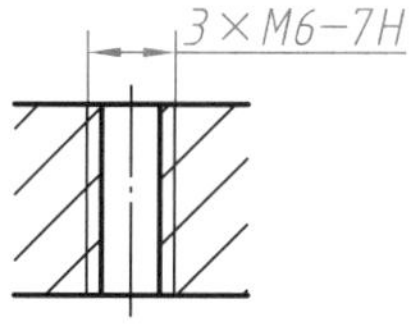3×M6-7H	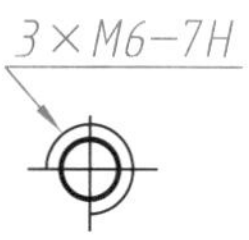3×M6-7H	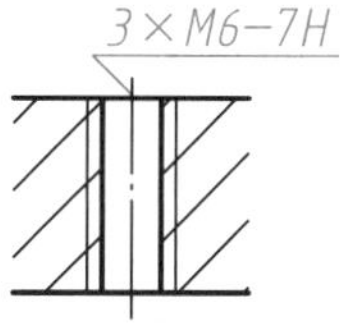3×M6-7H	“3”表示三个尺寸相同的螺孔
	锥销孔		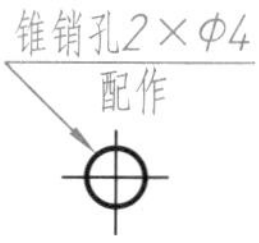锥销孔2×Φ4 配作	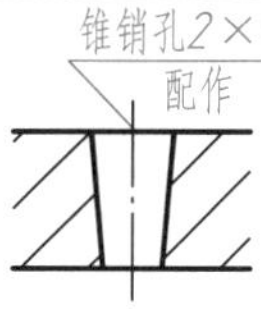锥销孔2×Φ4 配作	“Φ4”为所配圆锥销的公称直径，“配作”表示与另一相配零件一起加工

结构类型		简化前注法	简化后注法		说明
通孔	沉孔	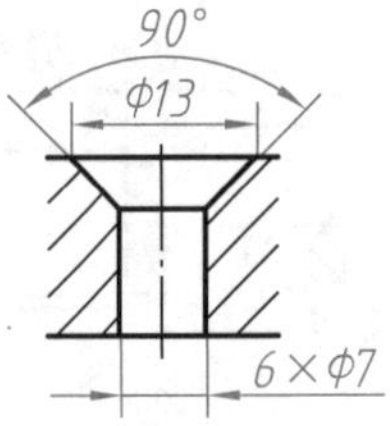 90° Φ13 6×Φ7	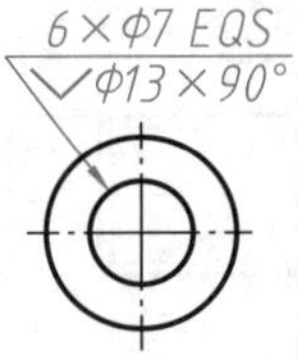 6×Φ7 EQS ⌵Φ13×90°	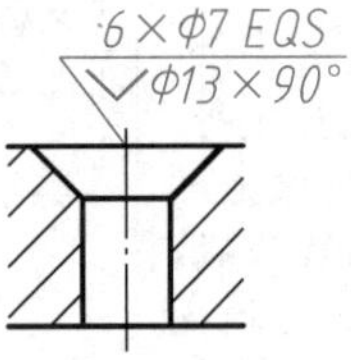 6×Φ7 EQS ⌵Φ13×90°	锥形沉孔直径Φ13及锥角90°均需注出,"EQS"表示6组沉孔均匀分布
		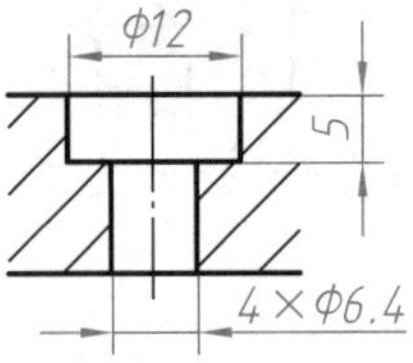 Φ12 5 4×Φ6.4	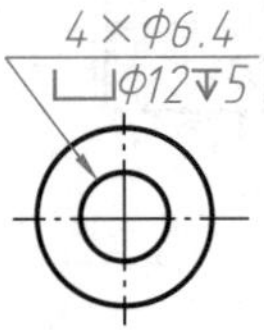 4×Φ6.4 ⊔Φ12▽5	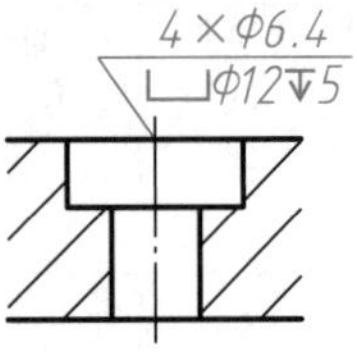 4×Φ6.4 ⊔Φ12▽5	圆柱形沉孔直径Φ12及深度5均需注出
		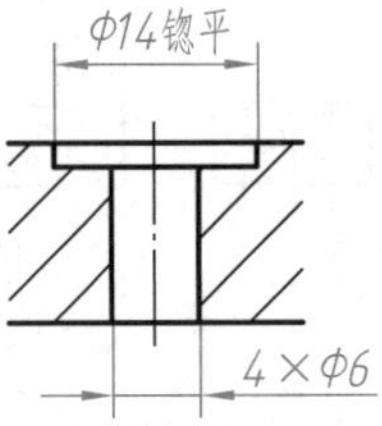 Φ14锪平 4×Φ6	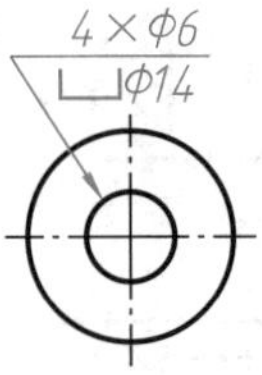 4×Φ6 ⊔Φ14	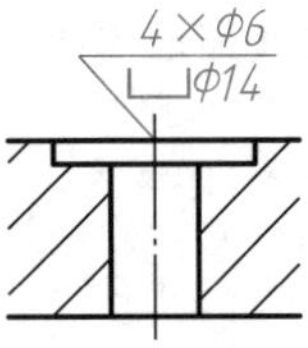 4×Φ6 ⊔Φ14	锪平深度可以不注,加工时由加工者掌握
不通孔	光孔	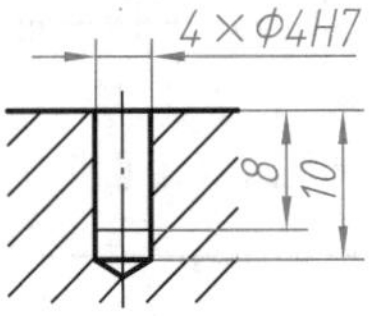 4×Φ4H7 8 10	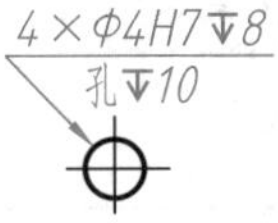 4×Φ4H7▽8 孔▽10	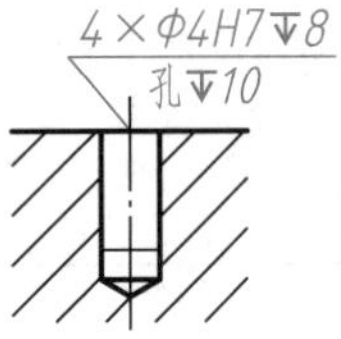 4×Φ4H7▽8 孔▽10	钻孔深为10,钻孔后精加工(如铰孔)至Φ4H7,深8
	螺孔	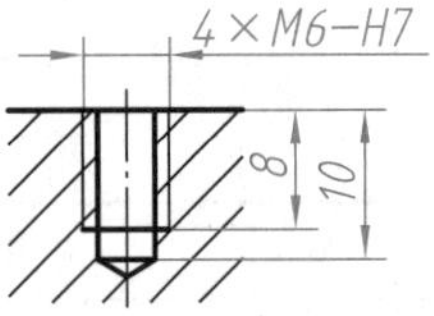 4×M6-H7 8 10	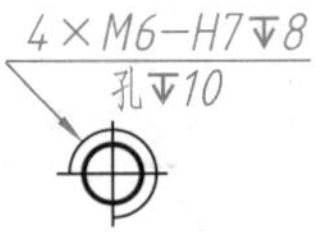 4×M6-H7▽8 孔▽10	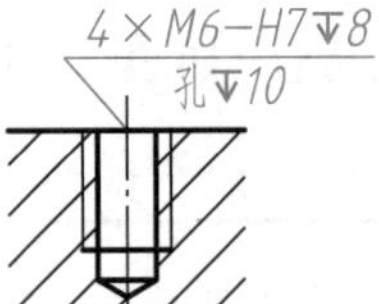 4×M6-H7▽8 孔▽10	螺孔深8 钻孔深10
符号的比例画法		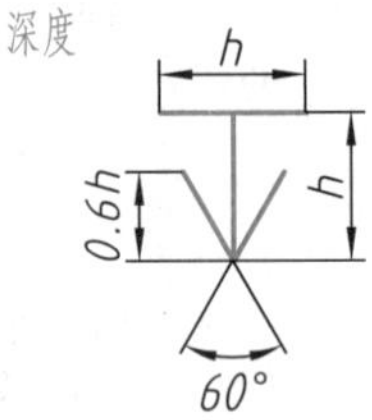 深度 h 0.6h h 60°	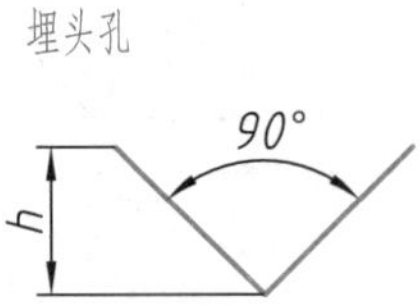 埋头孔 90° h h	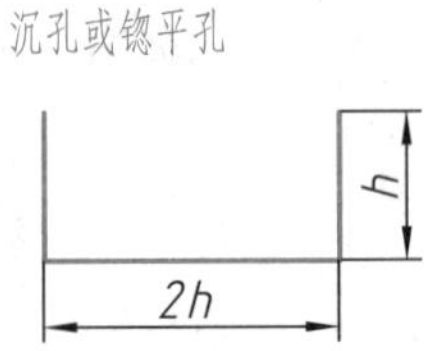 沉孔或锪平孔 h 2h	符号的线宽为$h/10$(h为字体高度)

五、读零件图

在设计制造工作中,经常要读零件图。如设计零件时,往往需要参考同类的零件图,在制造零件时,也要读懂零件图。因此,作为工程技术人员必须掌握正确的读图方法和具备读图能力。读零件图时,除了要读懂零件的形状大小外,还要注意它的结构特点和质量要求。现以图 8-24 泵体零件图为例,说明读零件图的一般步骤和方法。

(一)读标题栏

从标题栏中可以了解零件的名称、材料、比例等。由图 8-24 标题栏可知,该零件为泵体,属于箱体类零件。材料为铸铁 HT200,为铸造件。根据绘图比例可以估出零件的实际大小。

(二)分析视图,读懂结构形状

1. 分析各视图之间的关系

首先找出主视图,再根据其他各视图的位置及标注符号弄清各视图的名称、作用以及相互位置和投影关系;对于剖视图、断面图,还需找到剖切平面的位置并了解剖切的目的;对于局部视图、斜视图,应找出投影部位和投射方向。图 8-24 所示的泵体,是用主视图、左视图、A—A 剖

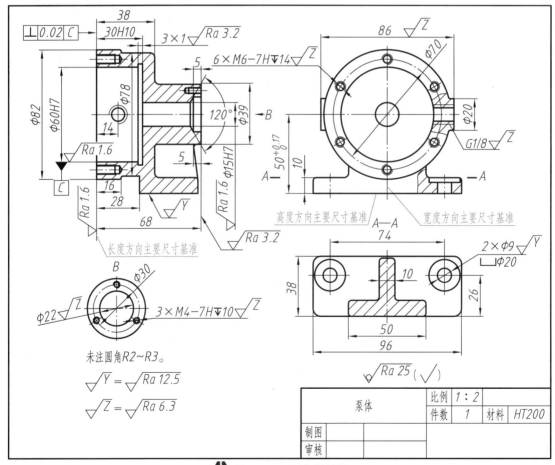

图 8-24　泵体零件图

207

视图和 B 局部视图来表达其结构形状的。主视图采用全剖视图，以突出其内腔（工作部分）的结构形状，左视图采用局部剖视图，主要表达泵体的外部形状、各组成部分相对位置及局部的内部结构。A—A 剖视图来表达肋板的断面和底板的形状，而 B 局部视图是用来表达泵体右端面上螺钉孔的位置的。

2. 分析形体，读懂结构形状

根据各视图间的投影关系，运用前面介绍的形体分析、线面分析等方法，读懂零件各部分的结构形状以及它们之间的相对位置，从而弄清整个零件的结构形状。从上面分析可知：泵体的主体部分为中空的阶梯形圆柱，用肋板与下部长方体底板相连，肋板的断面形状由 A—A 剖视图中可以看出。再看细部结构：中空圆柱体的左、右端面分别有 M6 及 M4 的螺孔，以便用螺钉把泵盖、压盖同泵体相连；前、后两个 G1/8 的螺孔用来连接进、出油管；底板上有两个 $\phi 9$ 安装孔。

图 8 - 25 泵体

通过上述分析，综合起来就可看懂并想象出该零件的结构形状，如图 8 - 25 所示泵体。

（三）分析零件尺寸

从分析零件长、宽、高三个方向的主要尺寸基准出发，弄清哪些是重要尺寸；然后用形体分析法找出零件的定形、定位和总体尺寸；再进一步分析尺寸是否注全，是否符合设计要求和工艺要求。

1. 分析尺寸基准

该泵体长度方向主要尺寸基准是左端面（即主视图中 $\phi 82$ 圆柱端面），高度方向的主要尺寸基准是泵体的底面，由于该泵体前、后对称，所以，宽度方向的主要尺寸基准是零件的前后对称面（通过轴线的正平面）。

2. 分析重要设计尺寸

该零件中，轴孔中心高 $50^{+0.17}_{0}$、孔径 $\phi 60H7$、孔深 $30H10$ 以及 $\phi 15H7$ 都属于重要的设计尺寸，加工时应保证它们的精度。另外一些尺寸，如底板上沉孔的定位尺寸 74、26 及泵体左、右两端面上螺钉孔的定位尺寸 $\phi 70$、$\phi 30$ 等，虽然精度要求不高，但考虑到与其他零件装配时的对准性，所以也属重要尺寸。

其他定形、定位及总体尺寸等请读者自行分析。

（四）读技术要求

零件图上的技术要求是制造零件时的质量指标，在生产过程中必须严格遵守。读图时一定要把零件的表面结构要求、尺寸公差、几何公差以及其他技术要求等仔细地进行分析，才能制订出正确的加工工序并确定相应的加工方法，从而制造出符合要求的产品。如该零件的表面结构要求，其 Ra 值为 1.6 μm 到 12.5 μm，其余为不加工。由此可见，泵体的左端面、$\phi 60H7$ 及 $\phi 15H7$ 孔内表面，其表面质量要求较高，加工时应予以保证。

看零件图是一项复杂、细致而技术性较强的工作，应该严肃认真、一丝不苟，否则易出差错，给生产造成损失。

六、零件三维造型设计

(一)特征的概念

在计算机参数化造型中,零件是由特征组成的。特征是一种具有工程意义的参数化三维几何模型,特征对应于零件的某一结构,如底板、圆角、倒角、筋、孔等,是三维建模的基本单元。使用参数化特征造型不仅能够使造型简单,且能够包含设计信息、加工方法和加工顺序等工艺信息,为后续的 CAD/CAPP/CAM 提供正确的数据源头。

(二)特征的分类

特征可以分为基体特征、附加特征和参考特征,如图 8-26 所示。基体特征是造型过程中第一个创建的特征,相当于零件的毛坯,基体特征可以是拉伸、旋转、扫描和放样等特征。附加特征是对已有的特征进行的附加操作,包括圆角、倒角、孔、抽壳等。参考特征是建立其他特征的参考,如基准面、基准轴、基准点、局部坐标系等。

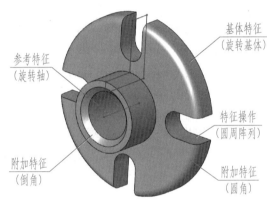

图 8-26 特征分类

(三)特征造型的基本步骤

创建三维零件模型一般要遵循以下步骤。

1.创建基体特征

基体特征是构建零件的基础,一般选择构成零件基本形态的主要特征或尺寸较大的特征作为基体特征。

2.添加附加特征

根据零件规划结果,在基体特征上添加其他特征。一般先添加大的特征,后添加小的特征,最后添加圆角、倒角等辅助特征。

3.编辑修改特征

三维 CAD 软件提供有特征编辑功能,如矩形阵列、圆周阵列、镜像、复制、移动等。在造型过程中特征可以进行修改、删除、压缩、解除压缩、隐藏、显示等操作。

图 8-27 所示为盘类零件的创建过程。

(四)零件构形分析与三维建模

三维建模的过程与产品加工制造过程一致时,可较好地满足设计、工艺、测量的要求。一部

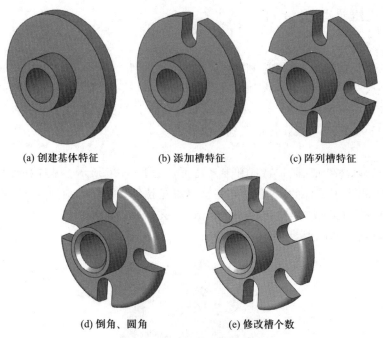

(a) 创建基体特征　　　　　　(b) 添加槽特征　　　　　　(c) 阵列槽特征

(d) 倒角、圆角　　　　　　　(e) 修改槽个数

图 8 - 27　盘类零件的创建过程

机器是由若干零件组成,从设计要求考虑,零件的设计应在装配状态下根据零件间相关性进行,零件在机器中起到的某些功能决定了零件的主要结构;从工艺要求考虑,零件的加工、测量以及装配、调整工作决定了零件的局部结构,例如,圆角、倒角、拔模斜度、退刀槽等。下面以前述的四类典型零件为例,分析它们的结构形状和三维实体设计中常用的建模步骤,有助于我们更好地掌握零件图的视图表达和尺寸标注的一般规律。

1. 轴套类零件

如图 8 - 6 所示,轴套类零件的结构特点是主体部分是同轴回转体(圆柱体或圆锥体),根据设计及工艺要求,轴上常有键槽、退刀槽等工艺结构,该类零件的建模步骤如下。

(1) 建立轴的主体结构模型

在特征平面上绘制草图,通过旋转方式得到轴的主体结构模型,如图 8 - 28 所示。

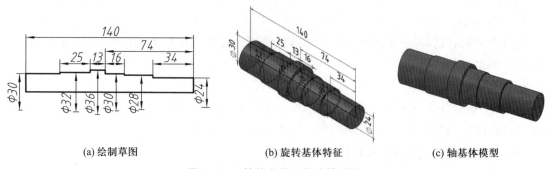

(a) 绘制草图　　　　　　　　(b) 旋转基体特征　　　　　　(c) 轴基体模型

图 8 - 28　轴的主体结构建模过程

（2）制作键槽

在特征平面上绘制键槽草图，通过拉伸切除方式得到键槽，如图8-29所示。

（3）制作退刀槽

在特征平面上绘制退刀槽草图，通过旋转切除方式得到退刀槽，如图8-30所示。

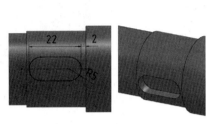

图8-29　键槽的建模过程

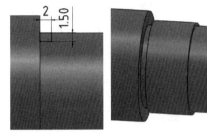

图8-30　退刀槽的建模过程

（4）制作倒角

在特征主体上选择需制作倒角的边线，生成倒角，如图8-31所示。建模完成后的轴如图8-6所示。

2. 轮盘类零件

轮盘类零件的主要形状也是同轴回转体或是柱体。这类零件一般轴向尺寸较小，径向尺寸较大，轮盘类零件上多有螺孔、光孔、销孔、键槽、轮辐和肋板等结构。现以图8-7所示的泵盖为例，介绍轮盘类零件的建模步骤。

图8-31　倒角的建模过程

（1）建立泵盖的主体模型

在特征平面上绘制泵盖主体模型草图，通过旋转方式得到泵盖的主体模型，如图8-32所示。

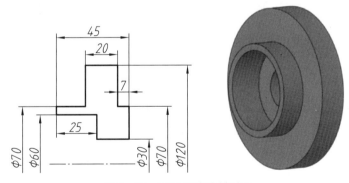

图8-32　泵盖主体建模过程

（2）制作退刀槽

在特征平面上绘制退刀槽草图，通过旋转切除方式得到退刀槽，如图8-33所示。

（3）制作泵盖上$R30$圆弧面

在特征平面上绘制 $\Phi 60$ 圆草图,通过拉伸切除方式得到 $R30$ 圆弧面,如图 8-34 所示。

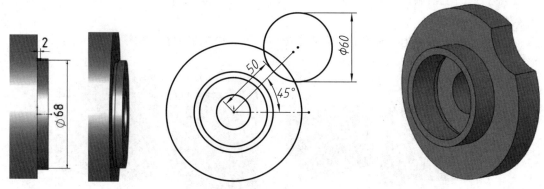

图 8-33　泵盖退刀槽的建模过程　　　　图 8-34　泵盖 $R30$ 圆弧面的建模过程

（4）制作泵盖上的柱形沉孔

在特征平面上绘制泵盖沉孔草图,通过旋转切除方式得到一个沉孔,如图 8-35 所示。圆周阵列出另外两个沉孔,如图 8-36 所示。制作圆角,完成泵盖建模过程,其结果如图 8-7 所示。

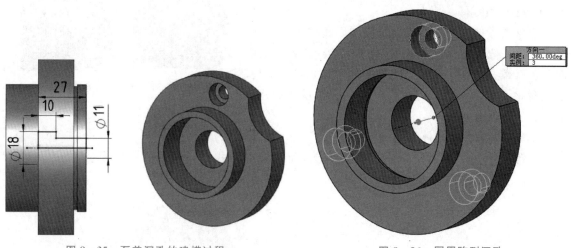

图 8-35　泵盖沉孔的建模过程　　　　　　图 8-36　圆周阵列沉孔

3. 叉架类零件

如图 8-9 所示,叉架类零件多为铸件或锻件。通常由工作部分、连接部分和安装部分组成。连接部分多是断面有变化的连接板、肋板结构,形状弯曲、扭斜的较多;工作部分和安装部分也有较多的细小结构,如油槽、油孔、螺孔等。支架的建模分解图如图 8-37 所示,其建模步骤如下:

（1）建立支架的安装部分——底板

在特征平面上绘制底板草图,通过拉伸方式得到底板模型,如图 8-38 所示。

（2）建立支架的工作部分——轴承

在特征平面上绘制轴承草图,通过拉伸方式得到轴承模型,如图 8-39 所示。

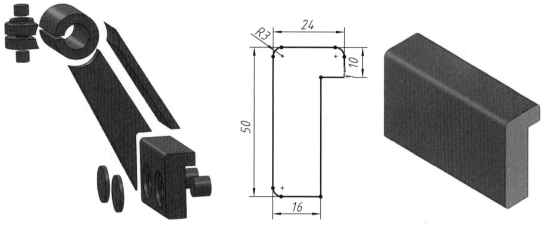

图 8 - 37　支架的分解图

图 8 - 38　支架底板的建模过程

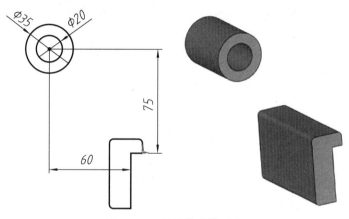

图 8 - 39　轴承的建模过程

（3）建立支架的连接部分

在特征平面上绘制连接板草图，通过拉伸方式得到连接板，绘制直线，生成肋板特征，如图 8 - 40所示。

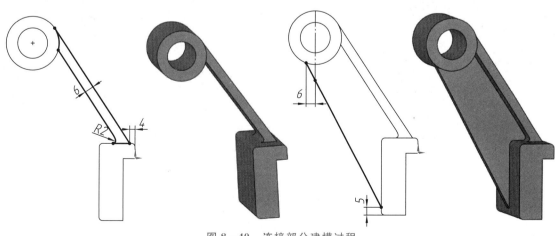

图 8 - 40　连接部分建模过程

（4）制作支架的其他结构模型

在轴承的左侧增加凸耳，并开槽等，如图8-41所示。制作凸耳上的圆柱孔和底板上的沉孔，如图8-42所示。制作铸造圆角，完成支架的建模，如图8-9所示。

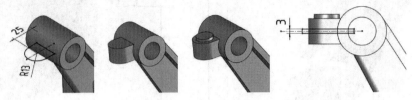

图8-41　凸耳及切口建模过程

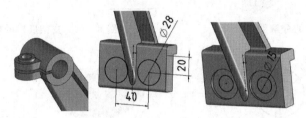

图8-42　底板上沉孔建模过程

4.箱体类零件

箱体类零件是用来支承、容纳和保护运动零件和其他零件的，其结构形状一般比较复杂。箱体类零件的建模，应按照零件各组成部分所起的作用进行功能性分解，再构建以简单体为主的形体特征，最后，建立形体特征之间的相对位置关系，完成零件的建模。现以图8-11所示齿轮油泵的泵体为例，介绍泵体的建模步骤，泵体的建模分解图如图8-43所示。

（1）建立泵体主体结构模型

在特征平面上绘制泵体草图，通过拉伸方式得到泵体主体模型，如图8-44所示。

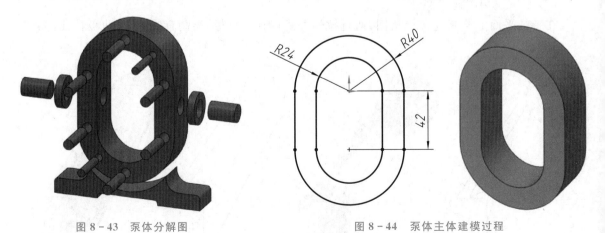

图8-43　泵体分解图　　　　　　　　图8-44　泵体主体建模过程

（2）制作泵体的底板

在特征平面绘制底板的草图，通过拉伸方式得到泵体的底板，如图8-45所示。

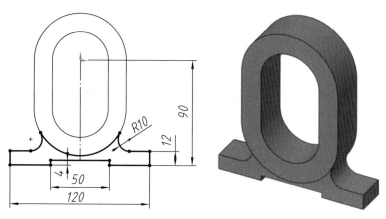

图 8-45　底板的建模过程

（3）制作泵体上的凸台

在泵体侧面上绘制凸台草图，通过拉伸方式得到泵体侧面上的凸台，如图 8-46 所示。

（4）制作泵体上的进油孔

在凸台端面上绘制圆孔草图，通过拉伸切除方式在凸台上切出圆孔，如图 8-47 所示。

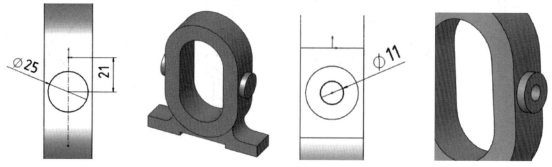

图 8-46　泵体进油口凸台建模过程　　　　　　图 8-47　泵体进油孔建模过程

（5）制作泵体上的 6 个圆柱孔及 2 个销孔

在泵体上绘制 6 个圆柱孔及 2 个销孔草图，通过拉伸切除方式得到泵体的圆柱孔及销孔。

（6）最后制作圆角、倒角

在特征体上选择需制作圆角、倒角的边线，生成圆角、倒角，完成泵体的建模，如图 8-11
所示。

（五）零件工程图的生成

在零件的三维模型设计完成后，通常还需要将其转换成二维工程图，用于指导零件的生产制
造。三维软件系统提供的工程图模块，功能强大，它能够将零件或装配体直接转换成二维工程
图。由三维模型所生成的二维视图与三维模型之间，数据具有全相关性，在一个模块中所做的修
改，另外模块中与之相关的数据将直接随之更新。三维模型的尺寸能够直接转换成工程图尺寸，
也可以在此基础上进行尺寸的编辑修改。工程图模块还提供有标注表面结构要求、尺寸公差和
几何公差等功能。

下面以图 8-7 中的泵盖为例,说明创建泵盖的工程图的步骤。

(1) 新建工程图文件

通过文件/新建/工程图的方式,调用三维软件的工程图模块,新建工程图文件。

(2) 选择视图方式

用二维工程图准确地表达一个三维模型,需要根据模型的复杂程度,来选择不同的表达方式和视图数量。首先可以采用模型视图和投影视图等方式生成泵盖主视图和左视图,并选择适当的视图比例,如图 8-48a 所示。

(3) 创建剖视图

采用剖面视图方式创建泵盖的剖视图,如图 8-48b 所示。

(4) 标注尺寸

插入"注释"工具栏上的"模型项目",将模型尺寸添加到视图中,然后对尺寸进行调整补充,结果如图 8-48c 所示。

(5) 添加技术要求

利用"模型项目"向工程图中添加表面粗糙度、几何公差等技术要求。

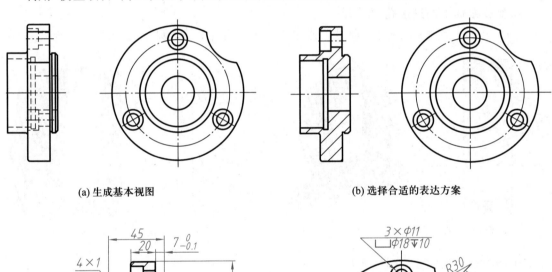

(a) 生成基本视图　　　　　　　　　　(b) 选择合适的表达方案

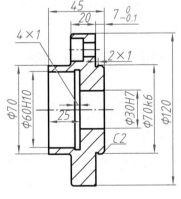

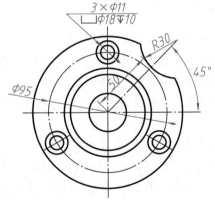

(c) 标注尺寸

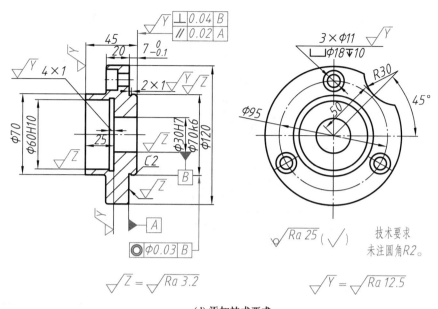

(d) 添加技术要求

图 8 - 48 泵盖工程图的生成

§8-2 装配图

一、装配图的内容

机器或部件都是由若干个零件按一定的装配关系和技术要求装配而成。表达机器或部件（统称装配体）及其组成部分的结构形状、装配关系、工作原理和技术要求等的工程图样称为装配图。

图 8-49 是球阀的轴测装配图。该球阀由 13 种零件组成，其阀芯是球形的。当扳动扳手时，将带动阀杆、阀芯一起转动，从而改变流体通道大小，以启闭和调节管道系统的流体流量。图 8-50 是球阀的装配图。

装配图是机器设计中表达设计意图、指导生产及进行技术交流的重要技术文件。一张完整的装配图需要包含以下四个内容：

1. 一组图形

用视图、剖视图和其他表达方法等组成的一组图形，表达机器或部件的工作原理、各零件间的装配关系、连接方式，以及主要零件的结构形状。

2. 必要的尺寸

标注表示机器或部件的性能、规格、装配和安装等所必需的一些尺寸。

3. 技术要求

用符号或文字说明机器或部件在装配、检验、调试、验收和使用方法等方面应达到的要求。

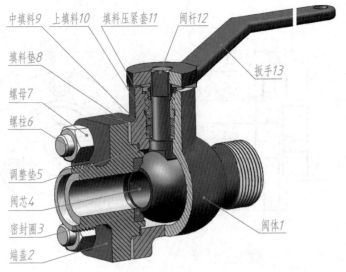

图 8-49 球阀的轴测装配图

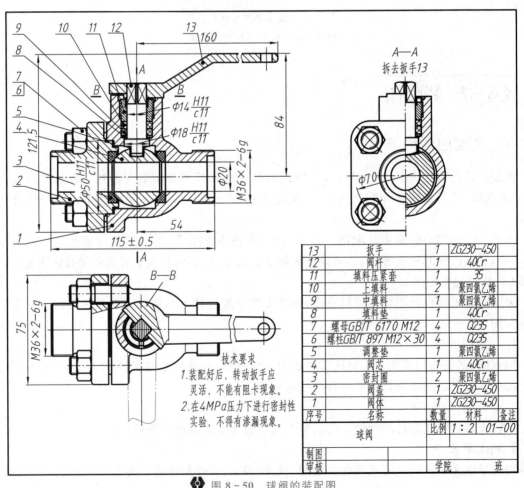

13	扳手	1	ZG230-450	
12	阀杆	1	40Cr	
11	填料压紧套	1	35	
10	上填料	2	聚四氯乙烯	
9	中填料	1	聚四氯乙烯	
8	填料垫	1	40Cr	
7	螺母GB/T 6170 M12	4	Q235	
6	螺柱GB/T 897 M12×30	4	Q235	
5	调整垫	1	聚四氯乙烯	
4	阀芯	1	40Cr	
3	密封圈	2	聚四氯乙烯	
2	阀盖	1	ZG230-450	
1	阀体	1	ZG230-450	
序号	名称	数量	材料	备注
	球阀		比例 1:2	01-00

技术要求

1. 装配好后，转动扳手应灵活，不能有阻卡现象。
2. 在4MPa压力下进行密封性实验，不得有渗漏现象。

制图

审核　　　　学院　　班

图 8-50 球阀的装配图

4.零件序号、明细栏和标题栏

在装配图中为了便于查找零件,需要对装配体上每一种零件按顺序编写序号,并在明细栏中对应地列出每种零件的名称、数量、材料等。标题栏用以注明装配体的名称、图号、比例以及有关责任者的签名、日期等。

二、装配图的画法

绘制装配图时,除了规定使用第六章所介绍的各种图样画法外,国家标准《机械制图》对装配图还提出了一些规定画法和特殊表达方法。

(一)装配图的规定画法

1.接触面和配合面的画法 相邻两零件的接触面或配合面,规定只画一条线。两零件表面不接触或非配合时,则必须画两条线,如图8-51所示。

2.零件剖面线的画法 在剖视图或断面图中,不同零件的剖面线方向相反或方向一致而间隔不等并错开;同一零件在各个剖开的视图中,剖面线的方向和间隔应保持一致;若零件的厚度小于2 mm时,允许用涂黑表示代替剖面符号,如图8-52所示。

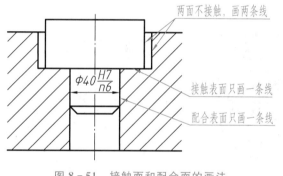

图 8-51 接触面和配合面的画法

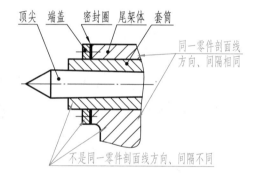

图 8-52 零件剖面线的画法

3.紧固件和实心零件的画法 在剖视图中,对于紧固件以及轴、连杆、球、键、销等实心零件,若按纵向剖切,且剖切平面通过其对称平面或基本轴线时,这些零件均按不剖绘制,仍画外形。当需要特别表明这些零件的某些结构,如凹槽、键槽、销孔等,可采用局部剖视图。当剖切平面垂直于这些紧固件或实心件的轴线剖切时,则这些零件仍按剖视绘制,如图8-53所示。

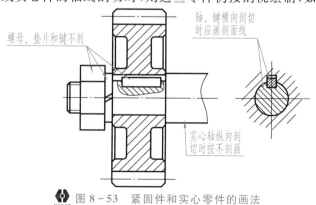

图 8-53 紧固件和实心零件的画法

（二）装配图的特殊画法

1. 拆卸画法

为表达被遮挡的结构，可假想将某些零件拆卸后画出，此时一般需要在视图上方加注"拆去××等"，如图8-50中的A—A半剖视图所示。

2. 沿结合面剖切画法

为表达装配体内部的结构，可假想沿零件结合面剖切后绘制，对沿其结合面剖切的零件不画剖面符号，如图8-54中的A—A剖视图所示。

3. 单独表示某个零件

在装配图中，当某个零件的形状未表达清楚而又对理解装配关系有影响时，可另外单独画出该零件的某一视图，如图8-54中的B（泵盖）视图所示。

4. 夸大画法

在装配图中，对于薄垫片、小间隙等结构，按实际尺寸难以表达清楚时，允许将该部分不按原定比例而适当夸大画出，如图8-54所示，垫片的厚度及螺钉与泵盖上螺钉孔的间隙，均采用了夸大画法。

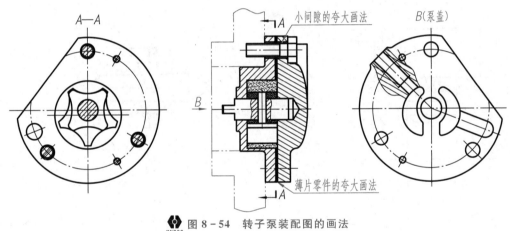

图8-54 转子泵装配图的画法

5. 假想画法

（1）在装配图中，当必须表达与本部件的相邻零件或部件的安装连接关系时，也可用双点画线画出相邻零件或部件的轮廓，如图8-54中主视图所示，表示转子泵安装所在的部件是用双点画线画出的。

（2）在装配图中，当需要表达运动零（部）件的运动范围或极限位置时，可将运动件在一个极限位置（或中间位置上）画出，其另一极限位置（或两极限位置）用双点画线画出外形轮廓。图8-50中的俯视图，阀门关闭时的扳手位置是用双点画线画出的。

6. 展开画法

为了表达某些重叠的装配关系，如多级传动变速箱，可以假想按传动路线顺序，用多个在各轴心处首尾相接的剖切平面进行剖切，并依次展开在同一投影面上，画出剖视图，并在剖视图的上方标注"×—×◯➔"，如图8-55所示。

220

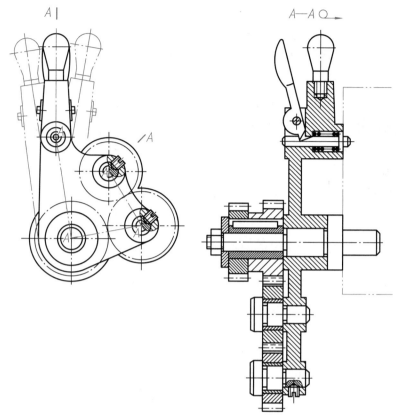

图 8-55　假想画法及展开画法

（三）装配图的简化画法

在不影响装配图表达重点（工作原理、装配关系等）的情况下，在装配图的绘制中尽可能采用简化画法。

1. 零部件结构轮廓的简化

（1）在装配图中，零件的工艺结构，如倒角、倒圆、砂轮越程槽、退刀槽等，允许省略不画。

（2）在能够清楚表达产品特征和装配关系的条件下，装配图中可以仅画出其简化后的轮廓。如在装配图中绘制电机时可仅画出其简化后的轮廓。

（3）在装配图中对于若干相同的零部件组，可仅详细画出一组，其余只需用细点画线表示其位置，并给出零部件组的总数，如图 8-56 所示。

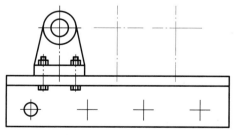

图 8-56　相同组件的简化画法

2. 特殊零部件的简化画法

（1）在装配图中，可用粗实线表示带传动中的带，如图 8-57 所示。

（2）在装配图中，可用细点画线表示链传动中的链，如图 8-58 所示。

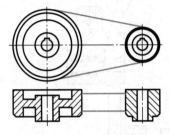
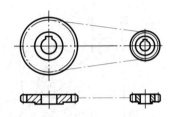

图 8-57　装配图中带的简化画法　　　图 8-58　装配图中链的简化画法

（3）在化工设备等的装配图中，可用细点画线表示密集的管子，如图 8-59 所示。

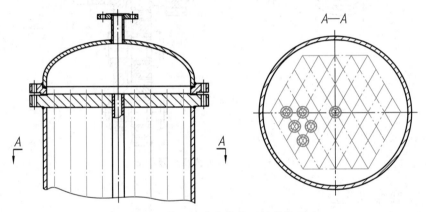

图 8-59　装配图中密集管子的简化画法

三、装配图的尺寸标注

装配图只需标注出必要的尺寸以说明部件或机器的性能、零件间的装配关系、部件或机器的外廓大小及对外安装情况即可。通常在装配图中需要标注出以下五类尺寸：

（一）性能(规格)尺寸

表示机器或部件性能(规格)的尺寸，它是设计、选用该机器或部件的主要依据。如图 8-50 中球阀的管口直径 $\phi 20$，它是体现球阀最大流量的重要参数。

（二）装配尺寸

1. 零件间的配合尺寸

它体现了零件间的配合性质和相对运动情况，是设计、分析部件工作原理的重要依据。如图 8-50 中的 $\phi 50H11/h11$，它体现相关两零件表面间是间隙配合。

2. 重要的相对位置尺寸

它是零件或部件之间必须保证的相对位置尺寸以及装配时需要现场加工的尺寸。如图 8-50 中的 $\phi 70$，它是螺柱位置尺寸，也是阀体和阀盖连接孔必须同时保证的定位尺寸。

(三) 安装尺寸

机器或部件安装时所需的尺寸。包括安装时定位和紧固用孔、槽的定形、定位尺寸等。如图 8-50 中球阀安装在管道系统中所需的螺纹尺寸 M36×2-6g 等。

(四) 外形(总体)尺寸

表示机器或部件的总长、总宽和总高。它说明机器或部件在选用、包装、运输时所需的空间。如图 8-50 中,球阀的总长、总宽和总高分别为 115±0.5、75 和 121.5。当因部件中零件运动而使得某方向总体尺寸为变值时,应标明其尺寸变动范围。

(五) 其他重要尺寸

影响装配体性能的其他重要尺寸,如运动件的极限位置尺寸、主要零件的关键结构尺寸等。如图 8-50 中,主视图中的尺寸 160,它表明了球阀正常工作时所需的扳手回转空间。

以上五类尺寸并不是每一张装配图都必须标注的,要根据具体情况分析,有时同一尺寸兼有几种含义。

四、装配图的技术要求

用文字或符号在装配图中说明对机器或部件的性能、装配、检验、使用等方面的要求和条件。一般写在明细栏的上方或图纸下方空白处。

五、装配图的零部件序号和明细栏

为便于读图和装配工作,必须对装配图中的所有零部件进行编号,并填写与图中编号一致的明细栏。

(一) 零部件序号的编排方法和规定

1. 基本规定

装配图中所有零部件都必须编写序号。且规格相同的零部件可只编写一个序号。图中零部件序号应与明细栏(表)中的序号一致。

2. 编写方法

装配图中的序号由圆点、指引线、横线(或圆圈)和序号数字这四部分组成,如图 8-60 所示。

圆点应放在所指零部件的可见轮廓线内部。若所指部分(很薄的零件或涂黑的剖面)内不便画圆点时,可画箭头,并指向该部分的轮廓,如图 8-60 中的零件序号 5 的标注。

指引线为细实线,且不能相交。当其通过有剖面线的区域时,不应与剖面线平行。指引线可以画成折线,但只可曲折一次。一组紧固件以及装配关系清楚的零件组,可以采用公共指引线,如图 8-60 中零件序号 2、3、4 的标注。

在指引线的末端一般应用细实线画出横线或圆圈,也可以省略,如图 8-61 所示。但一张装配图上应统一使用一种形式,并按水平或竖直方向排列整齐。

序号数字根据装配图上横线(或圆圈)的形式注写在水平的基准横线上,或圆圈内,或指引线的非零件端附近,序号数字的字号比该装配图中所注尺寸数字的字号大一号或两号,同一张装配图内注写形式要统一,并按顺时针或逆时针方向顺次整齐排列,在整个图无法连续时,应尽量在每个水平或竖直方向顺次排列。

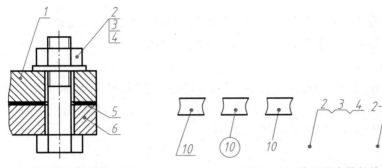

图 8 - 60　装配图中零部件序号(一)　　　　　图 8 - 61　装配图中零部件序号(二)

(二) 明细栏

明细栏是机器或部件中全部零部件的清单,一般包括零部件的序号、名称、代号(图样代号或标准号)、材料、数量、质量以及备注等信息。明细栏应紧靠在标题栏的上方,由下向上顺序填写零件编号。当标题栏上方位置不够时,可移至标题栏左边继续填写。

六、装配结构的合理性

在设计和绘制装配图的过程中,应考虑装配结构的合理性,便于零件拆装、连接可靠,以保证产品的使用性能。常见的装配结构合理性如表 8 - 13 所示。

表 8 - 13　装配图结构的合理性

结构类型	结构要求	图例	
两零件的接触面	两零件装配后,在同一方向上只允许有一对接触面或配合面,否则难以保证装配精度和质量。	横向	接触面 不接触面 不正确　　　正确
		竖向	接触面 不接触面 不正确　　　正确
		径向	不接触面 接触面 不正确　　　正确

224

结构类型	结构要求	图例		
两零件的接触面	两零件在两个方向上要求同时接触时,在转折处要做出倒角、退刀槽,不应都加工成直角或相同的圆角,以免发生接触干涉。	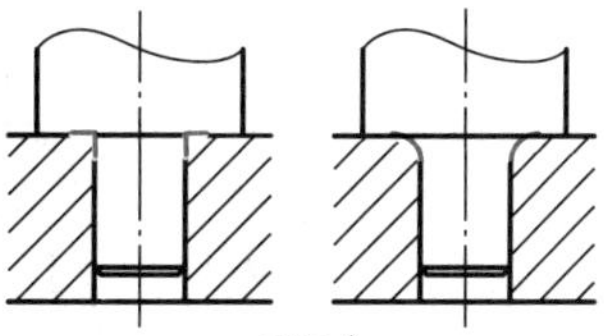 不正确 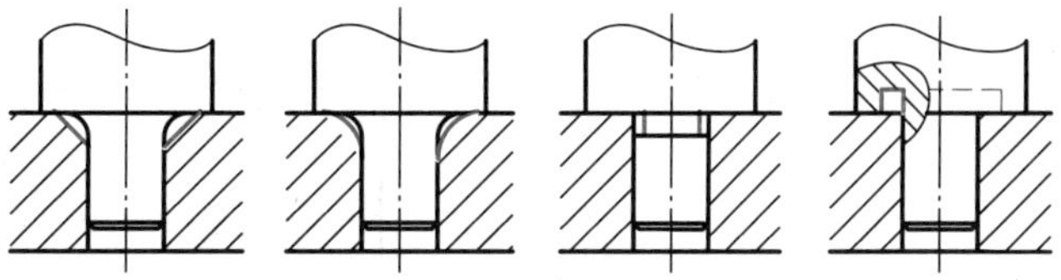 正确		
	合理减少两零件之间的接触面,这样既可保证接触良好,又能降低加工成本。	平面	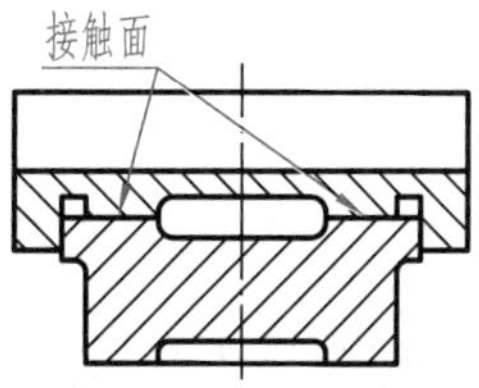 接触面	
		回转面	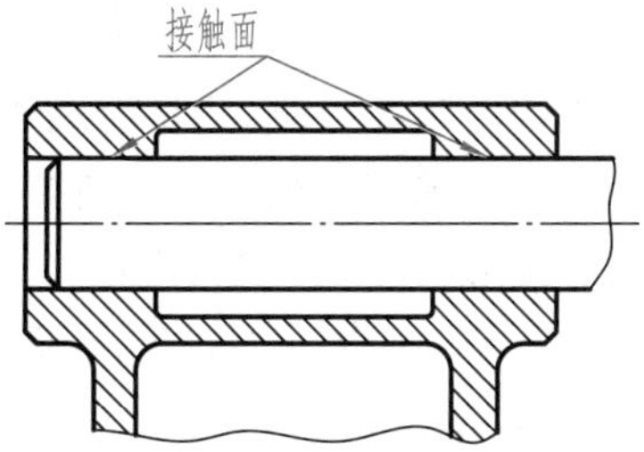 接触面	
拆装空间	留出拆装空间	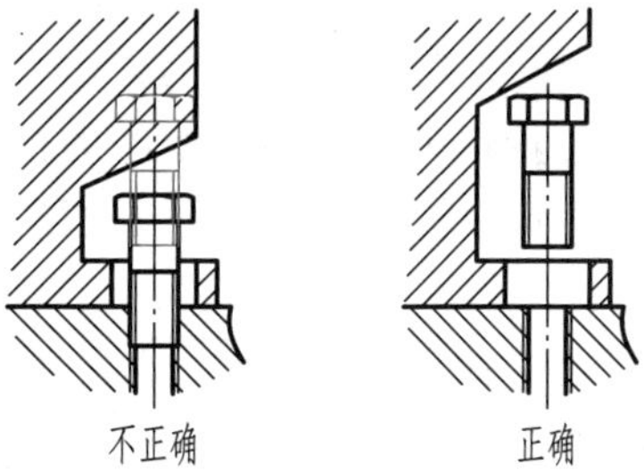 不正确 正确		
	预留操作空间	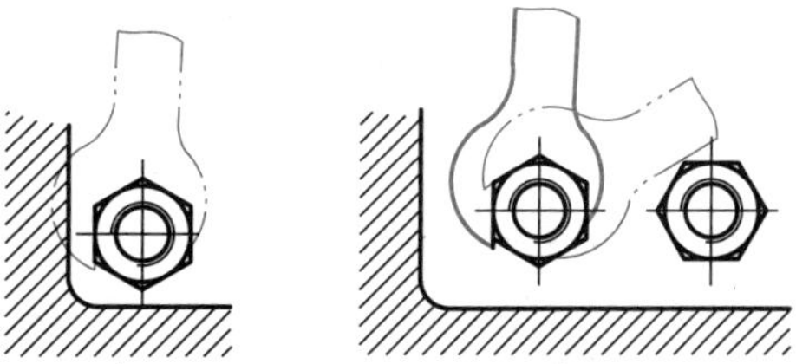 不合理 合理		

结构类型	结构要求	图例
拆装空间	便于拆装	螺纹连接 不合理　合理　合理 轴承拆卸 不正确　正确　不正确　正确

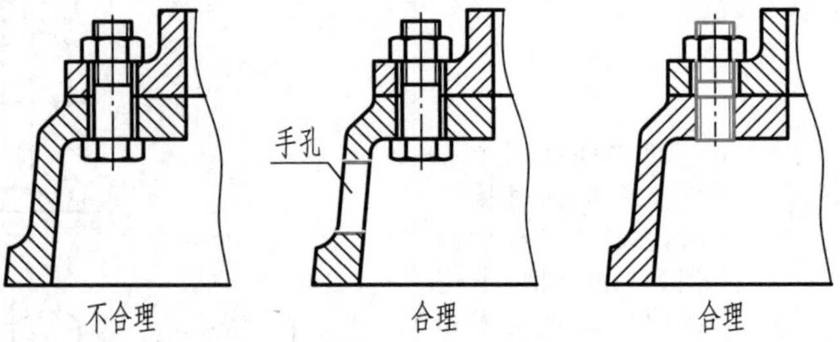

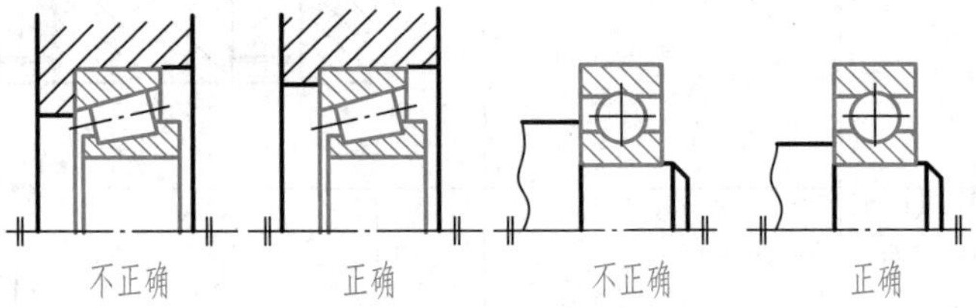

七、由零件图画装配图

（一）画装配图的基本要求

绘制部件或机器的装配图时，要从有利于生产、便于读图出发，恰当地选择视图，生产上对装配图在视图表达上的要求是完全、正确、清楚，具体要求如下：

1. 部件的工作原理、主要结构和零件之间的装配关系及主要零件的形状等，要表达完全。

2. 表达部件的视图、剖视、规定画法等的表示方法要正确，合乎国家标准规定。

3. 图样清楚易懂，便于读图。

（二）画装配图的方法

根据装配图的画图顺序，画装配图的方法有以下两种：

第一种方法是"由内向外"，从各装配线的核心零件开始，按照装配关系逐层扩展画出各个零件，最后画壳体、箱体等支撑、包容零件。画图的过程即为设计的过程，适用于在设计新设备的初始阶段绘制装配图。

第二种方法是"由外向内"，先将起支撑、包容作用的箱体、壳体或支架等零件画出，再按照装配线和装配关系逐次画出其他零件。这种方法多用于对已有设备（部件）进行测绘，主要是根据已有零件图"拼画"装配图，画图过程与具体的机器或部件装配过程一致。

（三）画装配图的步骤

下面以绘制球阀装配图为例介绍画装配图的步骤。球阀的零件图如图 8-62 所示。

1. 分析所表达机器或部件的装配关系和工作原理

通过查阅所表达机器或部件的相关资料，如实物、零件图（图 8-62）、装配示意图（图 8-63）等，了解各零件在机器或部件中的作用及零件间的装配关系，分析所表达机器或部件的工作原理。

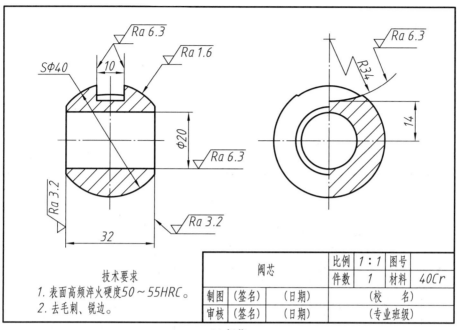

技术要求
1. 表面高频淬火硬度50～55HRC。
2. 去毛刺、锐边。

阀芯			比例	1：1	图号	
			件数	1	材料	40Cr
制图	(签名)	(日期)		(校　名)		
审核	(签名)	(日期)		(专业班级)		

(a) 阀芯

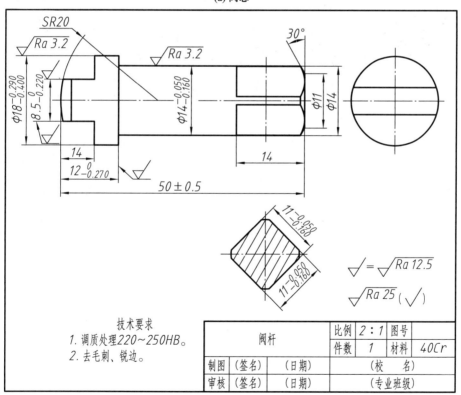

技术要求
1. 调质处理220～250HB。
2. 去毛刺、锐边。

阀杆			比例	2：1	图号	
			件数	1	材料	40Cr
制图	(签名)	(日期)		(校　名)		
审核	(签名)	(日期)		(专业班级)		

(b) 阀杆

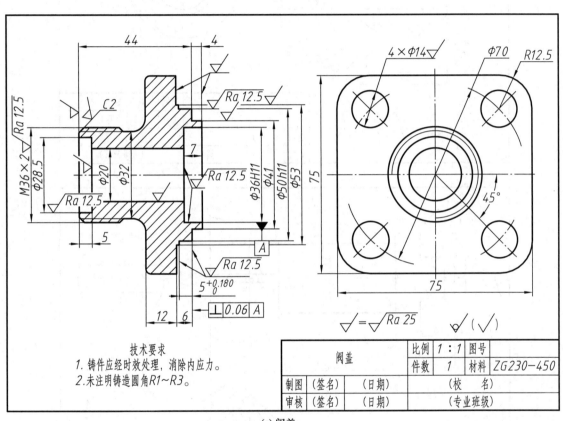

技术要求
1. 铸件应经时效处理，消除内应力。
2. 未注明铸造圆角R1~R3。

阀盖		比例	1：1	图号	
		件数	1	材料	ZG230-450
制图	(签名)	(日期)		(校　名)	
审核	(签名)	(日期)		(专业班级)	

(c) 阀盖

228

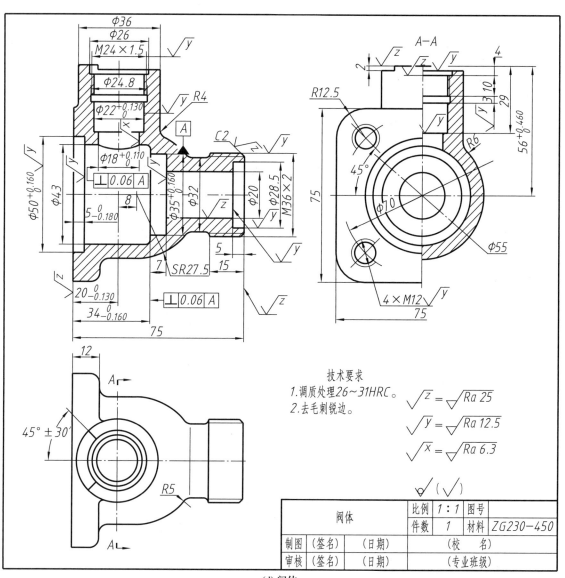

技术要求
1. 调质处理26~31HRC。
2. 去毛刺锐边。

$\sqrt{z} = \sqrt{Ra\ 25}$

$\sqrt{y} = \sqrt{Ra\ 12.5}$

$\sqrt{x} = \sqrt{Ra\ 6.3}$

$\sqrt{}(\sqrt{})$

阀体		比例	1:1	图号	
		件数	1	材料	ZG230-450
制图	(签名)	(日期)	(校 名)		
审核	(签名)	(日期)	(专业班级)		

(d) 阀体

229

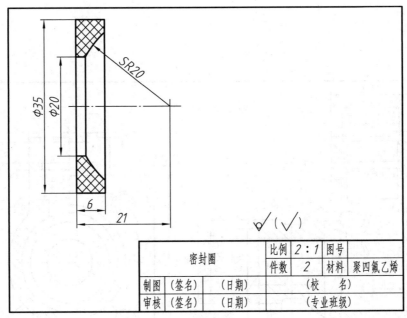

密封圈	比例	2:1	图号	
	件数	2	材料	聚四氟乙烯
制图	(签名)	(日期)	(校 名)	
审核	(签名)	(日期)	(专业班级)	

(e) 密封圈

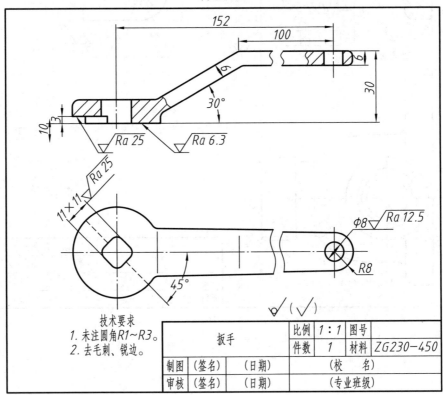

技术要求
1. 未注圆角R1~R3。
2. 去毛刺、锐边。

扳手	比例	1:1	图号	
	件数	1	材料	ZG230-450
制图	(签名)	(日期)	(校 名)	
审核	(签名)	(日期)	(专业班级)	

(f) 扳手

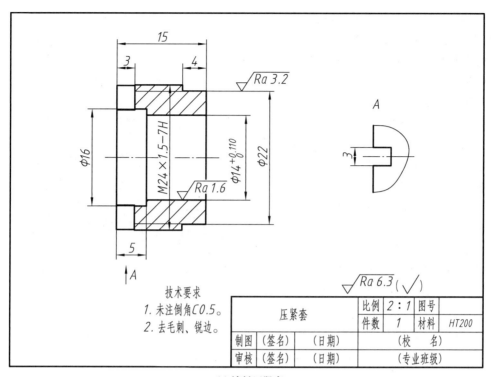

技术要求
1. 未注倒角C0.5。
2. 去毛刺、锐边。

压紧套		比例	2:1	图号	
		件数	1	材料	HT200
制图	（签名）	（日期）		（校 名）	
审核	（签名）	（日期）		（专业班级）	

(g) 填料压紧套

图 8-62　球阀的零件图

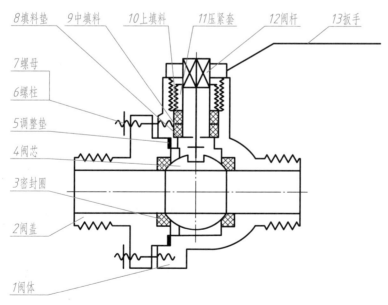

图 8-63　球阀的装配示意图

（1）了解装配关系

通过分析，球阀有三条装配线，如图 8-64 所示。

装配线 *I* :作为球阀的主装配线,由阀体、阀芯、阀盖、密封圈、调整垫组成,并用合适的调整垫 5 调节阀芯 4 与密封圈 3 之间的松紧程度。

装配线 *II* :在阀体上部有阀杆 12,阀杆下部有凸块,榫接阀芯 4 上的凹槽。为了密封,在阀体与阀杆之间加进填料垫 8、填料 9 和 10,并且旋入填料压紧套 11。

装配线 *III* :阀体 1 和阀盖 2 均带有方形的凸缘,它们用四个双头的螺柱 6 和螺母 7 连接。

(2)分析工作原理

通过分析,球阀的工作原理是:扳手 13 的方孔套进阀杆 12 上部的四棱柱,当扳手处于图 8-50 所示的位置时,则阀门全部开启,管道畅通;当扳手按顺时针方向旋转 90°时,则阀门全部关闭,管道断流。

图 8-64 球阀的装配线

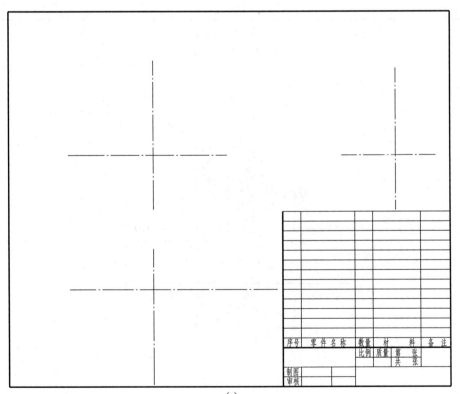

(a)

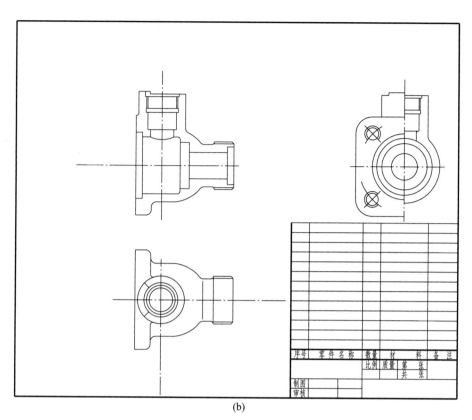

序号	零件名称	数量	材	料	备 注
		比例	质量	第	张
				共	张
制图					
审核					

(b)

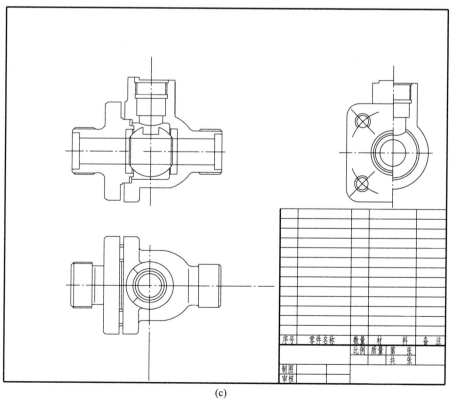

序号	零件名称	数量	材	料	备 注
		比例	质量	第	张
				共	张
制图					
审核					

(c)

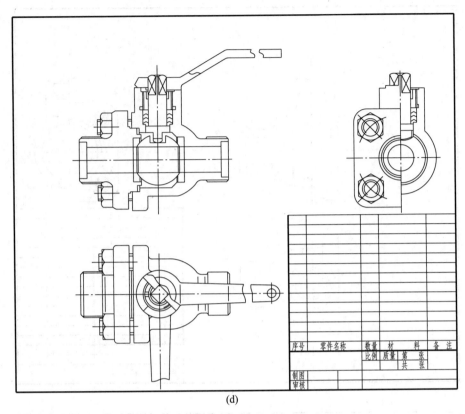

序号	零件名称	数量	材料		备注
		比例	质量	第 张	
				共 张	
制图					
审核					

(d)

图 8-65　绘制球阀装配图底稿的步骤

2. 确定表达方案

装配图表达方案的确定,包括选择主视图和其他视图,并确定表达方法。可考虑多种表达方案,比较后确定最佳方案。

(1) 选择主视图

主视图的选择原则:一是要符合部件的工作位置;二是能清楚地表达部件的工作原理和主要装配关系。

球阀的工作位置情况多变,但一般是将其通路放成水平位置,故将其置为水平位置并作为主视图的投射方向,并采取适当的剖视,以能清楚地反映主要装配关系和工作原理,并较清晰地表达各个主要零件以及零件间的相互关系(图8-50)。

(2) 选择其他视图

选择其他视图、剖视图和断面图等,补充主视图表达的不足,进一步表达机器或部件的装配关系、工作原理和主要零件的结构形状。

球阀的左视图采用半剖,进一步表达球阀的外形结构以及其他一些装配关系;俯视图表达球阀外形,采用局部剖表达扳手与定位凸块的关系及两极限位置(图8-50)。

3. 确定绘图比例和图幅

按照选定的表达方案,根据部件或机器的尺寸大小及复杂程度确定画图的比例,并根据估计的视图、尺寸、技术要求、零件序号、明细栏及标题栏所占用面积大小等因素选用标准图幅,绘制

234

图框线和标题栏。

4. 绘制视图

绘制装配图视图的一般过程如下：

（1）绘制作图基准线（视图布局）

根据拟定的表达方案，画出各主要视图的作图基准线，以便合理美观的布置各个视图，注意留出标注尺寸、技术要求、零件序号、明细栏等的适当位置。作图基准线一般选择装配体的底面、对称面、重要的端面或主要零件的轴线。球阀作图基准线的绘制如图 8-65a 所示。

（2）从主要零件开始按照装配关系逐个画出各个零件

本例可按照球阀装配过程选用"由外向内"的方法，从阀体开始，分别按照各条装配干线的装配顺序，依次画出各个零件的视图。其主要作图过程如图 8-65b、c、d 所示。

（3）检查、整理、描深、画剖面线

对于绘制的装配体底稿进行检查、校核，擦去多余的图线、整理全图，检查没有错误之后进行描深，并绘制剖面线。

5. 标注必要的尺寸和技术要求（图 8-50）。

6. 编写零部件序号，填写标题栏和明细栏（图 8-50）。

7. 仔细审核，准确无误后，签名并填写时间，完成全图（图 8-50）。

八、阅读装配图

在工业生产中，从机器的设计到制造，或技术交流，或使用、维修机器及设备，都要用到装配图。因此，从事工程技术的工作人员都必须能读懂装配图。下面以图 8-66 所示虎钳装配图为例，说明读装配图的方法与步骤。

1. 概括了解

先看标题栏和明细栏。从标题栏了解机器或部件的名称和用途；从明细栏了解机器或部件中各零部件的名称、数量、材料及标准件的规格等。还可参阅其他有关资料，如设计说明书、使用说明书等，进一步了解机器或部件的性能和功用。

从标题栏的名称"机用虎钳"可以知道该部件是机械加工中用来夹持工件的夹具。通过明细栏可以知道机用虎钳由 11 种零件组成，其中有 4 种标准件。

2. 分析视图

了解视图数目，找出主视图，识别各视图所采用的表达方法，根据投影关系及视图上的标注，找出各个视图、剖视图、断面图等配置的位置及投射方向等，弄清各视图的表达意图和表达重点。

该机用虎钳的装配图采用了三个基本视图。主视图为通过螺杆轴线的全剖视图，表达了钳身 1、螺杆 8、螺母 9、活动钳身 4 和钳口 2 等零件间的装配关系，并较好地反映了虎钳的形状特征和工作原理。

俯视图主要表达钳身、活动钳身的外形，局部剖视表示钳口与钳身的连接关系。

左视图采用半剖，除了表示钳身左端的形状之外，进一步表达了钳身、活动钳身、螺母、螺杆之间的装配连接关系及钳身下部的形状和安装孔。

3. 分析机器或部件的装配关系和工作原理

从反映运动关系的视图入手，分析机器或部件的工作原理。从主要装配线开始，逐条分析各

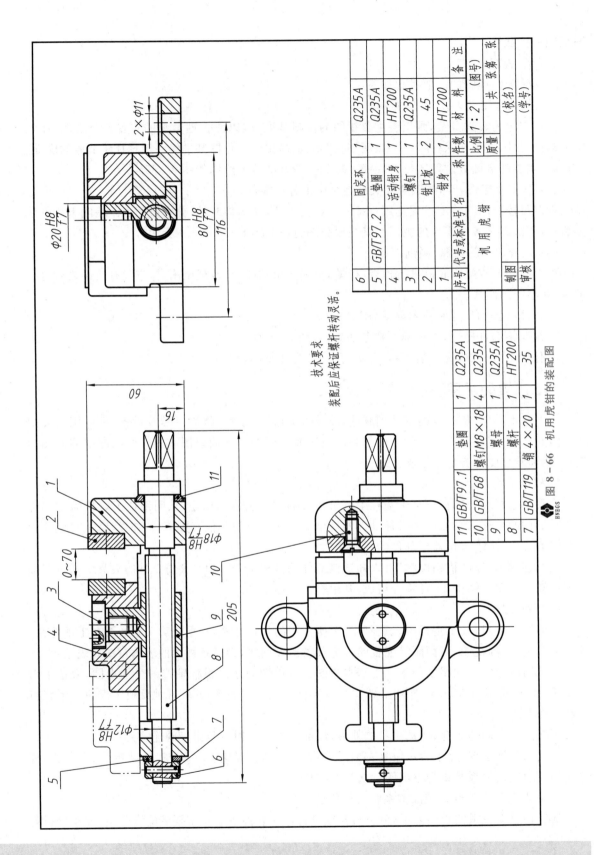

技术要求

装配后应保证螺杆转动灵活。

序号	代号或标准号	名称	件数	材料	备注
11	GB/T 97.1	垫圈	1	Q235A	
10	GB/T 68	螺钉M8×18	4	Q235A	
9		螺母	1	Q235A	
8		螺杆	1	HT200	
7	GB/T 119	销4×20	1	35	
6		固定环	1	Q235A	
5	GB/T 97.2	垫圈	1	Q235A	
4		活动钳身	1	HT200	
3		螺钉	1	Q235A	
2		钳口板	2	45	
1		钳身	1	HT200	

机用虎钳   比例 1:2   质量   共 张 第 张 (图号)

制图   (校名)

审核   (学号)

图 8-66 机用虎钳的装配图

装配线的组成,弄清零件间的配合关系,连接、定位、固定方式以及安装部位等。

机用虎钳中装配线有三条:

装配线 *Ⅰ*:机用虎钳中螺杆 *8* 的轴线是一条主要的装配干线。从主视图可以看出,螺杆左端装在螺母 *9* 中,其右端装在钳身 *1* 的孔中,并采用间隙配合,保证螺杆转动灵活。为了防止螺杆向右移动,钳座左端有一个固定环 *6*,用圆柱销 *7* 将固定环与螺杆 *8* 相连。

装配线 *Ⅱ*:螺母 *9* 与活动钳身 *4* 用间隙配合,通过螺钉 *3* 将活动钳身和螺母 *9* 固定在一起,活动钳身与钳身之间采用间隙配合。

装配线 *Ⅲ*:用螺钉 *10* 将钳口板分别固定在活动钳身 *4* 和固定钳座 *1* 上,从而增大摩擦力,保证加持工件的可靠性。

机用虎钳的工作原理为:将扳手(图上未表示)套在螺杆 *8* 右端的方头处,转动螺杆时,螺母 *9* 带动活动钳身 *4* 左右移动,以夹紧或松开工件。

4. 分析零件,读懂零件的结构形式

一般先从主要零件开始,从容易区分零件投影轮廓的视图开始,对投影,分离视图,看尺寸,定形状,将作用、加工、装配工艺综合考虑加以判断,弄清各个零件的结构形状及其作用。图 8 - 66 中 0～70 是虎钳的规格尺寸,205、60 是外形尺寸,2×ϕ11、116 为安装尺寸,16 是重要的相对位置尺寸,其余都是装配尺寸。

5. 综合分析机器或部件

综合分析机器或部件中的各条装配线、各零件的连接及传动关系,综合起来想象机器或部件的整体结构,分析其工作过程及原理、确认其功能。机用虎钳的结构如图 8 - 67 所示。

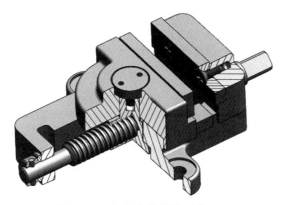

图 8 - 67   机用虎钳的轴测装配图

九、由装配图拆画零件图

在设计新机器时,经常是按功能要求先设计、绘制出装配图,确定零件的主要结构,然后再根据装配图将各零件结构、形状和大小完全确定。根据装配图画零件图称为"拆图",拆图的过程往往也是完成设计零件的过程。

由装配图拆画零件图的步骤如下:

1. 分离视图

在读懂装配图的基础上,首先利用零件序号和指引线以及装配图的规定画法,如同一零件的剖面线方向、间距相同等规定,并根据投影关系,将所拆画零件的视图从装配图中分离出来。

2. 补画分离的视图,并想象拆画零件的形状

分离出的视图往往是非连续的,根据相关专业知识,补画部分视图,将能确定的部分想象清楚并确定,然后对未确定的部分进行构型设计并确定。构型设计的原则是保证功能并便于制造,适当注意美观。

3. 确定拆画零件的表达方案

根据零件的结构、形状、类型及零件图的知识,确定所拆画零件的表达方案。注意零件图的表达重点是零件的结构形状,与装配图的表达重点不同,故其表达方案也与之不同,不能简单照抄装配图中的视图表达方案。

4. 按零件图绘图方法和步骤绘制所拆画零件的零件图

根据选定的表达方案绘制所拆画零件的零件图,同时需要注意以下几个问题:

(1) 在装配图中简化未画的倒角、倒圆等结构,在零件图中一般均应画出,符合国标规定、可简化不画的,要做正确标注。

(2) 对于装配图中未标注的结构尺寸,根据具体情况,对于一般结构尺寸可从图中量取并根据所采用的绘图比例计算得到;对于标准结构的尺寸,应查询相应的标准手册或用公式计算得到。

(3) 零件图中的技术要求应根据零件在装配体中的装配关系和功用确定。

(4) 零件图中标题栏中的内容应根据装配图中的明细栏内容等确定。

5. 拆画固定钳座的零件图

拆画钳身零件图的步骤如表 8 - 14 所示。

表 8 - 14 拆画钳身零件图

序号	项目	项目结果
1	分离视图想象形状	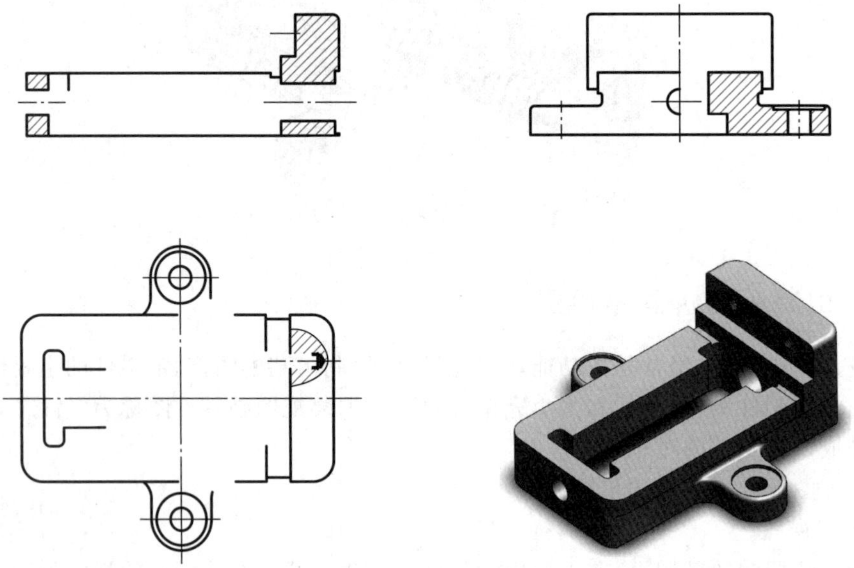

238

序号	项目	项目结果
2	补画视图图线	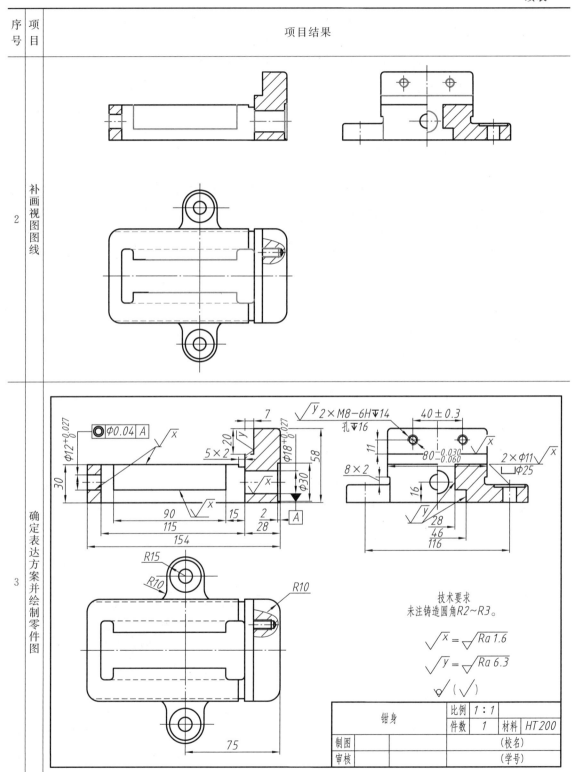
3	确定表达方案并绘制零件图	

§8-3 三维装配体设计

装配体是由若干个零件按照一定的关系组合而成的。它是利用三维CAD软件将三维零件模型调入到装配环境,然后定义零件之间的配合关系,进而来模拟实际的装配过程。

一、装配体设计的基本方法

利用CAD软件进行装配体设计有两种基本方法:自下而上设计和自上而下设计。

1. 自下而上设计

在自下而上设计中,先在零件建模环境中创建单个零件,再进入装配环境,将零件插入装配体,然后根据设计要求配合零件。当使用先前已经生成的现成零件时,自下而上设计是首选的设计方法。自下而上设计的优点之一是零件间的相互关系及重建行为简单,设计者可专注于单个零件的设计。当不需要建立控制零件大小和尺寸的参考关系时,此方法较为实用。

2. 自上而下设计

与自下而上设计不同,自上而下设计是自装配件的顶级节点生成子装配和组件,在装配层次上建立和编辑组件,从装配件的顶级开始自上而下进行设计建模。设计时,可以将布局草图作为设计的开端,定义固定零件的位置、基准面等,然后参考这些定义来设计零件。这种装配设计方法不仅能提高建模效率,而且符合人们的设计习惯,能够确保设计意图的实现,有利于进行结构创新设计。但是,这种方法不容易把握,对设计者要求较高。

二、装配体的配合方式

空间中一个没有施加任何约束的零件具有6个自由度,即沿X、Y、Z轴做轴向移动的3个移动自由度和绕X、Y、Z轴转动的3个旋转自由度,如图8-68所示。在日常工作中的零件,都是和其他零部件组装在一起的。图8-69所示的螺母与螺栓的连接,螺母只能绕螺栓轴线方向移动和转动,其他4个自由度全部失去。

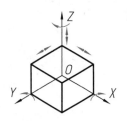

图8-68 零件在空间的6个自由度

图8-69 螺栓和螺母的配合

工程中零件的装配过程,实际上就是一个约束限位的过程。在装配体设计过程中,应用CAD软件提供的约束关系,可以精确地定位零件,定义零部件如何相对于其他零部件间的移动和旋转。虽然不同软件间存在着概念、名称的不同叫法,但其实质都是一样的。下面以Solid-Works软件为例,介绍常见的约束配合种类。

1. 标准配合

SolidWorks 提供的标准配合关系有重合、平行、垂直、相切、同轴心、锁定、距离、角度等。

（1）重合　将所选点、边线、面及基准面重合在一个点、一条线或者一个面上，如图 8 - 70 所示。

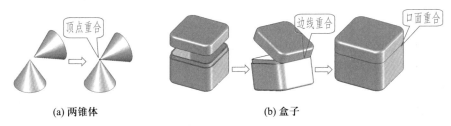

(a) 两锥体　　　　　　　　(b) 盒子

图 8 - 70　重合配合

（2）平行　在所选项目之间加入平行约束关系。定位所选的项目使之保持相同的方向，并且彼此间保持等间距，如图 8 - 71 所示。

（3）垂直　在所选项目之间加入垂直约束关系，如图 8 - 71 所示。

（4）相切　在所选项目之间加入相切约束关系。所选项目至少有一项为圆柱面、圆锥面或球面，如图 8 - 72 所示。

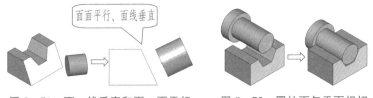

图 8 - 71　面一线垂直和面一面平行　　　图 8 - 72　圆柱面与平面相切

（5）同轴心　使所选项目保持同轴。常用于圆柱面、锥面、轴线、球面、直线等，如图 8 - 73 所示。

（6）锁定　保持两个零部件之间的相对位置和方向。零部件相对于对方被完全约束。锁定配合与在两个零部件之间成型子装配体，并使子装配体固定的效果完全相同。

图 8 - 73　同轴心配合

（7）距离　使所选项目之间保持指定的距离。

（8）角度　使所选项目之间保持指定的角度。

2. 高级配合

SolidWorks 提供的高级配合关系有轮廓中心、对称、限制、宽度、路径配合、线性/线性耦合和限制。

（1）限制配合　允许零部件在距离配合和角度配合的一定数值范围内移动。图 8 - 74 中可以限制 V 形块之间的最大距离。

（2）线性/线性耦合配合　在一个零部件的平移和另一个零部件的平移之间建立几何关系。如图 8 - 75 所示，导轨 1 移动 1 mm，导轨 2 就移动 2 mm。

图 8-74　限制配合　　　　　　　　图 8-75　线性/线性耦合配合

（3）路径配合　将零部件上所选的点约束到路径。

（4）对称配合　强制使两个相似的实体相对于零部件的基准面或平面或装配体的基准面对称，如图 8-76 所示。

（5）宽度配合　使标签位于凹槽宽度内的中心，如图 8-77 所示。

（6）轮廓中心　将矩形和圆形轮廓中心互相对齐，并完全定义组件，如图 8-78 所示。

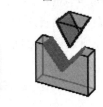

图 8-76　对称配合

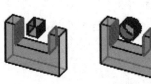

图 8-77　宽度配合

图 8-78　轮廓中心配合

3. 机械配合

SolidWorks 提供的高级配合关系有凸轮推杆、槽口、齿轮、铰链、齿条和齿轮、螺旋及万向节，可用于运动模拟。

（1）槽口配合　将螺栓或槽口运动限制在槽口孔内。提供的约束类型如图 8-79 所示。

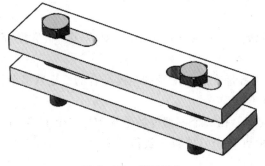

图 8-79　槽口配合

（2）凸轮推杆配合　为一相切或重合配合类型。它可允许将圆柱、基准面或点与一系列相切的拉伸曲面相配合，如图 8-80 所示。

（3）齿轮配合　会强迫两个零部件绕所选轴相对旋转，如图 8-81 所示。

图 8-80　凸轮推杆配合　　　图 8-81　齿轮配合

（4）铰链配合　将两个零部件之间的移动限制在一定的旋转范围内。其效果相当于同时添加同心配合和重合配合。此外，还可以限制两个零部件之间的移动角度，如图 8-82 所示。

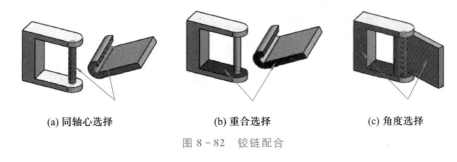

(a) 同轴心选择　　　　　(b) 重合选择　　　　　(c) 角度选择

图 8-82　铰链配合

（5）齿条和齿轮配合　通过齿条和小齿轮配合，某个零部件（齿条）的线性平移会引起另一零部件（小齿轮）做圆周旋转，反之亦然，如图 8-83 所示。

（6）螺旋配合　将两个零部件约束为同心，还在一个零部件的旋转和另一个零部件的平移之间添加纵倾几何关系。一零部件沿轴方向的平移会根据纵倾几何关系引起另一个零部件的旋转。同样，一个零部件的旋转可引起另一个零部件的平移，如图 8-84 所示。

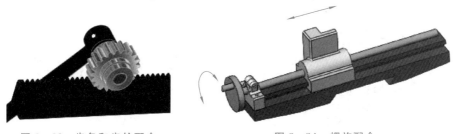

图 8-83　齿条和齿轮配合　　　　　图 8-84　螺旋配合

（7）万向节配合　在万向节配合中，一个零部件（输出轴）绕自身轴的旋转是由另一个零部件(输入轴)绕其轴旋转驱动的。

三、装配体设计的过程

对同一个装配体其设计过程并不是唯一的。可以采用自下而上设计方法,也可以采用自上而下设计方法或二者结合的方法。装配时可以严格按实际部件的装配顺序,也可以根据一些需要设计装配顺序。

下面以轮架(图 8 - 85)为例,说明装配体设计的过程。

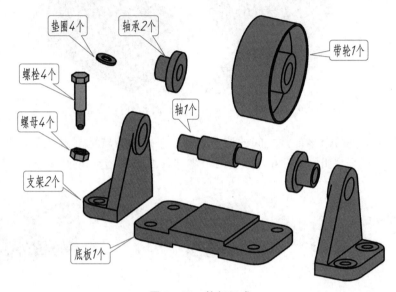

图 8 - 85　轮架组成

(1) 创建出非标准件的三维模型。

(2) 创建装配体文件。

(3) 插入底板,作为"地",使其在装配体中固定不动,如图 8 - 86 所示。

第一个插入的零件作为装配的基础,一般将它固定在装配体中,再插入其他零件与其装配。因此,第一个零件一般选择部件中的基础零件,如箱体、壳体、底座等。

(4) 插入支架,并在支架下底面与底板上表面之间添加面重合配合关系,如图 8 - 87 所示。

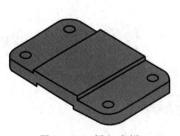

图 8 - 86　插入底板

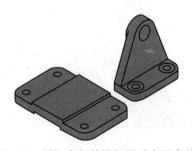

图 8 - 87　插入支架并添加面重合配合关系

(5) 在支架螺栓孔与底板螺栓孔之间添加同轴心配合关系,如图 8 - 88 所示。

（6）插入轴承，并在支架圆柱端面与轴承环面之间添加面重合配合关系，如图 8-89 所示。

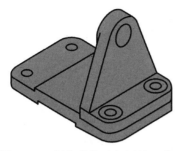

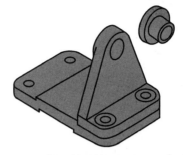

图 8-88　添加螺栓孔间同轴心关系　　　　图 8-89　插入轴承并添加端面重合关系

（7）在支架圆柱孔与轴承圆柱孔之间添加同轴心配合关系，如图 8-90 所示。

（8）插入轴，并在轴阶梯端面与轴承端面之间添加面重合配合关系，如图 8-91 所示。

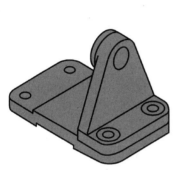

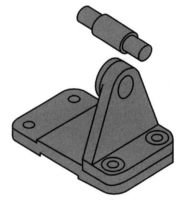

图 8-90　添加圆柱孔间同轴心关系　　　　图 8-91　插入轴并添加端面重合关系

（9）在轴与轴承孔之间添加面同轴心配合关系，如图 8-92 所示。

（10）插入带轮，并在带轮轮毂端面与轴承端面之间添加面间平行距离配合关系，如图 8-93 所示。

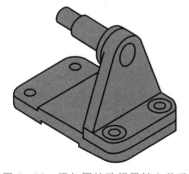

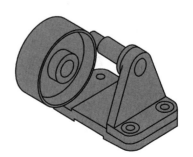

图 8-92　添加圆柱孔间同轴心关系　　　　图 8-93　插入带轮并添加面间平行距离关系

（11）在带轮轮孔与轴承孔之间添加面同轴心配合关系，如图 8-94 所示。

（12）利用镜像复制功能，镜像复制出另一侧的支架和轴承，如图 8-95 所示。

（13）从标准件库中选择螺栓、螺母、垫圈，插入到装配体中，同理设置好配合关系，完成轮架装配体的设计，如图 8-96 所示。

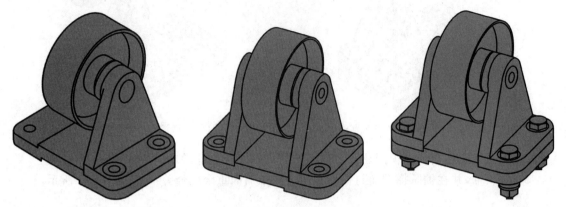

| 图 8-94 添加圆柱孔间同轴心关系 | 图 8-95 镜像复制支架和轴承 | 图 8-96 插入螺栓连接件 |

设计时，也可以采用先将轴与带轮、支架与轴承分别装配成子装配体后，再进行总体装配的方法。

四、装配体设计的使用

将若干个零件装配在一起组成装配体之后，可以用来对设计进行运动仿真、干涉检验、生成爆炸图与工程图等。

1. 爆炸图

出于制造、维修以及销售的目的，经常需要分离装配体中的零部件以便于形象地分析它们之间的相互关系。轮架爆炸图如图 8-97 所示。

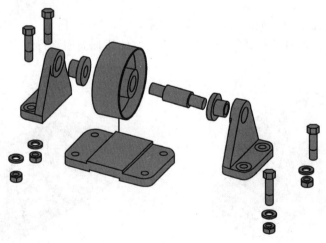

图 8-97 轮架爆炸图

2. 轴测剖视图

为了表达装配体内部结构形状或装配体的工作原理及装配关系，假想地将装配体剖开，用轴测剖视图来表达。轮架轴测剖视图如图 8 – 98 所示。

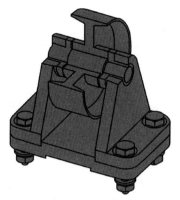

图 8 – 98 轮架轴测剖视图

3. 工程图

利用装配体直接生成工程图,轮架工程图如图 8 – 99 所示。

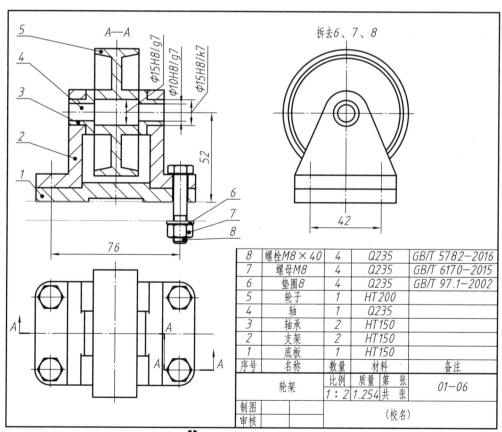

8	螺栓M8×40	4	Q235	GB/T 5782-2016
7	螺母M8	4	Q235	GB/T 6170-2015
6	垫圈8	4	Q235	GB/T 97.1-2002
5	轮子	1	HT200	
4	轴	1	Q235	
3	轴承	2	HT150	
2	支架	2	HT150	
1	底板	1	HT150	
序号	名称	数量	材料	备注

图 8 – 99 轮架工程图

第九章　房屋建筑图简介

从事非机械、非土建各专业的工程技术人员,除了熟悉和精通各自专业的业务外,还须具备阅读房屋建筑图的能力,以便向建筑设计人员提出房屋的要求和建议,甚至能提供有关资料,以保证所建房屋合乎工艺上的要求。

本章介绍房屋建筑图的基本图示方法、常用的图例、尺寸注法等基本知识以及读图方法。通过学习,使读者对房屋建筑图有个概括的了解,并具备初步的读图能力。

§9-1　概述

一、房屋建筑按使用性质分类

1. 工业建筑物

工业建筑物是供进行工业生产活动的建筑,包括各类生产车间、辅助用房和仓库等。

2. 民用建筑物

(1) 居住建筑　如公寓、住宅、宿舍等。

(2) 公共建筑　公共建筑的种类很多,如办公楼、学校、医院、体育馆、电影院等。

3. 农业建筑

农业建筑是供进行农业生产活动的建筑,包括饲养、种植等生产用房和机械、种子等贮存用房,如粮仓、饲养站、农机站等。

二、建筑物的组成和作用

众多类型的建筑物,虽然外貌、体型各不相同,但是构成建筑物的主要部分一般由基础、墙或柱、楼(地)面、楼梯、屋顶、门窗等六大部分组成,如图9-1所示。

1. 基础　基础是埋在地表面以下的、支撑建筑物的重要承重构件,其作用是将建筑物的全部载荷传给地基。

2. 墙或柱　主要起承重作用,墙还有分隔和围护作用。

3. 楼(地)面　主要的承重构件,起着水平支撑作用,同时也是高度方向的分隔层面。

4. 楼梯　楼梯由楼梯段、楼梯平台、楼梯栏杆和扶手组成。它是建筑物高度方向连接上、下垂直交通的部分。

5. 屋顶　屋顶是建筑物最上部结构,由屋面层和结构层两部分组成。屋面层用以抵御自然界风、雨、雪、太阳辐射等对建筑物的影响;结构层承受屋面层的全部载荷并将其传递到墙或柱上。

6. 门窗　门主要是供人们内、外交通联系和分隔房间之用。窗则起着采光和通风的作用。门窗均属于围护结构的组成部分,对建筑物都有保温、隔音、防水、防火等作用。

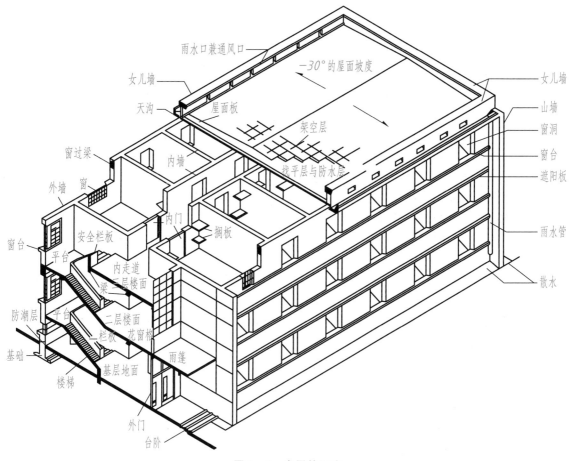

图 9-1　房屋的组成

一幢房屋是由许多构件和配件组成的,因此,除了上述主要构成部分外,还应了解各种配件的名称、作用和构造。如外墙伸出屋面向上砌筑的矮墙称为女儿墙,顶部通常还有钢筋混凝土压顶,用来保护和增强女儿墙;天沟、雨水管、散水、明沟等起着排水的作用;勒脚、防潮层等起着保护墙的作用等。了解这些,对绘制和阅读建筑图都是必要的。

§9-2　房屋建筑图的基本图示方法

表达房屋建筑的图样,称为房屋建筑图。它应表示出建筑物的外形、内部面积的划分和联系、空间布置,以及建筑构件如基础、柱、墙壁、梁、楼板、屋架等的形状、尺寸和位置。各种建筑图的图示方法,在国家标准《房屋建筑制图统一标准》中已有明确规定,现摘要介绍如下。

房屋建筑图与机械图一样,都是按正投影原理绘制的。但由于建筑的形状、大小、结构及材料与机器存在着很大差别,所以在表达方法上也有所不同。房屋建筑图与机械图的图样名称的区别见表9-1。

表9-1 房屋建筑图与机械图的图样名称对照

机械图	主视图	左或右视图	全剖的俯视图	剖视图	局部放大图
房屋建筑图	正立面图	侧立面图	平面图	剖面图	详图

注意:房屋建筑图的每个图样都应标注图样的图名,一般应标注在图样的下方或一侧,并在图名下绘一粗横线,如图9-2所示。

一、视图的名称及其配置

在建筑制图中,仍以多面正投影为主要的图示法,同时以轴测投影和透视投影作为辅助方法。表示房屋建筑时,通常使用下列四种视图(图9-2):

1. 平面图 剖面图实际上是水平剖视图。图9-2所示的传达室为平房,因此,只有底层平面图(如为楼房时,则根据房屋的层数不同,分为底层平面图,二层平面图,三层平面图等)。

2. 立面图 立面图主要是表达各个方向的外形和建筑修饰,其数目视需要而定。

3. 剖面图 剖面图是垂直剖视图。图9-2中 1—1 为横剖面图。

4. 详图 表明某些细部详细构造的做法及施工要求,如图9-2中的②。在视图配置方面,由于建筑物的尺寸很大,在一张图纸内,通常不能容纳所有的视图,而必须分别画在几张图纸上,各视图均注写出名称,如"正立面图"等。另外,在平面图上要标出定位轴线(如9-2图中的自左至右的轴线①…④,自下而上的轴线Ⓐ…Ⓓ)和标高,以表示视图之间的投影联系。

二、比例、线型及尺寸标注

1. 比例 房屋建筑图常用的比例见表9-2。

表9-2 房屋建筑图常用的比例

图名	比例
建筑物或构筑物的平面图、立面图、剖面图	1:50、1:100、1:150、1:200、1:300
建筑物或构筑物的	1:10、1:20、1:25、1:30、1:50
配件及构造详图	1:1、1:2、1:5、1:10、1:15、1:20、1:25、1:30、1:50

比例宜注写在图名的右侧,字的基准线应取平;比例的字高宜比图名的字高小一号或二号。每个视图所用的比例,一般需注写在视图的下面。

2. 线型 房屋建筑图共有五种线型,即实线、虚线、点画线、折断线和波浪线。各种线型的规格及用途见表9-3。

3. 尺寸标注 房屋建筑图中,尺寸单位除标高及总平面图以 m(米)为单位外,均以 mm(毫米)为单位。在房屋建筑图中标注尺寸的方法如下:

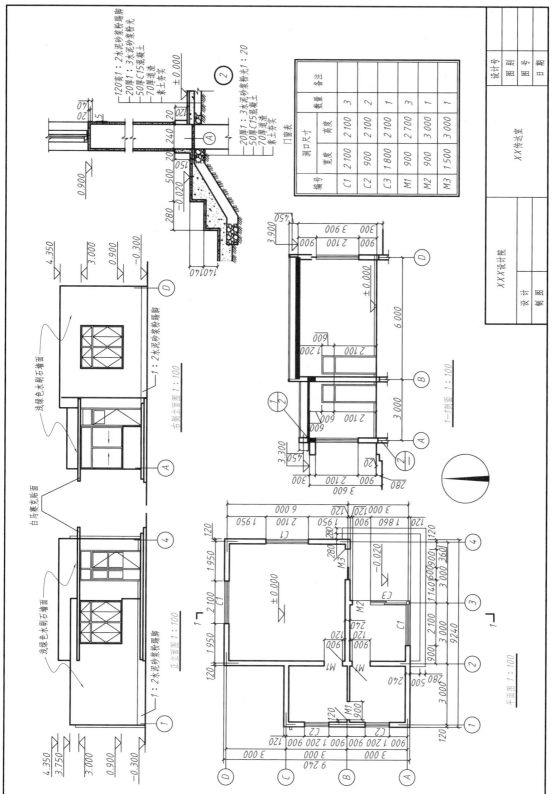

图 9-2 传达室的平面图、立面图、剖面图和详图

251

（1）在房屋建筑图上的尺寸应包括尺寸界线、尺寸线、尺寸终端符号和尺寸数字。

（2）尺寸界线用细实线绘制，其一端离开图样轮廓线应不小于 2 mm，另一端宜超过尺寸线 2～3 mm；尺寸线用细实线绘制，应与被注长度平行，且不宜超过尺寸界线；除直径、半径、角度的尺寸线末端用箭头以外，其余的用 45°倾斜的中粗斜短线来表示。

（3）房屋图与机械图尺寸标注最大的区别是房屋图的尺寸标注是闭合的。在平面图内注尺寸，常为多排的封闭尺寸链，一般是三排，如图 9-3 所示。

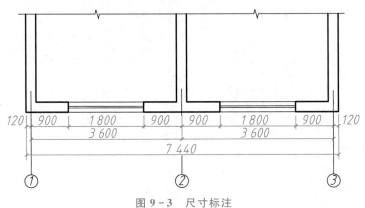

图 9-3　尺寸标注

① 第一排尺寸是房屋总的外形尺寸。即从一端外墙边到另一端外墙边的总长和总宽尺寸。

② 中间一排尺寸是表示定位轴线之间的尺寸，用来说明房间的开间与进深的尺寸（横向为开间尺寸，竖向为进深尺寸）。

③ 里面一排尺寸是表示各细部的位置及大小，如门洞、窗洞位置和宽度尺寸。

表 9-3　各种线型的规格和用途

名称		线型	宽度	用途
实线	粗	——————	b	平、剖面图中被剖切的主要建筑构造的轮廓线；立面图外轮廓线；构造详图中被剖切的主要部分的轮廓线；建筑构配件详图中的外轮廓线；平、立、剖面的剖切符号
	中粗	——————	$0.7b$	平、剖面图中被剖切的次要建筑构造的轮廓线；建筑平、立、剖图中建筑构配件的轮廓线；建筑构造详图及建筑构配件详图中的一般轮廓线
	中	——————	$0.5b$	尺寸线、尺寸界线、索引符号、标高符号、详图材料做法引出线、粉刷线、保温层线、地面、墙面的高差分界线等
	细	——————	$0.25b$	图例线、家具线、填充线等
虚线	粗	━ ━ ━ ━ ━	b	新建建筑物、构筑物地下轮廓线
	中粗	— — — —	$0.7b$	建筑构造详图及建筑构配件不可见的轮廓线；平面图中的起重机（吊车）轮廓线；拟建、扩建建筑物轮廓线

名称		线型	宽度	用途
虚线	中	— — — — — —	0.5b	投影线、不可见轮廓线
	细	- - - - - - -	0.25b	不可见轮廓线,图例线、家具线等
点画线	粗	—··—··—··—	b	起重机(吊车)轨道线
	细	—·—·—·—·—	0.25b	中心线、对称线、定位轴线
折断线		——∿——	0.25b	部分省略表示时的断开界线
波浪线		～～～～	0.25b	部分省略表示时的断开界线,曲线形构件断开界线;构造层次的断开界线

注:地平线宽度可用1.4b。

三、建筑材料图例

由于房屋建筑中材料种类较多,在材料断面内一般应画上相应的材料图例。常用建筑材料图例,如表9-4所示。

表9-4　常用建筑材料图例

名称	图例	备注
自然土壤	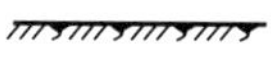	包括各类自然土壤
夯实土壤		
石材	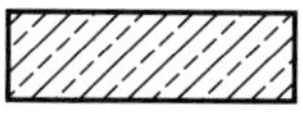	
毛石	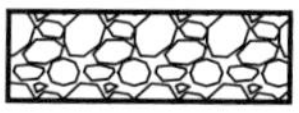	
普通砖	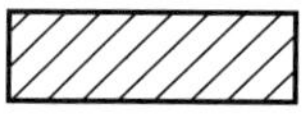	包括实心砖、多孔砖、砌块等砌体
耐火砖	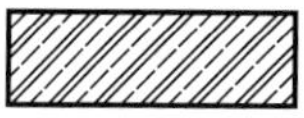	包括耐酸砖等砌体
混凝土	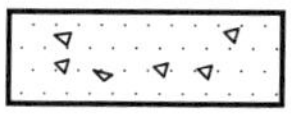	本图例指能承重的混凝土;包括各种强度等级、骨料、添加剂的混凝土;在剖面图上画出钢筋时,不画图例线; 断面图形小、不易画出图例时,可涂黑
钢筋混凝土	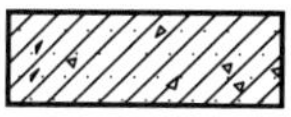	

名称	图例	备注
饰面砖		包括铺地砖、马赛克、人造大理石等
泡沫塑料材料		包括聚苯乙烯、聚乙烯、聚氨酯等多孔聚合物类材料
木材		上图为横截面,左上图为垫木、木砖或木龙骨; 下图为纵断面

四、定位轴线的标注方式

房屋定位轴线是划分房屋主要承重构件(墙、柱、屋架等)和确定其位置的基准线。同时也是施工放线和设备定位的依据,因此轴线要进行编号。

(1)定位轴线采用细点画线表示,轴线编号的圆圈也用细实线,直径一般为 8 mm,如图 9 - 4a 所示。

(2)在圆圈内写上编号,水平方向的编号采用阿拉伯数字,从左向右依次编写(图 9 - 2 是从 ①到④)。竖直方向的编号,用大写拉丁字母自下而上顺次编写(图 9 - 3 是从Ⓐ到Ⓓ)。对称图形注一侧,不对称图形需注两侧。

对于一些与主要承重构件相联系的次要构件,它的定位轴线一般作为附加轴线的编号,其编号用分数形式表示。分子用数字表示附加轴线的编号,分母为前一相邻轴线的编号,如图 9 - 4b 和图 9 - 10 中的 所示。如果一个详图适用于几个轴线时,应将各有关轴线的编号注明,如图 9 - 4c、d、e 所示。

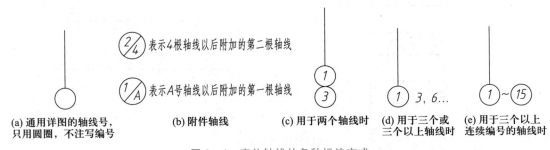

图 9 - 4　定位轴线的各种标注方式

五、常见的构造及配件图的表示法

由于平面图所采用的绘图比例较小,许多建筑细部及门窗不能详细画出,因此要求按照"国标"统一规定的图例来表示。表 9 - 5 列举了各种常用的构造及配件图例。

表 9-5　常见的构造及配件图例

名称	图例	说明	名称	图例	说明
底层楼梯	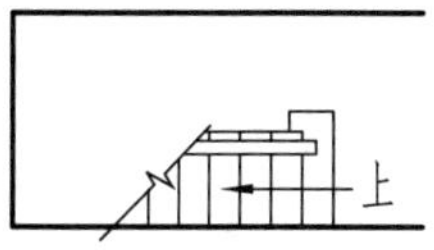		孔洞		阴影部分亦可填充灰度或涂色代替
中层楼梯	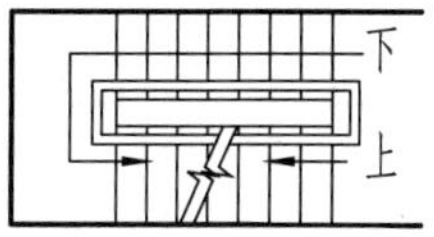	需设置靠墙扶手或中间扶手时,应在图中表示	坑槽		
顶层楼梯	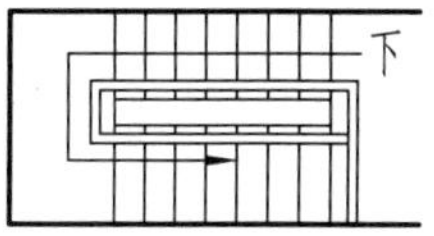		墙预留洞	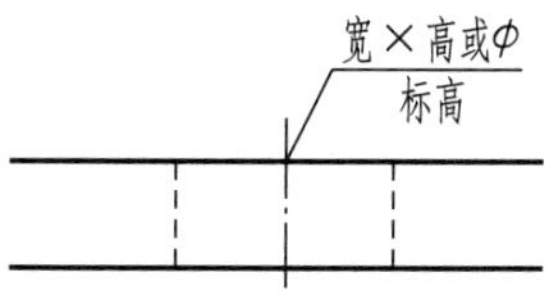 宽×高或φ 标高	1. 平面以洞(槽)中心定位; 2. 标高以洞(槽)底或中心定位; 3. 宜以涂色区别墙体和预留洞(槽)
检查孔	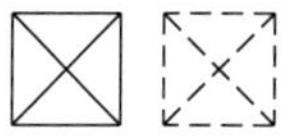	左图为可见检查孔;右图为不可见检查孔	墙预留槽	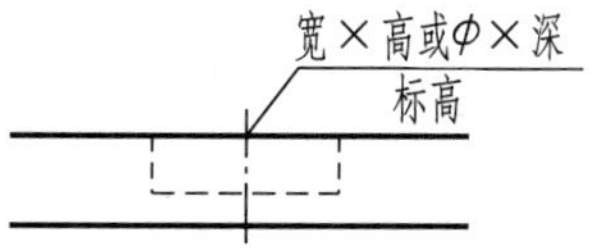 宽×高或φ×深 标高	
单面开启单扇门(包括平开或单面弹簧)	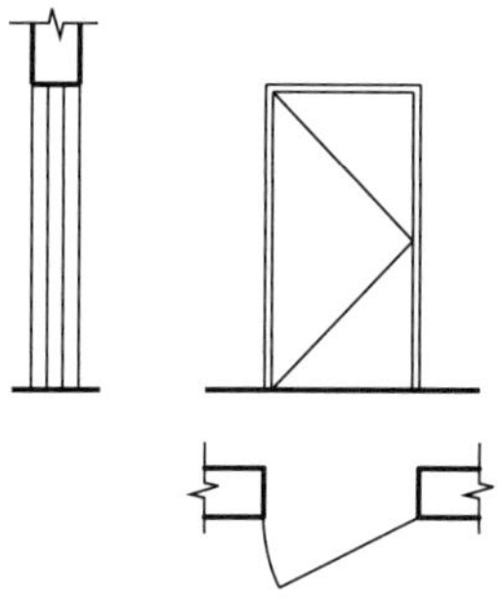	1. 门的名称代号用M表示; 2. 平面图中,下为外,上为内。门开启线为90、60或45,开启弧线宜绘出;	固定窗	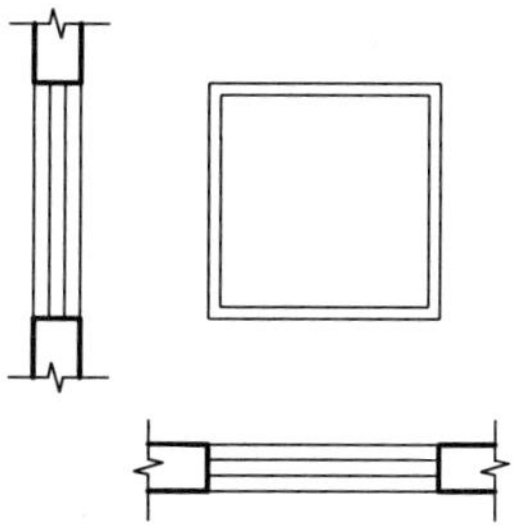	1. 窗的名称代号用C表示; 2. 平面图中,下为外,上为内;
双面开启单扇门(包括双面平开或双面弹簧)	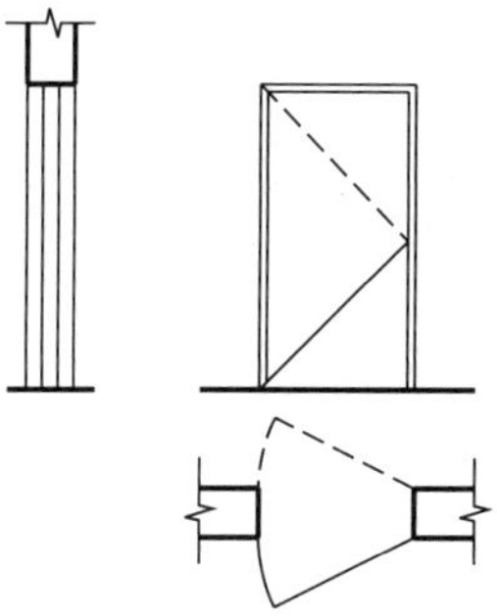		中旋窗	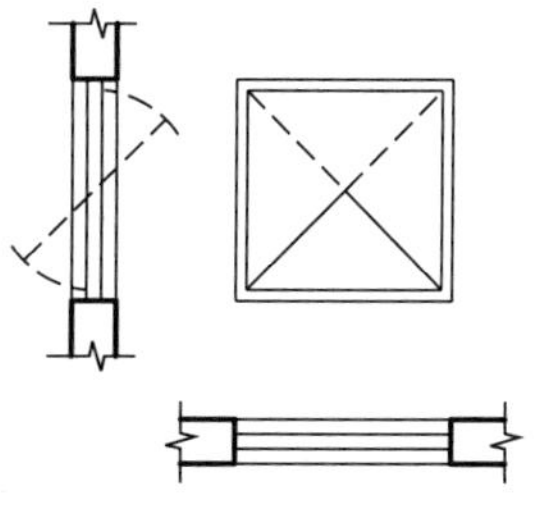	

名称	图例	说明	名称	图例	说明
双层单扇平开门	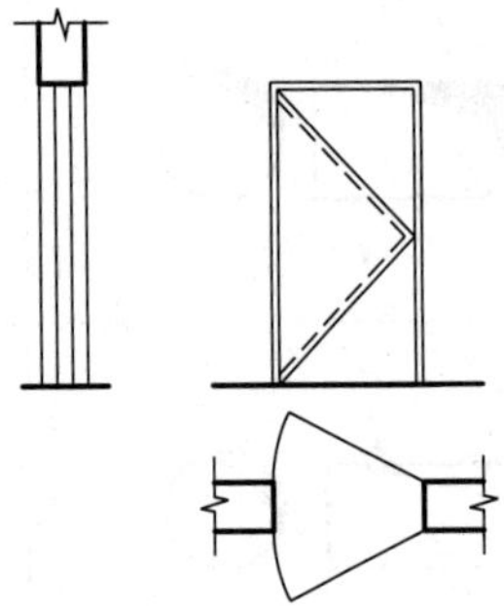	3.立面图中,开启线实线为外开,虚线为内开。开启线交角的一侧为安装合页一侧。开启线在建筑立面图中可不表示,在立面大样图中可根据需要绘出; 4.剖面图中,左为外,右为内; 5.附加纱扇应以文字说明,在平、立、剖面图中均不表示; 6.立面形式应按实际情况绘制	立转窗	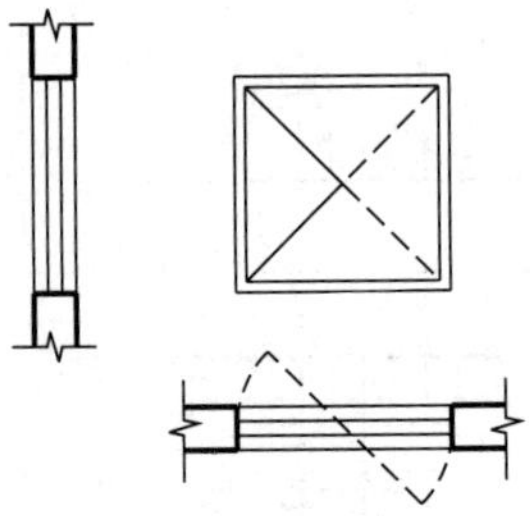	3.立面图中,开启线实线为外开,虚线为内开。开启线交角的一侧为安装合页一侧。开启线在建筑立面图中可不表示,在门窗立面大样图中需绘出; 4.剖面图中,左为外,右为内。虚线仅表示开启方向,项目设计不表示; 5.附加纱扇应以文字说明,在平、立、剖面图中均不表示; 6.立面形式应按实际情况绘制
单面开启双扇门（包括平开或单面弹簧）	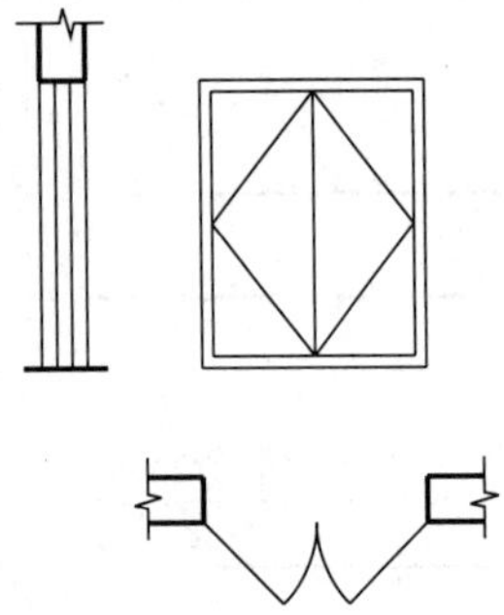		单层外开平开窗	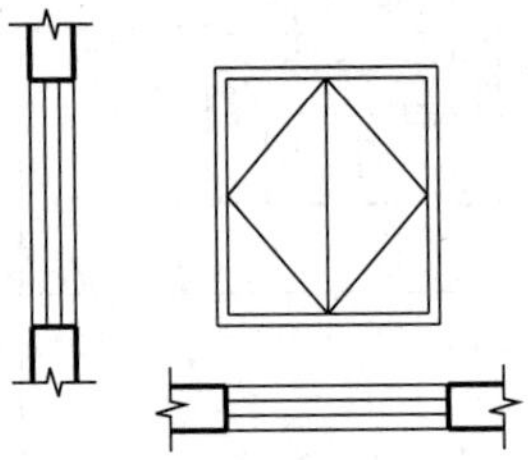	
双面开启双扇门（包括双面平开或双面弹簧）	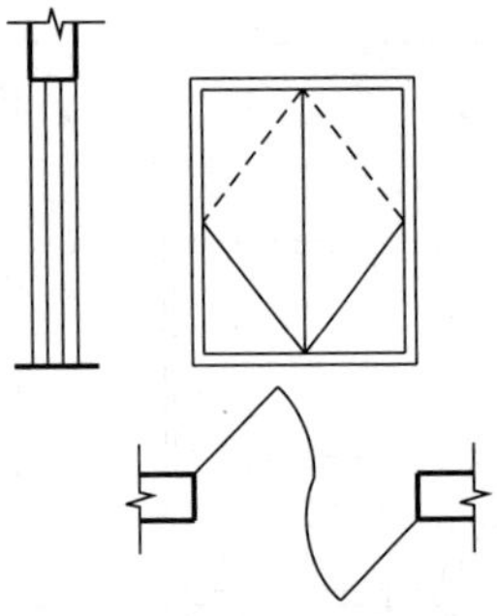		单层内开平开窗	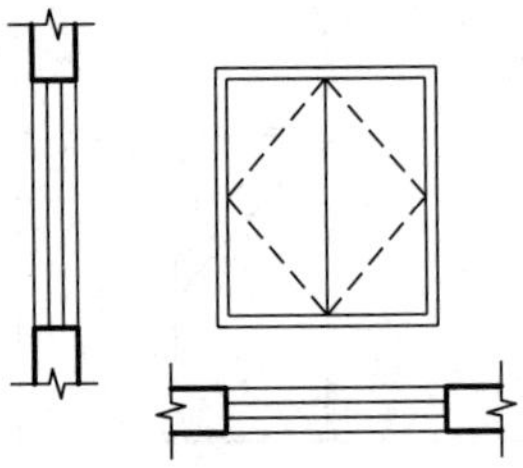	
双层双扇平开门	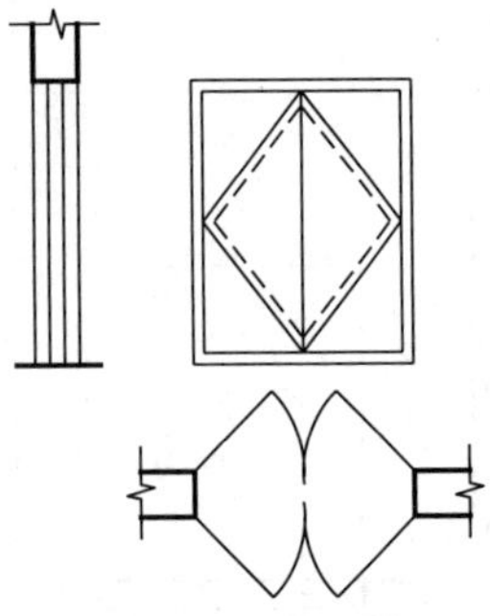		双层内外开平开窗	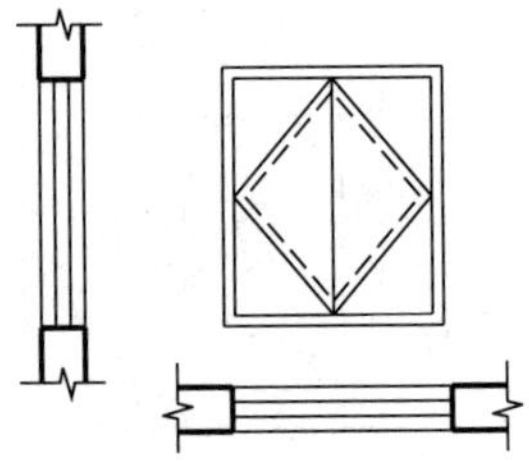	

注:该表摘自 GB/T 50104—2010,只摘录了一部分。

门的代号是 M,窗的代号是 C。在代号后面写上编号以示区别,如从 M1、M2…和 C1、C2…等。同一编号表示同一类型的门窗,它们的构造和尺寸都一样,从所写的编号可知门窗共有多少种。一般情况下,在首页图或在与平面图同页的图纸上,附有一个门窗表(图 9-2 右下角),表中列出了门窗的编号、名称、尺寸、数量等内容。

六、标高

标高是标注建筑物高度的一种尺寸形式。标高符号应以直角等腰三角形表示,按图 9-5a 所示形式用细实线绘制。如标注位置不够,也可按图 9-5b 所示形式绘制。标高符号的具体画法如图 9-5c、d 所示。总平面图室外地坪标高符号,宜用涂黑的三角形表示,具体画法如图 9-5e。在图样的同一位置需表示几个不同标高时,标高数字可按图 9-5f 所示形式注写。

标高符号的尖端应指至被注高度的位置。尖端宜向下,也可向上。标高数字应注写在标高符号的上侧或下侧,根据需要标高数字既可向右标注也可向左标注,如图 9-5g 所示。标高数字应以 m 为单位,注写到小数点以后第三位。在总平面图中,可注写到小数字点以后第二位。通常要在室外地坪、出入口地面、勒脚、窗台、门窗顶及檐口等处注出标高。立面图、剖面图的标高符号画法与平面图的一样,只是在所需标注的地方作一引出线,如图 9-10 所示。标高一般注在图形外面,并做到符号大小一致,排在同一竖直线上,做到整齐、清晰。

常以房屋的底层室内地面作为零点标高,标注形式为 ±0.000。零点标高以上为"正",标高数字前不必注写"+";零点标高以下为"负"时,标高数字前必须注写"-"。

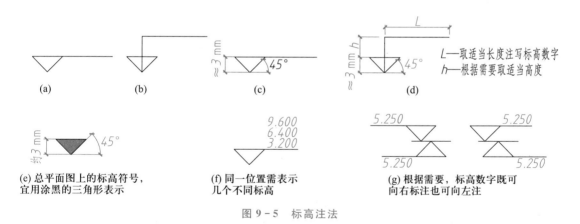

图 9-5　标高注法

七、索引符号与详图符号

在房屋建筑图中某一局部或构件需要另见详图时,应以索引符号索引。

1. 索引符号

索引符号是由直径为 8~10 mm 的圆和水平直径组成,圆及水平直径应以细实线绘制。索引符号应按下列规定编写:

① 索引出的详图,如与被索引的详图同在一张图纸内,应在索引符号的上半圆中用阿拉伯

数字注明该详图的编号,并在下半圆中间画一段水平细实线(图9-6b)。

② 索引出的详图,如与被索引的详图不在同一张图纸内,应在索引符号的上半圆中用阿拉伯数字注明该详图的编号,在索引符号的下半圆用阿拉伯数字注明该详图所在图纸的编号(图9-6c)。数字较多时,可加文字标注。

③ 索引出的详图,如采用标准图,应在索引符号水平直径的延长线上加注该标准图册的编号(图9-6d)。需要标注比例时,文字在索引符号右侧或延长线下方,与符号下对齐。

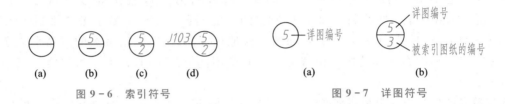

图9-6 索引符号　　　　　　　　　　图9-7 详图符号

2.详图符号

详图符号的圆应以直径为14 mm粗实线绘制。表示方法如下所示:详图与被索引的图样同在一张图纸内时,应在详图符号内用阿拉伯数字注明详图的编号(图9-7a);详图与被索引的图样不在同一张图纸内时,应用细实线在详图符号内画一水平直径,在上半圆中注明详图编号,在下半圆中注明被索引的图纸的编号(图9-7b)。

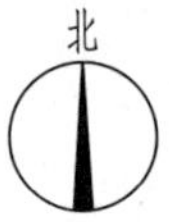

图9-8 指北针

八、指北针

如图9-8所示,指北针指示的方向为正北方向,其圆的直径宜为24 mm,用细实线绘制;指针尾部的宽度宜为3 mm,指针头部应注"北"或"N"字。需用较大直径绘制指北针时,指针尾部的宽度宜为直径的1/8。指北针通常画在首层平面图中的左下角。

§9-3　房屋建筑图读图

一、总平面图

1.总平面图的形成和作用

总平面图是反映一定范围内的新建、拟建、原有和拆除的建筑物、构筑物及其自然状况的水平投影图。它能反映出上述建筑的平面形状、位置、朝向和周围环境的关系,因此成为新建房屋的施工定位、总体规划设计及施工现场布置的重要依据。

2.总平面图的表示方法和图示内容

总平面图所表示的区域较大,因此,在实际工程中常采用1:500、1:1 000、1:2 000的比例绘制。由于采用的比例较小,各种有关物体均不能按照投影关系如实反映出来,故在总平面图中需用"国标"规定的图例表示,总平面图中常用图例见表9-6。

表 9-6　总平面图常用图例

名称	图例	备注
新建建筑物	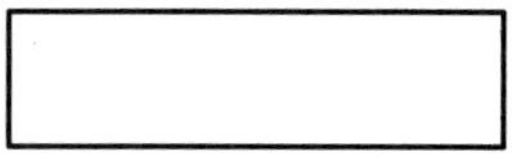	新建建筑物以粗实线表示与室外地坪相接处±0.00 外墙定位轮廓线
原有建筑物	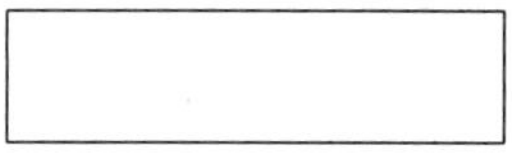	用细实线表示
计划扩建的预留地或建筑物	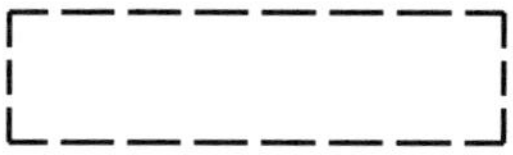	用中粗虚线表示
拆除的建筑物	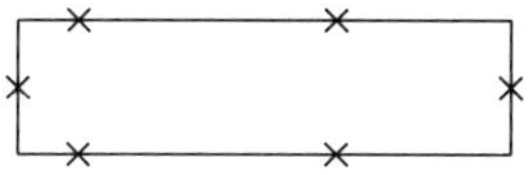	用细实线表示
散状材料露天堆场	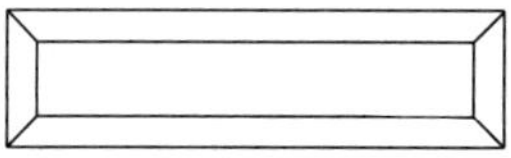	需要时可注明材料名称
水塔、贮罐	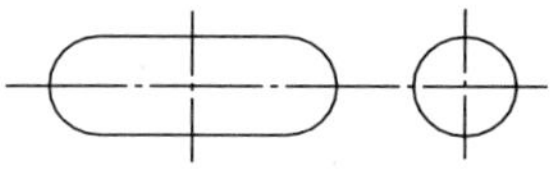	左图为卧式贮罐　右图为水塔或立式贮罐
烟囱		实线为烟囱下部直径,虚线为基础,必要时可注写烟囱高度和上、下口直径
围墙及大门		——
挡土墙	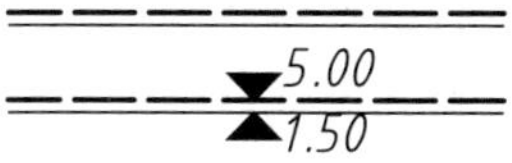	挡土墙根据不同设计阶段的需要标注: 墙顶标高 墙底标高
台阶及无障碍坡道	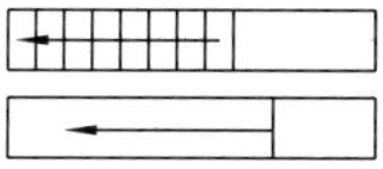	上图表示台阶(级数仅为示意); 下图表示无障碍坡道
填挖边坡	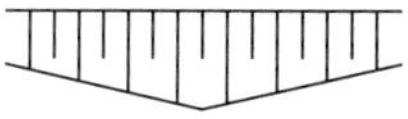	——

259

名称	图例	备注
新建的道路	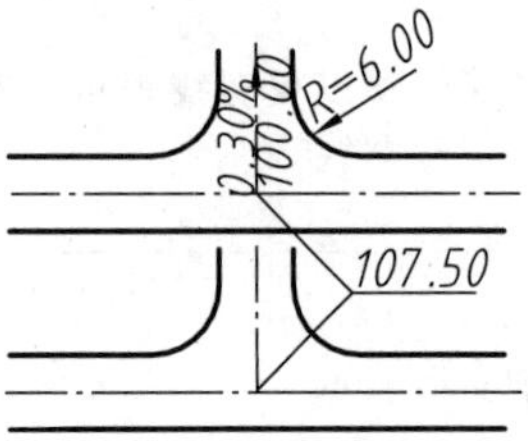	"R=6.00"表示道路转弯半径;"107.50"为道路中心线交叉点设计标高,两种表示方式均可,同一图纸采用一种方式表示;"100.00"为变坡点之间距离,"0.30%表示道路坡道,→表示坡向"
原有道路	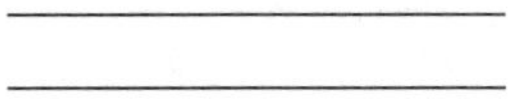	——
计划扩建的道路	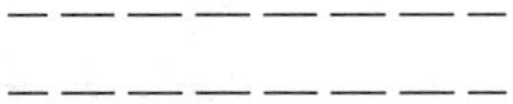	——
拆除的道路	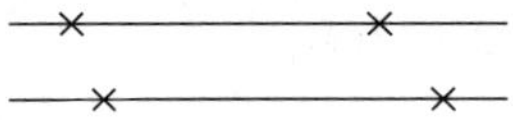	——
桥梁	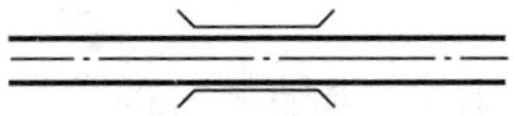 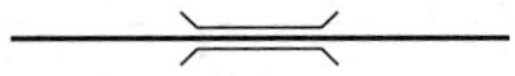	用于旱桥时应注明;上图为公路桥,下图为铁路桥

注:该表摘自 GB/T 50103—2010,只摘录了一部分。

总平面图的图示内容有:

① 图样的名称、比例、图例以及有关的文字说明等。

② 原有、新建和扩建房屋的平面形状、位置、方向、相互关系。

③ 地形、地貌和周围地形的关系以及常年风向等。

3. 识读总平面图示例

图 9-9 所示为一所学校的总平面图。阅读总平面图时,应按下列顺序进行。

(1) 看图样的比例、图例以及有关的文字说明。

(2) 确定方位和风向。方位和风向是依据图样中的风玫瑰图来指明的。图 9-9 所画的指北针和风玫瑰图,其箭头表示北向,用粗实线画出的不规则多边形,表示全年风向频率。了解一个地区的风向频率和风速,有助于了解总体布局是否合理。

(3) 了解建设地段的地形、用地范围和周围环境等情况。从图 9-9 的图名和图中各房屋所标注的名称,可知扩建工程是其学校内的两幢学生宿舍(右上角的三点表示该房屋为三层)。它们位于已建的浴室之南,教学楼之东。从图中等高线所注写的数值,可知该地势是自西北向东南倾斜。图中还反映出围墙、护坡及水沟等情况。

(4) 了解所建房屋的室内外高度差。从图 9-9 所注写的室内(底层)标高,可知该新建房屋内外的地势高低、雨水排除方向等情况。

(5) 了解道路运输和绿化情况。

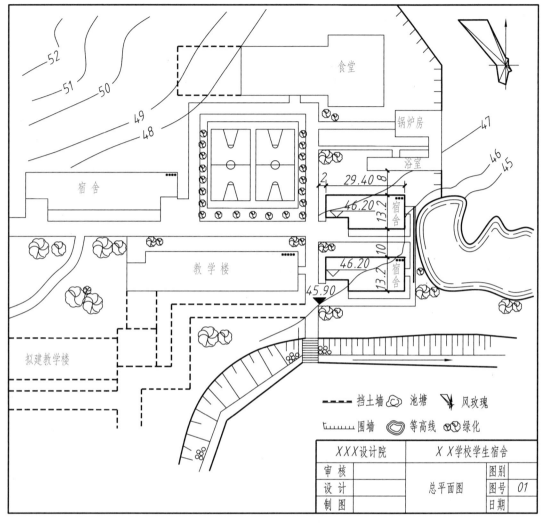

图 9-9 学校总平面图

二、平面图

假想用一水平的剖切平面沿门窗洞的位置将房屋剖切后,画出剖切平面以下部分所得到的水平剖视图,即为建筑平面图,简称平面图。它反映出房屋的平面形状、大小和布置,墙(或柱)的位置、厚度和材料,各房间的名称、作用和大小,各房间的联系,门窗的类型、位置和大小以及走廊、楼梯的位置等情况,是施工图中最基本的图样之一。

一幢楼房可能有几个平面图。对于平房,只有一个平面图,并且视图的名称也只标注"平面图"。对于楼层房屋,一般应每一层都画一个平面图,当有几层平面布置完全相同时,可只画一个平面图作为代表,称标准平面图,但底层和顶层要分别画出。由于平面图的比例较小,细部往往是用"国标"中的图例表示。在底层平面图中,除表示该屋的内部情况外,还应画出室外的台阶、花池、散水和雨水管的形状和位置。二、三等层平面图除表示本层室内情况外,也需画出室外的

261

雨篷、阳台等。

图 9-10 为一幢学生宿舍房屋建筑施工图——平面图。

① 根据图名可知该图是那一层的平面图以及该图的比例是多少。

② 在图形外画有一个指北针的符号,从图中的指北针的指向可知,本例中房屋坐北朝南。

③ 从平面图的形状和总长、总宽尺寸、可计算出房屋的用地面积,本例的平面图基本上是一矩形,总长是 29.04 m,总宽是 13.20 m,占地面积是 29.04 m×13.20 m＝383.328 m²。

④ 从图中墙的分隔情况和房间的名称,可了解到房屋内部各房间的配置、用途、数量及其相互联系的情况。

⑤ 从图中定位轴线的编号及其间距,可了解到各承重构件的位置及房间的大小。

⑥ 从图中各边尺寸的标注,可了解到各房间的开间、进深、门窗及室内设备的大小和位置。

⑦ 从图中门窗的图例及其代号,可了解到门窗的类型、数量及其位置。

⑧ 从图中可了解到楼梯、隔板、墙洞和各种卫生设备等的配置和位置。

⑨ 从图中还可了解到室外台阶、花坛、散水和雨水管的大小和位置情况。

⑩ 在底层平面图中,还可看出剖面图的剖切位置。如图 9-10 中的 *1—1*、*2—2* 等,以便与剖面图对照查阅。

三、立面图

在与房屋立面平行的投影面上所作出房屋的正投影图,称为建筑立面图,简称立面图。房屋的前视图、左视图、右视图和后视图通称为立面图。反映主要出入口或比较显著地反映出房屋外貌特征的那一面的立面图,一般称为正立面图。有时也按南、北、东、西方向和按轴线编号来命名,如南立面图、东立面图…和①～⑨立面图或④～⑧立面图等。

按投影原理,房屋立面图如果与平面图画在一张纸上,应与平面图保持投影关系;由于立面图的比例较小,各细部往往是用"国标"中的图例表示。

现以图 9-10 所示的南立面图为例,说明立面图的内容及其阅读方法:

① 从图名可知该图是一南向的立面图。比例与平面图一样也是 1：100。

② 从图上可看到该房屋的整个外貌形状,也可了解该房屋的屋面、门窗、雨篷、阳台、台阶、花坛及勒脚等细部的形式和位置。

③ 在立面图中,很少注尺寸,通常只在沿着房屋的高度方向,注明立面上一些主要部分(如地面、勒脚、窗台、门窗顶及檐口等处)的标高。

④ 在立面图中,还用文字说明了一些构造的制作方法。

四、剖面图

假想用一个或多个垂直于外墙轴线的铅垂剖切面,将房屋切开后所得的图形即为剖面图。它用来表示房屋内部的结构形式、分层情况和各部位的联系、高度以及材料和作法等。

剖切平面可为横向,即平行于侧面;但也可以为纵向,即平行于正面。其位置必须穿过门窗洞口。楼房中的剖切平面,还必须通过楼梯间。剖面图的图名,应与平面图上所标注的剖切线一致,如 *1—1* 剖面。

在剖面图上一般可不画出基础。截面上的材料图例和图中的线型选择,均与平面图相同。

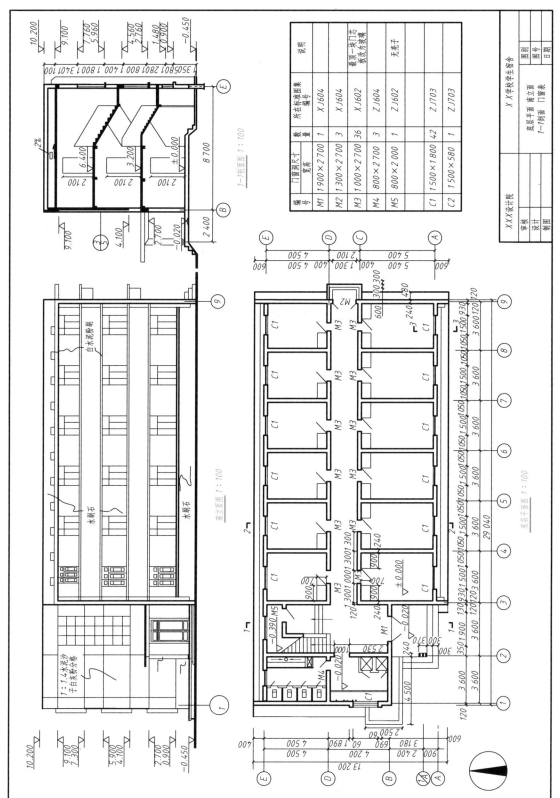

图 9-10 学生宿舍房屋建筑施工图

现以图 9-10 所示的 *1—1* 剖面图为例，说明剖面图的内容及其阅读方法：

① 从图名和轴线编号，与平面图上的剖切线和轴线编号相对照，可知 *1—1* 剖面图是用一个横向剖切平面，通过楼梯间剖切后，向左进行投射而得到的。剖面图的比例 1：100，与平、立面图一致。

② 图中画出房屋从地面到屋顶的内部构造和结构形式，如各层梁、板、楼梯、屋面的结构形式、位置及其与墙（柱）的相互关系等。

③ 图上应标注房屋外部和内部的尺寸以及标高。

④ 房屋倾斜的地方（如屋面、散水、排水沟与出入口的坡道等），需用坡度来表明倾斜的程度。图 9-10 中屋面上的 2%，是坡度较小时的表示方法，箭头表示水流方向。

五、建筑详图

平面图、立面图、剖面图由于图幅有限，采用的比例较小，房屋上有些细部和构造无法表示清楚。为了满足施工的要求，将那些在平面图、立面图、剖面图中无法表示清楚的部分，用较大的比例（1：20、1：10、1：6、1：2、1：1 等），将其形状、大小、材料和做法详细画出的图样，称为详图。详图的特点是比例较大、尺寸齐全、文字说明比较清楚。

如图 9-2 中所示，详图①、②是该建筑物的平顶后檐的天沟构造详图。从图中 *1—1* 剖面图上的索引标志⊕和北立面图②可查明该部位详图的位置。索引标志内横线上面的数字表示详图的编号，下面的数字表示详图所在图纸的编号。如详图在同一张图纸上，则下面用短画表示。故由索引标志②可知该详图的编号为 2，并画在同一张图纸上。

现以图 9-11 所示的某工厂一机修车间的平面图和立面图为例，说明建筑施工图的读方法和步骤。

从标题栏可知是某工厂的一个机修车间，该图的比例是 1：100；从图中的指北针的指向可知，本例中建筑物坐北朝南；从平面图和 *1—1* 剖面图可知车间的柱距 6 m，跨度是 18 m。厂房的柱距决定屋架的间距和屋面板、吊车梁等构件的长度。车间东、西两侧各有宽 3 m 的大门一个，前、后各有宽 3 m 的大门。四个大门都向外开，并设有坡道通向外边。车间设有一台梁式起重机（吊车），起重机的规格从图中可知，其起重重量为 5 t，轨距是 16.5 m。室内两侧的粗点画线，表示起重机轨道的位置，也是吊车梁的位置。

平面图上通常沿长、宽两个方向分别标注三道尺寸：第一道尺寸是厂房的总长和总宽；第二道尺寸是定位轴线间距尺寸；第三道尺寸是外墙上门窗宽度及其定位尺寸。此外，厂房内部各部分的尺寸以及其他细部的尺寸可标注在相应部位。

在立面图上，通常要注写室外地面、窗台、门窗顶、雨篷底面以及屋顶等处得标高。从南立面图上可知该车间没有天窗，利用南北外墙上高、低两排窗，低排窗为 GC1，高排窗 GC2，来满足通风和采光的要求。GM 和 GC 分别表示钢门和钢窗。

从平面图中的剖切线可以看出：*1—1* 剖面是阶梯剖面，通过南面墙体的门洞和北面墙体的窗洞，剖面的编号用阿拉伯数字"1"表示，投射方向自左向右。剖面图上分别标注了窗框上、下沿的标高，反映了窗的高度，同时也标注了大门雨篷的标高。

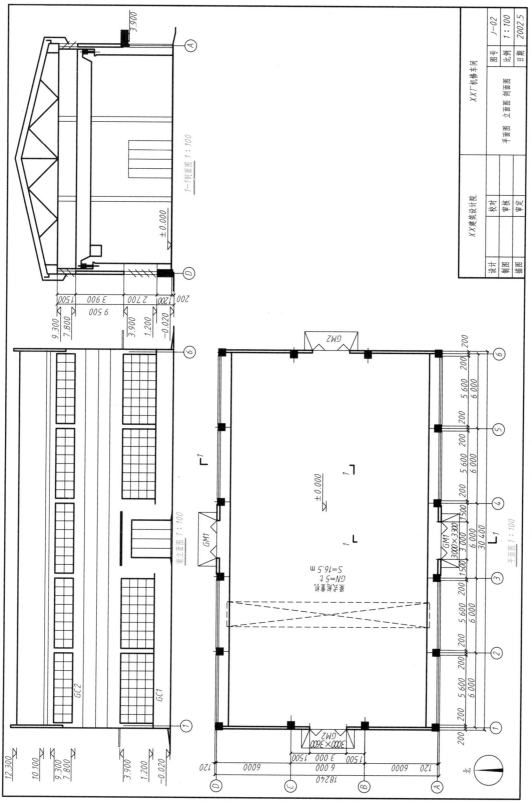

图 9 - 11 某工厂的一个机修车间的平面图和立面图

第十章 其他工程图样简介

工程中,除前面介绍的机械图样、建筑图样外,还有其他工程图样。本章主要介绍展开图、焊接图和标高投影。

§10-1 展开图

在工业生产中,常会遇到金属板材制件,如管道、化工容器等,如图10-1所示。制造这类板件时,必须先在金属板上画出展开图,然后下料,再加工成型。

将立体表面按其实际形状,依次摊平在同一平面上,称为立体表面展开,展开后所得的图形称为展开图。

展开图在化工、锅炉、造船、冶金、机械制造、建材等工业部门中得到广泛应用。立体的表面按其几何性质不同,展开图画法也就不同。

(1)平面立体 其表面都为平面多边形,展开图由若干平面多边形组成。

(2)可展曲面 在直线面中,若连续相邻两素线彼此平行或相交(共面直线),则为可展曲面。

(3)不可展曲面 直线面中的连续相邻两素线彼此交叉(异面直线),则为不可展曲面。

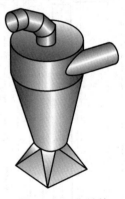

图 10-1 集粉筒

一、平面立体表面的展开

平面立体的表面都是平面,只要将其各表面的实形求出,并依次摊平在一个平面上,即能得到平面立体的展开图。

1. 棱柱管的展开

图10-2a是方管弯头,由斜口四棱柱组成。图10-2b、c是带斜切口的四棱柱表面展开图的画法。

四棱柱的两个侧面是梯形,另两个侧面是矩形,只要画出各个侧面的实形,即求出方管弯头的展开图。其中水平投影 $abcd$ 反映实形和各边实长。同时,由于棱柱的各条棱线都平行于正立投影面,故正面投影 $(a')(1')$、$b'2'$、$c'3'$、$(d')(4')$ 均反映棱线实长。

作图:

(1)将棱柱底边展开成一直线,取 $AB=ab$、$BC=bc$、$CD=cd$、$DA=da$。

（2）过 A、B、C、D 作垂线，量取 $A\,I=(a')(1')$，$B\,II=b'2'$ 等，并依次连接 I、II、III、IV 各点，即得四棱柱的展开图。

2. 棱锥管的展开

图 10-3a 是方口管接头，主体部分是截头四棱锥。图 10-3b 是截头四棱锥表面展开图的画法。

画展开图时，先将棱线延长使之相交于 S 点，求出整个四棱锥各侧面三角形的边长，画出整个棱锥的表面展开图，然后在每一条棱线上减去截去部分的实长，即得截头四棱锥的展开图。

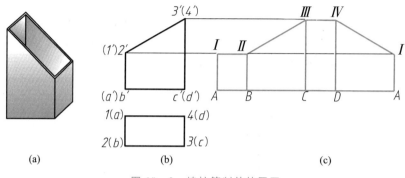

图 10-2　棱柱管制件的展开

作图：

（1）利用直角三角形法求棱线实长，把它画在主视图的右边。量取 S_0D_0 等于锥顶 S 距底面的高度，并取 $D_0C_0=sc$，则 S_0C_0 即为棱线 SC 的实长，此也是其余三棱线的实长。

（2）经过点 g'、f' 作水平线，与 S_0C_0 分别交于点 G_0 和 F_0，S_0G_0、S_0F_0 即为截去部分的线段实长，见图 10-3b。

（3）以 S 为顶点，分别截取 SB、$SC\cdots$ 等于棱线实长，$BC=bc$，$CD=cd\cdots$，依次画出三角形，即得整个四棱锥的展开图。然后取 $SF=S_0F_0$，$SG=S_0G_0\cdots$，截去顶部即为截头棱锥的展开图，见图 10-3c。

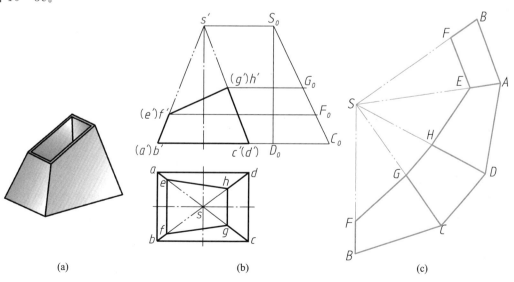

图 10-3　棱锥管制件的展开

二、可展曲面的表面展开

可展曲面上的相邻两素线是互相平行或相交的,能展开成一个平面。因此,在作展开图时,可以将相邻两素线间的曲面当作平面来展开。由此可知,可展曲面的展开方法与棱柱、棱锥的展开方法相同。

1. 圆柱管的展开

1) 斜口圆柱管的展开

当圆管的一端被一平面斜截后,即为斜口圆管。斜口圆管表面上相邻两素线 IA、IIB、$IIIC$⋯的长度不等。画展开图时,先在圆管表面上取若干素线,分别量取这些素线的实长,然后用曲线把这些素线的端点光滑连接起来,如图10-4所示。

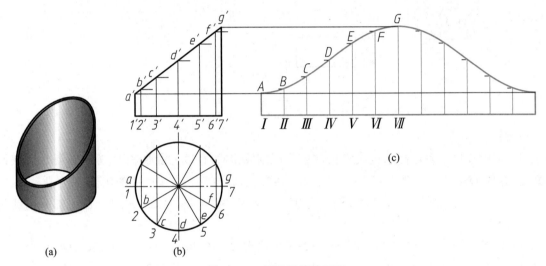

图 10-4 斜口圆管的展开

作图:

(1) 在水平投影中将圆管底圆的投影分成若干等分(图10-4中为12等分),求出各等分点的正面投影 $1'$、$2'$、$3'$⋯,求出素线的投影 $1'a'$、$2'b'$、$3'c'$⋯。在图示情况下,斜口圆管素线的正面投影反映实长。

(2) 将底圆展成一直线,使其长度为 πD,取同样等分,得各等分点 I、II、III⋯。

(3) 过各等分点 I、II、III⋯作垂线,并分别量取各素线长,使 $IA=1'a'$、$IIB=2'b'$、$IIIC=3'c'$⋯,得各端点 A、B、C⋯。

(4) 光滑连接各素线的端点 A、B、C⋯,即得斜口圆管的展开图。

2) 三通管的展开

图10-5a所示的三通管由两个不同直径的圆管垂直相交而成。根据三通管的投影图作展开图时,必须先在投影图上准确地求出相贯线的投影,然后分别将两个圆管展开,如图10-5b所示。

作图:

(1) 求相贯线。

（2）展开管 *I*　将管 *I* 顶圆展成直线并等分（图 10 - 5c 中为 12 等分），过各等分点作垂直并截取相应素线的实长，再将各素线的端点光滑连接起来。

（3）展开管 *II*　先将管 *II* 展开成矩形，如图 10 - 5d 所示，再将侧面投影上 $\overline{1''4''}$ 展开成直线 b，使 $\overline{12}=\overline{1''2''}$，$\overline{23}=\overline{2''3''}$，$\overline{34}=\overline{3''4''}$ 得分点 *1*、*2*、*3*、*4*，过各分点引横线与正面投影的点 *1'*、*2'*、*3'*、*4'* 所引的竖线分别相交得 *I*、*II*、*III*、*IV* 等点，然后光滑连接，即得相贯线的展开图。

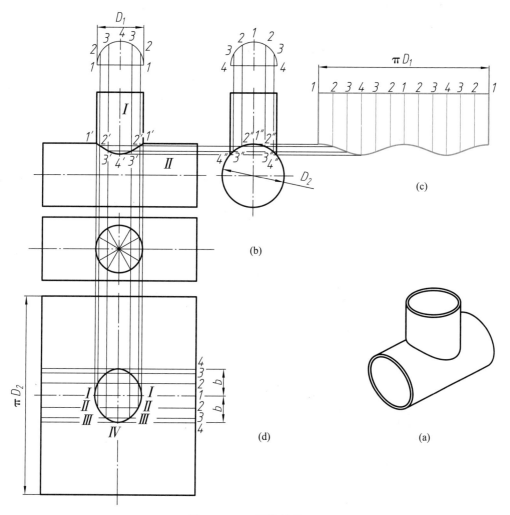

图 10 - 5　三通管的展开

在生产实际中，往往只将小圆管放样展开，弯成圆管后，凑在大圆管上划线开口，然后把两管焊接起来。

2. 斜口圆锥管的展开

斜口圆锥管是圆锥管被一平面斜截去一部分得到的，其展开图为扇形的一部分，如图 10 - 6a 所示。

作图：

（1）等分底圆周（图 10 - 6 中为八等分），投影图中，$s'5'$、$s'1'$ 是圆锥素线的实长，将底圆展

269

开为一弧线，依次截取 $\overset{\frown}{I\,II}=12$、$\overset{\frown}{II\,III}=23\cdots$，过各等分点在圆锥面上引素线 $S\,I$、$S\,II\cdots$。画出完整圆锥的表面展开图。

（2）在投影图上求出各素线与斜口椭圆周的交点 A、B、$C\cdots$的投影$(a、a')$、$(b、b')$、$(c、c')\cdots$。用比例法求各段素线 $II\,B$、$III\,C\cdots$的实长。其作法是过 b'、$c'\cdots$作横线与 $s'1'$相交（因各素线绕过顶点 S 的铅垂轴旋转成正平线时，它们均与 $S\,I$ 重合）得交点 b_0、c_0、$\cdots$，由于 $s'1'$反映实长，所以 $s'b_0$、$s'c_0\cdots$也反映实长。

（3）在展开图上截取 $SA=s'a_0$、$SB=s'b_0$、$SC=s'c_0\cdots$各点，用曲线依次光滑连接 A、B、$C\cdots$，则得斜口锥管的展开图，如图 $10-6c$ 所示。

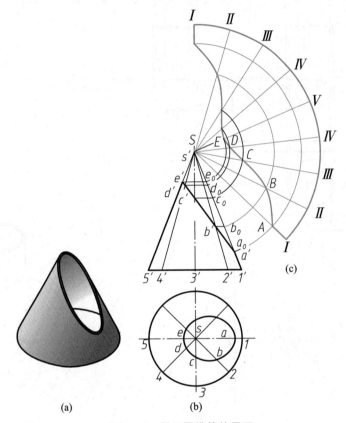

图 10-6　斜口圆锥管的展开

三、变形接头的展开

为了画出各种变形接头的表面展开图，须按其具体形状把它们划分成许多平面及可展曲面、锥面，然后依次画出其展开图，即可得到整个变形接头的展开图。

如图 $10-7a$ 所示的上圆下方变形接头，它由四个相同的等腰三角形和四个相同的部分斜圆锥面所组成。

作图:

（1）用直角三角形法求出各三角形的两腰实长 $A\,I$、$A\,II$、$A\,III$、$A\,IV$，其中 $A\,IV=A\,I$，

$A\text{Ⅲ}=A\text{Ⅱ}$，如图 10 - 7b 所示。

（2）在展开图上取 $AB=ab$，分别以 A、B 为圆心，以 $A\text{Ⅰ}$ 为半径作圆弧，交于 Ⅳ 点，得三角形 $AB\text{Ⅳ}$；再以 Ⅳ 和 A 为圆心，分别以 34 的弧长和 $A\text{Ⅱ}$ 为半径作圆弧，交于 Ⅲ 点，得三角形 $A\text{Ⅲ}\text{Ⅳ}$，同理依次作出各个三角形 $A\text{Ⅱ}\text{Ⅲ}$、$A\text{Ⅰ}\text{Ⅱ}$。

（3）光滑连接 Ⅰ、Ⅱ、Ⅲ、Ⅳ 等点，即得一个等腰三角形和一个部分锥面的展开图。

（4）用同样的方法依次作出其他各组成部分的表面展开图，即得整个变形接头的展开图，如图 10 - 7c 所示，接缝线是 $\text{Ⅰ}E$，$\text{Ⅰ}E=1'e'$。

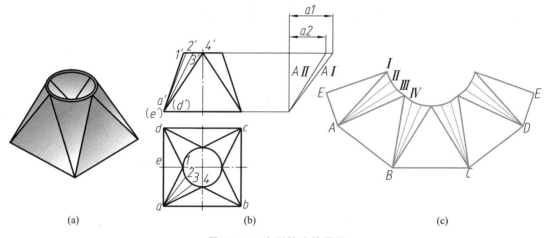

图 10 - 7 变形接头的展开

四、不可展曲面的表面展开

工程中常见的不可展曲面有球面、圆环面等。由于不可展曲面不能将其形状、大小准确地摊平在一个平面上，所以它们的展开图只能用近似的方法来绘制。也就是先将不可展曲面分成若干部分，然后把一部分近似地看成可展的柱面、锥面或平面，再依次拼接成展开图。

1. 球面的近似展开

由于球面属于不可展曲面，因此只能用近似的方法展开。如图 10 - 8 所示，将球面分成若干等分，把每等份近似地看成球的外切圆柱面的一部分，然后按圆柱面展开，得到的每块展开图呈柳叶状，如图 10 - 8c 所示。

作图：

（1）用通过球心的铅垂面，把球面的水平投影分成若干等分（图 10 - 8b 中分为 6 等分）

（2）将半球正面投影的轮廓线分为若干等分（图 10 - 8b 中分为 4 等分），得点 $1'$、$2'$、$3'$、$4'$。对应求出水平投影 1、2、3、4 点，并过这些点作同心圆及与其相切的切线，切线分别与球面等分线的水平投影交于 a、b、c、d 点。

（3）在适当位置画横线 DD，使 $DD=dd$，过 DD 的中点作垂线，并取 $\overline{O\text{Ⅳ}}=\overset{\frown}{0'4'}$（即 πD / 4），$\overline{O\text{Ⅰ}}=\overset{\frown}{0'1'}\cdots$；然后过 Ⅰ、$\text{Ⅱ}\cdots$ 点作横线，取 $AA=aa$、$BB=bb\cdots$。

（4）依次光滑连接各点 0、A、$B\cdots$，便完成了 1/6 半球面的展开图（图 10 - 8c）。以此作样板,将 6 个柳叶状展开图连续排列下料,即可组合成半球面。

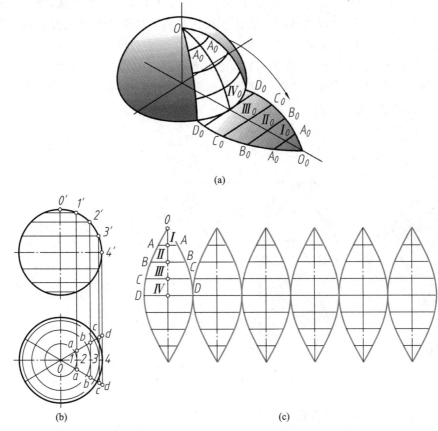

(a)

(b)

(c)

图 10 - 8　球体制件的展开

2. 环形圆管的近似展开

图 10 - 9a 所示为等径直角弯管,相当于四分之一圆环,属不可展曲面。在工程上对于大型弯管常近似采用多节料斜口圆管拼接而成,俗称虾米腰,其展开图做法如下:

作图:

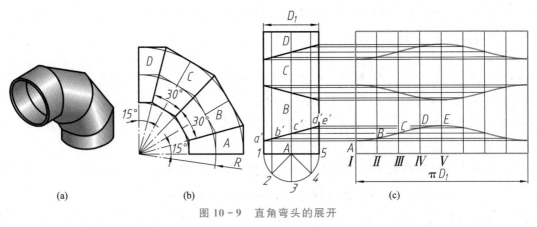

(a)　　　　　　(b)　　　　　　　　　　(c)

图 10 - 9　直角弯头的展开

(1) 将直角弯头分成几段,图10-9为四段,两端为半节,中间各段为全节。

(2) 将分成的各段拼成一直圆管,如图10-9b所示。

(3) 按斜口圆管的展开方法将其展开,如图10-9c所示。

§10-2 焊接图

一、焊接的基本知识

焊接是金属加工常用的一种方法,它是将需要连接的金属零件在连接处局部地加热到熔化或半熔化后再用压力使它们熔合在一起,或在其间加入其他熔化状态的金属,使它们冷却后熔合在一起。焊接是一种不可拆卸的连接。

焊接的方法很多,用得较多的是手工电弧和气焊。因焊接所用设备简单、生产效率高、焊缝强度大、连接可靠、密封性好,故在机械、化工、造船、建筑及其他工业中广泛使用。

焊接件中常用的接头形式有对接、搭接、角接和T形接等,如图10-10所示。而常用的焊缝形式有对接焊缝(图10-10a)和角焊缝(图10-10b、c、d)。

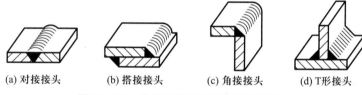

| (a) 对接接头 | (b) 搭接接头 | (c) 角接接头 | (d) T形接头 |

图10-10 常用焊接的接头和焊缝的形式

在工程图上表达焊接零件时,一般需要将焊接的形式、尺寸表达清楚,有时还要说明焊接方法和要求,这些都要按照国家标准的有关规定进行。

二、焊接符号及其标注方法

在工程图样上,零件的焊接处应注上焊缝符号,以说明焊接的接头形式和焊缝要求。GB/T 324—2008《焊缝符号表示法》规定了在工程图样上标注焊缝符号的有关规则。

焊缝符号一般由基本符号、指引线与基准线组成。必要时,还可以加上辅助符号和焊接尺寸符号等。焊接图形符号的线宽和字体的笔画宽度相同(约等于字体高度的1/10)。

(一)焊缝的基本符号

焊缝的基本符号是表示焊缝横截面形状的符号,采用粗实线绘制,见表10-1。

表10-1 常用焊缝形式的名称和符号

焊缝名称	焊缝形式	符号	焊缝名称	焊缝形式	符号
I形		‖	带钝边U形		Y

焊缝名称	焊缝形式	符号	焊缝名称	焊缝形式	符号
V 形		 V	带钝边 J 形	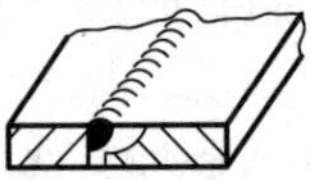	 ⊍
带钝边 V 形	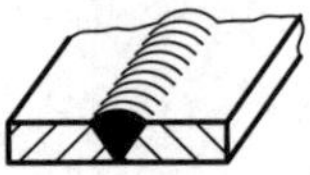	 Y	封底焊	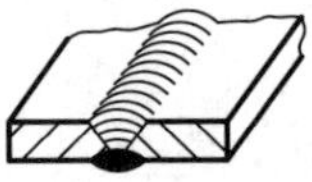	 ⌣
单边 V 形		 V	点焊	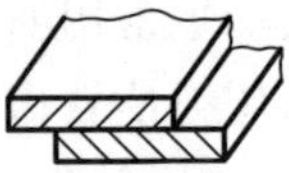	 ○
带钝边单边 V 形	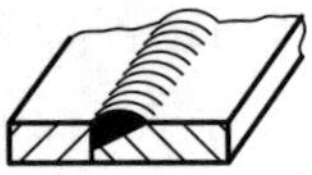	 Υ	角焊		 ◺

（二）焊缝的补充符号

焊缝的辅助符号表示焊缝表面形状；有时为了补充说明焊缝的某些特征，也采用一些补充符号，见表 10-2。

表 10-2 焊接图标注的辅助符号和补充符号

	焊缝名称	图例	符号	说明
辅助符号	平面符号		 ———	焊缝表面平齐
	凹面符号	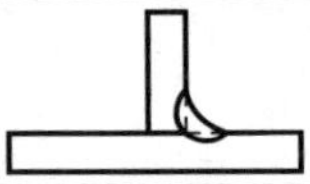	⌣	焊缝表面凹陷
	凸面符号		⌢	焊缝表面凸起
补充符号	带垫板符号	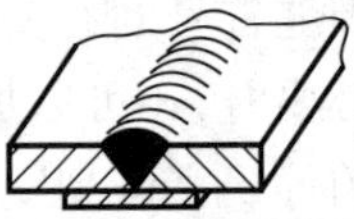	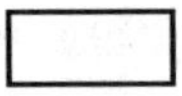 ▭	焊缝底部有垫板
	三面焊缝符号	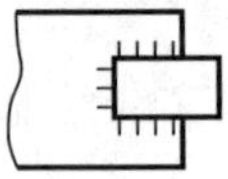	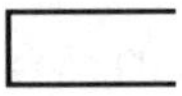 ⊐	三面带有焊缝
	周围焊缝符号	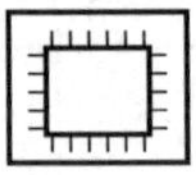	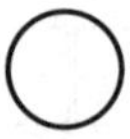 ○	环绕工件周围焊缝
	现场符号		 ◤	在现场或工地上进行焊接

（三）焊缝的指引线及其在图样上的位置

完整的焊接表示方法,除了基本符号、辅助符号、补充符号以外,还包括指引线、一些尺寸符号及数据。

指引线一般由带有箭头的指引线(简称箭头线)和两条基准线(一般为细实线,另一条为细虚线)两部分组成,如图 10-11 所示。箭头线和实线基准线均用细实线绘制。

基准线的细虚线可以画在基准线的细实线下侧或上侧。基准线一般应与图样的底边相平行,但在特殊条件下也可与底边相垂直。

为了能在图样上确切地表达焊缝的位置,将基本符号相对基准线的位置作如下规定。

（1）如果指引线的箭头指在接头的焊缝侧,则将基本符号标在基准线的细实线一侧,如图 10-12a 所示。

（2）如果指引线的箭头指在焊缝的另一侧(即焊缝的背面),则将基本符号标在基准线的细虚线一侧,如图 10-12b 所示。

（3）标注对称焊缝及双面焊缝时,可不加细虚线,如图 10-12c、d 所示。

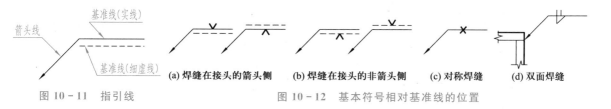

图 10-11 指引线 　　(a) 焊缝在接头的箭头侧　(b) 焊缝在接头的非箭头侧　(c) 对称焊缝　(d) 双面焊缝

图 10-12 基本符号相对基准线的位置

三、常见接头和焊缝的标注示例

在焊接工程,常见焊缝的标注示例如表 10-3 所示。

当同一图样上全部焊缝所采用的焊接方法相同时,焊缝符号尾部表示焊缝方法的代号可省略不注,但必须在技术要求注明:"全部焊缝均采用……焊"等字样;当大部分焊接方法相同时,也可在技术要求或其他技术文件中注明:"除图样中注明的焊接方法外,其余焊缝均采用……焊"等字样。

表 10-3　焊缝的标注示例

接头形式	焊缝形式	标注示例	备注
对接接头	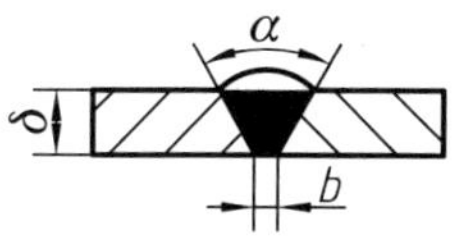	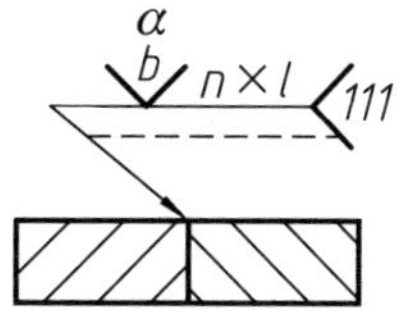	111 表示用手工电弧焊,V 形焊缝,坡口角度为 α,根部间隙为 b,有 n 条焊缝,焊缝长为 l
角接接头	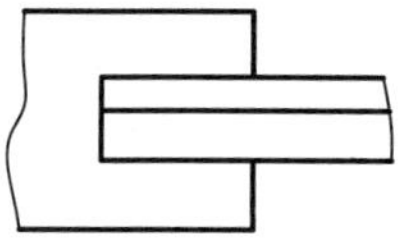	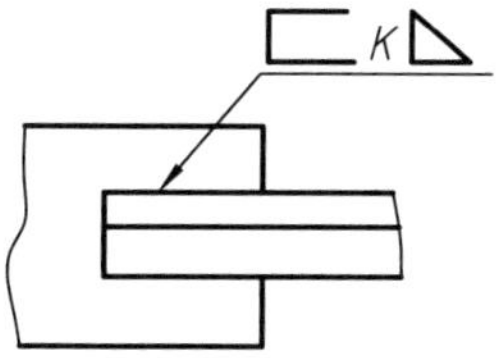	⌐ 表示三面带有焊缝 ◁ 表示单面角焊接

接头形式	焊缝形式	标注示例	备注
角接接头			○表示周围焊缝 ◺表示单面角焊接
T形接头			◣表达在现场装配时进行焊接 ◪表示双面角焊接,焊角高度 K
T形接头			$n \times l(e)$ 角焊缝,l 表示焊缝的长度,e 表示断续焊接的间距,n 表示焊缝段数
			Z 表示交错断续角焊接

四、焊接图画法

焊接件图样应能清晰地表示出各焊件的相互位置,焊接要求以及焊缝尺寸等。如不附有详图时,还应表示各焊件的形状、规格大小及数量。

(一) 焊接图的内容

(1) 表达焊接件结构形状的一组视图。

(2) 焊接件的规格尺寸,焊接件的装配位置尺寸以及焊后加工尺寸。

(3) 各焊件连接处的接头形式、焊缝符号及焊缝尺寸。

(4) 构件装配、焊接以及焊后处理、加工的技术要求。

(5) 说明焊件型号、规格、材料、质量的明细表及焊件相应的编号。

(6) 标题栏。

(二) 焊接图的表达形式和特点

1. 整件形式

在焊接图上,不仅表达了各焊件的装配、焊接要求,而且还表达每一焊件的形状和大小;除了较复杂的焊件和特殊要求的焊件外,不再另绘焊件图。这种图样形式表达集中,出图快,适用于修配或小批量生产。

2. 分体形式

除了在焊接图上表达焊件之外,还附有每一焊件的详图。焊接图重点表达装配连接关系,是用来指导焊接件的装配、施焊及焊后处理的依据。而各种焊件的形状、规格、大小分别表示在各焊图上。这种图样形式完整、清晰、读图简单、方便交流,适用于大批量生产,或分工较细的情况。

3. 列表形式

当结构复杂、各焊件之间的焊缝形式和焊缝尺寸不便于在图上清晰地表达时,可采用列表形式,将相同规格的各种焊件的同一种焊缝形式及尺寸集中表示。

图 10-13 所示是支架的焊件图。从图中可以看出,它是以整体形式表达的。由底板、支撑

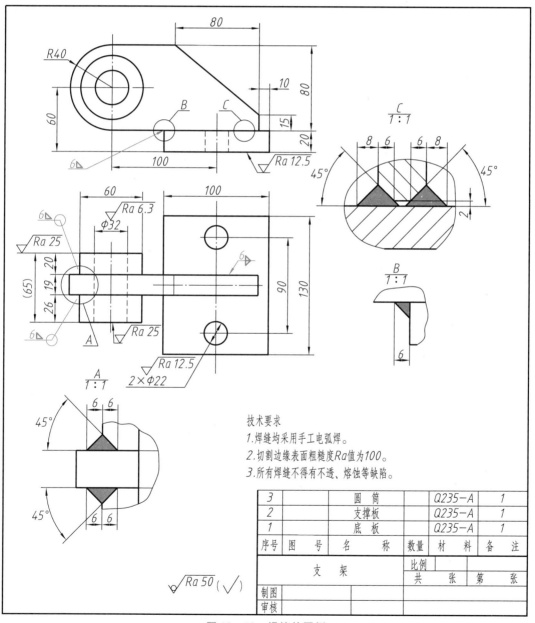

图 10-13 焊接件图例

板和圆筒三部分组成。焊缝均为角焊接，也有双面焊，焊角高均为 6 mm。技术要求说明，焊缝均采用手工电弧焊。其余与一般工程图样的表达基本相同。

§ 10-3　标高投影

标高投影是一种单面正投影，就是在形体的水平投影上，加注形体上某些特殊点、线、面的高程数值和比例来表示形体的一种图示方法。这种用水平投影结合标注高度来表示形体的方法称为标高投影法，所得的单面正投影图称为标高投影图。在这种方法中，水平投影面 H 是度量高度的基准面（设其高度为零）。高程或标高的单位为米（m）时，在图上一般不需注明尺寸单位，高于 H 面的为正，低于 H 面的为负。另外，这类图往往使用的绘图比例很小。为作图方便，不再使用数字表示绘图比例，而改用图中所绘比例尺来表示。

一、点、线、面的标高投影

（一）点的标高投影

设点 A 在水平面 H 的上方 4 m，点 B 在 H 面的下方 2 m，点 C 在 H 面上，则点 A、B、C 的高度值分别为 4、-2、0。高度值 4、-2、0 称为各点的高程或标高。求出点 A、B、C 在 H 面上的水平投影 a、b、c，若在 a、b、c 的右下角标注出各点的高程 4、-2、0，即可得到三点 A、B、C 的标高投影图，如图 10-14 所示。

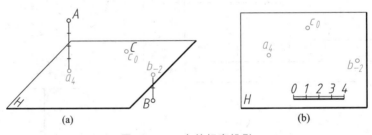

图 10-14　点的标高投影

（二）直线的标高投影

1. 直线的表示法

直线的标高投影有两种表示法：

（1）在直线的 H 投影上，标出它的两个端点 a 和 b 的标高，如图 10-15b 所示。

（2）在直线的 H 投影上，只标出直线上一个点的标高，并标注上直线的坡度和表示直线下坡方向的箭头，如图 10-15c 所示。

2. 直线的坡度和平距

① 直线的坡度　是指直线上任意两点间的高差与该两点水平距离之比。直线的坡度用符号 i 表示，则

$$i = \frac{高差（H）}{水平距离（L）} = \tan \alpha$$

由此可知，当直线的水平距离为一个单位时，其高差即为坡度。

278

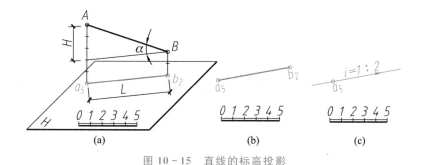

图 10 - 15　直线的标高投影

② 直线的平距　是指直线上任意两点间的水平距离与该两点间的高差之比。直线的平距用符号 l 表示,则

$$l = \frac{\text{水平距离}(L)}{\text{高差}(H)} = \cot \alpha$$

由此可见,直线的坡度与平距互为倒数,即

$$i = \frac{1}{l}$$

也就是说,坡度愈大,平距愈小;反之,坡度愈小,平距愈大。

如图 10 - 15a 所示,直线 AB 的标高投影 ab,其水平距离 $L = 6$,高差 $H = 3$,则直线的坡度

$$i = \frac{3}{6} = \frac{1}{2}; \quad \text{平距} \ l = 2$$

3. 直线段实长的求法(图 10 - 6)

在标高投影中,求直线的实长及其对 H 面的倾角 α,可采用两种方法:

(1) 直角三角形法

如图 10 - 16b 所示,以直线段的标高投影作为直角三角形的一边,以直线段的两端点的高差作为直角三角形的另一边,所得的直角三角形的斜边即为直线段的实长,实长与标高投影的夹角即为直线对 H 面的倾角。

(2) 换面法

如图 10 - 16c 所示,分别过直线段的两端点引垂线,并在所引的垂线上,按给定的比例尺截取相应的高程,得到两点 A、B,AB 的长度,即为直线段的实长,AB 与 $a_5 b_2$ 间的夹角,即为直线对 H 面的倾角。

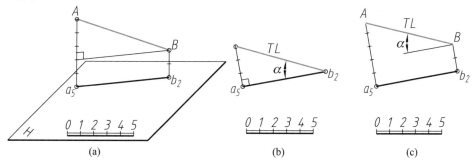

图 10 - 16　求直线段的实长和倾角

4. 直线整数标高点的求法

在实际工作中,直线段两端点的高程往往并非整数,这时,需要在直线的标高投影上,标出整数标高的点,即刻度。直线的刻度方法如图 $10-17$ 所示,已知直线 AB 的标高投影为 $a_{2.3}b_{6.5}$,首先作一组平行于 ab 的等距离直线,令最接近 $a_{2.3}b_{6.5}$ 的那根平行线标高为 2,其余标高顺次为 3、4、5、6,分别自 $a_{2.3}b_{6.5}$ 引垂线,根据两点 A、B 的高程,定出两点 A、B,连直线 AB,它与各整数标高的平行线的交点,就是 AB 上的整数标高点。过这些点向 $a_{2.3}b_{6.5}$ 引垂线,即得 $a_{2.3}b_{6.5}$ 上的整数标高点。同时,AB 反映直线段的实长和对 H 面的倾角。

例 10-1 已知直线 AB(图 $10-18$),求其平距与坡度,并求直线上点 C 的标高。

解:本题可用图解法和数解法来求。图解法如图 $10-17$ 所示,现介绍数解法。

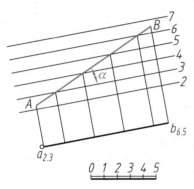

图 10-17 求直线的刻度

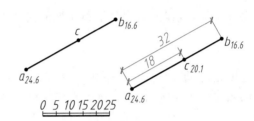

图 10-18 求直线的平距、坡度及求直线上点的标高

先求平距和坡度:

$$H = 24.6\ \text{m} - 16.6\ \text{m} = 8\ \text{m}$$

按比例尺量得 $L = 32\ \text{m}$,则

$$i = \frac{H}{L} = \frac{8}{32} = \frac{1}{4}$$

$$l = 4$$

再按比例量得 ac 间的距离为 18 m,根据 $i = \frac{H}{L}$ 得

$$H = \frac{1}{4} \times 18\ \text{m} = 4.5\ \text{m}$$

于是,点 C 的标高为 24.6 m－4.5 m＝20.1 m。

(三) 平面的标高投影

1. 平面的表示法

在多面正投影中介绍的用几何元素表示平面的方法在标高投影中仍然适用。但在标高投影中,还常用另一些特殊的表示法。

(1) 用平面上的一组等高线表示平面

如图 10-19a 所示,平面 P 与基准面 H 的交线为 AB,若以一系列间距相等(高差为一单位)的水平面截切平面 P,则可在平面 P 上得到一组等高差的水平线,它们在 H 面上的投影,称为平面的等高线。平面的等高线是一组互相平行,高差相等的直线,如图 10-19b 所示。平面与

基准面 H 的交线,是高程为零的等高线。

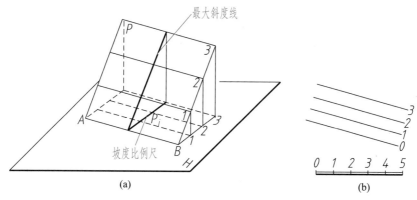

图 10-19　等高线、最大斜度线(坡度线)

（2）用平面上的一条等高线和平面的坡度线表示平面

如图 10-20a 所示,过平面 P 上等高线 4—4 上的任一点,作直线垂直,则得到平面上的最大斜度线,即平面的坡度线。平面的坡度线的坡度就是平面的坡度,箭头指向下坡方向。

平面的坡度线与平面上的等高线互相垂直,根据直角投影定理,它们的投影也互相垂直。若已知平面上的一条等高线,则可知道该平面的坡度线的方向,如果再给出平面的坡度,则该平面就可唯一确定了。

求平面的等高线,可根据平面的坡度求出等高线的平距,再引等高线的垂线,按图中给定的比例在该垂线上截取平距,过所截取的各点分别作已知等高线的平行线,即可求得平面的等高线,如图 10-20b 所示。

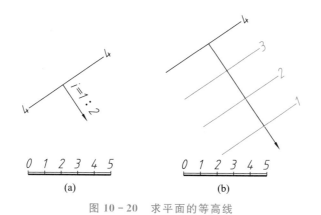

图 10-20　求平面的等高线

（3）用坡度比例尺表示平面

在标高投影中,对最大坡度线进行刻度,并标注为 Pi,用一粗一细的双线表示,称为平面的坡度比例尺,如图 10-21a 所示。

坡度比例尺的位置和方向一旦给定,平面的位置和方向也随之而定了,如图 10-21a 所示。坡度比例尺与等高线是垂直的,因此,过坡度比例尺上的整数标高点作直线与之垂直,即可得到平面的等高线,如图 10 – 21b 所示。

2. 两平面的相对位置

（1）两平面平行

若两平面平行,则它们的坡度比例尺平行,平距相等。而且它们的标高数字的增减方向一致,如图 10 – 22 所示。

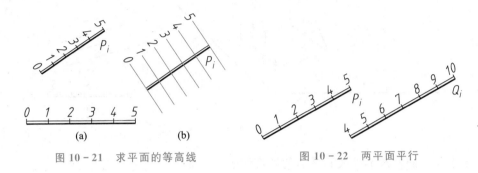

图 10 – 21　求平面的等高线　　　　　　　图 10 – 22　两平面平行

（2）两平面相交

在标高投影中,两相交平面的交线可用辅助平面法来求。辅助平面一般选过整数标高点的水平面,该水平面与两已知平面的交线是两条高程相等的等高线,它们的交点就是两已知平面的交线上的点。利用这一原理,作两个辅助平面,求两个交点,它们的连线即为两平面的顶交线。如图 10 – 23 所示。

可见,两平面上的相同高程的等高线的交点连线,就是该两平面的交线。

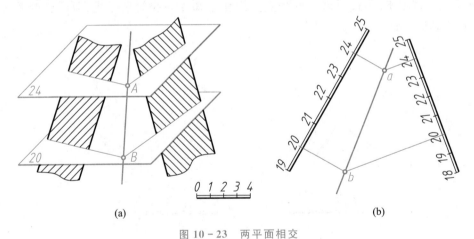

图 10 – 23　两平面相交

（四）曲面的标高投影——地形图与地形断面图

1. 地形图

在地形问题中,地面是不规则曲面,采用多面正投影图很难将它表示清楚。为此,常用一组等间隔的水平面去截切地面,于是得到一组水平截交线,它们是一组不规则的平面曲线,每一条这样的水平截交线上的各点都有相同的高度,称为等高线。将这些等高线投影到水平投影面上,并标注出它们各自的标高,即得地面的标高投影图,也称地形图。如图 10 – 24 所示。

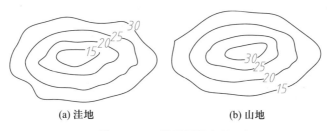

(a) 洼地   (b) 山地

图 10 - 24　地形面的表示

由于地形面一般是不规则的曲面,因此它的等高线是不规则的曲线。如图 10 - 25 所示,地形面上的等高线具有以下特点:

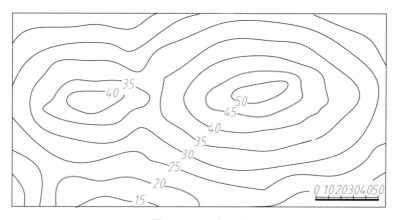

图 10 - 25　地形图

① 等高线一般是封闭的曲线;

② 除悬崖绝壁外,等高线不相交;

③ 等高线越密的地方地形越陡,反之则越平坦;

④ 在地形图中,一般每隔四条等高线就有一条画成粗线,以便于看图,这样的粗线称为计曲线。

看地形图时,要注意根据等高线的平距想象地势的陡峭或平顺程度,根据标高的顺序想象地势的升降。

2. 地形断面图

用一个铅垂面(通常设置为正平面)剖切地形面,求出剖切面与地形面的截交线,并画出相应的材料图例,可得到地形断面图,如图 10 - 26 所示。其作图过程如下:

① 作一系列等距的整数标高等高线;

② 过断面位置线 1—1 与地形图上等高线的交点,引竖直线;

③ 光滑连竖直线与等高线上各交点;

④ 根据地质情况画上相应的材料图例。断面处地形的起伏情况,可从地形断面图上形象地反映出来。

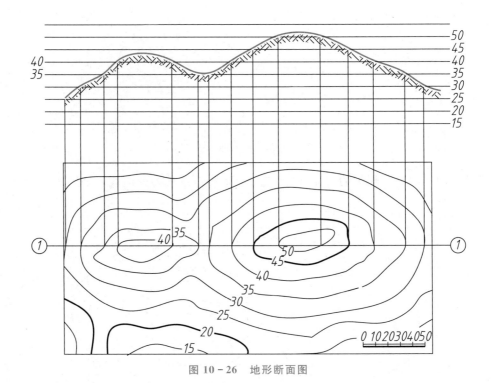

图 10 – 26　地形断面图

二、标高投影在工程中的应用

除了地面以外,在地质、土木、水利等领域中表示岩层或解决填方、挖方边坡线等问题时,也常采用标高投影法。在机械制造中的某些复杂曲面,如飞机、船舶、汽车等形体的表面也常用类似的表达方法。下面举几个例子说明标高投影在土建工程中的实际应用。

例 10 – 2　需要在标高为 5 m 的水平地面上,挖一个标高为 3 m 的坑,坑底的大小和各边坡的坡度如图 10 – 27a 所示,求开挖线和坡面交线。

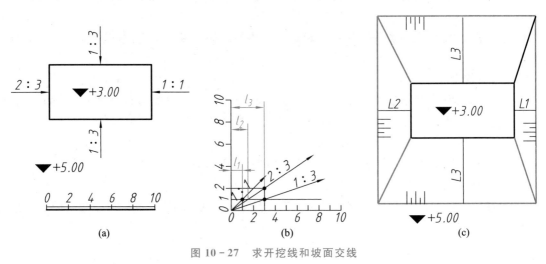

(a)　　　　　(b)　　　　　(c)

图 10 – 27　求开挖线和坡面交线

分析:在工程中,建筑形体相邻两边坡的交线称为坡面交线,边坡与地面的交线称为坡脚线或开挖线。显然,该题是求两平面交线问题。

作图步骤:

(1)求各边坡的平距 l_1、l_2、l_3。平距可用例 10-1 中所介绍的数解法,也可用图解法,如图 10-27b 所示。

(2)按所求得的平距作出各边坡的等高线,它们分别平行于坑底各边。标高为 5 m 的等高线,就是开挖线。此时,用一组长短相间的细实线表示平面的下坡方向,称之为示坡线,如图 10-27c 所示。

(3)相同标高的等高线的交点连线,就是坡面交线。如图 10-27c 所示。

例 10-3 如图 10-28a 所示,已知地形图和直线段 AB 两个端点的标高投影,要沿直线段 AB 铺设一管道,求管道与地形面的交点。

分析:本题是求解直线与地形面交点的问题。过直线 AB 作辅助平面 Q 垂直于 H 面,求出地形断面图,直线 AB 与断面图的交点即为所求。

作图步骤:如图 10-28b 所示。

(1)过 AB 作 H 面的垂直面 Q。

(2)作一系列等距的整数标高等高线。

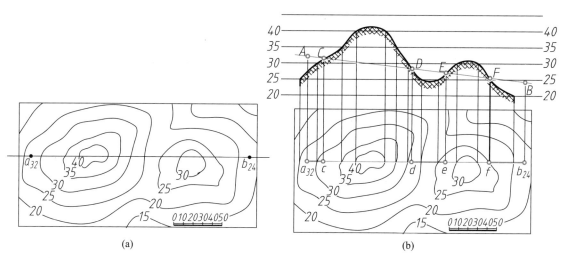

图 10-28 求直线与地形面的交点

(3)过 Q_H 与地形图上等高线的交点,引竖直线。

① 作出地形断面图;

② 根据 A、B 两点的高程,在断面图上作出直线 AB;

③ AB 与断面图的交点 C、D、E、F 即为所求。

例 10-4 如图 10-29a 所示,在给定的地形面上修筑一条弯曲的道路,道路的顶面为平坡,高程为 20 m,道路两边的边坡,填方为 1:1.5,挖方为 1:1,求填挖边界线。

分析:本题是求解曲面与地形面交线的问题。道路两侧的坡面为同坡曲面,同坡曲面与地形面的交线即为所求的填挖边界线。

作图步骤：如图 10 - 29b 所示。

（1）确定填挖分界点。地形面上与路面上高程相同的点即为填挖分界点。图 10 - 29b 所示的两点 A、B，该两点右边的地面高程比路面高程高，为挖方，左边的地面高程比路面高程底，为填方。

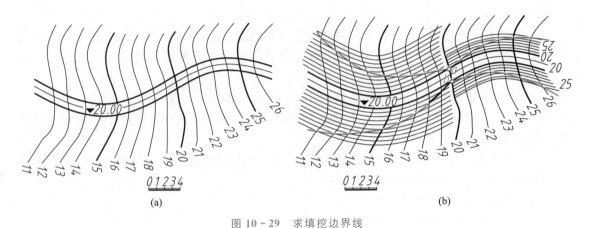

图 10 - 29　求填挖边界线

（2）道路两侧各坡面为同坡曲面，其上的等高线为曲线。在填方地段，愈往外地势愈底，在挖方地段，则愈往外地势愈高。路缘曲线是高程为 20 m 的等高线。

（3）根据填方和挖方的坡度分别算出各同坡曲面平距，作出同坡曲面上的等高线。由于路面是平坡，故等高线与路缘曲线是平行的。

（4）连接坡面上各等高线与地面上高程相同的等高线的交点，即为填挖方的边界线。

第十一章 计算机绘图

AutoCAD 是美国 Autodesk 公司开发的计算机绘图软件。自 1982 年问世以来,已发展成集二维绘图、三维设计、渲染显示、数据管理和互联网通信等功能于一体的计算机辅助设计软件。因其具有强大而又丰富的功能命令、友好的用户界面和便捷的操作,赢得了广大用户的青睐,成为土木建筑、机械工程、电子工业、服装加工等众多领域最为流行的计算机辅助设计软件。本章主要介绍 AutoCAD 2017 的二维绘图功能。

§11−1 AutoCAD 2017 概述

一、AutoCAD 2017 的工作界面

在安装有 AutoCAD 2017 的计算机中,用鼠标双击桌面上的"AutoCAD 2017−简体中文(Simplified Chinese)"快捷图标A ,即可启动 AutoCAD 2017 并进入"新选项卡"页面。单击页面上的"开始绘制"图标按钮,即进入 AutoCAD 2017 默认的"草图与注释"工作空间,该空间的工作界面如图 11−1 所示。

AutoCAD 2017 为用户提供了"草图与注释""三维基础"和"三维建模"三种工作空间。单击工作界面右下角的"切换工作空间"按钮⚙ ▾,可以快速地切换工作空间。

"草图与注释"工作空间界面由菜单浏览器、快速访问工具栏、功能区、绘图区、命令窗口、状态栏等组成。

1. 菜单浏览器

单击工作界面左上角的"菜单浏览器"按钮A,可以展开菜单浏览器,如图 11−2 所示。利用菜单浏览器,可以方便地新建、打开、保存、打印 AutoCAD 文件。单击浏览器上的选项按钮,可以打开如图 11−3 所示"选项"对话框,用以配置 AutoCAD 的系统环境。

2. 快速访问工具栏

快速访问工具栏包括"新建""打开""保存""另存为""打印""放弃"和"重做"等最常用的工具按钮。单击其右侧的▾按钮,可以自定义快速访问工具栏。

3. 功能区

功能区由"默认""插入""注释""参数化""视图"等选项卡组成,每个选项卡由若干块面板组成,面板上放置了与面板名称相关的面板按钮,如图 11−4 所示。单击面板按钮即可执行相应的命令。

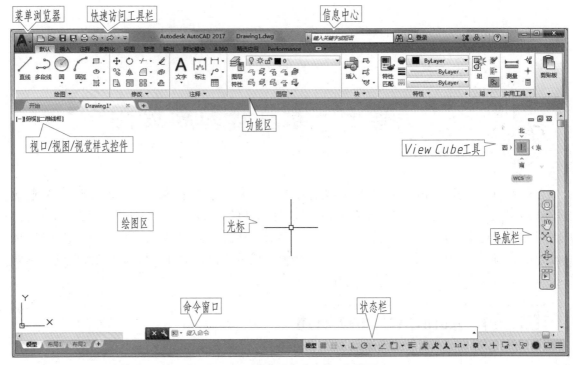

图 11-1 "草图与注释"工作界面

图 11-2 菜单浏览器

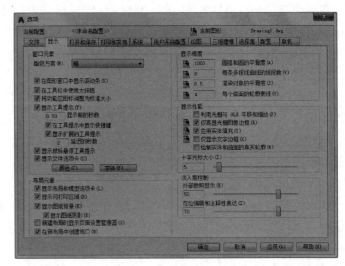

图 11-3 "选项"对话框

功能区有四种显示状态：显示完整的功能区、最小化为选项卡、最小化为面板标题和最小化为面板按钮。单击功能区右侧的"切换状态"按钮 ，可以切换显示状态。

4. 绘图区

绘图区是用户绘制和修改图形的工作区域。绘图区左上方的"视口/视图/视觉样式控件"，

图 11-4　功能区

可以快捷地更改视图方向和视觉样式；右上方的"ViewCube 工具"，用来控制三维视图的方向；右侧的"导航栏"，用来对视图进行"平移""缩放"和"动态观察"；左下方有"模型""布局 1"和"布局 2"三个选项卡，单击选项卡可以在模型空间或图纸空间之间进行切换，模型空间常用于绘图，图纸空间常用于绘图输出。

5. 命令窗口

命令窗口是输入命令和显示命令提示的区域。在命令窗口输入 AutoCAD 的命令（或命令别名）后，按回车键（本书用↵表示）或空格键，便可执行该命令。

6. 状态栏

状态栏左侧排列的是"栅格""捕捉""正交""极轴追踪""对象捕捉追踪""对象捕捉"等辅助绘图工具按钮，单击这些按钮，可以打开/关闭这些辅助绘图功能。状态栏中间的按钮用于控制注释比例、切换工作空间等。单击状态栏最右侧的"自定义"按钮▤，可以从弹出的菜单中选择要显示的辅助工具按钮。

二、命令输入

利用 AutoCAD 绘图，必须给它下达命令，常用的命令输入方法有以下两种：

（1）用鼠标左键单击功能区的面板按钮，即可执行相应命令。

（2）在命令窗口，用键盘输入 AutoCAD 命令或命令别名，然后按回车键或空格键，即可执行该命令，用户按照 AutoCAD 给出的提示完成后续操作即可（本书中带底纹字符表示从键盘输入的内容，如 Line）。

当执行完某一命令后，如果需要重复执行该命令，最为简便的方法是直接按键盘上的回车键或空格键。

三、数据输入

1. 点的输入

当命令行出现"指定点"提示时，可以通过下面的方式指定点的位置。

（1）使用十字光标。在绘图区移动十字光标到指定位置，单击鼠标左键确定该点，则十字光标所处点的坐标就会自动输入。

（2）键盘输入点的坐标。用键盘输入点的坐标时，常用的坐标形式有：

① 绝对直角坐标。"动态输入"关闭的情况下（单击状态栏"自定义"按钮▤，在弹出的菜单上选择"动态输入"，则状态栏显示"动态输入"按钮▦，单击它可以开启/关闭动态输入功能），在命令行以"x,y,z"的形式键入点的绝对坐标值，如"20,10,10"。

坐标值应在西文状态下输入，中间用逗号分开；绘制二维图形时，系统默认 z 坐标为零，输入"x,y"两个坐标等效于输入"$x,y,0$"。

② 相对直角坐标。在命令行以"$@\Delta x,\Delta y$"的形式键入点的坐标值,如"$@20,10$";或在"动态输入"开启的情况下,直接输入"$\Delta x,\Delta y$"两个坐标值。

③ 相对极坐标。以"$@$距离$<$角度"的形式键入。距离指的是新点到前一点的距离,角度是两点连线与 X 轴正方向的夹角(逆时针为正),$@$ 为前导符,$<$ 为分隔符,如"$@20<45$"。

④ 直接距离输入。移动光标至合适位置后,输入距离值,然后回车。新输入的点到前一点的距离为输入的距离值,且新点位于光标所在点与前一点的连线上。

⑤ 角度覆盖。如要保证下一点在某一角度线上,则输入"$<$角度",如"<45"。

"动态输入"关闭时,绘制图 11-5 所示的图形,操作如下:

命令:Line ↵(键盘输入画直线命令)

指定第一点:100,100 ↵(输入点 A 的绝对直角坐标)

指定下一点或 [放弃(U)]:150,150 ↵(输入点 B 的绝对直角坐标)

指定下一点或 [放弃(U)]:@50,-50 ↵(输入点 C 的相对直角坐标)

指定下一点或 [闭合(C)/放弃(U)]:@80<45 ↵(输入点 D 的相对极坐标)

指定下一点或 [闭合(C)/放弃(U)]:<正交 开>30 ↵(打开正交,向右移动光标,直接输入距离 30,得水平线 DE)

指定下一点或 [闭合(C)/放弃(U)]:↵(回车,结束画直线命令)

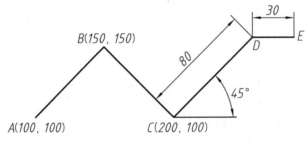

图 11-5 键盘输入点举例

2.距离和数值的输入

当命令行提示输入距离或数据时,可从键盘直接输入数值,也可用鼠标定点。用鼠标定点时,系统自动计算该点到某个基点间的距离作为输入值,若无明显的基点,则系统会提示输入两个点,两点间的距离作为输入值。

3.角度的输入

当命令行提示输入角度时,如"指定旋转角度:"提示时,可以直接键入角度值,也可用鼠标指定两点,两点连线与 $+X$ 方向的夹角为输入角度(逆时针为正)。

四、命令终止

利用 AutoCAD 绘图时,有些命令在完成时会自动结束,像画圆、矩形等,而有些命令需要用户人工结束它,如画直线命令等,要结束这样的命令,按回车键或空格键即可。

如果要终止正在执行的命令,可以按键盘上的 Esc 键。

如果要取消最近命令的执行结果并回退到该命令执行前的状态,可在命令窗口键入 Undo (或 U)后回车,或单击"快速访问工具栏"中的"放弃"按钮 ⇐ 。

五、图形显示控制

1. 平移图形

单击导航栏上的"平移"按钮 👋 ,光标变成手掌,拖动光标即可平移图形,让屏幕显示图形的不同部位。

2. 图形缩放显示

图形缩放显示的最便捷方法是利用鼠标滚轮,向前拨动滚轮,以光标为基点放大显示图形,向后拨动滚轮,缩小显示图形。此外,单击导航栏上的"缩放"下拉按钮 🔍 ,在弹出的菜单中,可以选择图形的缩放显示方式,便于观察作图。

§11-2　基本绘图命令

一、图形绘制

任何二维图形都是由直线、圆、圆弧以及矩形等基本图形对象组成的。绘制这些二维图形对象的绘图工具,都以图标按钮的形式集中在功能区"默认"选项卡的"绘图"面板上,如图 11-6 所示。

1. 直线(Line 或 L)

[功能] 画一系列连续的直线段,每条线段都是可以单独进行编辑的对象。

单击"直线"图标按钮 ╱ ,根据提示,用鼠标定点或用键盘输入点的坐标值,即可逐段画出直线。画线过程中,若键入 U 后回车,则取消刚画的线段;若按回车键,则结束直线命令;若单击"快速访问工具栏"中的"放弃"图标按钮 ⇐ ,则取消所画的所有线段并结束直线命令。在画了两段直线后,键入"C"后回车,则图形自动封闭,并结束命令。

用鼠标定点绘制图 11-7 所示图形,命令执行如下:

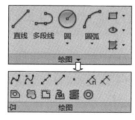

图 11-6　"绘图"面板

图 11-7　画直线

命令:_line
指定第一个点:(*鼠标定 P_1*)
指定下一点或[放弃(U)]:(*鼠标定 P_2*)
指定下一点或[放弃(U)]:(*鼠标定 P_3*)

指定下一点或[闭合(C)/放弃(U)]:(鼠标定 P_4)

指定下一点或[闭合(C)/放弃(U)]:U↵(输入"U"后回车,取消刚才绘制的直线)

指定下一点或[闭合(C)/放弃(U)]:(鼠标定 P_5)

指定下一点或[闭合(C)/放弃(U)]:C↵(输入"C"后回车,图形自动封闭)

2. 多段线(Pline 或 Pl)

[功能] 绘制二维多段线。

多段线是由一系列的直线段或圆弧段连接而成的一种特殊折线。用该命令可以给每段线定义不同的宽度,在画线过程中可以在画直线和画圆弧间转换,AutoCAD 将多段线作为一个对象来处理。

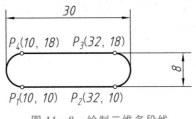

图 11-8 绘制二维多段线

绘制图 11-8 所示的图形,单击"多段线"按钮 ,命令执行如下:

命令:_pline

指定起点:10,10↵

当前线宽为 0.0000

指定下一个点或[圆弧(A)/半宽(H)/长度(L)/放弃(U)/宽度(W)]:32,10↵

指定下一点或[圆弧(A)/闭合(C)/半宽(H)/长度(L)/放弃(U)/宽度(W)]:A↵

指定圆弧的端点或[角度(A)/圆心(CE)/闭合(CL)/方向(D)/半宽(H)/直线(L)/半径(R)/第二个点(S)/放弃(U)/宽度(W)]:CE↵(指定圆心画圆)

指定圆弧的圆心:32,14↵

指定圆弧的端点或[角度(A)/长度(L)]:32,18↵

指定圆弧的端点或

[角度(A)/圆心(CE)/闭合(CL)/方向(D)/半宽(H)/直线(L)/半径(R)/第二个点(S)/放弃(U)/宽度(W)]:L↵

指定下一点或[圆弧(A)/闭合(C)/半宽(H)/长度(L)/放弃(U)/宽度(W)]:10,18↵

指定下一点或[圆弧(A)/闭合(C)/半宽(H)/长度(L)/放弃(U)/宽度(W)]:A↵

指定圆弧的端点或

[角度(A)/圆心(CE)/闭合(CL)/方向(D)/半宽(H)/直线(L)/半径(R)/第二个点(S)/放弃(U)/宽度(W)]:CE↵

指定圆弧的圆心:10,14↵

指定圆弧的端点或[角度(A)/长度(L)]:10,10↵

指定圆弧的端点或

[角度(A)/圆心(CE)/闭合(CL)/方向(D)/半宽(H)/直线(L)/半径(R)/第二个点(S)/放

弃(U)/宽度(W)]:↵

3. 圆(Circle 或 C)

[功能] AutoCAD 提供了 6 种画圆的方法,如图 11-9 所示。

(1) 常用的画圆方法是指定圆心和半径画圆;

(2) "相切、相切、半径"画圆方法是用鼠标点取与圆相切的两个对象后,再指定圆的半径画圆,该方法可实现"圆弧连接"作图;

(3) "相切、相切、相切"画圆方法用于作三个已知线段(圆弧、圆)的公切圆。

用以上后两种方法作图时,实体捕捉功能自动启用。单击"圆"按钮 ⊙,图 11-10 中的圆 A、圆 B 的作图过程如下。

图 11-9　圆的画法

命令:_circle

指定圆的圆心或 [三点(3P)/两点(2P)/切点、切点、半径(T)]:100,100 ↵(确定圆 A 的圆心)

指定圆的半径或 [直径(D)]<0.0000>:30 ↵(输入圆 A 的半径)

命令:↵(回车,重复画圆命令)

CIRCLE 指定圆的圆心或 [三点(3P)/两点(2P)/切点、切点、半径(T)]:t↵(选择切点、切点、半径方法画圆)

指定对象与圆的第一个切点:(选取圆 A。当光标移到圆 A 上时,出现相切图标,点击鼠标左键即可)

指定对象与圆的第二个切点:(单击选取直线 12)

指定圆的半径 <30.0000>:20 ↵(给定半径,回车结束)

4. 圆弧(Arc 或 A)

[功能] AutoCAD 提供 11 种绘制圆弧的方法。

单击"圆弧"下拉图标按钮 ,弹出"圆弧"菜单,用户可以根据已知的作图条件,如起点、圆心、半径等,在菜单上选择合适的画弧方法画弧,部分作图结果如图 11-11 所示。

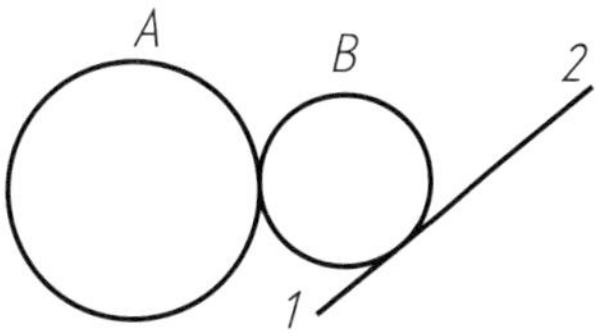

说明:如果按给定圆弧圆心的方式画弧,系统则默认由始点到终点按逆时针方向画弧;如果按给定圆心角的方式画弧,则在输入正角度值时,从起点沿逆时针方向画弧,输入负角度值时,从起点沿顺时针方向画弧。

图 11-10　画圆

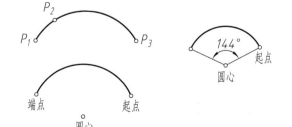

图 11-11　绘制圆弧

293

5. 矩形（Rectangle 或 Rec）

[功能] 通过给定矩形的两个角点绘制矩形，该矩形可以设定倒角、圆角。

（1）单击"矩形"图标按钮 ，绘图 11-12a 所示的矩形，命令执行如下。

命令：_rectang

指定第一个角点或 [倒角（C）/标高（E）/圆角（F）/厚度（T）/宽度（W）]：（鼠标点取第一角点）

指定另一个角点或 [面积（A）/尺寸（D）/旋转（R）]：@60,40 ↵ （输入第二角点的坐标）

（2）绘图 11-12b 所示的矩形，命令执行如下。

命令：↵（回车，重复矩形命令）

RECTANG

指定第一个角点或 [倒角（C）/标高（E）/圆角（F）/厚度（T）/宽度（W）]：C↵（倒角）

指定矩形的第一个倒角距离 ＜0.0000＞：5↵（输入倒角距离 5 mm）

指定矩形的第二个倒角距离 ＜5.0000＞：↵

指定第一个角点或 [倒角（C）/标高（E）/圆角（F）/厚度（T）/宽度（W）]：（鼠标点取第一角点）

指定另一个角点或 [面积（A）/尺寸（D）/旋转（R）]：@60,40 ↵

（3）绘图 11-12c 所示的矩形，命令执行如下。

命令：↵（回车，重复矩形命令）

RECTANG

当前矩形模式： 倒角＝5.0000 x 5.0000

指定第一个角点或 [倒角（C）/标高（E）/圆角（F）/厚度（T）/宽度（W）]：F↵（圆角）

指定矩形的圆角半径 ＜5.0000＞：6↵

指定第一个角点或 [倒角（C）/标高（E）/圆角（F）/厚度（T）/宽度（W）]：（鼠标点取第一角点）

指定另一个角点或 [面积（A）/尺寸（D）/旋转（R）]：@60,40 ↵

(a)　　　　　　(b)　　　　　　(c)

图 11-12 绘制矩形

6. 正多边形（Polygon 或 Pol）

[功能] 按边长（Edge）或内接/外切圆（I/C）两种方法绘制正多边形。

单击图 11-13 所示的"多边形"图标按钮，用内接圆（I）方法绘制图 11-14 所示的正六边形，命令执行如下。

图 11-13 "多边形"按钮

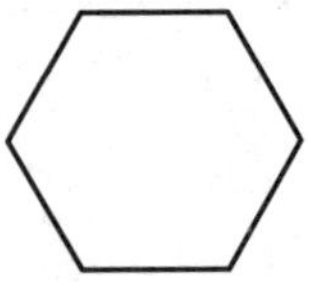

图 11-14 绘制多边形

命令：_polygon 输入侧面数 <4>：6↵（指定边数）

指定正多边形的中心点或［边(E)］：（鼠标点取多边形中心点）

输入选项［内接于圆(I)/外切于圆(C)］<I>：↵（默认）

指定圆的半径：30↵

7. 样条曲线(Spline 或 Spl)

［功能］样条曲线是经过或接近一系列给定点（或控制点）的光滑曲线，在工程图中可用来画波浪线等。AutoCAD 提供了使用拟合点、使用控制点两种方式绘制样条曲线。

(1) 单击"样条曲线拟合"按钮██，使用拟合点绘图 11-15a 中的样条曲线，命令行提示如下。

命令：_SPLINE

当前设置：方式＝拟合   节点＝弦

指定第一个点或［方式(M)/节点(K)/对象(O)］：_M

输入样条曲线创建方式［拟合(F)/控制点(CV)］<拟合>：_FIT

当前设置：方式＝拟合   节点＝弦

指定第一个点或［方式(M)/节点(K)/对象(O)］：（鼠标定 P_1 点）

输入下一个点或［起点切向(T)/公差(L)］：（鼠标定 P_2 点）

输入下一个点或［端点相切(T)/公差(L)/放弃(U)］：（鼠标定 P_3 点）

输入下一个点或［端点相切(T)/公差(L)/放弃(U)/闭合(C)］：（鼠标定 P_4 点）

输入下一个点或［端点相切(T)/公差(L)/放弃(U)/闭合(C)］：（回车结束）

(2) 单击"样条曲线控制点"按钮██，使用控制点绘制样条曲线，如图 11-15b 所示。

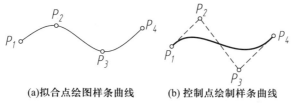

(a)拟合点绘图样条曲线   (b) 控制点绘制样条曲线

图 11-15   样条曲线

8. 图案填充(Hatch 或 H)

［功能］图案填充是用某种图案填充图形中的指定区域，绘制工程图时常用图案填充画剖面线。填充图 11-16a 所示的图形中左、右两个长方形，步骤如下：

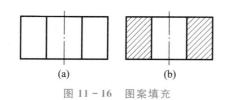

(a)   (b)

图 11-16   图案填充

(1) 绘制要填充的图形，如图 11-16a 所示；

(2) 单击"图案填充"按钮██，在功能区弹出图 11-17 所示的"图案填充创建"选项卡；

(3) 在"图案"面板中选取填充图案，如"ANSI31"；

图 11-17 "图案填充创建"选项卡

（4）在"特性"面板中，设置图案填充角度，填充比例（即图案疏密程度）等特性；

（5）在"边界"面板中，单击"拾取点"图标按钮 ，在图 11-16a 中需要填充的区域内分别点取一点，则需填充的区域出现填充效果预览，单击"关闭"按钮，完成图形填充，如图 11-16b 所示。

注意：① 图案填充应当在一个封闭的区域中进行，围成该封闭区域的边界可以是直线、圆、圆弧、样条曲线等对象。

② 如果图案填充的效果不符合要求，可以单击已填充的图案，在弹出的"图案填充创建"选项卡中，重新选择图案、设置特性、原点等，单击"关闭"按钮，完成修改。

二、文字处理

文字对象是 AutoCAD 中非常重要的图形元素之一，在一个完整的工程图样中，通常都要包含一些文字注释，如技术要求等。在图形中输入文字前，通常应先设置文字样式。

1. 设置文字样式

文字样式决定了文字的书写风格，如字体、字号等。AutoCAD 默认的文字样式为"Standard"，用户可以根据需要设置新的文字样式。设置文字样式的方法如下：

（1）在功能区"注释"选项卡"文字"面板中，单击"文字样式"按钮 ，打开"文字样式"对话框，如图 11-18 所示。

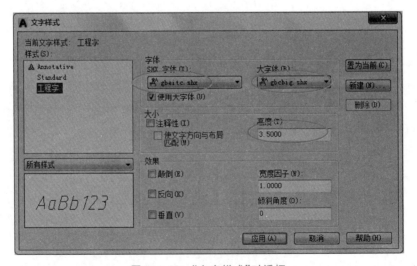

图 11-18 "文字样式"对话框

（2）在"文字样式"对话框中，单击"新建"按钮，打开"新建文字样式"对话框。

（3）在"新建文字样式"对话框中的"样式名"文本框中输入样式名，如"工程字"，然后单击"确定"按钮。

（4）在"文字样式"对话框中，单击"字体名"下拉列表，选择"gbeitc.shx"作为文字字体。选中"使用大字体"复选框，在"大字体"下拉列表中选"gbcbig.shx"。

（5）在"大小"选项组中，设置字体"高度"为"3.5"。

（6）单击"应用"按钮后单击"关闭"图标按钮，完成设置。

2. 文字输入

在功能区"注释"选项卡"文字"面板中，单击"多行文字"按钮 A，系统提示：

命令：_mtext

当前文字样式："工程字"　文字高度：　3.5　注释性：　否

指定第一角点：

指定对角点或［高度(H)/对正(J)/行距(L)/旋转(R)/样式(S)/宽度(W)/栏(C)］：

依照命令行提示，在绘图区适当位置单击指定文字边框的两个对角点，功能区弹出"文字编辑器"，绘图区显示"多行文字输入框"，如图 11 - 19 所示。利用键盘输入多行文字，如"技术要求"等，然后在"多行文字输入框"之外单击，即可结束文字输入。

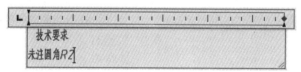

图 11 - 19　"文字编辑器"选项卡和"多行文字输入框"

3. 文字编辑

双击已输入的多行文字，可打开"文字编辑器"选项卡和"多行文字输入框"，可以方便地进行文字的修改编辑。

§11 - 3　绘图辅助工具

一、图层

图层可看成是一张张透明纸，每一层可以设定一种线型、颜色和线宽等特性。绘图时，我们把图形中的一些相关对象，如粗实线，放在同一个图层上，使他们具有相同的颜色和宽度等，多个图层叠加在一起就构成了一个完整的图形。使用图层有利于图形的管理和修改。

1. 新建图层

在"默认"选项卡"图层"面板中，单击"图层特性"按钮 🗔，出现"图层特性管理器"对话框，如

图 11 - 20 所示。图层列表中的"0 层"为默认图层,它不能被删除和重命名。

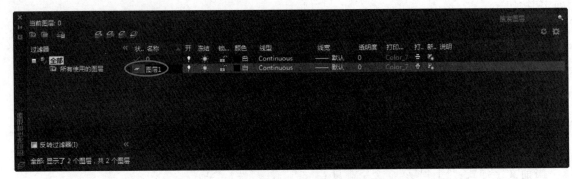

图 11 - 20 "图层特性管理器"对话框

单击"新建图层"按钮 ⬚,图层列表中增加一个层名为"图层 1"的新图层。其特性设置如下:

(1) 单击层名"图层 1",可以对其重新命名,如用键盘输入新层名:"中心线"。

(2) 单击图层中的"颜色"按钮 ▮,弹出"选择颜色"对话框,用它为图层指定颜色。

(3) 单击图层中的"线型"按钮 Continuo... ,则弹出"选择线型"对话框,该对话框显示已加载的线型,如图 11 - 21 所示。若需要其他线型,可单击"加载"按钮,在弹出的图 11 - 22 所示的"加载或重载线型"对话框中,选择需要加载的线型,如"CENTER"(中心线),单击"确定"按钮,"CENTER"便加载到"选择线型"对话框中;选中它,再单击"确定"按钮,"CENTER"成为该层的线型。

图 11 - 21 "选择线型"对话框

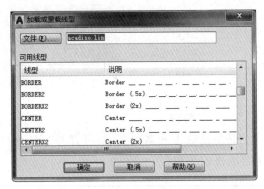

图 11 - 22 "加载或重载线型"对话框

(4) 单击图层中的"线宽"按钮 ——默认 ,出现"线宽"对话框,在该对话框中设置线宽,如"0.25"。

(5) 单击"图层特性管理器"左上角的"关闭"按钮 ✕,完成图层设置。

2. 图层管理

(1) 图层分当前层和非当前层,要想在某个层上画图,必须将该层置为当前层。方法是:在"图层"面板中,单击展开"图层"下拉列表 ▮ ✶ ▮ 0 ▮ ,选中某一图层即可。

(2) 为了方便图形的绘制和编辑,单击"图层列表"中某一非当前图层的"关/开""冻结/解冻""锁定/解锁"按钮 ▮ ✿ ▮ ,可以关闭/打开、冻结/解冻,锁定/解锁该图层。被关闭和冻结图层上的图形对象不显示,不能绘图输出;被锁定层上的图形对象不能修改,但可以显示和输出。

二、精确绘图工具

1. 辅助绘图工具

用鼠标单击状态行中的"栅格"按钮▓、"捕捉"按钮▓，可打开/关闭栅格、捕捉栅格辅助绘图工具，为绘图提供方便。

单击"正交"按钮▓，打开正交模式，可强制光标沿与坐标轴平行的方向移动，为画水平线和竖直线带来方便，简化作图过程。

2. 对象捕捉

在绘图时，常常需要在已有的图形上选取某一特定点，如直线段的中点、端点，圆的圆心等。对象捕捉是 AutoCAD 进行点的精确定位的有效方法之一。

（1）捕捉对象设置。单击状态栏上"对象捕捉"按钮□右侧的下拉按钮，弹出图 11-23 所示的快捷菜单，从中可以选择捕捉对象，如端点、圆心、切点等。如果单击"对象捕捉设置"选项，则弹出图 11-24 所示的"草图设置"对话框，利用它也可以设置对象捕捉。

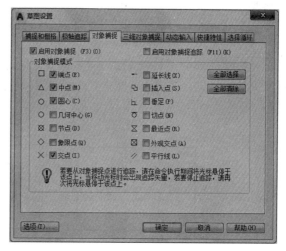

图 11-23　快捷菜单　　　　　　　　图 11-24　"草图设置"对话框

（2）捕捉实例。利用对象捕捉绘制图 11-25 中的直线 A 以及同心圆 B，步骤如下：

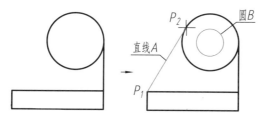

图 11-25　捕捉圆心和切点的绘图示例

① 单击状态栏上的"对象捕捉"按钮，打开"对象捕捉"功能；

② 分别用画线、画圆命令绘制直线 A 和圆 B。命令行提示：

命令：_circle

指定圆的圆心或［三点(3P)/两点(2P)/切点、切点、半径(T)］：（光标靠近大圆弧，出现圆心标志时，单击捕捉圆心）

指定圆的半径或［直径(D)］＜80.0000＞：40↵（输入圆的半径40，回车）

命令：_line

指定第一点：（光标靠近端点 P_1，出现端点标志时，单击左键捕捉 P_1）

指定下一点或［放弃(U)］：（光标靠近大圆弧，出现切点标志时，单击左键捕捉 P_2）

指定下一点或［放弃(U)］：↵（回车，结束）

3. 对象捕捉追踪

单击状态行中的"对象捕捉追踪"按钮，可以打开"对象捕捉追踪"功能。绘图时，如果同时打开"对象捕捉"和"对象捕捉追踪"，则系统自动追踪图形中的特征点，追踪过程用"点线"显示。利用该功能，多面投影图中不同视图的对齐、局部图形的定位等作图问题变得非常容易。

例 如图 11-26 所示，以矩形的形心为圆心，绘制半径为 60 的圆。

作图步骤如下：

(1) 设置"中点"为捕捉对象，单击"对象捕捉"和"对象捕捉追踪"按钮；

(2) 单击"绘图"面板中的"圆"按钮；

(3) 先将光标移动到中点 A 上，然后向下移动光标，拖出追踪线（点线）；

(4) 再将光标移动到中点 B 上，然后向左水平移动光标，当水平和竖直的两条追踪线相交时，交点就是矩形的形心，单击即得圆心，再输入半径 60，完成画圆。

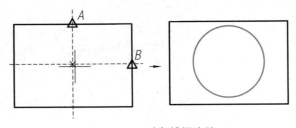

图 11-26 对象捕捉追踪

§11-4 常用修改命令

一、对象选择

要对图形进行修改编辑，必须选择要编辑修改的图形对象。选择对象时既可选择单个对象，也可同时选择多个对象（选择集）。

在命令行出现"键入命令："提示或"选择对象："提示时，可以用鼠标采取以下方式选择对象：

(1) 点选方式　将光标移到要选择的对象上，点击鼠标左键即可逐个选取对象（按"Shift＋鼠标左键"可从选中的多个对象中撤除对象），选取的对象亮显。

(2) 窗选方式　点击鼠标左键，由左向右下移动光标即出现矩形（实线）窗口，再次点击鼠标左键确定,则窗口内的对象都被选中。

(3) 交叉窗口方式 点击鼠标左键,由右向左上移动光标即出现矩形(虚线)窗口,点击鼠标左键确定,则窗口内和与窗口相交的对象都被选中。

二、修改编辑

图形的修改编辑即是对图形进行删除、复制、移动等操作。AutoCAD 的修改编辑功能非常强大,灵活运用修改编辑命令,可以有效地提高绘图效率和质量。常用的"修改"图标按钮集中在功能区"默认"选项卡的"修改"面板上,如图 11 - 27 所示。

1. 删除(Erase 或 E)

[功能]删除选中的图形对象。单击"删除"按钮 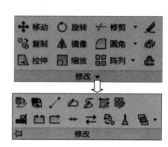,命令行提示:

命令:_erase

选择对象:找到 1 个(*选择要删除对象*)

选择对象:↵(*回车,结束*)

2. 复制(Copy 或 Cp)

图 11 - 27 "修改"面板

[功能]复制或多重复制选中的对象。

复制图 11 - 28a 所示图形,操作过程如下:

单击"复制"按钮 ,命令行提示:

命令:_copy

选择对象:指定对角点:找到 4 个(*窗选要复制的对象*)

选择对象:↵(*回车,结束对象选择*)

当前设置: 复制模式 = 多个

指定基点或[位移(D)/模式(O)]<位移>:(*鼠标捕捉中心点作为基点*)

指定第二个点或 <使用第一个点作为位移>:(*鼠标确定图 11 -28b 的安放位置*)

指定第二个点或[退出(E)/放弃(U)]<退出>:↵(*回车,结束*)

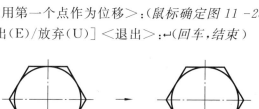

(a)   (b)

图 11 - 28 复制图形对象

3. 镜像(Mirror 或 Mi)

[功能]生成所选图形的轴对称图形。

单击"镜像"按钮 ,命令行提示:

命令:_mirror

选择对象:找到 3 个(*窗选图 11 -29a 中的粗实线对象*)

选择对象:↵(*回车,结束对象选择*)

指定镜像线的第一点:(捕捉中心线上端点)

指定镜像线的第二点:(捕捉中心线下端点)

要删除源对象吗?[是(Y)/否(N)]<N>:↵(回车,结束)

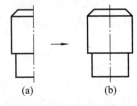

图 11-29 镜像图形对象

4. 偏移(Offset 或 O)

[功能]在所选对象的指定侧生成等距线。

直线的等距线是等长的平行线;圆弧的等距线是同心圆弧,并且保持相同的圆心角;多段线的等距线仍是多段线,其圆弧部分是同心圆弧,直线部分自动调整。

单击"偏移"按钮 ,将图 11-30a 中的点画线 A 向右偏移 30 mm,生成 B 的操作如下:

命令:_offset

当前设置:删除源=否　图层=源　OFFSETGAPTYPE=0

指定偏移距离或[通过(T)/删除(E)/图层(L)]<通过>:30↵　(输入偏移距离)

选择要偏移的对象,或[退出(E)/放弃(U)]<退出>:(点选要偏移的对象 A)

指定要偏移的那一侧上的点,或[退出(E)/多个(M)/放弃(U)]<退出>:(在 A 右侧单击,指定偏移方向)

选择要偏移的对象,或[退出(E)/放弃(U)]<退出>:↵(回车,结束)

在提示"指定偏移距离或[通过(T)/删除(E)/图层(L)]<通过>:"后键入"T",根据提示作相应的回答,则偏移的结果通过选定点。

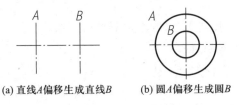

(a) 直线A偏移生成直线B　　(b) 圆A偏移生成圆B

图 11-30　偏移图形对象

5. 矩形阵列(Arrayrect)

[功能]将对象按照指定的行数和列数,复制成矩形方阵。

单击"矩形阵列"按钮 ,选取要阵列的源对象,回车结束对象选择后,功能区弹出"阵列创建"选项卡,如图 11-31 所示。

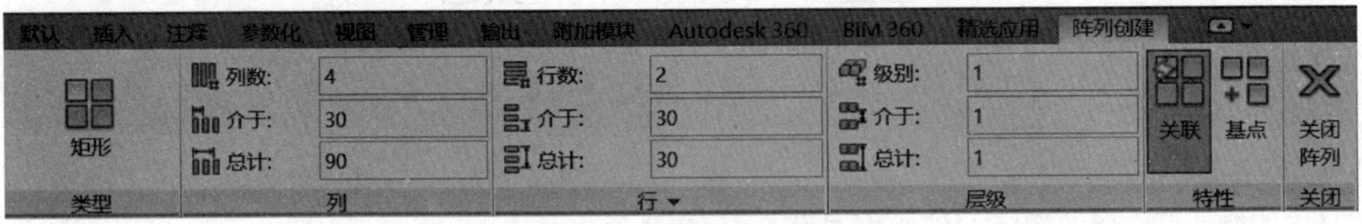

默认	插入	注释	参数化	视图	管理	输出	附加模块	Autodesk 360	BIM 360	精选应用	阵列创建	

	列数:	4		行数:	2		级别:	1			
矩形	介于:	30		介于:	30		介于:	1	关联	基点	关闭阵列
	总计:	90		总计:	30		总计:	1			
类型	列			行 ▼			层级		特性		关闭

图 11-31　"阵列创建"选项卡

在选项卡中,输入阵列的行、列数,行、列间距(数字为负,则沿 X、Y 轴反方向阵列),回车或单击"关闭阵列"按钮,即可完成操作,如图 11-32 所示。

如按下“阵列创建”选项卡中的“关联”按钮，那么阵列出的对象是一个整体，否则阵列出的是一个个独立的对象。

源对象

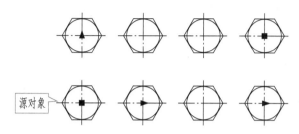

图 11－32　矩形阵列

6. 环形阵列（Arraypolar）

［功能］将选定的对象围绕某个中心点或旋转轴进行环形阵列复制。

单击“矩形阵列”按钮右侧的下拉按钮，在弹出的菜单中，单击“环形阵列”按钮，选取要阵列的源对象，如图 11－33a 中的矩形，回车结束对象选择后，单击圆心为阵列中心点，功能区弹出“阵列创建”选项卡，如图 11－34 所示。

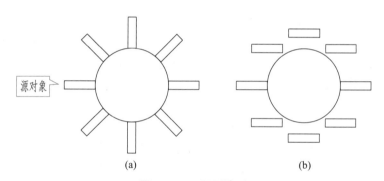

源对象
(a)
(b)

图 11－33　环形阵列

默认
插入
注释
参数化
视图
管理
输出
附加模块
Autodesk 360
BIM 360
精选应用
阵列创建
极轴
类型
项目数:
8
介于:
45
填充:
360
项目
行数:
1
介于:
255
总计:
255
行
级别:
1
介于:
1
总计:
1
层级
关联
基点
旋转项目
方向
特性
关闭阵列
关闭

图 11－34　“阵列创建”选项卡

在“项目数”文本框中输入“8”后回车，单击“关闭阵列”按钮，即可完成操作，如图 11－33a 所示。

环形阵列时，如果选项卡上的“旋转项目”按钮处于激活状态，则阵列时对象做相应旋转，如图 11－33a 所示，否则只作平移复制，对象不旋转，如图 11－33b 所示。

7. 修剪（Trim 或 Tr）

［功能］删去超出剪切边的那一部分图形对象，剪切边可以是直线、圆、圆弧等对象。

单击“修剪”按钮，将图 11－35a 修剪成图 11－35b 的式样，操作如下：

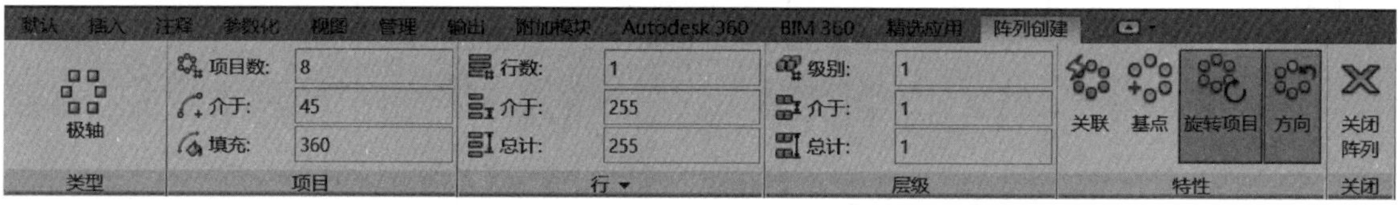

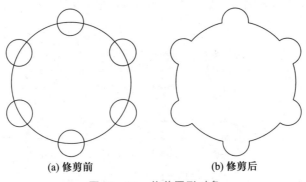

(a) 修剪前　　　　　　　　　(b) 修剪后

图 11 - 35　修剪图形对象

命令：_trim

当前设置：投影＝UCS,边＝无

选择剪切边…

选择对象或 ＜全部选择＞： 指定对角点：找到 7 个（窗选所有对象）

选择对象：↵（回车,结束对象选择）

选择要修剪的对象,或按住 Shift 键选择要延伸的对象,或

［栏选(F)/窗交(C)/投影(P)/边(E)/删除(R)/放弃(U)］：（依次选择小圆被大圆所剪部分）

选择要修剪的对象,或按住 Shift 键选择要延伸的对象,或

［栏选(F)/窗交(C)/投影(P)/边(E)/删除(R)/放弃(U)］：（依次选择大圆被小圆所剪部分,回车结束）

8. 延伸(Extend 或 Ex)

［功能］将选定的对象延伸到指定的图形对象上,常用来实现对齐、相交操作。

单击"修剪"按钮 ⊬ 右侧的下拉按钮 ▾,在弹出的菜单中,单击"延伸"按钮 ⊣ ,将图 11 - 36 中的直线 CD 和圆弧 EF 延伸到边界 AB 处,操作如下：

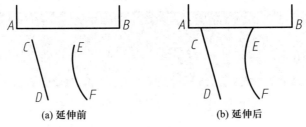

(a) 延伸前　　　　　　　　　(b) 延伸后

图 11 - 36　延伸图形对象

命令：_extend

当前设置：投影＝UCS,边＝无

选择边界的边…

选择对象或 ＜全部选择＞： 找到 1 个（选取直线 AB 为边界）

选择对象：↵（回车,结束边界选择）

选择要延伸的对象,或按住 Shift 键选择要修剪的对象,或

[栏选(F)/窗交(C)/投影(P)/边(E)/放弃(U)]:(靠近点 C 选择直线 CD)

选择要延伸的对象,或按住 Shift 键选择要修剪的对象,或

[栏选(F)/窗交(C)/投影(P)/边(E)/放弃(U)]:(靠近点 E 选择圆弧 EF,回车结束)

9. 拉伸(Stretch)

[功能] 局部拉伸或移动选定的对象。

单击"拉伸"按钮,图 11-37a、b、c 分别表示拉伸轴的作图过程。

命令:_stretch

以交叉窗口或交叉多边形选择要拉伸的对象…

选择对象:指定对角点:找到 3 个 (用交叉窗口选择要拉伸的对象)

选择对象:↵(回车,结束对象选择)

指定基点或 [位移(D)] <位移>:(用鼠标在图中确定基点)

指定第二个点或 <使用第一个点作为位移>:@20,0 ↵(水平方向拉伸长度 20 mm)

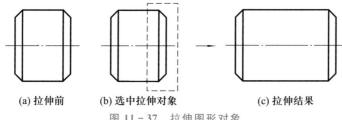

(a) 拉伸前   (b) 选中拉伸对象   (c) 拉伸结果

图 11-37　拉伸图形对象

10. 打断(Break)

[功能] 切掉所选对象的一部分或将对象切断成两个对象。

单击"打断"按钮,命令行提示:

命令:_break

选择对象:(鼠标点选欲打断的图形对象,如点取图 11-38 中 P_1 点)

指定第二个打断点 或 [第一点(F)]:(鼠标选 P_2 点)

说明:第二个打断点可以不在图形对象上,系统自动选择图形上距第二点最近的点作为第二个打断点,如图 11-38b 所示。当打断圆弧、椭圆弧时,第一点、第二点按逆时针方向断开,如图 11-38c 所示,图中虚线为切掉部分。

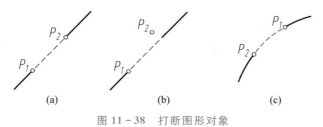

(a)   (b)   (c)

图 11-38　打断图形对象

11. 圆角(Fillet 或 F)

[功能] 按指定的半径在直线、圆或圆弧间倒圆角,也可以对多段线倒圆角。

单击"圆角"按钮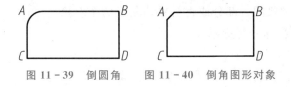，矩形 ABCD 的圆角结果如图 11-39 所示。命令行提示如下：

命令：_fillet

当前设置：模式 = 修剪，半径 = 0.0000

选择第一个对象或［放弃(U)/多段线(P)/半径(R)/修剪(T)/多个(M)］：R↵

指定圆角半径 <0.0000>：10 ↵ (输入圆角半径)

选择第一个对象或［放弃(U)/多段线(P)/半径(R)/修剪(T)/多个(M)］：(选择直线 AB)

选择第二个对象，或按住 Shift 键选择要应用角点或［半径(R)］：(选择直线 AC)

12. 倒角(Chamfer)

［功能］对两条直线边倒棱角或多段线倒棱角。

单击"圆角"按钮右侧的下拉按钮，在弹出的菜单中，单击"倒角"按钮，矩形 ABCD 的倒角结果如图 11-40 所示。命令提示如下。

命令：_chamfer

("修剪"模式) 当前倒角距离 1 = 0.0000，距离 2 = 0.0000

选择第一条直线或［放弃(U)/多段线(P)/距离(D)/角度(A)/修剪(T)/方式(E)/多个(M)］：D ↵

指定第一个倒角距离 <0.0000>：5 ↵ (输入倒角距离)

指定第二个倒角距离 <5.0000>：↵(倒角距离相等时，可直接回车)

选择第一条直线或［放弃(U)/多段线(P)/距离(D)/角度(A)/修剪(T)/方式(E)/多个(M)］：(选择直线 AB)

选择第二条直线，或按住 Shift 键选择要应用角点的直线：(选择直线 AC)

图 11-39　倒圆角　　图 11-40　倒角图形对象

13. 分解(Explode)

［功能］用于分解图块、多段线、尺寸、图案等复合对象，复合对象分解后变成单个对象，以便于分别进行编辑修改。

单击"分解"按钮，命令行提示：

命令：_explode

选择对象：找到 1 个 (选择要分解的对象)

选择对象：(回车结束)

三、利用夹点快速编辑

对象夹点是控制该对象方向、位置、大小和区域的特殊点。在未启动任何命令的情况下，只要用光标选取对象，则被选中对象就会变成蓝色并显示夹点(默认是蓝色框)，如图 11-41 所示。若单击对象上的夹点(被选中的夹点称热夹点或活动夹点，默认是红色框)，则进入夹点编辑状态,可以进行以下操作。

(1) 选取直线的中点夹点,可移动直线;选取直线的端点夹点,可拉伸、旋转直线。

(2) 选取圆的圆心夹点,可移动圆;选取圆的象限点夹点,可缩放圆。

(3) 选取圆弧的圆心夹点,可移动圆弧;选取圆弧的中点夹点,可改变圆弧半径。

(4) 选取样条曲线上的夹点,可改变样条曲线的形状。

(5) 选取文字上的夹点,可方便地移动文字。

图 11 - 41　用夹点进行编辑

§11-5　尺寸标注

尺寸是工程图的基本组成部分,是指导零部件加工、装配和工程施工的重要技术资料。AutoCAD 的尺寸标注功能强大,其标注命令按钮集中在功能区"注释"选项卡中的"标注"面板上,如图 11-42 所示。单击"标注"按钮 ,即可标注尺寸;或单击"线性"按钮 线性右侧的下拉按钮 ,利用弹出的"标注"命令菜单(图 11-43)来标注不同类型的尺寸。

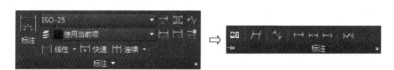

图 11 - 42　"标注"面板

一、设置标注样式

设置标注样式是为了使标注的尺寸(含尺寸界线、尺寸线、箭头、尺寸文字)形式相同、风格一致。AutoCAD 提供了"ISO-25""Standard"等标注样式,用户可以对其进行进一步的设置,使标注的尺寸符合制图国家标准。

1. 基本尺寸样式

(1) 单击"标注"面板中的"标注"下拉按钮 ,弹出"标注样式管理器"对话框,如图 11-44 所示。单击"新建"按钮,弹出"创建新标注样式"对话框,如图 11-45 所示,输入新样式名,如"Mystyle",单击"继续",打开"新建标注样式:Mystyle"对话框,如图 11-46 所示;

图 11 - 43　"标注"菜单

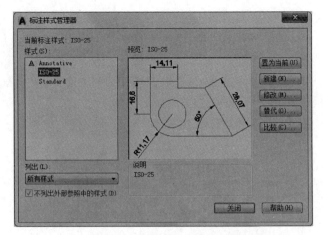

图 11 - 44　"标注样式管理器"对话框

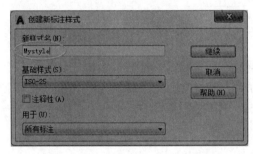

图 11 - 45　"创建新标注样式"对话框

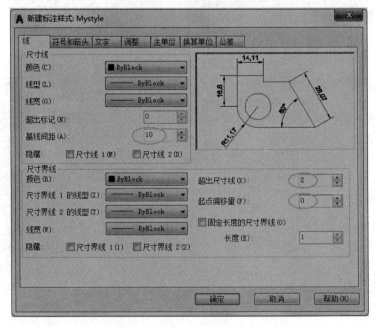

图 11 - 46　"修改标注样式"对话框

（2）在"线"选项卡中，将"基线间距"设为"10"，尺寸界线"超出尺寸线"的距离设为"2"，尺寸界线的"起点偏移量"设为"0"；

（3）单击"文字"选项卡，在"文字样式"列表中选择先前设置好的"工程字"文字样式，文字高度设为"3.5"，"文字对齐"方式选用"ISO 标准"，如图 11－47 所示；

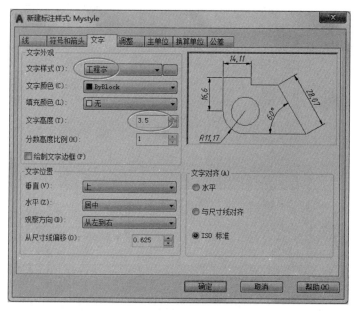

图 11－47 "文字"选项卡

（4）单击"主单位"选项卡，标注"精度"设为"0"，将"小数分隔符"设为"'·'（句点）"，如图 11－48所示，单击"确定""关闭"按钮，完成基本标注样式的设置。

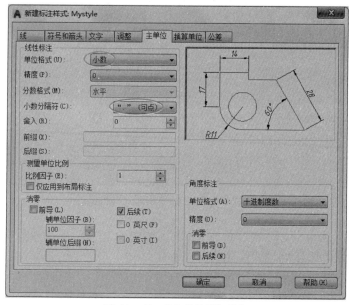

图 11－48 "主单位"选项卡

2. 创建角度标注子样式

为了满足角度标注时,数字必须水平书写的要求,因此有必要以刚刚设置的"Mystyle"标注样式为基础,创建"角度标注"子样式。

(1) 单击"标注样式"按钮 ⌐,弹出"标注样式管理器"对话框。在"样式"列表中选择"Mystyle",单击"新建"按钮,弹出"创建新标注样式"对话框,在"用于"下拉列表框中选择"角度标注",如图 11 - 49 所示;

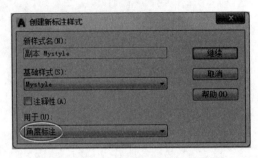

图 11 - 49　"创建新标注样式"对话框

(2) 单击"继续"按钮,打开图 11 - 50 所示的"新建标注样式:Mystyle:角度"对话框;

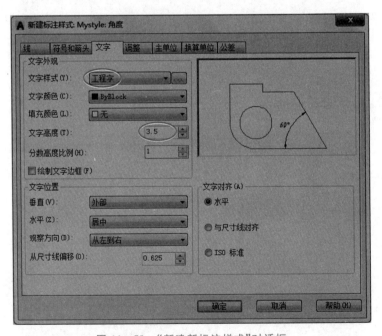

图 11 - 50　"新建新标注样式"对话框

(3) 单击"文字"选项卡,在"文字位置"选项区域中的"垂直"下拉列表框中选择"外部",在"文字对齐"选项区域中选择"水平"单选项;

(4) 单击"确定""关闭"按钮,完成角度标注子样式设置。

二、尺寸标注

1. 线性尺寸标注(Dimlinear)

主要用于标注水平方向和垂直方向的线性尺寸。单击■线性按钮,标注图 11-51 所示的尺寸 60,命令行提示与操作如下：

命令：_dimlinear

指定第一条延伸线原点或 <选择对象>：(鼠标点取第一条尺寸界线的起点 1)

指定第二条延伸线原点：(鼠标点取第二条尺寸界线的起点 2)

指定尺寸线位置或

[多行文字(M)/文字(T)/角度(A)/水平(H)/垂直(V)/旋转(R)]：(移动光标确定尺寸的标注位置,单击结束)

标注文字＝60(系统测量值)

注意：为了准确地获取尺寸界线的起点,应开启对象捕捉功能。

2. 对齐尺寸标注(Dimaligned)

主要用于标注与指定位置或对象平行的线性尺寸。单击 按钮,标注图 11-52 所示的尺寸 69,命令行提示与操作如下：

命令：_dimaligned

指定第一个尺寸界线原点或 <选择对象>：(鼠标点取第一条尺寸界线的起点 1)

指定第二条尺寸界线原点：(鼠标点取第二条尺寸界线的起点 2)

指定尺寸线位置或

[多行文字(M)/文字(T)/角度(A)]：(移动光标确定尺寸的标注位置,单击结束)

标注文字 ＝ 69(系统测量值)

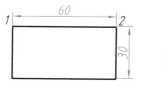 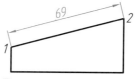

图 11-51　线性尺寸标注　　图 11-52　对齐尺寸标注

3. 半径尺寸标注(Dimradius)

标注半径尺寸时,尺寸文字前会自动加注半径符号 R,尺寸的位置由移动光标来确定。单击 按钮,标注图 11-53a 所示的尺寸 R36,命令行提示与操作如下：

(a)　　　　　　　　　(b)

图 11-53　半径尺寸标注

命令：_dimradius

选择圆弧或圆：(点击拾取圆弧)

标注文字＝36（*系统测量值*）

指定尺寸线位置或［多行文字(M)/文字(T)/角度(A)］：（*移动光标确定标注位置，单击结束*）

4. 直径尺寸标注（Dimdiameter）

(1) 单击 ◉ 直径，给圆标注尺寸时，系统自动地加注直径符号 ϕ，如图 11-54a 所示。

(2) 当给图 11-54b 所示的投影是非圆的视图标注直径尺寸时，应采用"线性尺寸"的标注方法来进行标注，命令行提示如下。

命令：_dimlinear

指定第一条延伸线原点或 ＜选择对象＞：（*鼠标点取第一条尺寸界线的起点*）

指定第二条延伸线原点：（*鼠标点取第二条尺寸界线的起点*）

指定尺寸线位置或

［多行文字(M)/文字(T)/角度(A)/水平(H)/垂直(V)/旋转(R)］：T↵（*输入 T，回车*）

输入标注文字 ＜45＞：%%c45 ↵（*输入 %%c 45，回车*）

指定尺寸线位置或

［多行文字(M)/文字(T)/角度(A)/水平(H)/垂直(V)/旋转(R)］：（*单击确定标注位置*）

标注文字 = 45

注意：由于直径符号 ϕ 不能在键盘上直接输入，因此 AutoCAD 用输入代码的方式来加以实现。几个特殊字符对应的代码如下：%%c 代表直径符号"ϕ"；%%d 代表角度单位代号"°"；%%p 代表正负号"±"。

5. 角度尺寸标注（Dimangular）

单击 角度 按钮，标注如图 11-55 所示的 36°角，命令行提示与操作如下：

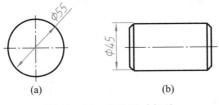
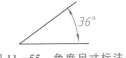

图 11-54　直径尺寸标注　　　　图 11-55　角度尺寸标注

命令：_dimangular

选择圆弧、圆、直线或 ＜指定顶点＞：（*点取一条边线*）

选择第二条直线：（*点取另一条边线*）

指定标注弧线位置或［多行文字(M)/文字(T)/角度(A)/象限点(Q)］：（*点击确定标注位置*）

标注文字 = 36（*系统测量值*）

6. 尺寸公差标注

(1) 标注公差带代号。标注尺寸过程中，在"指定尺寸线位置或［多行文字(M)/文字(T)/角度(A)/水平(H)/垂直(V)/旋转(R)］："提示下，键入"M"后回车，弹出的文本框中显示系统测量的尺寸，此时，在该尺寸后面输入公差带代号（如 H6）即可，标注结果如图 11-56 所示。

(2) 标注极限偏差。尺寸的极限偏差可以采用"替代样式"来标注。

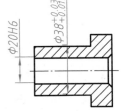

图 11-56　尺寸公差

在"标注"面板中,将"Mystyle"设为当前尺寸样式,单击"标注样式"按钮 ,弹出"标注样式管理器"对话框。单击"替代"按钮,弹出"替代当前样式:Mystyle"对话框,如图 11-57 所示。

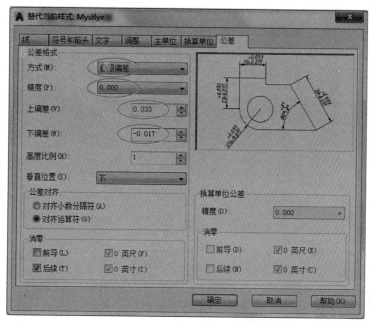

图 11-57　"替代当前样式"对话框

单击"公差"选项卡,设置标注"方式"为"极限偏差","精度"为"0.000",在"上偏差"和"下偏差"文本框中键入上、下极限偏差值(注意:下极限偏差值默认为"-"值),单击"确定""关闭"按钮后,即可进行尺寸标注,标注结果如图 11-56 所示。

7. 几何公差标注

几何公差可以单击"公差"按钮 进行标注。利用该方法标注的几何公差缺少指引线,指引线可用"Leader"命令补上。

几何公差也可以利用"Qleader"命令进行标注。标注图 11-58 所示的跳动公差,操作如下:

(1) 输入"Qleader"命令,回车,AutoCAD 提示"指定第一个引线点或〔设置(S)〕<设置>:"按回车键,弹出"引线设置"对话框,如图11-59 所示。

(2) 在"注释"选项卡中选择"公差"单选项;在"引线和箭头"选项卡中设置引线和箭头。

(3) 单击"确定"按钮,对话框消失,命令行提示如下:

指定第一个引线点或〔设置(S)〕<设置>:(点取确定指引线的起点)

指定下一点:(点取确定指引线拐点)

指定下一点:(点取确定指引线的终点)

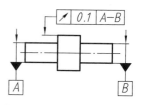

图 11-58　几何公差标注

(4) 系统自动打开"形位公差"对话框,如图 11-60 所示。单击"符号"图标 ,弹出图 11-61 所示的"特征符号"对话框,从中选择公差符号 。在"公差 1""基准 1"编辑框中输入公差值

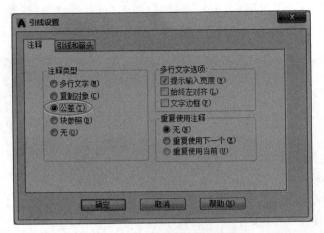

图 11-59 "引线设置"对话框

"0.1"、基准代号"A-B",单击"确定"按钮,标注结束。

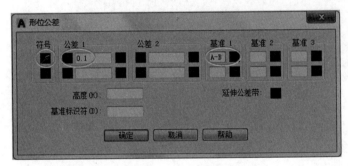

图 11-60 "形位公差"对话框

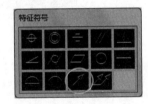

图 11-61 "特征符号"对话框

§11-6 块定义及引用

图块是由一组图形对象构成的一个复合对象,它可以根据需要按一定比例缩放、插入到图形中的指定位置。插入图块后,可对其进行阵列、复制、删除等操作编辑,必要时,也可以将其分解(Explode),对它的组成对象进行单独编辑。使用图块有以下优点:

(1)生成常用图形的图块库。当需要某个图块时,将其插入到图形中,可以简化相同图形的绘制,提高作图效率。

(2)便于修改图形。当图形中含有多个相同的图块时,若要对它们进行修改,只需重新定义该图块即可,不必一个一个地修改相同的图形。

(3)加入属性。属性是附属于图块的文字信息,这些文字信息在每次插入图块时都可以改变,如将表面结构符号作为图块,将 Ra 值作为属性,在插入表面结构代号时,可根据需要输入不同的 Ra 值,如 6.3、12.5 等,以方便表面结构代号的标注。

一、定义块

（1）要定义一个图块，首先要绘制组成块的图形对象，例如先绘制图 11 - 62 所示的表面结构符号。

（2）单击"插入"选项卡，"块定义"面板中"创建块"图标按钮，弹出图 11 - 63 所示"块定义"对话框。

图 11 - 62　表面结构符号

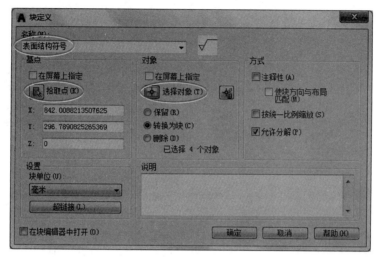

图 11 - 63　"块定义"对话框

（3）在"名称"文本框中输入块名，如"表面结构符号"。

（4）单击"拾取点"图标按钮，"块定义"对话框消隐，在绘图区点取表面结构符号" "的最下点为插入点，对话框再次出现。

（5）单击"选择对象"图标按钮，在绘图区窗选表面结构符号，回车结束对象选择。

（6）单击"确定"按钮结束。名称为"表面结构符号"的新图块就建成了。

注意："对象"选项区域中有三个单选项。"保留"表示定义图块后，图块的源对象仍以对象形式存在，"转换为块"表示定义图块后，图块的源对象转化成图块形式，"删除"表示定义图块后，构成图块的源对象将被自动删除。

二、插入块

单击"插入"选项卡"块"面板中"插入"按钮，在弹出的"块"列表中选择要插入的块，在绘图区指定插入点，即可插入块。在零件表面插入表面结构符号如图 11 - 64 所示。

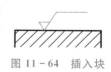

图 11 - 64　插入块

三、使用有属性的块

为图块附加的文字信息称之为属性。如果某个图块带有属性，那么在插入该图块时可以根据需要，通过属性为图块设置不同的文字信息。定义和使用有属性的图块操作如下：

1. 绘制图形对象

利用绘图命令,绘制图 11 – 65 所示的表面结构符号和文字 Ra。

2. 定义块属性

(1) 单击"块定义"面板中"定义属性"图标按钮 ，弹出"属性定义"对话框,如图 11 – 66 所示。

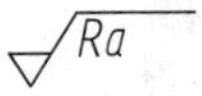

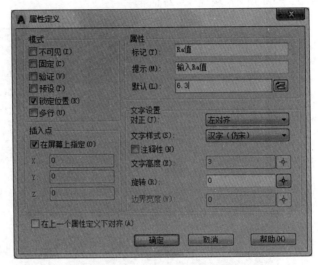

图 11 – 65　表面结构符号

图 11 – 66　"属性定义"对话框

(2) 在"标记"文本框中输入"Ra 值"作为属性标记,"提示"文本框中输入"输入 Ra 值"用作插入块时的提示,"默认"文本框中输入"6.3"作为默认属性。单击"确定"按钮,对话框消隐,在所绘制的表面结构符号右上角点击鼠标左键,确定属性标记"Ra 值"的安放位置,结果如图 11 – 67 所示。

3. 定义有属性的块

定义有属性的块与定义块的步骤相同,只是在"选择对象"时,要将组成块的图形对象连同属性标记"Ra 值"一同选上即可。

4. 插入有属性的块

单击"插入"选项卡上"块"面板中的"插入"图标按钮 ，在弹出的"块"列表中选择要插入的块,在绘图区单击指定插入点,弹出"编辑属性"对话框,在文本框中输入属性,如"1.6",单击"确定"按钮,即可插入有属性的块。在零件表面插入表面结构符号如图 11 – 68 所示。

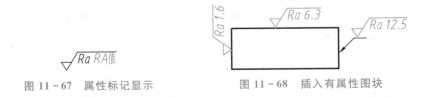

图 11 – 67　属性标记显示

图 11 – 68　插入有属性图块

316

§11-7 绘制机械图

为了快速地绘制出符合制图国家标准规定的机械图样,除了需要对绘图环境如图纸幅面、标题栏、图层、文字样式、标注样式等进行设置外,还应熟练掌握绘图、修改等命令的使用方法。下面结合图 11-69 所示的端盖零件图,介绍计算机绘图的一般步骤和方法。

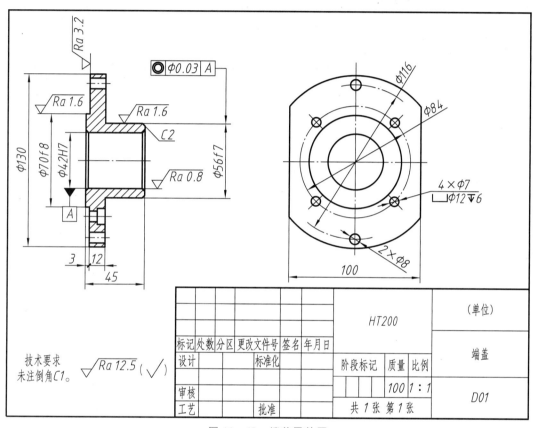

图 11-69 端盖零件图

1. 选择图纸幅面

根据端盖的大小和端盖零件图的复杂程度,采用 AutoCAD 默认的 A3 幅面,1∶1 比例作图。

单击导航栏上的"范围缩放"图标按钮![icon],将 A3 幅面完整显示在屏幕上,以便作图。

2. 设置图层

在"默认"选项卡"图层"面板中,单击"图层特性"图标按钮![icon],打开"图层特性管理器"对话框,参照国家标准《CAD 工程制图规则》(GB/T 18229—2000),设置如图 11-70 所示的图层。

3. 设置文字样式

在功能区"注释"选项卡"文字"面板中,单击"文字"按钮![icon],设置文字样式。

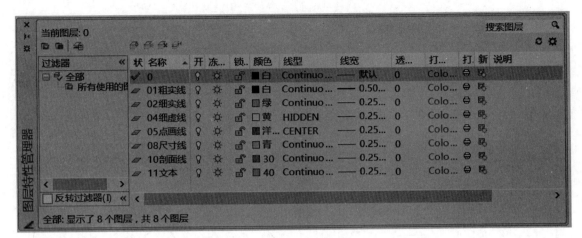

图 11-70 图层设置

4. 设置标注样式

单击"标注"面板中的"标注"下拉按钮 ，弹出"标注样式管理器"对话框，利用它设置标注样式。

5. 绘制作图基准线

(1) 置点画线层为当前层，打开"正交"，单击"直线"图标按钮 ，在适当位置画水平、竖直中心线，如图 11-71 所示。

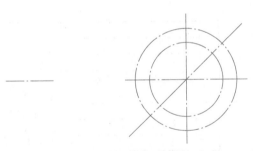

图 11-71 绘制作图基准线

(2) 单击"构造线"图标按钮 ，在"指定点或［水平(H)/垂直(V)/角度(A)/二等分(B)/偏移(O)］："提示下，输入"A"回车，然后在"输入构造线的角度（0）或［参照(R)］："提示下，输入"45"回车，捕捉左视图中心线交点，绘制 45°构造线，回车结束。

(3) 单击"圆"图标按钮 ，以左视图中心线交点（开启对象捕捉功能，捕捉交点）为圆心，输入直径，分别绘制 $\phi84$、$\phi116$ 圆。完成作图基准线的绘制，如图 11-71 所示。

6. 绘制左视图

(1) 置粗实线层为当前层。单击"圆"图标按钮 ，分别以水平和竖直中心线的交点为圆心，绘制 $\phi42$、$\phi70$、$\phi130$、$\phi7$、$\phi8$ 圆，如图 11-72 所示。

(2) 单击环形阵列图标按钮 ，以 $\phi84$ 圆心为阵列中心，$\phi7$ 圆为阵列对象，环形阵列 4 个 $\phi7$ 圆，如图 11-73 所示。

（3）单击"镜像"图标按钮![icon]，选择 φ8 圆为镜像对象，以水平中心线的两个端点为镜像线端点，镜像 φ8 圆，结果如图 11－73 所示。

（4）单击"偏移"图标按钮![icon]，"指定偏移距离或［通过（T）/删除（E）/图层（L）］＜通过＞:"提示下，输入"L"回车，"输入偏移对象的图层选项［当前（C）/源（S）］＜源＞:"提示下，输入"C"回车，输入偏移距离"50"，回车，选择竖直中心线为偏移对象，向左右两侧偏移，得到两条竖直的粗实线，如图 11－73 所示。

（5）单击"修剪"图标按钮![icon]，交叉窗口选择所有图线，回车结束对象选择后，单击要剪去的图线，完成左视图的绘制，如图 11－74 所示。

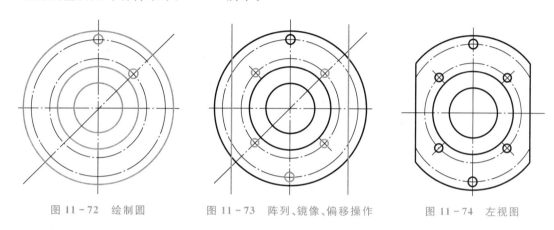

图 11－72　绘制圆　　　　图 11－73　阵列、镜像、偏移操作　　　　图 11－74　左视图

7. 绘制主视图

（1）单击"直线"图标按钮![icon]，在适当位置画主视图最左边的一条竖直轮廓线（粗实线），如图 11－75 所示。

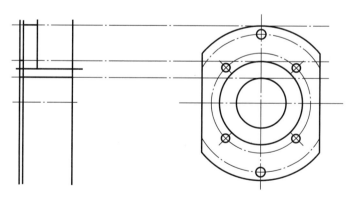

图 11－75　主视图轮廓线的绘制

（2）单击"偏移"图标按钮![icon]，将该竖直轮廓线分别向右偏移 3 mm、15 mm、45 mm，得到图 11－75 所示的三条竖直轮廓线。

（3）置细点画线层为当前层。单击"构造线"图标按钮![icon]，过左视图的有关交点绘制图 11－75 所示的水平构造线。

（4）置粗实线层为当前层。单击"直线"图标按钮![icon]，捕捉构造线与竖直轮廓线的交点，画图

11-75 所示的水平轮廓线。

（5）单击"偏移"图标按钮![icon]，将主视图的水平中心线，向上偏移 28 mm，得水平轮廓线（粗实线），如图 11-76 所示。

（6）单击"删除"图标按钮![icon]，选择三条水平构造线为删除对象，回车后，删除水平构造线，如图 11-76 所示。

（7）单击"修剪"图标按钮![icon]，交叉窗口选择主视图所有图线，回车结束对象选择后，单击要剪去的图线，结果如图 11-76 所示。

（8）单击"倒角"图标按钮![icon]，输入"D"后回车，输入"2"为倒角距离，选择要倒角的边线，倒角如图 11-77 所示。

（9）置细点画线层为当前层。单击"偏移"图标按钮![icon]，指定偏移距离 58 mm，选中主视图的水平中心线，向上偏移，得 $\phi 8$ 圆的中心线。

（10）置粗实线层为当前层。单击"偏移"图标按钮![icon]，输入"L"回车，输入"C"回车，指定偏移距离 4 mm，选中 $\phi 8$ 圆的中心线，向上下两侧偏移。单击"修剪"图标按钮![icon]，修剪后得到 $\phi 8$ 圆的主视图，如图 11-78 所示。

图 11-76　修剪结果　　　图 11-77　倒角　　图 11-78　$\phi 8$ 圆的主视图

（11）单击"镜像"图标按钮![icon]，选择主视图为镜像对象，捕捉水平中心线的两个端点为镜像线端点，镜像主视图，结果如图 11-79 所示。

（12）置细点画线层为当前层。单击"直线"图标按钮![icon]，打开对象捕捉、对象追踪、正交功能，追踪左视图 $\phi 84$ 圆与竖直中心线的交点，利用高平齐，在主视图上绘制 $\phi 7$ 沉孔的中心线。

（13）置粗实线层为当前层。利用偏移、修剪命令，绘制 $\phi 7$ 沉孔的主视图，如图 11-80 所示。

（14）置粗细线层为当前层。单击"图案填充"图标按钮![icon]，选择"ANSI31"为填充图案，单击"拾取点"图标按钮，点取填充区域，为主视图打剖面线，如图 11-80 所示。

8. 尺寸、公差标注

利用"标注"面板，完成尺寸、公差标注。表面结构标注可通过插入带属性块的方法完成。

9. 图框线和标题栏

利用直线、偏移、修剪等绘图和修改命令，完成图框线和标题栏的绘制。

10. 填写标题栏、技术要求

填写标题栏、技术要求，整理图形。完成后的端盖零件图如图 11-69 所示。

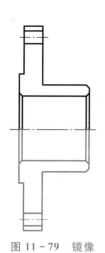

图 11-79　镜像

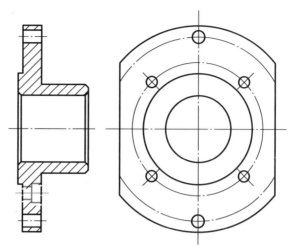

图 11-80　$\phi 7$ 沉孔的主视图、剖面线

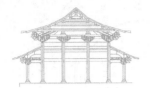

附表

附表 1　普通螺纹　直径与螺距系列（GB/T 193—2003）　　　　　　mm

公称直径 D、d			螺距 P		公称直径 D、d			螺距 P	
第1系列	第2系列	第3系列	粗牙	细牙	第1系列	第2系列	第3系列	粗牙	细牙
1	1.1		0.25	0.2	16			2	1.5,1
	1.2		0.25	0.2			17		1.5,1
		1.4	0.3	0.2	20	18		2.5	2,1.5,1
1.6	1.8		0.35	0.2		22		2.5	2,1.5,1
2			0.4	0.25	24			3	2,1.5,1
	2.2		0.45	0.25			25		2,1.5,1
2.5			0.45	0.35			26		1.5
3			0.5	0.35			27	3	2,1.5,1
	3.5		0.6	0.35			28		2,1.5,1
4			0.7	0.5	30、			3.5	(3),2,1.5,1
	4.5		0.75	0.5			32		2,1.5
5			0.8	0.5			33	3.5	(3),2,1.5
		5.5		0.5			35		1.5
6			1	0.75	36	39		4	3,2,1.5
	7		1	0.75			38		1.5
8		9	1.25	1,0.75			40		3,2,1.5
10			1.5	1.25,1,0.75	42	45		4.5	4,3,2,1.5
		11	1.5	1.5,1,0.75	48	52		5	4,3,2,1.5
12			1.75	1.25,1,0.75			50		3,2,1.5
	14		2	1.5,1.25,1			55		4,3,2,1.5
		15		1.5,1	56			5.5	4,3,2,1.5

公称直径 D、d			螺距 P		公称直径 D、d			螺距 P	
第1系列	第2系列	第3系列	粗牙	细牙	第1系列	第2系列	第3系列	粗牙	细牙
		58		4,3,2,1.5		170			8,6,4,3
	60		5.5	4,3,2,1.5			175		6,4,3
		62		4,3,2,1.5	180				8,6,4,3
64			6	4,3,2,1.5			185		6,4,3
		65		4,3,2,1.5	200	190			8,6,4,3
	68		6	4,3,2,1.5			195		6,4,3
72		70		6,4,3,2,1.5			205		6,4,3
		75		4,3,2,1.5	220	210			8,6,4,3
	76			4,3,2,1.5			215		6,4,3
		78		2			225		6,4,3
80				6,4,3,2,1.5		240	230		8,6,4,3
		82		2			235		6,4,3
90	85			6,4,3,2			245		6,4,3
100	95			6,4,3,2	250				8,6,4,3
110	105			6,4,3,2			255		6,4
	115			6,4,3,2		260			8,6,4
	120			6,4,3,2			265		6,4
125	130			8,6,4,3,2	280	270			8,6,4
		135		6,4,3,2			275		6,4
140				8,6,4,3,2			285		6,4
		145		6,4,3,2			290		8,6,4
	150			8,6,4,3,2			295		6,4
		155		6,4,3	300				8,6,4
160				8,6,4,3					
		165		6,4,3					

注:1. M14×1.25 仅用于发动机的火花塞。

　　2. M35×1.5 仅用于轴承的锁紧螺母。

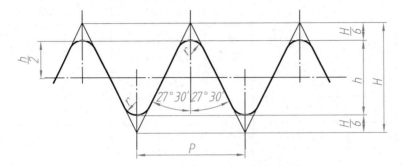

$$H = 0.960\ 491P$$
$$h = 0.640\ 327P$$
$$r = 0.137\ 329P$$

标记示例

尺寸代号为 2 的右旋圆柱内螺纹的标记为 G2;尺寸代号为 3 的 A 级右旋圆柱外螺纹的标记为 G3A。

尺寸代号为 2 的左旋圆柱内螺纹的标记为 G2LH;尺寸代号为 3 的 A 级左旋圆柱外螺纹的标记为 G3A−LH。

尺寸代号	每 25.4 mm 内所包含的牙数 n	螺距 P /mm	牙高 h /mm	基本直径		
				大径 $d=D$ /mm	中径 $d_2=D_2$ /mm	小径 $d_1=D_1$ /mm
1/16	28	0.907	0.581	7.723	7.142	6.561
1/8	28	0.907	0.581	9.728	9.147	8.566
1/4	19	1.337	0.856	13.157	12.301	11.445
3/8	19	1.337	0.856	16.662	15.806	14.950
1/2	14	1.814	1.162	20.955	19.793	18.631
5/8	14	1.814	1.162	22.911	21.749	20.587
3/4	14	1.814	1.162	26.441	25.279	24.117
7/8	14	1.814	1.162	30.201	29.039	27.877
1	11	2.309	1.479	33.249	31.770	30.291
1⅛	11	2.309	1.479	37.897	36.418	34.939
1¼	11	2.309	1.479	41.910	40.431	38.952
1½	11	2.309	1.479	47.803	46.324	44.845
1¾	11	2.309	1.479	53.746	52.267	50.788
2	11	2.309	1.479	59.614	58.135	56.656
2¼	11	2.309	1.479	65.710	64.231	62.752
2½	11	2.309	1.479	75.184	73.705	72.226
2¾	11	2.309	1.479	81.534	80.055	78.576
3	11	2.309	1.479	87.884	86.405	84.926
3½	11	2.309	1.479	100.330	98.851	97.372
4	11	2.309	1.479	113.030	111.551	110.072
4½	11	2.309	1.479	125.730	124.251	122.772
5	11	2.309	1.479	138.430	136.951	135.472
5½	11	2.309	1.479	151.130	149.651	148.172
6	11	2.309	1.479	163.830	162.351	160.872

附表 3　梯形螺纹直径与螺距系列、基本尺寸（GB/T 5796.2—2005、GB/T 5796.3—2005）

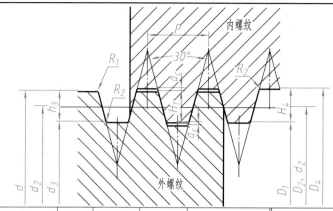

标记示例
公称直径 40 mm，导程 14 mm，
螺距为 7 mm 的左旋双线梯形螺纹：
Tr40×14(P7)LH

mm

| 公称直径 d | | 螺距 | 中径 | 大径 | 小径 | | 公称直径 d | | 螺距 | 中径 | 大径 | 小径 | |
第一系列	第二系列	P	$d_2=D_2$	D_4	d_3	D_1	第一系列	第二系列	P	$d_2=D_2$	D_4	d_3	D_1
8		1.5	7.25	8.30	6.20	6.50			3	24.50	26.50	22.50	23.00
	9	1.5	8.25	9.30	7.20	7.50		26	5	23.50	26.50	20.50	21.00
		2	8.00	9.50	6.50	7.00			8	22.00	27.00	17.00	18.00
10		1.5	9.25	10.30	8.20	8.50			3	26.50	28.50	24.50	25.00
		2	9.00	10.50	7.50	8.00	28		5	25.50	28.50	22.50	23.00
	11	2	10.00	11.50	8.50	9.00			8	24.00	29.00	19.00	20.00
		3	9.50	11.50	7.50	8.00			3	28.50	30.50	26.50	27.00
12		2	11.00	12.50	9.50	10.00		30	6	27.00	31.00	23.00	24.00
		3	10.50	12.50	8.50	9.00			10	25.00	31.00	19.00	20.00
	14	2	13.00	14.50	11.50	12.00			3	30.50	32.50	28.50	29.00
		3	12.50	14.50	10.50	11.00	32		6	29.00	33.00	25.00	26.00
16		2	15.00	16.50	13.50	14.00			10	27.00	33.00	21.00	22.00
		4	14.00	16.50	11.50	12.00			3	32.50	34.50	30.50	31.00
	18	2	17.00	18.50	15.50	16.00		34	6	31.00	35.00	27.00	28.00
		4	16.00	18.50	13.50	14.00			10	29.00	35.00	23.00	24.00
20		2	19.00	20.50	17.50	18.00			3	34.50	36.50	32.50	33.00
		4	18.00	20.50	15.50	16.00	36		6	33.00	37.00	29.00	30.00
		3	20.50	22.50	18.50	19.00			10	31.00	37.00	25.00	26.00
	22	5	19.50	22.50	16.50	17.00			3	36.50	38.50	34.50	35.00
		8	18.00	23.00	13.00	14.00		38	7	34.50	39.00	30.00	31.00
		3	22.50	24.50	20.50	21.00			10	33.00	39.00	27.00	28.00
24		5	21.50	24.50	18.50	19.00			3	38.50	40.50	36.50	37.00
		8	20.00	25.00	15.00	16.00	40		7	36.50	41.00	32.00	33.00
									10	35.00	41.00	29.00	30.00

附表4 六角头螺栓—A 和 B 级(GB/T 5782—2016)

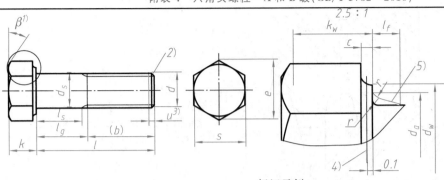

注:
1) $\beta = 15° \sim 30°$。
2) 末端应倒角,对螺纹规格 ≤M4 可为辗制末端(GB/T 2)。
3) 不完整螺纹 $u \leqslant 2P$。
4) d_w 的仲裁基准。
5) 最大圆弧过渡。

标记示例

螺纹规格 d＝M12、公称长度 l＝80 mm、性能等级为 8.8 级,表面氧化,产品等级为 A 级的六角头螺栓:

螺栓 GB/T 5782 M12×80

mm

螺纹规格 d				M3	M4	M5	M6	M8	M10	M12	M16	M20	M24	M30	M36	M42	M48	M56	M64
P(螺距)				0.5	0.7	0.8	1	1.25	1.5	1.75	2	2.5	3	3.5	4	4.5	5	5.5	6
b 参考	$l_{公称}\leqslant125$			12	14	16	18	22	26	30	38	46	54	66	—	—	—	—	—
	$125<l_{公称}\leqslant200$			18	20	22	24	28	32	36	44	52	60	72	84	96	108	—	—
	$l_{公称}>200$			31	33	35	37	41	45	49	57	65	73	85	97	109	121	137	153
c	max			0.40	0.40	0.50	0.50	0.60	0.60	0.60	0.8	0.8	0.8	0.8	0.8	1.0	1.0	1.0	1.0
	min			0.15	0.15	0.15	0.15	0.15	0.15	0.15	0.2	0.2	0.2	0.2	0.2	0.3	0.3	0.3	0.3
d_a	max			3.6	4.7	5.7	6.8	9.2	11.2	13.7	17.7	22.4	26.4	33.4	39.4	45.6	52.6	63	71
d_s	公称＝max			3.00	4.00	5.00	6.00	8.00	10.00	12.00	16.00	20.00	24.00	30.00	36.00	42.00	48.00	56.00	64.00
	min	产品等级	A	2.86	3.82	4.82	5.82	7.78	9.78	11.73	15.73	19.67	23.67	—	—	—	—	—	—
			B	2.75	3.70	4.70	5.70	7.64	9.64	11.57	15.57	19.48	23.48	29.48	35.38	41.38	47.38	55.26	63.26
d_w	min		A	4.57	5.88	6.88	8.88	11.63	14.63	16.63	22.49	28.19	33.61	—	—	—	—	—	—
			B	4.45	5.74	6.74	8.74	11.47	14.47	16.47	22	27.7	33.25	42.75	51.11	59.95	69.45	78.66	88.16
e	min		A	6.01	7.66	8.79	11.05	14.38	17.77	20.03	26.75	33.53	39.98	—	—	—	—	—	—
			B	5.88	7.50	8.63	10.89	14.20	17.59	19.85	26.17	32.95	39.55	50.85	60.79	71.3	82.6	93.56	104.86
l_f	max			1	1.2	1.2	1.4	2	2	3	3	4	4	6	6	8	10	12	13
k	公称			2	2.8	3.5	4	5.3	6.4	7.5	10	12.5	15	18.7	22.5	26	30	35	40
	产品等级	A	max	2.125	2.925	3.65	4.15	5.45	6.58	7.68	10.18	12.72	15.22	—	—	—	—	—	—
			min	1.875	2.675	3.35	3.85	5.15	6.22	7.32	9.82	12.29	14.79	—	—	—	—	—	—
		B	max	2.2	3.0	3.26	4.24	5.54	6.69	7.79	10.29	12.85	15.35	19.12	22.92	26.42	30.42	35.5	40.5
			min	1.8	2.6	2.35	3.76	5.06	6.11	7.21	9.71	12.15	14.65	18.28	22.08	25.58	29.58	34.5	39.5
k_w min	产品等级	A		1.31	1.87	2.35	2.70	3.61	4.35	5.12	6.87	8.6	10.35	—	—	—	—	—	—
		B		1.26	1.82	2.28	2.63	3.54	4.28	5.05	6.8	8.51	10.26	12.8	15.46	17.91	20.71	24.15	27.65
r	min			0.1	0.2	0.2	0.25	0.4	0.4	0.6	0.6	0.8	0.8	1	1	1.2	1.6	2	2
s	公称＝max			5.50	7.00	8.00	10.00	13.00	16.00	18.00	24.00	30.00	36.00	46	55.0	65.0	75.0	85.0	95.0
s min	产品等级	A		5.32	6.78	7.78	9.78	12.73	15.73	17.73	23.67	29.67	35.38	—	—	—	—	—	—
		B		5.20	6.64	7.64	9.64	12.57	15.57	17.57	23.16	29.16	35.00	45	53.8	63.1	73.1	82.8	92.8
l(商品长度规格)				20~30	25~40	25~50	30~60	40~80	45~100	50~120	65~160	80~200	90~240	110~300	140~360	160~440	180~480	220~500	260~500
l(系列)				20,25,30,35,40,45,50,55,60,65,70,80,90,100,110,120,130,140,150,160,180,200,220,240,260,280,300,320,340,360,380,400,420,440,460,480,500															

注:1. A 级用于 d＝1.6~24 mm 和 $l\leqslant10d$ 或 $l\leqslant150$ mm(按较小值)的螺栓;B 级用于 $d>24$ mm 或 $l>10d$ 或 $l>150$ mm(按较小值)的螺栓。

2. $k_{w\,min}=0.7k_{min}$。

附表 5　双头螺柱(GB/T 897～900—1988)

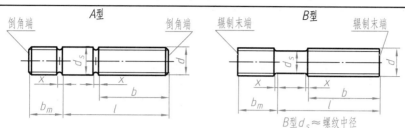

A型　　　　　　　　　　　　　B型

B型 d_s≈螺纹中径

双头螺柱　$b_m=1d$(GB/T 897—1988)、　$b_m=1.25d$(GB/T 898—1988)、

$b_m=1.5d$(GB/T 899—1988)、　$b_m=2d$(GB/T 900—1988)

标记示例

两端均为粗牙普通螺纹,$d=10$ mm, $l=50$ mm,性能等级为4.8级,不经表面处理、B型、$b_m=1.25d$ 的双头螺柱:

螺柱　GB/T 898 M10×50

旋入机体一端为粗牙普通螺纹,旋螺母一端为螺距 $P=1$ mm的细牙普通螺纹,$d=10$ mm,$l=50$ mm,性能等级4.8级,不经表面处理、A型、$b_m=1.25d$ 的双头螺柱:

螺柱　GB/T 898 AM10～M10×1×50　　　　　　　　　mm

螺纹规格 d		M5	M6	M8	M10	M12	(M14)	M16	(M18)	M20	(M22)	M24	(M27)	M30
b_m	GB/T 897—1988	5	6	8	10	12	14	16	18	20	22	24	27	30
	GB/T 898—1988	6	8	10	12	15	—	20	—	25	—	30	—	38
	GB/T 899—1988	8	10	12	15	18	21	24	27	30	33	36	40	45
	GB/T 900—1988	10	12	16	20	24	28	32	36	40	44	48	54	60
d_s	max	5.0	6.0	8.0	10.0	12.0	14.0	16.0	18.0	20.0	22.0	24.0	27.0	30.0
	min	4.7	5.7	7.64	9.64	11.57	13.57	15.57	17.57	19.48	21.48	23.48	26.48	29.48
x　max		1.5P												

l	b												
16													
(18)													
20	10	10	12										
(22)													
25				14	16								
(28)		14	16										
30						16							
(32)			16	18									
35	16				20								
(38)			20										
40				25			22	25					
45									30				
50		18			30					30			
(55)						35	35						
60			22						40		35		
(65)				26						45		40	
70					34								
(75)						38	42	46			50		
80									50			50	
(85)											54		
90													

注:1. 尽可能不用括号内的规格。
2. P——螺距。
3. 折线之间为通用规格。
4. GB/T 897—1988 M24,M30 有括号(M24)、(M30)。
5. GB/T 898—1988(M14)、(M18)、(M22)、(M27)均无括号。

附表 6　开槽沉头螺钉(GB/T 68—2016)　开槽半沉头螺钉(GB/T 69—2016)

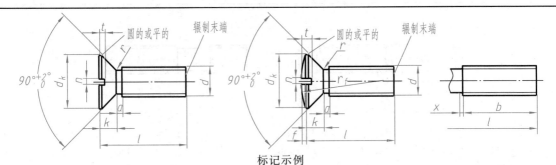

标记示例

螺纹规格 d＝M5、公称长度 l＝20 mm、性能等级为 4.8 级、不经表面处理的 A 级开槽沉头螺钉：

螺钉　GB/T 68　M5×20

mm

螺纹规格 d			M1.6	M2	M2.5	M3	(M3.5)[1]	M4	M5	M6	M8	M10
P(螺距)			0.35	0.4	0.45	0.5	0.6	0.7	0.8	1	1.25	1.5
a　max			0.7	0.8	0.9	1	1.2	1.4	1.6	2	2.5	3
b　min			25	25	25	25	38	38	38	38	38	38
d_k	理论值　max		3.6	4.4	5.5	6.3	8.2	9.4	10.4	12.6	17.3	20
	实际值	公称＝max	3.0	3.8	4.7	5.5	7.30	8.40	9.30	11.30	15.80	18.30
		min	2.7	3.5	4.4	5.2	6.94	8.04	8.94	10.87	15.37	17.78
$f≈$(GB/T 69—2016)			0.4	0.5	0.6	0.7	0.8	1	1.2	1.4	2	2.3
k　公称＝max			1	1.2	1.5	1.65	2.35	2.7	2.7	3.3	4.65	5
n	公称		0.4	0.5	0.6	0.8	1	1.2	1.2	1.6	2	2.5
	max		0.60	0.70	0.80	1.00	1.20	1.51	1.51	1.91	2.31	2.81
	min		0.46	0.56	0.66	0.86	1.06	1.26	1.26	1.66	2.06	2.56
r　max			0.4	0.5	0.6	0.8	0.9	1	1.3	1.5	2	2.5
$r_f≈$(GB/T 69—2016)			3	4	5	6	8.5	9.5	9.5	12	16.5	19.5
t	max	GB/T 68—2016	0.5	0.6	0.75	0.85	1.2	1.3	1.4	1.6	2.3	2.6
		GB/T 69—2016	0.8	1.0	1.2	1.45	1.7	1.9	2.4	2.8	3.7	4.4
	min	GB/T 68—2016	0.32	0.4	0.50	0.60	0.9	1.0	1.1	1.2	1.8	2.0
		GB/T 69—2016	0.64	0.8	1.0	1.20	1.4	1.6	2.0	2.4	3.2	3.8
x　max			0.9	1	1.1	1.25	1.5	1.75	2	2.5	3.2	3.8
l(商品长度规格)			2.5~16	3~20	4~25	5~30	6~35	6~40	8~50	8~60	10~80	12~80
l(系列)			2.5、3、4、5、6、8、10、12、(14)、16、20、25、30、35、40、45、50、(55)、60、(65)、70、(75)、80									

注：1. 尽可能不采用括号内的规格。

　　2. d_k 和 k 见 GB/T 5279。

　　3. 公称长度 $l≤30$ mm，而螺纹规格 d 在 M1.6~M3 的螺钉，应制出全螺纹；公称长度 $l≤45$ mm，而螺纹规格在 M4~M10 的螺钉也应制出全螺纹。$b＝l－(k+a)$。

附表7　开槽锥端紧定螺钉(GB/T 71—1985)、开槽平端紧定螺钉(GB/T 73—2017)、

开槽长圆柱端紧定螺钉(GB/T 75—1985)

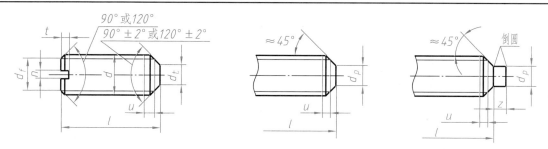

公称长度为短螺钉时,应制成120°;45°仅限适用于螺纹小径以内的末端部分;u 为不完整螺纹的长度≤2P

标记示例

螺纹规格 d＝M5、公称长度 l＝12 mm、钢制、硬度等级为14H 级、表面不经处理、

产品等级为 A 级的开槽平端紧定螺钉:

螺钉　GB/T 73　M5×12

mm

螺纹规格		M1.2	M1.6	M2	M2.5	M3	M4	M5	M6	M8	M10	M12
P		0.25	0.35	0.4	0.45	0.5	0.7	0.8	1	1.25	1.5	1.75
$d_f≈$							螺纹小径					
d_1	min	—	—	—	—	—	—	—	—	—	—	—
	max	0.12	0.16	0.2	0.25	0.3	0.4	0.5	1.5	2	2.5	3
d_p	min	0.35	0.55	0.75	1.25	1.75	2.25	3.20	3.70	5.20	6.64	8.14
	max	0.60	0.80	1.00	1.50	2.00	2.50	3.50	4.00	5.50	7.00	8.50
n	公称	0.2	0.25	0.25	0.4	0.4	0.6	0.8	1	1.2	1.6	2
	min	0.26	0.31	0.31	0.46	0.46	0.66	0.86	1.06	1.26	1.66	2.06
	max	0.40	0.45	0.45	0.60	0.60	0.80	1.00	1.20	1.51	1.91	2.31
t	min	0.40	0.56	0.64	0.72	0.80	1.12	1.28	1.60	2.00	2.40	2.80
	max	0.52	0.74	0.84	0.95	1.05	1.42	1.63	2.00	2.50	3.00	3.60
z	min	—	0.8	1	1.25	1.5	2	2.5	3	4	5	6
	max	—	1.05	1.25	1.5	1.75	2.25	2.75	3.25	4.3	5.3	6.3
GB/T 71—1985	l(公称长度)	2～6	2～8	3～10	3～12	4～16	6～20	8～25	8～30	10～40	12～50	14～60
	l(短螺钉)	2	2～2.5	2～2.5	2～3	2～3	2～4	2～5	2～6	2～8	2～10	2～12
GB/T 73—2017	l(公称长度)	2～6	2～8	2～10	2.5～12	3～16	4～20	5～25	6～30	8～40	10～50	12～60
	l(短螺钉)	—	2	2～2.5	2～3	2～3	2～4	2～6	2～6	2～8	2～10	
GB/T 75—1985	l(公称长度)	—	2.5～8	3～10	4～12	5～16	6～20	8～25	8～30	10～40	12～50	14～60
	l(短螺钉)	—	2～2.5	2～3	2～4	2～6	2～8	2～10	2～14	2～16	2～20	
l(系列)		2,2.5,3,4,5,6,8,10,12,(14),16,20,25,30,35,40,45,50,(55),60										

注:1. 公称长度为商品规格尺寸。

　　2. 尽可能不采用括号内的规格。

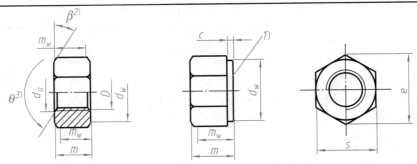

1）要求垫圈面型时，应在订单中注明；2）$\beta = 15° \sim 30°$；3）$\theta = 90° \sim 120°$。

标记示例

螺纹规格为 M12、性能等级为 8 级、表面不经处理、产品等级为 A 级的 1 型六角螺母的标记：

螺母　GB/T　6170　M12

mm

螺纹规格 D			M1.6	M2	M2.5	M3	M4	M5	M6	M8	M10	M12
P（螺距）			0.35	0.4	0.45	0.5	0.7	0.8	1	1.25	1.5	1.75
c		max	0.20	0.20	0.30	0.40	0.40	0.50	0.50	0.60	0.60	0.60
		min	0.10	0.10	0.10	0.15	0.15	0.15	0.15	0.15	0.15	0.15
d_a		max	1.84	2.30	2.90	3.45	4.60	5.75	6.75	8.75	10.80	13.00
		min	1.60	2.00	2.50	3.00	4.00	5.00	6.00	8.00	10.00	12.00
d_w	min		2.40	3.10	4.10	4.60	5.90	6.90	8.90	11.60	14.60	16.60
e	min		3.41	4.32	5.45	6.01	7.66	8.79	11.05	14.38	17.77	20.03
m		max	1.30	1.60	2.00	2.40	3.20	4.70	5.20	6.80	8.40	10.80
		min	1.05	1.35	1.75	2.15	2.90	4.40	4.90	6.44	8.04	10.37
m_w	min		0.80	1.10	1.40	1.70	2.30	3.50	3.90	5.20	6.40	8.30
s	公称＝max		3.20	4.00	5.00	5.50	7.00	8.00	10.00	13.00	16.00	18.00
		min	3.02	3.82	4.82	5.32	6.78	7.78	9.78	12.73	15.73	17.73

螺纹规格 D			M16	M20	M24	M30	M36	M42	M48	M56	M64
P（螺距）			2	2.5	3	3.5	4	4.5	5	5.5	6
c		max	0.80	0.80	0.80	0.80	0.80	1.00	1.00	1.00	1.00
		min	0.20	0.20	0.20	0.20	0.20	0.30	0.30	0.30	0.30
d_a		max	17.30	21.60	25.90	32.40	38.90	45.40	51.80	60.50	69.10
		min	16.00	20.00	24.00	30.00	36.00	42.00	48.00	56.00	64.00
d_w	min		22.50	27.70	33.30	42.80	51.10	60.00	69.50	78.70	88.20
e	min		26.75	32.95	39.55	50.85	60.79	71.30	82.60	93.56	104.86
m		max	14.80	18.00	21.50	25.60	31.00	34.00	38.00	45.00	51.00
		min	14.10	16.90	20.20	24.30	29.40	32.40	36.40	43.40	49.10
m_w	min		11.30	13.50	16.20	19.40	23.50	25.90	29.10	34.70	39.30
s	公称＝max		24.00	30.00	36.00	46.00	55.00	65.00	75.00	85.00	95.00
		min	23.67	29.16	35.00	45.00	53.80	63.10	73.10	82.80	92.80

注：A 级用于 $D \leqslant 16$ mm；B 级用于 $D \geqslant 16$ mm 的螺母。

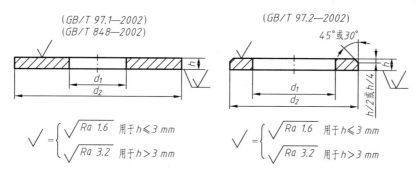

(GB/T 97.1—2002)　(GB/T 848—2002)　　(GB/T 97.2—2002)　45°或30°

$$\sqrt{} = \begin{cases} \sqrt{Ra\ 1.6} & \text{用于 } h \leqslant 3\ mm \\ \sqrt{Ra\ 3.2} & \text{用于 } h > 3\ mm \end{cases}$$

$$\sqrt{} = \begin{cases} \sqrt{Ra\ 1.6} & \text{用于 } h \leqslant 3\ mm \\ \sqrt{Ra\ 3.2} & \text{用于 } h > 3\ mm \end{cases}$$

标记示例

标准系列公称规格 8 mm、由钢制造的硬度等级为 200HV 级,不经表面处理,产品等级为 A 级的平垫圈:

垫圈　GB/T 97.1　8

mm

公称规格(螺纹大径)d			1.6	2	2.5	3	4	5	6	8	10	12	16	20	24	30	36
d_1 内径	max	GB/T 848—2002	1.84	2.34	2.84	3.38	4.48	5.48	6.62	8.62	10.77	13.27	17.27	21.33	25.33	31.39	37.62
		GB/T 97.1—2002	1.84	2.34	2.84	3.38	4.48	5.48	6.62	8.62	10.77	13.27	17.27	21.33	25.33	31.39	37.62
		GB/T 97.2—2002	—	—	—	—	—	5.48	6.62	8.62	10.77	13.27	17.27	21.33	25.33	31.39	37.62
		GB/T 96.1—2002	—	—	—	3.38	4.48	5.48	6.62	8.62	10.77	13.27	17.27	21.33	25.52	33.62	39.62
	公称 min	GB/T 848—2002	1.7	2.2	2.7	3.2	4.3	5.3	6.4	8.4	10.5	13	17	21	25	31	37
		GB/T 97.1—2002	1.7	2.2	2.7	3.2	4.3	5.3	6.4	8.4	10.5	13	17	21	25	31	37
		GB/T 97.2—2002	—	—	—	—	—	5.3	6.4	8.4	10.5	13	17	21	25	31	37
		GB/T 96.1—2002	—	—	—	3.2	4.3	5.3	6.4	8.4	10.5	13	17	21	25	33	39
d_2 外径	公称 max	GB/T 848—2002	3.5	4.5	5	6	8	9	11	15	18	20	28	34	39	50	60
		GB/T 97.1—2002	4	5	6	7	9	10	12	16	20	24	30	37	44	56	66
		GB/T 97.2—2002	—	—	—	—	—	10	12	16	20	24	30	37	44	56	66
		GB/T 96.1—2002	—	—	—	9	12	15	18	24	30	37	50	60	72	92	110
	min	GB/T 848—2002	3.2	4.2	4.7	5.7	7.64	8.64	10.57	14.57	17.57	19.48	27.48	33.38	38.38	49.38	58.8
		GB/T 97.1—2002	3.7	4.7	5.7	6.64	8.64	9.64	11.57	15.57	19.48	23.48	29.48	36.38	43.38	55.26	64.8
		GB/T 97.2—2002	—	—	—	—	—	9.64	11.57	15.57	19.48	23.48	29.48	36.38	43.38	55.26	64.8
		GB/T 96.1—2002	—	—	—	8.64	11.57	14.57	17.57	23.48	29.48	36.38	49.38	59.26	70.8	90.6	108.6
h 厚度	公称	GB/T 848—2002	0.3	0.3	0.5	0.5	0.5	1	1.6	1.6	1.6	2	2.5	3	4	4	5
		GB/T 97.1—2002	0.3	0.3	0.5	0.5	0.8	1	1.6	1.6	2	2.5	3	3	4	4	5
		GB/T 97.2—2002	—	—	—	—	—	1	1.6	1.6	2	2.5	3	3	4	4	5
		GB/T 96.1—2002	—	—	—	0.8	1	1	1.6	2	2.5	3	3	4	5	6	8
	max	GB/T 848—2002	0.35	0.35	0.55	0.55	0.55	1.1	1.8	1.8	1.8	2.2	2.7	3.3	4.3	4.3	5.6
		GB/T 97.1—2002	0.35	0.35	0.55	0.55	0.9	1.1	1.8	1.8	2.2	2.7	3.3	3.3	4.3	4.3	5.6
		GB/T 97.2—2002	—	—	—	—	—	1.1	1.8	1.8	2.2	2.7	3.3	3.3	4.3	4.3	5.6
		GB/T 96.1—2002	—	—	—	0.9	1.1	1.1	1.8	2.2	2.7	3.3	3.3	4.3	5.6	6.6	9
	min	GB/T 848—2002	0.25	0.25	0.45	0.45	0.45	0.9	1.4	1.4	1.4	1.8	2.3	2.7	3.7	3.7	4.4
		GB/T 97.1—2002	0.25	0.25	0.45	0.45	0.7	0.9	1.4	1.4	1.8	2.3	2.7	2.7	3.7	3.7	4.4
		GB/T 97.2—2002	—	—	—	—	—	0.9	1.4	1.4	1.8	2.3	2.7	2.7	3.7	3.7	4.4
		GB/T 96.1—2002	—	—	—	0.7	0.9	0.9	1.4	1.8	2.3	2.7	2.7	3.7	4.4	5.4	7

附表 10　标准型弹簧垫圈(GB/T 93—1987)、轻型弹簧垫圈(GB/T 859—1987)

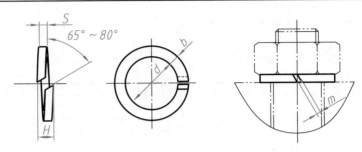

标记示例

规格 16 mm、材料为 65 Mn、表面氧化的标准型弹簧垫圈：

垫圈　GB/T 93—1987　16　　　　　　　　　　　　　　mm

规格（螺纹大径）			3	4	5	6	8	10	12	16	20	24	30
d	GB/T 93—1987 GB/T 859—1987	min	3.1	4.1	5.1	6.1	8.1	10.2	12.2	16.2	20.2	24.5	30.5
		max	3.4	4.4	5.4	6.68	8.68	10.9	12.9	16.9	21.04	25.5	31.5
$S(b)$	GB/T 93—1987	公称	0.8	1.1	1.3	1.6	2.1	2.6	3.1	4.1	5	6	7.5
		min	0.7	1	1.2	1.5	2	2.45	2.95	3.9	4.8	5.8	7.2
		max	0.9	1.2	1.4	1.7	2.2	2.75	3.25	4.3	5.2	6.2	7.8
S	GB/T 859—1987	公称	0.6	0.8	1.1	1.3	1.6	2	2.5	3.2	4	5	6
		min	0.52	0.70	1	1.2	1.5	1.9	2.35	3	3.8	4.8	5.8
		max	0.68	0.90	1.2	1.4	1.7	2.1	2.65	3.4	4.2	5.2	6.2
b	GB/T 859—1987	公称	1	1.2	1.5	2	2.5	3	3.5	4.5	5.5	7	9
		min	0.9	1.1	1.4	1.9	2.36	2.85	3.3	4.3	5.3	6.7	8.7
		max	1.1	1.3	1.6	2.1	2.65	3.15	3.7	4.7	5.7	7.3	9.3
H	GB/T 93—1987	min	1.6	2.2	2.6	3.2	4.2	5.2	6.2	8.2	10	12	15
		max	2	2.75	3.25	4	5.25	6.5	7.75	10.25	12.5	15	18.75
	GB/T 859—1987	min	1.2	1.6	2.2	2.6	3.2	4	5	6.4	8	10	12
		max	1.5	2	2.75	3.25	4	5	6.25	8	10	12.5	15
$m \leqslant$	GB/T 93—1987		0.4	0.55	0.65	0.8	1.05	1.3	1.55	2.05	2.5	3	3.75
	GB/T 859—1987		0.3	0.4	0.55	0.65	0.8	1	1.25	1.6	2	2.5	3

注：m 应大于零。

附表 11　平键和键槽的剖面尺寸 (GB/T 1095—2003)

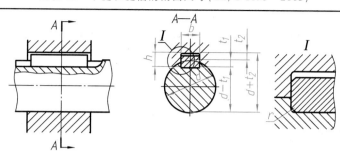

mm

轴	键	键槽											
		宽度 b						深度				半径 r	
公称直径 d	键尺寸 b×h	公称尺寸	极限偏差					轴 t₁		毂 t₂			
			正常连接		紧密连接	松连接		公称尺寸	极限偏差	公称尺寸	极限偏差	min	max
			轴 N9	毂 JS9	轴和毂 P9	轴 H9	毂 D10						
自 6~8	2×2	2	−0.004 −0.029	+0.012 5 −0.012 5	−0.006 −0.031	+0.025 0	+0.060 +0.020	1.2	+0.1 0	1.0	+0.1 0	0.08	0.16
>8~10	3×3	3	−0.004 −0.029	+0.012 5 −0.012 5	−0.006 −0.031	+0.025 0	+0.060 +0.020	1.8		1.4		0.08	0.16
>10~12	4×4	4	0 −0.030	+0.015 −0.015	−0.012 −0.042	+0.030 0	+0.078 +0.030	2.5		1.8		0.16	0.25
>12~17	5×5	5	0 −0.030	+0.015 −0.015	−0.012 −0.042	+0.030 0	+0.078 +0.030	3.0		2.3		0.16	0.25
>17~22	6×6	6	0 −0.030	+0.015 −0.015	−0.012 −0.042	+0.030 0	+0.078 +0.030	3.5		2.8		0.16	0.25
>22~30	8×7	8	0 −0.036	+0.018 −0.018	−0.015 −0.051	+0.036 0	+0.098 +0.040	4.0	+0.2 0	3.3	+0.2 0	0.25	0.40
>30~38	10×8	10	0 −0.036	+0.018 −0.018	−0.015 −0.051	+0.036 0	+0.098 +0.040	5.0		3.3		0.25	0.40
>38~44	12×8	12	0 −0.043	+0.021 5 −0.021 5	−0.018 −0.061	+0.043 0	+0.120 +0.050	5.0		3.3		0.25	0.40
>44~50	14×9	14	0 −0.043	+0.021 5 −0.021 5	−0.018 −0.061	+0.043 0	+0.120 +0.050	5.5		3.8		0.25	0.40
>50~58	16×10	16	0 −0.043	+0.021 5 −0.021 5	−0.018 −0.061	+0.043 0	+0.120 +0.050	6.0		4.3		0.25	0.40
>58~65	18×11	18	0 −0.043	+0.021 5 −0.021 5	−0.018 −0.061	+0.043 0	+0.120 +0.050	7.0		4.4		0.25	0.40
>65~75	20×12	20	0 −0.052	+0.026 −0.026	−0.022 −0.074	+0.052 0	+0.149 +0.065	7.5		4.9		0.40	0.60
>75~85	22×14	22	0 −0.052	+0.026 −0.026	−0.022 −0.074	+0.052 0	+0.149 +0.065	9.0		5.4		0.40	0.60
>85~95	25×14	25	0 −0.052	+0.026 −0.026	−0.022 −0.074	+0.052 0	+0.149 +0.065	9.0		5.4		0.40	0.60
>95~110	28×16	28	0 −0.052	+0.026 −0.026	−0.022 −0.074	+0.052 0	+0.149 +0.065	10.0		6.4		0.40	0.60
>110~130	32×18	32	0 −0.062	+0.031 −0.031	−0.026 −0.088	+0.062 0	+0.180 +0.080	11.0		7.4		0.70	1.00
>130~150	36×20	36	0 −0.062	+0.031 −0.031	−0.026 −0.088	+0.062 0	+0.180 +0.080	12.0		8.4		0.70	1.00
>150~170	40×22	40	0 −0.062	+0.031 −0.031	−0.026 −0.088	+0.062 0	+0.180 +0.080	13.0		9.4		0.70	1.00
>170~200	45×25	45	0 −0.062	+0.031 −0.031	−0.026 −0.088	+0.062 0	+0.180 +0.080	15.0		10.4		0.70	1.00
>200~230	50×28	50	0 −0.062	+0.031 −0.031	−0.026 −0.088	+0.062 0	+0.180 +0.080	17.0		11.4		0.70	1.00
>230~260	56×32	56	0 −0.074	+0.037 −0.037	−0.032 −0.106	+0.074 0	+0.220 +0.100	20.0	+0.3 0	12.4	+0.3 0	1.20	1.60
>260~290	63×32	63	0 −0.074	+0.037 −0.037	−0.032 −0.106	+0.074 0	+0.220 +0.100	20.0		12.4		1.20	1.60
>290~330	70×36	70	0 −0.074	+0.037 −0.037	−0.032 −0.106	+0.074 0	+0.220 +0.100	22.0		14.4		1.20	1.60
>330~380	80×40	80	0 −0.074	+0.037 −0.037	−0.032 −0.106	+0.074 0	+0.220 +0.100	25.0		15.4		1.20	1.60
>380~440	90×45	90	0 −0.087	+0.043 5 −0.043 5	−0.037 −0.124	+0.087 0	+0.260 +0.120	28.0		17.4		2.00	2.50
>440~500	100×50	100	0 −0.087	+0.043 5 −0.043 5	−0.037 −0.124	+0.087 0	+0.260 +0.120	31.0		19.5		2.00	2.50

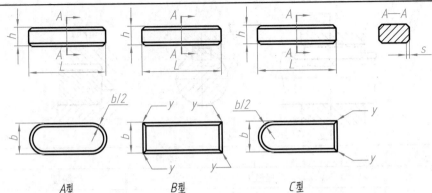

A 型　　　　　B 型　　　　　C 型

普通 A 型平键,b=16 mm,h=10 mm,L=100 mm:GB/T 1096 键　16×10×100
普通 B 型平键,b=16 mm,h=10 mm,L=100 mm:GB/T 1096 键 B　16×10×100
普通 C 型平键,b=16 mm,h=10 mm,L=100 mm:GB/T 1096 键 C　16×10×100

mm

b	2	3	4	5	6	8	10	12	14	16	18	20	22	25	28	32	36	40	45	50
h	2	3	4	5	6	7	8	8	9	10	11	12	14	14	16	18	20	22	25	28
倒角或倒圆 s	0.16～0.25			0.25～0.40			0.40～0.60					0.60～0.80					1.0～1.2			
L 范围	6～20	6～36	8～45	10～56	14～70	18～90	22～110	28～140	36～160	45～180	50～200	56～220	63～250	70～280	80～320	90～360	100～400	100～400	110～450	125～500

注:L 系列为 6、8、10、12、14、16、18、20、22、25、28、32、36、40、45、50、56、63、70、80、90、100、110、125、140、160、180、200 等。

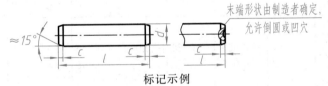

末端形状由制造者确定,
允许倒圆或凹穴

标记示例

公称直径 $d=6$ mm,公差为 m6,公称长度 $l=30$ mm,材料为钢,普通淬火(A 型),表面氧化处理的圆柱销:
销　GB/T 119.2　6×30

mm

d	m6/h8[1]　GB/T 119.1—2000	4	5	6	8	10	12	16	20
	m6[1]　GB/T 119.2—2000								
	$c≈$	0.63	0.8	1.2	1.6	2	2.5	3	3.5
l (公称)	GB/T 119.1—2000	8～40	10～50	12～60	14～80	18～95	22～140	26～180	35～200
	GB/T 119.2—2000	10～40	12～50	14～60	18～80	22～100	26～100	40～100	50～100

注:1. 其他公差由供需双方协议。

　2. GB/T 119.1—2000 公称长度大于 200 mm,按 20 mm 递增。GB/T 119.2—2000 公称长度大于 100 mm,按 20 mm
　　递增。

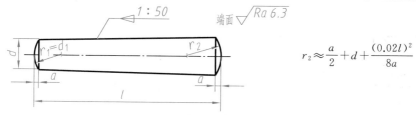

$$r_2 \approx \frac{a}{2} + d + \frac{(0.02l)^2}{8a}$$

标记示例

公称直径 $d=6$ mm,公称长度 $l=30$ mm,材料为 35 钢,热处理硬度 28~38 HRC,表面氧化处理的 A 型圆锥销

销　GB/T 117　6×30

mm

d　h10[1]	0.6	0.8	1	1.2	1.5	2	2.5	3	4	5	6	8	10	12	16	20	25
$a\approx$	0.08	0.1	0.12	0.16	0.2	0.25	0.3	0.4	0.5	0.63	0.8	1	1.2	1.6	2	2.5	3
l^2(公称)	4~8	5~12	6~16	6~20	8~24	10~35	10~35	12~45	14~55	18~60	22~90	22~120	26~160	32~180	40~200	45~200	50~200

注:1. 其他公差,如 a11,c11 和 f8 由供需双方协议。

　　2. 公称大于 200 mm,按 20 mm 递增。

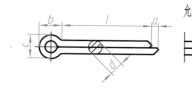

允许制造的形式

标记示例

公称规格为 5 mm、公称长度 $l=$ 50 mm,材料为 Q215 或 Q235、不经表面处理的开口销

销　GB/T 91 5×50

mm

公称规格		0.6	0.8	1	1.2	1.6	2	2.5	3.2	4	5	6.3	8	10	13
d	min	0.4	0.6	0.8	0.9	1.3	1.7	2.1	2.7	3.5	4.4	5.7	7.3	9.3	12.1
	max	0.5	0.7	0.9	1.0	1.4	1.8	2.3	2.9	3.7	4.6	5.9	7.5	9.5	12.4
c	min	0.9	1.2	1.6	1.7	2.4	3.2	4.0	5.1	6.5	8.0	10.3	13.1	16.6	21.7
	max	1.0	1.4	1.8	2.0	2.8	3.6	4.6	5.8	7.4	9.2	11.8	15.0	19.0	24.8
$b\approx$		2	2.4	3	3	3.2	4	5	6.4	8	10	12.6	16	20	26
a_{max}		1.6			2.5			3.2		4				6.3	
l(公称)		4~12	5~16	6~20	8~25	8~32	10~40	12~50	14~63	18~80	22~100	32~125	40~160	45~200	71~250
长度 l 的系列		4,5,6,8,10,12,14,16,18,20,22,25,28,32,36,40,45,50,56,63,71,80,90,100,112,125,140,160,180,200,224,250,280													

注:公称规格等于开口销孔的直径。

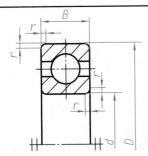

60000 型
标记示例
滚动轴承　6012　GB/T 276—2013

mm

轴承型号	外形尺寸				轴承型号	外形尺寸			
	d	D	B	r_{smin} [1]		d	D	B	r_{smin} [1]
10 系列					03 系列				
606	6	17	6	0.3	634	4	16	5	0.3
607	7	19	6	0.3	635	5	19	6	0.3
608	8	22	7	0.3	6300	10	35	11	0.6
609	9	24	7	0.3	6301	12	37	12	1
6000	10	26	8	0.3	6302	15	42	13	1
6001	12	28	8	0.3	6303	17	47	14	1
6002	15	32	9	0.3	6304	20	52	15	1.1
6003	17	35	10	0.3	6305	25	62	17	1.1
6004	20	42	12	0.6	6306	30	72	19	1.1
6005	25	47	12	0.6	6307	35	80	21	1.5
6006	30	55	13	1	6308	40	90	23	1.5
6007	35	62	14	1	6309	45	100	25	1.5
6008	40	68	15	1	6310	50	110	27	2
6009	45	75	16	1	6311	55	120	29	2
6010	50	80	16	1	6312	60	130	31	2.1
6011	55	90	18	1.1					
6012	60	95	18	1.1					
02 系列					04 系列				
623	3	10	4	0.15	6403	17	62	17	1.1
624	4	13	5	0.2	6404	20	72	19	1.1
625	5	16	5	0.3	6405	25	80	21	1.5
626	6	19	6	0.3	6406	30	90	23	1.5
627	7	22	7	0.3	6407	35	100	25	1.5
628	8	24	8	0.3	6408	40	110	27	2
629	9	26	8	0.3	6409	45	120	29	2
6200	10	30	9	0.6	6410	50	130	31	2.1
6201	12	32	10	0.6	6411	55	140	33	2.1
6202	15	35	11	0.6	6412	60	150	35	2.1
6203	17	40	12	0.6	6413	65	160	37	2.1
6204	20	47	14	1	6414	70	180	42	3
6205	25	52	15	1	6415	75	190	45	3
6206	30	62	16	1	6416	80	200	48	3
6207	35	72	17	1.1	6417	85	210	52	4
6208	40	80	18	1.1	6418	90	225	54	4
6209	45	85	19	1.1	6419	95	240	55	4
6210	50	90	20	1.1					
6211	55	100	21	1.5					
6212	60	110	22	1.5					

注：① 最大倒角尺寸规定在 GB/T 274—2000 中。r_{smin} 为 r 的最小单一倒角尺寸。

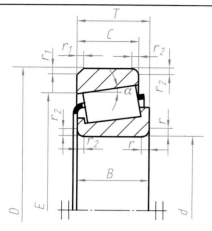

30000 型
标记示例
滚动轴承　30205　GB/T 297－2015

mm

轴承型号	尺寸								
	d	D	T	B	r_{smin}①	C	r_{1smin}①	α	E
02 系列									
30204	20	47	15.25	14	1	12	1	12°57′10″	37.304
30205	25	52	16.25	15	1	13	1	14°02′10″	41.135
30206	30	62	17.25	16	1	14	1	14°02′10″	49.990
30207	35	72	18.25	17	1.5	15	1.5	14°02′10″	58.844
30208	40	80	19.75	18	1.5	16	1.5	14°02′10″	65.730
30209	45	85	20.75	19	1.5	16	1.5	15°06′34″	70.440
30210	50	90	21.75	20	1.5	17	1.5	15°38′32″	75.078
30211	55	100	22.75	21	2	18	1.5	15°06′34″	84.197
30212	60	110	23.75	22	2	19	1.5	15°06′34″	91.876
30213	65	120	24.75	23	2	20	1.5	15°06′34″	101.934
30214	70	125	26.25	24	2	21	1.5	15°38′32″	105.748
30215	75	130	27.25	25	2	22	1.5	16°10′20″	110.408
30216	80	140	28.25	26	2.5	22	2	15°38′32″	119.169
30217	85	150	30.5	28	2.5	24	2	15°38′32″	126.685
30218	90	160	32.5	30	2.5	26	2	15°38′32″	134.901
30219	95	170	34.5	32	3	27	2.5	15°38′32″	143.385
30220	100	180	37	34	3	29	2.5	15°38′32″	151.310
03 系列									
30304	20	52	16.25	15	1.5	13	1.5	11°18′36″	41.318
30305	25	62	18.25	17	1.5	15	1.5	11°18′36″	50.637
30306	30	72	20.75	19	1.5	16	1.5	11°51′35″	58.287
30307	35	80	22.75	21	2	18	1.5	11°51′35″	65.769
30308	40	90	25.25	23	2	20	1.5	12°57′10″	72.703
30309	45	100	27.25	25	2	22	1.5	12°57′10″	81.780
30310	50	110	29.25	27	2.5	23	2	12°57′10″	90.633
30311	55	120	31.5	29	2.5	25	2	12°57′10″	99.146
30312	60	130	33.5	31	3	26	2.5	12°57′10″	107.769
30313	65	140	36	33	3	28	2.5	12°57′10″	116.846
30314	70	150	38	35	3	30	2.5	12°57′10″	125.244
30315	75	160	40	37	3	31	2.5	12°57′10″	134.097
30316	80	170	42.5	39	3	33	2.5	12°57′10″	143.174
30317	85	180	44.5	41	4	34	3	12°57′10″	150.433
30318	90	190	46.5	43	4	36	3	12°57′10″	159.061
30319	95	200	49.5	45	4	38	3	12°57′10″	165.861
30320	100	215	51.5	47	4	39	3	12°57′10″	178.578

轴承型号	尺寸								
	d	D	T	B	r_{smin} ①	C	r_{1smin} ①	α	E
22 系列									
32206	30	62	21.25	20	1	17	1	14°02′10″	48.982
32207	35	72	24.25	23	1.5	19	1.5	14°02′10″	57.087
32208	40	80	24.75	23	1.5	19	1.5	14°02′10″	64.715
32209	45	85	24.75	23	1.5	19	1.5	15°06′34″	69.610
32210	50	90	24.75	23	1.5	19	1.5	15°38′32″	74.226
32211	55	100	26.75	25	2	21	1.5	15°06′34″	82.837
32212	60	110	29.75	28	2	24	1.5	15°06′34″	90.236
32213	65	120	32.75	31	2	27	1.5	15°06′34″	99.484
32214	70	125	33.25	31	2	27	1.5	15°38′32″	103.765
32215	75	130	33.25	31	2	27	1.5	16°10′20″	108.932
32216	80	140	35.25	33	2.5	28	2	15°38′32″	117.466
32217	85	150	38.5	36	2.5	30	2	15°38′32″	124.970
32218	90	160	42.5	40	2.5	34	2	15°38′32″	132.615
32219	95	170	45.5	43	3	37	2.5	15°38′32″	140.259
32220	100	180	49	46	3	39	2.5	15°38′32″	148.184
23 系列									
32304	20	52	22.25	21	1.5	18	1.5	11°18′36″	39.518
32305	25	62	25.25	24	1.5	20	1.5	11°18′36″	48.637
32306	30	72	28.75	27	1.5	23	1.5	11°51′35″	55.767
32307	35	80	32.75	31	2	25	1.5	11°51′35″	62.829
32308	40	90	35.25	33	2	27	1.5	12°57′10″	69.253
32309	45	100	38.25	36	2	30	1.5	12°57′10″	78.330
32310	50	110	42.25	40	2.5	33	2	12°57′10″	86.263
32311	55	120	45.5	43	2.5	35	2	12°57′10″	94.316
32312	60	130	48.5	46	3	37	2.5	12°57′10″	102.939
32313	65	140	51	48	3	39	2.5	12°57′10″	111.786
32314	70	150	54	51	3	42	2.5	12°57′10″	119.724
32315	75	160	58	55	3	45	2.5	12°57′10″	127.887
32316	80	170	61.5	58	3	48	2.5	12°57′10″	136.504
32317	85	180	63.5	60	4	49	3	12°57′10″	144.223
32318	90	190	67.5	64	4	53	3	12°57′10″	151.701
32319	95	200	71.5	67	4	55	3	12°57′10″	160.318
32320	100	215	77.5	73	4	60	3	12°57′10″	171.650

注:① 对应的最大倒角尺寸规定在 GB/T 274—2000 中。r_s 为内圈背面最小单一倒角尺寸,r_{1s}为外圈背面最小单一倒角尺寸。

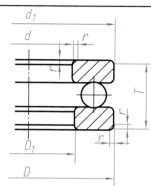

51000 型

标记示例

滚动轴承　51210　GB/T 301—2015

轴承型号	尺寸						轴承型号	尺寸					
	d	D	T	D_{1min}	d_{1smax}	r_{smin}[①]		d	D	T	D_{1min}	d_{1smax}	r_{smin}[①]
11 系列							12 系列						
51100	10	24	9	11	24	0.3	51214	70	105	27	72	105	1
51101	12	26	9	13	26	0.3	51215	75	110	27	77	110	1
51102	15	28	9	16	28	0.3	51216	80	115	28	82	115	1
51103	17	30	9	18	30	0.3	51217	85	125	31	88	125	1
51104	20	35	10	21	35	0.3	51218	90	135	35	93	135	1.1
51105	25	42	11	26	42	0.6	51220	100	150	38	103	150	1.1
51106	30	47	11	32	47	0.6	13 系列						
51107	35	52	12	37	52	0.6	51304	20	47	18	22	47	1
51108	40	60	13	42	60	0.6	51305	25	52	18	27	52	1
51109	45	65	14	47	65	0.6	51306	30	60	21	32	60	1
51110	50	70	14	52	70	0.6	51307	35	68	24	37	68	1
51111	55	78	16	57	78	0.6	51308	40	78	26	42	78	1
51112	60	85	17	62	85	1	51309	45	85	28	47	85	1
51113	65	90	18	67	90	1	51310	50	95	31	52	95	1.1
51114	70	95	18	72	95	1	51311	55	105	35	57	105	1.1
51115	75	100	19	77	100	1	51312	60	110	35	62	110	1.1
51116	80	105	19	82	105	1	51313	65	115	36	67	115	1.1
51117	85	110	19	87	110	1	51314	70	125	40	72	125	1.1
51118	90	120	22	92	120	1	51315	75	135	44	77	135	1.5
51120	100	135	25	102	135	1	51316	80	140	44	82	140	1.5
12 系列							51317	85	150	49	88	150	1.5
51200	10	26	11	12	26	0.6	14 系列						
51201	12	28	11	14	28	0.6	51405	25	60	24	27	60	1
51202	15	32	12	17	32	0.6	51406	30	70	28	32	70	1
51203	17	35	12	19	35	0.6	51407	35	80	32	37	80	1.1
51204	20	40	14	22	40	0.6	51408	40	90	36	42	90	1.1
51205	25	47	15	27	47	0.6	51409	45	100	39	47	100	1.1
51206	30	52	16	32	52	0.6	51410	50	110	43	52	110	1.5
51207	35	62	18	37	62	1	51411	55	120	48	57	120	1.5
51208	40	68	19	42	68	1	51412	60	130	51	62	130	1.5
51209	45	73	20	47	73	1	51413	65	140	56	68	140	2
51210	50	78	22	52	78	1	51414	70	150	60	73	150	2
51211	55	90	25	57	90	1	51415	75	160	65	78	160	2
51212	60	95	26	62	95	1	51416	80	170	68	83	170	2.1
51213	65	100	27	67	100	1	51417	85	180	72	88	177	2.1

注：① 对应的最大倒角尺寸规定在 GB/T 274—2000 中。

中心孔（GB/T 145—2001）

中心孔尺寸　　　　　　　　　　　　　　　　　　　mm

A 型

d	D	l_2	t 参考尺寸
2.00	4.25	1.95	1.8
2.50	5.30	2.42	2.2
3.15	6.70	3.07	2.8
4.00	8.50	3.90	3.5
(5.00)	10.60	4.85	4.4
6.30	13.20	5.98	5.5
(8.00)	17.00	7.79	7.0
10.00	21.20	9.70	8.7

B 型

d	D_1	D_2	l_2	t 参考尺寸
2.00	4.25	6.30	2.54	1.8
2.50	5.30	8.00	3.20	2.2
3.15	6.70	10.00	4.03	2.8
4.00	8.50	12.50	5.05	3.5
(5.00)	10.60	16.00	6.41	4.4
6.30	13.20	18.00	7.36	5.5
(8.0)	17.00	22.40	9.36	7.0
10.00	21.20	28.00	11.66	8.7

C 型

d	D_1	D_2	D_3	l	l_1 参考尺寸
M3	3.2	5.3	5.8	2.6	1.8
M4	4.3	6.7	7.4	3.2	2.1
M5	5.3	8.1	8.8	4.0	2.4
M6	6.4	9.6	10.5	5.0	2.8
M8	8.4	12.2	13.2	6.0	3.3
M10	10.5	14.9	16.3	7.5	3.8

注：1. A 型、B 型中心孔的尺寸 l_1 取决于中心钻的长度，此值不应小于 t 值。
　　2. 括号内的尺寸尽量不采用。

中心孔表示法(GB/T 4459.5—1999)

要求	符号	表示法示例	说明
在完工的零件上要求保留中心孔		GB/T 4459.5—B2.5/8	采用 B 型中心孔 $D=2.5$ mm，$D_1=8$ mm 在完工零件上要求保留
在完工的零件上可以保留中心孔		GB/T 4459.5—A4/8.5	采用 A 型中心孔 $D=4$ mm，$D_1=8.5$ mm 在完工零件上是否保留都可以
在完工的零件上不允许保留中心孔		GB/T 4459.5—A1.6/3.35	采用 A 型中心孔 $D=1.6$ mm，$D_1=3.35$ mm 在完工零件上不允许保留

附表 20　常用的热处理和表面处理名词解释(GB/T 7232—2012)

序号	名称	定义	应用
3.1	退火	工件加热到适当温度，保持一定时间，然后缓慢冷却的热处理工艺	用来消除铸、锻、焊零件的内应力，降低硬度，便于切削加工，细化金属晶粒，改善组织，增强韧性
4.1	正火	工件加热奥氏体化后，在空气中或其他介质中冷却，获得以珠光体组织为主的热处理工艺	用来处理低碳钢和中碳结构钢及渗碳零件，使其组织细化，增加强度与韧性，减少内应力，改善切削性能
5.1	淬火	工件加热奥氏体化后，以适当方式冷却，获得马氏体或贝氏体组织的热处理工艺。最常见的有水冷淬火、油冷淬火、空冷淬火等	用来提高钢的硬度和强度极限。但淬火会引起内应力使钢变脆，所以淬火后必须回火
6.1	回火	工件淬硬后加热到 A_{c1} 以下的某一温度，保温一定时间，然后冷却到室温的热处理工艺	用来消除淬火后的脆性和内应力，提高钢的塑性和冲击韧性
6.12	调质	工件淬火并高温回火的复合热处理工艺	用来使钢获得高的韧性和足够的强度。重要的齿轮、轴及丝杠等零件均需经调质处理

序号	名称	定义	应用
5.4	表面淬火	仅对工件表层进行的淬火,其中包括感应淬火、接触电阻加热淬火、火焰淬火、电子束淬火等	使零件表面获得高硬度,而心部保持一定的韧性,使零件既耐磨又能承受冲击。表面淬火常用来处理齿轮等
5.7	火焰淬火	利用氧-乙炔(或其他可燃气体)火焰使工件表层加热并快速冷却的淬火	
8.1	渗碳	为提高工件表层的含碳量并在其中形成一定的碳浓度梯度,将工件在渗碳介质中加热、保温,使碳原子渗入的化学热处理工艺	增加钢件的耐磨性能、表面强度、抗拉强度及疲劳极限,适用于低碳、中碳($w_c <$ 0.4%)结构钢的中、小型零件
9.1	渗氮	在一定温度下于一定介质中使氮原子渗入工件表层的化学热处理工艺	增加钢的耐磨性能、表面硬度、疲劳极限和抗蚀能力,适用于合金钢、碳钢、铸铁件,如机床主轴、丝杠以及在潮湿碱水和燃烧气体介质的环境中工作的零件
11.2	碳氮共渗	在奥氏体状态下同时将碳、氮渗入工件表层,并以渗碳为主的化学热处理工艺	增加表面硬度、耐磨性、疲劳强度和耐腐蚀性,用于要求硬度高、耐磨的中、小型及薄片零件和刀具等
7.1	固溶处理	工件加热至适当温度并保温,使过剩相充分溶解,然后快速冷却以获得过饱和固溶体的热处理工艺	使工件消除内应力和稳定形状,用于量具、精密丝杠、床身导轨、床身等
7.4	时效处理时效	工件以固溶处理或淬火后,在室温或高于室温的适当温度保温,以达到沉淀硬化的目的。在室温下进行的称为自然时效,在高于室温下进行的称为人工时效	
12.7	发蓝处理发黑	工件在空气-水蒸气或化学药物的溶液中,在室温或加热到适当温度,在工件表层形成一层蓝色或黑色氧化膜,以改善其耐腐蚀性和外观的表面处理工艺	防腐蚀、美观,用于一般连接的标准件和其他电子类零件

附表 21   优先配合中轴的极限偏差(GB/T 1800.2—2009) μm

公称尺寸 /mm		公差带											
		c	d	f	g	h				k	n	p	s	u
大于	至	11	9	7	6	6	7	9	11	6	6	6	6	6
—	3	−60 −120	−20 −45	−6 −16	−2 −8	0 −6	0 −10	0 −25	0 −60	+6 0	+10 +4	+12 +6	+20 +14	+24 +18
3	6	−70 −145	−30 −60	−10 −22	−4 −12	0 −8	0 −12	0 −30	0 −75	+9 +1	+16 +8	+20 +12	+27 +19	+31 +23

公称尺寸 /mm		公差带												
		c	d	f	g	h				k	n	p	s	u
大于	至	11	9	7	6	6	7	9	11	6	6	6	6	6
6	10	−80 −170	−40 −76	−13 −28	−5 −14	0 −9	0 −15	0 −36	0 −90	+10 +1	+19 +10	+24 +15	+32 +23	+37 +28
10	18	−95 −205	−50 −93	−16 −34	−6 −17	0 −11	0 −18	0 −43	0 −110	+12 +1	+23 +12	+29 +18	+39 +28	+44 +33
18	24	−110 −240	−65 −117	−20 −41	−7 −20	0 −13	0 −21	0 −52	0 −130	+15 +2	+28 +15	+35 +22	+48 +35	+54 +41
24	30													+61 +48
30	40	−120 −280	−80 −142	−25 −50	−9 −25	0 −16	0 −25	0 −62	0 −160	+18 +2	+33 +17	+42 +26	+59 +43	+76 +60
40	50	−130 −290												+86 +70
50	65	−140 −330	−100 −174	−30 −60	−10 −29	0 −19	0 −30	0 −74	0 −190	+21 +2	+39 +20	+51 +32	+72 +53	+106 +87
65	80	−150 −340											+78 +59	+121 +102
80	100	−170 −390	−120 −207	−36 −71	−12 −34	0 −22	0 −35	0 −87	0 −220	+25 +3	+45 +23	+59 +37	+93 +71	+146 +124
100	120	−180 −400											+101 +79	+166 +144
120	140	−200 −450	−145 −245	−43 −83	−14 −39	0 −25	0 −40	0 −100	0 −250	+28 +3	+52 +27	+68 +43	+117 +92	+195 +170
140	160	−210 −460											+125 +100	+215 +190
160	180	−230 −480											+133 +108	+235 +210
180	200	−240 −530	−170 −285	−50 −96	−15 −44	0 −29	0 −46	0 −115	0 −290	+33 +4	+60 +31	+79 +50	+151 +122	+265 +236
200	225	−260 −550											+159 +130	+287 +258
225	250	−280 −570											+169 +140	+313 +284

公称尺寸 /mm		公差带											
		c	d	f	g	h				k	n	p	s	u
大于	至	11	9	7	6	6	7	9	11	6	6	6	6	6
250	280	−300 −620	−190 −320	−56 −108	−17 −49	0 −32	0 −52	0 −130	0 −320	+36 +4	+66 +34	+88 +56	+190 +158	+347 +315
280	315	−330 −650											+202 +170	+382 +350
315	355	−360 −720	−210 −350	62 −119	−18 −54	0 −36	0 −57	0 −140	0 −360	+40 +4	+73 +37	+98 +62	+226 +190	+426 +390
355	400	−400 −760											+244 +208	+471 +435
400	450	−440 −840	−230 −385	−68 −131	−20 −60	0 −40	0 −63	0 −155	0 −400	+45 +5	+80 +40	+108 +68	+272 +232	+530 +490
450	500	−480 −880											+292 +252	+580 +540

附表 22 优先配合中孔的极限偏差(GB/T 1800.2—2009)　　　μm

公称尺寸 /mm		公差带											
		C	D	F	G	H				K	N	P	S	U
大于	至	11	9	8	7	7	8	9	11	7	7	7	7	7
—	3	+120 +60	+45 +20	+20 +6	+12 +2	+10 0	+14 0	+25 0	+60 0	0 −10	−4 −14	−6 −16	−14 −24	−18 −28
3	6	+145 +70	+60 +30	+28 +10	+16 +4	+12 0	+18 0	+30 0	+75 0	+3 −9	−4 −16	−8 −20	−15 −27	−19 −31
6	10	+170 +80	+76 +40	+35 +13	+20 +5	+15 0	+22 0	+36 0	+90 0	+5 −10	−4 −19	−9 −24	−17 −32	−22 −37
10	18	+205 +95	+93 +50	+43 +16	+24 +6	+18 0	+27 0	+43 0	+110 0	+6 −12	−5 −23	−11 −29	−21 −39	−26 −44
18	24	+240 +110	+117 +65	+53 +20	+28 +7	+21 0	+33 0	+52 0	+130 0	+6 −15	−7 −28	−14 −35	−27 −48	−33 −54
24	30													40 −61
30	40	+280 +120	+142 +80	+64 +25	+34 +9	+25 0	+39 0	+62 0	+160 0	+7 −18	−8 −33	−17 −42	−34 −59	−51 −76
40	50	+290 +130												−61 −86

344

公称尺寸 /mm		公差带												
		C	D	F	G		H			K	N	P	S	U
大于	至	11	9	8	7	7	8	9	11	7	7	7	7	7
50	65	+330 +140	+174 +100	+76 +30	+40 +10	+30 0	+46 0	+74 0	+190 0	+9 −21	−9 −39	−21 −51	−42 −72	−76 −106
65	80	+340 +150	+174 +100	+76 +30	+40 +10	+30 0	+46 0	+74 0	+190 0	+9 −21	−9 −39	−21 −51	−48 −78	−91 −121

公称尺寸 /mm		公差带												
		C	D	F	G		H			K	N	P	S	U
大于	至	11	9	7	6	6	7	9	11	6	6	6	6	6
80	100	+390 +170	+207 +120	+90 +36	+47 +12	+35 0	+54 0	+87 0	+220 0	+10 −25	−10 −45	−24 −59	−58 −93	−111 −146
100	120	+400 +180	+207 +120	+90 +36	+47 +12	+35 0	+54 0	+87 0	+220 0	+10 −25	−10 −45	−24 −59	−66 −101	−131 −166
120	140	+450 +200	+245 +145	+106 +43	+54 +14	+40 0	+63 0	+100 0	+250 0	+12 −28	−12 −52	−28 −68	−77 −117	−155 −195
140	160	+460 +210	+245 +145	+106 +43	+54 +14	+40 0	+63 0	+100 0	+250 0	+12 −28	−12 −52	−28 −68	−85 −125	−175 −215
160	180	+480 +230	+245 +145	+106 +43	+54 +14	+40 0	+63 0	+100 0	+250 0	+12 −28	−12 −52	−28 −68	−93 −133	−195 −235
180	200	+530 +240	+285 +170	+122 +50	+61 +15	+46 0	+72 0	+115 0	+290 0	+13 −33	−14 −60	−33 −79	−105 −151	−219 −265
200	225	+550 +260	+285 +170	+122 +50	+61 +15	+46 0	+72 0	+115 0	+290 0	+13 −33	−14 −60	−33 −79	−113 −159	−241 −287
225	250	+570 +280	+285 +170	+122 +50	+61 +15	+46 0	+72 0	+115 0	+290 0	+13 −33	−14 −60	−33 −79	−123 −169	−267 −313
250	280	+620 +300	+320 +190	+137 +56	+69 +17	+52 0	+81 0	+130 0	+320 0	+16 −36	−14 −66	−36 −88	−138 −190	−295 −347
280	315	+650 +330	+320 +190	+137 +56	+69 +17	+52 0	+81 0	+130 0	+320 0	+16 −36	−14 −66	−36 −88	−150 −202	−330 −382
315	355	+720 +360	+350 +210	+151 +62	+75 +18	+57 0	+89 0	+140 0	+360 0	+17 −40	−16 −73	−41 −98	−169 −226	−369 −426
355	400	+760 +400	+350 +210	+151 +62	+75 +18	+57 0	+89 0	+140 0	+360 0	+17 −40	−16 −73	−41 −98	−187 −244	−414 −471
400	450	+840 +440	+385 +230	+165 +68	+83 +20	+63 0	+97 0	+155 0	+400 0	+18 −45	−17 −80	−45 −108	−209 −272	−467 −530
450	500	+880 +480	+385 +230	+165 +68	+83 +20	+63 0	+97 0	+155 0	+400 0	+18 −45	−17 −80	−45 −108	−229 −292	−517 −580

参 考 文 献

[1] 岳永胜,等.工程制图[M].北京:高等教育出版社,2007.

[2] 巩琦,等.工程制图[M].2版.北京:高等教育出版社,2012.

[3] 唐克中,郑镁.画法几何及工程制图[M].5版.北京:高等教育出版社,2017.

[4] 刘朝儒,吴志军,高政一,等.机械制图[M].5版.北京:高等教育出版社,2006.

[5] 钱可强.机械制图[M].2版.北京:高等教育出版社,2007.

[6] 刘申立.机械工程设计图学[M].北京:机械工业出版社,2004.

[7] 邹宜侯,等.机械制图[M].5版.北京:清华大学出版社,2006.

[8] 万静,许纪倩.机械工程制图基础[M].北京:机械工业出版社,2006.

[9] 何文平.现代机械制图[M].2版.北京:机械工业出版社,2013.

[10] 周鹏翔,何文平.工程制图[M].4版.北京:高等教育出版社,2013.

[11] 窦忠强,等.工业产品设计与表达[M].2版.北京:高等教育出版社,2009.

[12] 冯开平,等.画法几何与机械制图[M].广州:华南理工大学出版社,2004.

[13] 王狂飞.工程图学基础[M].徐州:中国矿业大学出版社,2006.

[14] 乔友杰.制图基础[M].2版.北京:高等教育出版社,2000.

[15] 杨东拜.机械工程标准手册[M].3版.北京:机械工业出版社,2003.

[16] 蔡汉明,等.机械 CAD/CAM 技术[M].北京:机械工业出版社,2003.

[17] 陈伯熊. Inventor R8 应用培训教程[M].北京:清华大学出版社,2007.

[18] 张爱梅,等.AutoCAD 2015 计算机绘图实用教程[M].北京:高等教育出版社,2016.

[19] 赵建国,等.AutoCAD 快速入门与工程制图[M].北京:电子工业出版社,2012.

[20] 赵建国,等.SolidWorks 2015 三维设计及工程图应用[M].北京:电子工业出版社,2016.